信息技术基础

(Windows 10+Office 2016)

杜继明　高嗣慧　主编

中国农业出版社
北　京

内容简介

本教材是根据《高等职业教育专科信息技术课程标准》（2021 年版）进行编写的。

本教材包括“信息技术与信息素养”“Windows 10 操作系统”“文字处理软件 Word 2016”“电子表格处理软件 Excel 2016”“演示文稿制作软件 PowerPoint 2016”“计算机网络应用与信息检索”“数据库管理系统 Access 2016”和“新一代信息技术”八大部分，共 45 个任务，涵盖了信息技术与计算机知识、操作系统的使用、Office 办公、网络操作与信息检索、数据库系统和新一代信息技术等方面。

本教材可用作高等职业院校的信息技术公共课程教材，也可作为对信息技术感兴趣的读者的参考用书。

编　审　人　员

主　编　杜继明　高嗣慧

副主编　许照慧　朱先忠　孙丽红　王　艳

参　编　（以姓氏笔画为序）

亓会平　刘　昱　宋志宏　张　霞

审　稿　段瑞卿

FORWORD 前言

信息时代不仅改变了人们的生产和生活方式，也改变了人们的思维和学习方式。在计算机普及的基础上，手机、平板电脑等便携式设备也成为重要的信息化终端设备，它们对计算机基础教学提出了新的挑战。在以往的计算机基础教学中，采用案例驱动方式的居多，读者按照教材中的操作步骤完成案例，体会到一定的成就感，但是，再次遇到同类问题时却无从下手，不能较好地运用知识和技能解决实际问题。开发理实一体化的教材，有助于读者技能和素养的提升，对培养“面向现代化，面向世界，面向未来”的创新人才具有深远意义。

本教材是信息技术一线教师根据《高等职业教育专科信息技术课程标准》(2021 年版) 精心编写的。本教材包括“信息技术与信息素养”“Windows 10 操作系统”“文字处理软件 Word 2016”“电子表格处理软件 Excel 2016”“演示文稿制作软件 PowerPoint 2016”“计算机网络应用与信息检索”“数据库管理系统 Access 2016”和“新一代信息技术”八大部分。

本教材由山东畜牧兽医职业学院组织编写，由杜继明、高嗣慧任主编，许照慧、朱先忠、孙丽红、王艳任副主编，亓会平、刘昱、宋志宏、张霞参与编写，段瑞卿任审稿。其中，项目一由杜继明编写；项目二、项目一任务五由许照慧、刘昱编写；项目三由孙丽红编写；项目四由刘昱、高嗣慧编写；项目五由王艳编写；项目六由宋志宏（山东信息职业技术学院）、杜继明编写；项目七由朱先忠编写，项目八由张霞编写，全书由杜继明、亓会平统稿。

由于编写时间仓促，加之编者水平有限，书中难免有不足之处，敬请广大读者提出宝贵意见和建议。

编　者

2021 年 5 月

CONTENTS 目录

项目一

信息技术与信息素养

项目导读

信息在社会资源中的重要性越来越明显，计算机作为信息处理工具极大地改变了人们的工作、学习和生活方式，成为信息时代的主要标志。尤其随着微型计算机的出现和计算机网络的发展，使得计算机及其应用广泛渗透到社会生活的各个领域。计算机技术的发展，引发了信息革命，使人类从工业社会步入了信息社会，计算机技术引导的信息产业已成为全球经济的主导产业。

本项目主要介绍了信息和计算机的一些基础知识，包括信息技术概念、信息安全问题、信息安全防护、网络道德与礼仪、计算机犯罪、信息安全技术和信息安全法规，计算机中的信息表示方法，计算机系统的构成和微型计算机的基本配置，计算思维和计算机病毒等知识，以便对信息技术有一个总体的认识，增强信息素养。

学习目标

1. 了解信息的概念与信息技术。
2. 了解信息安全问题、信息安全防护，掌握信息安全技术。
3. 掌握计算机中的信息表示方法。
4. 掌握计算机系统的组成，以及微型计算机的基本结构和各部件的功能。
5. 掌握计算思维的相关知识。
6. 了解计算机病毒的基本知识。

任务一　信息与信息技术

学习任务

掌握信息的概念和主要信息技术，了解生活中信息技术的应用。

相关知识

21世纪，人类进入信息社会，信息产业成为全球经济的主导产业。以计算机为核心的信息技术已广泛地应用于社会生活和国民经济的各个领域，给人类带来了前所未有的深刻变革。信息、物质和能源一起组成了人类社会物质文明的三大要素。信息技术已成为衡量一个国家科技实力和综合国力的关键技术之一。有关芯片的新闻在媒体上铺天盖地，智能手机、计算机已经进入日常生活，掌握计算机技术是工作、学习、生活的迫切需要。计算机主要作用是处理信息，这就涉及信息技术（information technology，IT）。信息技术对人类的影响已越来越广泛，人们的生活、工作和学习越来越离不开信息技术。

一、信息

信息广泛存在于现实社会中，人们时时刻刻都在获取、加工、管理、表达与交流信息，这是因为人们在生活、学习和工作中处处需要信息。同时，信息要通过载体来传输与表示，如人们每天都听到国内外新闻、商品广告、天气预报等。

数据是指存储在某种媒体上可以加以鉴别的符号资料。这些符号不仅指文字、字母和数字等，还包括图形、图像、音频、视频等多媒体数据。

信息是指对人们有用的消息。用语言、文字、声音、图像、数字、符号、情景等方式表达的各种情报、消息、数据和新闻，统称为信息。

信息论的创始人美国数学家香农认为：信息是能够用来消除不确定性的东西。也就是说，信息的功能是消除事物的不确定性，把不确定性变成确定性。

一般认为，信息是在自然界、人类社会和人类思维活动中普遍存在的一切物质和事物的属性。

当代社会的三大资源为信息资源、能量资源、物质资源。

信息资源的特点：依附于媒体，具有传递性、存储性、共享性，具有可处理性、时效性。

例如：1991年1月的海湾战争使人们清楚地认识到，在高科技战争中，每一个军事行动都离不开信息。在“爱国者”导弹与“飞毛腿”导弹对抗中，可以看到准确、快速处理信息的重要性。多国部队用两颗“锁眼”式照相卫星，日夜不停地监视远在4 300千米外的伊拉克“飞毛腿”导弹的动态，卫星每12秒就可以拍摄一张立体图像，只要“飞毛腿”导弹一发射，侦察卫星就能从导弹的尾焰热量释放中得到数据信息，立即通过网络不停地将信息传递到美国科罗拉多州和澳大利亚的空军地面站，两个地面站的计算机快速地对接收到的信息进行处理，极快地确认和计算出“飞毛腿”导弹的飞行轨迹。随着“飞毛腿”导弹的不断飞行，侦察卫星不断发送信息，网络不断传递信息，及时判断，快速地发射导弹，两导弹碰在一起，在天空形成一个巨大的火球。在同一时间内，卫星监视系统将“飞毛腿”导弹的移动发射架位置迅速传递并发命令摧毁发射架，这一切都发生在短短的几十分钟之内。这是一场武器的较量，更是一场“信息”的战争。只有掌握准确的信息，进行高速处理、传递，并指挥武器系统，才能克敌制胜。因此，信息是一种宝贵的资源，只有经过处理的信息，才能

成为有用的信息。

二、什么是信息技术

信息技术就是人们采集、存储、传递、加工、处理和应用信息的各种技术。信息技术的发展大大扩展和延伸了人的感知器官及大脑的信息功能。信息技术的发展非常迅速，其中最具代表性的是传感技术、通信技术、计算机技术和网络技术。

三、信息技术的应用

习近平在 2018 年两院院士大会上的重要讲话指出，世界正在进入以信息产业为主导的经济发展时期。我们要把握数字化、网络化、智能化融合发展的契机，以信息化、智能化为杠杆培育新动能。

人类社会、物理世界、信息空间构成了当今世界的三元。这三元世界之间的关联与交互，决定了社会信息化的特征和程度。感知人类社会和物理世界的基本方式是数字化，联结人类社会与物理世界（通过信息空间）的基本方式是网络化，信息空间作用于物理世界与人类社会的方式是智能化。

信息技术在物流方面的应用主要有：

1. 商品条形编码及扫描系统

2. 销售时点 POS（point of sales）系统

POS 系统基本作业原理是先将商品资料创建于计算机文件内，透过计算机收银机联机架构，商品上的条码能透过收银设备上光学读取设备直接读入后，马上可以显示商品信息，加速收银速度与正确性。每笔商品销售明细资料自动记录下来，再由联机架构传回计算机。经计算机处理，生成各种销售统计分析信息。

3. EDI（electronic data interchange）

EDI 就是标准商业文件在企业的计算机系统间的直接传输。使用 EDI 系统可以使企业和它的供应商实现迅速的沟通和信息交换，实现与供应商一对一的长期合作关系，有助于建立一体化供应链物流管理系统。

4. 无线电射频技术

射频技术可以提高物流运作水平。主要用在仓储、运输和货物跟踪等方面。

5. 卫星通信技术

卫星通信技术用于信息传输，通过卫星实现信息快速传递，是物流信息管理过程中使用的一种技术。

四、著名信息技术企业——华为

1. 华为发展历史的第一阶段（1987—1994）

1987 年，任正非与 5 位合伙人共同出资 2 万元成立了华为公司。在这一时期，华为在产品开发战略上主要采取的是跟随战略，先是代理香港公司的产品，随后逐渐演变为自主开发产品的集中化战略。在市场竞争战略上采取单一产品的持续开发与生产，从农村包围城市的销售策略，通过低成本的方式迅速抢占市场，扩大市场占有率，也扩大了公司的规模。

2. **华为发展历史的第二阶段**（1995—2003）

这个阶段华为的侧重点是：在产品开发战略上，由单一集中化向横向一体化发展；地域方面，由聚焦国内市场向同时面向国内和国际市场，而国际市场优先转变；而市场拓展方面，依然沿用的是“从农村包围城市”的发展战略，选择从发展中国家开始做起，以低成本战略，逐步将产品打入发达国家市场。

3. **华为发展历史的第三阶段**（2004—2012）

在这一阶段，华为在产品开发战略上采取了纵向一体化、多元化和国际化并举的战略；在市场竞争战略上，采取与“合作伙伴”共赢的战略。公司也由全面通信解决方案的电信设备提供商向提供端到端通信解决方案和客户或市场驱动型的电信设备服务商转型。

4. **华为发展历史的第四阶段**（2013 年至今及未来几年时间）

华为在这个阶段设立基于客户、产品和区域 3 个维度的组织架构，各组织共同为客户创造价值，对公司的财务绩效有效增长、市场竞争力提升和客户满意度负责。

产品与解决方案是公司面向运营商及企业/行业客户提供 ICT 融合解决方案的组织，负责产品的规划、开发交付和产品竞争力构建，创造更好的用户体验，支持商业成功。

区域组织是公司的区域经营中心，负责区域的各项资源、能力的建设和有效利用，并负责公司战略在所辖区域的落地。区域组织在与客户建立更紧密的联系和伙伴关系、帮助客户实现商业成功的同时，进一步支撑公司健康、可持续的有效增长。

任务实战

1. 当代社会的三大资源是什么？
2. 信息技术定义是什么？
3. 信息技术主要包括哪几方面？

任务二　信息安全与技术

学习任务

了解信息安全问题的危害及威胁的来源，了解信息安全防护的常见措施，了解网络道德和礼仪与计算机犯罪的相关知识，掌握主要信息安全技术和信息安全政策和法规。

相关知识

信息安全是一门涉及计算机科学、网络技术、通信技术、密码技术、信息安全技术、应用数学、数论、信息论等多种学科的综合性学科。通俗地说，信息安全主要是指保护信息系统，使其没有危险、不受威胁、不出事故地运行。从技术角度来讲，信息安全的技术特征主要表现在系统的可靠性、可用性、保密性、完整性、确认性、可控性等方面。

一、信息安全概述

在以互联网为代表的信息网络技术迅猛发展的同时，当前人们的信息安全意识却相对淡薄，同时信息网络安全管理体制尚不完善，导致近几年在我国由计算机犯罪造成的损害飞速增长，因此，加强信息安全管理，提高全民的信息安全意识刻不容缓。

1. 建立对信息安全的正确认识

随着信息产业发展越来越壮大，信息安全的地位日益突出，它是企业、政府的业务能不能持续、稳定运行的保证，也成为关系到个人安全的保证，甚至成为关系到国家安全的保证，所以信息安全是我们国家信息化战略中一个十分重要的方面。

2. 掌握信息安全的基本要素

信息安全包括四大要素：技术、制度、流程和人。技术只是基础保障，技术不等于全部，很多问题不是装一个防火墙或者一个 IDS 就能解决的。有一个信息安全公式更能清楚地描述四者之间的关系：信息安全＝先进技术＋防患意识＋完美流程＋严格制度＋优秀执行团队＋法律保障。

3. 信息安全面临的威胁和风险

信息安全所面临的威胁可分为自然威胁和人为威胁。自然威胁指那些来自于自然灾害、恶劣的场地环境、电磁辐射和电磁干扰、网络设备自然老化等威胁。自然威胁往往带有不可抗拒性，这里主要讨论人为威胁。

(1) 人为攻击。人为攻击是指通过攻击系统的弱点，以达到破坏、欺骗、窃取数据等目的，使得网络信息的保密性、完整性、可靠性、可控性、可用性等受到伤害，造成经济上和政治上不可估量的损失。

人为攻击分为偶然事故和恶意攻击两种。偶然事故虽然没有明显的恶意企图和目的，但它仍会使信息受到严重破坏。恶意攻击是有目的的破坏。

恶意攻击又分为被动攻击和主动攻击两种。被动攻击是指在不干扰网络信息系统正常工作的情况下，进行侦收、截获、窃取、破译和业务流量分析及电磁泄漏等。主动攻击是指以各种方式有选择地破坏信息，如修改、删除、伪造、添加、重放、乱序、冒充、制造病毒等。

被动攻击不对传输的信息做任何修改，因而是难以检测的，所以抗击这种攻击的重点在于预防而非检测。

(2) 安全缺陷。如果网络信息系统本身没有任何安全缺陷，那么人为攻击者即使本事再大也不会对网络信息安全构成威胁。但遗憾的是现在所有的网络信息系统都不可避免地存在着一些安全缺陷，有些安全缺陷可以通过努力加以避免或者改进，而有些安全缺陷是各种折中必须付出的代价。

(3) 软件漏洞。由于软件程序的复杂性和编程的多样性，在网络信息系统的软件中很容易有意或无意地留下一些不易被发现的安全漏洞。软件漏洞同样会影响网络信息的安全。下面介绍一些有代表性的软件安全漏洞。

陷门：陷门是在程序开发时插入的一小段程序，目的是测试这个模块，或是为了将来更改和升级程序，也可能为了将来发生故障后，为程序员提供方便。通常应在程序开发后期去掉这些陷门，但由于各种原因，陷门可能被保留，一旦被利用将会带来严重的后果。

数据库的安全漏洞：某些数据库将原始数据以明文形式存储，这是不够安全的。入侵者可以从计算机系统的内存中导出所需的信息，或者采用某种方式进入系统，从系统的后备存储器上窃取数据或篡改数据，因此，必要时应该对存储数据进行加密保护。

TCP/IP 的安全漏洞：TCP/IP 在设计初期并没有考虑安全问题。现在，用户和网络管理员没有足够的精力专注于网络安全控制，操作系统和应用程序越来越复杂，开发人员不可能测试出所有的安全漏洞，因而连接到网络的计算机系统受到外界的恶意攻击和窃取的风险越来越大。

另外，还可能存在操作系统的安全漏洞、网络软件与网络服务、口令设置等方面的漏洞。

（4）结构隐患。结构隐患是指网络拓扑结构的隐患和网络硬件的安全缺陷。网络拓扑结构本身可能给网络的安全带来问题，网络硬件安全隐患也是网络结构隐患的重要方面。

基于各国的不同国情，信息系统存在的安全问题也不尽相同。由于我国还是一个发展中国家，网络信息安全系统除了具有上述普遍存在的安全缺陷之外，还有因软、硬件核心技术掌握在别人手中而造成的技术被动等方面的安全隐患。

4. 养成良好的信息安全习惯至关重要

现在所有的信息系统都不可避免地存在这样或那样的安全缺陷，攻击者正是利用这些缺陷进行攻击的。良好的安全习惯和安全意识有利于避免或降低不必要的损失。

（1）良好的密码设置习惯，特别注意要定期更换密码。

（2）使用网络和计算机时，应该注意培养良好的安全意识。

（3）使用安全电子邮件，识别一些恶意的电子邮件，更不要打开可疑的附件。

（4）避免过度打印文档，防止信息泄密。

（5）保证设备计算机等设备的物理安全，否则技术手段将会失去其本身的价值。

二、网络礼仪与道德

随着网络全面进入千家万户，形成了所谓的“网络社会”或“虚拟世界”。在这个虚拟社会中，该如何“生活”？遵循什么样的道德规范？它给现实社会的道德意识、道德规范和道德行为都带来了怎样的冲击和挑战？这些都是我们需要认真研究的课题。

1. 网络道德概念及涉及内容

计算机网络道德是用来约束网络从业人员的言行，指导他们的思想的一整套道德规范。计算机网络道德可涉及计算机工作人员的思想意识、服务态度、业务钻研、安全意识、待遇得失及其公共道德等方面。

2. 网络的发展对道德的影响

计算机网络的发展给现实社会的道德意识、道德规范和道德行为都带来了严重的冲击和挑战。

（1）淡化了人们的道德意识。道德意识来源于人们之间的社会交往，道德意识的强弱在

很大程度上取决于社会交往的方式。在网络的虚拟世界里，人们更多地通过“人—网络—人”的方式进行交往，人们之间的相互监督较为困难，外在压力减小，使人们的思想获得了“解放”，于是法律法规和道德规范容易被人遗忘。

（2）冲击了现实的道德规范。网络环境滋生了道德个人主义。黑客被当作偶像来崇拜，行黑被视为英雄的壮举，现实社会的道德规范约束力下降，甚至失去约束力。

（3）导致道德行为的失范。虚拟世界的道德规范尚未形成，现实世界的道德规范又被遗忘或扭曲，导致网络道德行为失范现象已经较为严重，其中最为突出的是网络犯罪。

3. 网络道德规范

（1）要求人们的道德意识更加强烈，道德行为更自觉。现实世界中人们很在乎社会舆论的作用，在虚拟世界中，社会舆论和他人评价对人们行为约束力大大减小。弱化了道德“他律”作用，使人们的道德意识较为薄弱，道德行为也相对不严谨。只有人们自己约束自己的行为，自觉地遵守基本的道德规范，自觉地保证信息安全，信息安全问题才能从根本上得到解决。

（2）要求网络道德既要立足于本国，又要面向世界。在一个国家完全合乎道德的信息行为在另一个国家可能被视为不道德的行为，没有一个超越国界的被全世界网民共同认可的网络道德，信息安全就不可能得到保障。因此，在“求同存异”原则的指导下，实现不同民族道德间的理解和认同是可能的，建立一套被全世界网民普遍接受和认可的网络道德规范体系是可能的。

（3）要求网络道德既要着力于当前，又要面向未来。网络道德必须要面向未来，我们可以总结现存的问题，对已经出现的不利于维护网络信息安全的现象和行为进行规范和制约，根据计算机网络的发展趋势，对将来可能会出现的不利于维护网络信息安全的行为进行预测，并提出一些着眼于未来的有针对性的道德规范。

4. 加强网络道德建设对维护网络信息安全的作用

加强网络道德建设对维护网络信息安全的作用主要体现在 3 个方面：

（1）网络道德可以规范人们的信息行为。在网络道德规范形成以前，提出一些基本“道德底线”，告诉人们哪些信息行为是道德的，哪些信息行为是不道德的，通过教育和宣传，转化为人们内在信念和行为习惯，以此来引导人们的信息行为。网络道德激励人们有利于信息安全的行为，能将不利于信息安全的行为控制在实施之前。这对维护网络信息安全将起到积极的作用。

（2）加强网络道德建设，有利于加快信息安全立法的进程。在信息安全立法尚不完善的情况下，加强网络道德建设具有十分重要的意义：一方面通过宣传和教育，有利于形成一种人人了解信息安全，自觉维护信息安全的良好社会风尚，从而减少信息安全立法的阻力；另一方面，在网民之间长期交往的过程中，网络道德的规范无疑会越来越多。因此，加强网络道德建设，有利于加快信息安全立法的进程。

（3）加强网络道德建设，有利于发挥信息安全技术的作用。在技术方面的诸多问题是不能通过技术本身来解决的，因为信息安全的破坏者手中同样掌握着先进的技术武器，而必须通过技术以外的因素来解决。在目前的情况下，加强网络道德建设，对于更好地发挥信息安全技术的力量将起到十分重要的作用。

三、计算机犯罪

在开放、互联、互动、互通的网络环境下，各种计算机犯罪行为不断涌现，给国家安全、知识产权以及个人信息权带来了巨大的威胁，引起了世界各国的极大忧虑和社会各界的广泛关注，并日益成为困扰人们现代生活的又一新问题。利用互联网进行犯罪已成为发展最快的犯罪方式之一。

1. 计算机犯罪的概念

所谓计算机犯罪，是指行为人以计算机作为工具或以计算机资产作为攻击对象实施的严重危害社会的行为。由此可见，计算机犯罪包括利用计算机实施的犯罪行为和把计算机资产作为攻击对象的犯罪行为。

2. 计算机犯罪的特点

（1）犯罪智能化。计算机犯罪主体多为具有专业知识、技术熟练、掌握系统核心机密的人，他们犯罪的破坏性比一般人的破坏性要大得多。

（2）犯罪手段隐蔽。由于网络的开放性、不确定性、虚拟性和超越时空性等特点，使得犯罪分子作案时可以不受时间、地点的限制，也没有明显的痕迹，犯罪行为难以被发现、识别和侦破，增加了计算机犯罪的破案难度。

（3）跨国性。犯罪分子只要拥有一台计算机，就可以通过因特网对网络上任何一个站点实施犯罪活动，这种跨国家、跨地区的行为更不易侦破，危害也更大。

（4）犯罪目的多样化。计算机犯罪作案动机多种多样，从最先的攻击站点以泄私愤，到早期的盗用电话线，破解用户账号非法敛财，再到如今入侵政府网站的政治活动，犯罪目的不一而足。

（5）犯罪分子低龄化。计算机犯罪的作案人员年龄普遍较低。

（6）犯罪后果严重。据估计，仅在美国因计算机犯罪造成的损失每年就有 150 多亿美元，德国、英国的年损失额也有几十亿美元，据网爆 2017 年我国网络诈骗不完全统计金额是 7 000 亿人民币，推算出 2019 年损失数额达到 8 000 亿人民币，直逼甘肃省 2019 年的 GDP 总额。

3. 计算机犯罪的手段

（1）制造和传播计算机病毒。计算机病毒已经成为计算机犯罪者的一种有效手段。它可能会夺走大量的资金、人力和计算机资源，甚至破坏各种文件及数据，造成机器的瘫痪，带来难以挽回的损失。

（2）数据欺骗。数据欺骗是指非法篡改计算机输入、处理和输出过程中的数据，从而实现犯罪目的的手段。这是一种比较简单但很普遍的犯罪手段。

（3）特洛伊木马。特洛伊木马是在计算机中隐藏作案的计算机程序，在计算机仍能完成原有任务的前提下，执行非授权的功能。特洛伊木马程序不依附于任何载体而独立存在，而病毒需依附于其他载体存在并且具有传染性。

（4）意大利香肠战术。所谓意大利香肠战术，是指行为人通过逐渐侵吞少量财产的方式

来窃取大量财产的犯罪行为。这种方法就像吃香肠一样，每次偷吃一小片，日积月累就很可观了。

（5）超级冲杀。超级冲杀是大多数 IBM 计算机中心使用的公用程序，是一个仅在特殊情况下（如停机、故障等）方可使用的高级计算机系统干预程序。如果被非授权用户使用，就会构成对系统的潜在威胁。

（6）活动天窗。活动天窗是指程序设计者为了对软件进行测试或维护故意设置的计算机软件系统入口点。通过这些入口，可以绕过程序提供的正常安全性检查而进入软件系统。

（7）逻辑炸弹。逻辑炸弹是指在计算机系统中有意设置并插入的某些程序编码，这些编码只有在特定的时间或在特定的条件下才自动激活，从而破坏系统功能或使系统陷入瘫痪状态。逻辑炸弹不是病毒，不具有病毒的自我传播性。

（8）清理垃圾。清理垃圾是指有目的、有选择地从废弃的资料、磁带、磁盘中搜寻具有潜在价值的数据、信息和密码等，用于实施犯罪行为。

（9）数据泄漏。数据泄漏是一种有意转移或窃取数据的手段。如有的罪犯将一些关键数据混杂在一般性的报表之中，然后予以提取。有的罪犯在系统的中央处理器上安装微型无线电发射机，将计算机处理的内容传送给几千米以外的接收机。

（10）电子嗅探器。电子嗅探器是用来截取和收藏在网络上传输的信息的软件或硬件。它不仅可以截取用户的账号和口令，还可以截获敏感的经济数据（如信用卡号）、秘密信息（如电子邮件）和专有信息并可以攻击相邻的网络。

除了以上作案手段外，还有社交方法、电子欺骗技术、浏览、顺手牵羊和对程序、数据集、系统设备的物理破坏等犯罪手段。

4. 黑客

黑客一词源于英文 Hacker，原指热心于计算机技术、水平高超的电脑专家，尤其是程序设计人员，但今天，黑客一词已被用于泛指那些专门利用电脑搞破坏或恶作剧的人。目前黑客已成为一个广泛的社会群体，其主要观点是：所有信息都应该免费共享；信息无国界，任何人都可以在任何时间地点获取任何他认为有必要了解的信息；通往计算机的路不止一条；打破计算机集权；反对国家和政府部门对信息的垄断和封锁。黑客的行为会扰乱网络的正常运行，甚至会演变为犯罪。

黑客行为特征有以下几种表现形式：

（1）恶作剧型。喜欢进入他人网站，以删除和修改某些文字或图像，篡改主页信息来显示自己高超的网络侵略技巧。

（2）隐蔽攻击型。躲在暗处以匿名身份对网络发动攻击行为，或者干脆冒充网络合法用户，侵入网络“行黑”，该种行为由于是在暗处实施的主动攻击，因此对社会危害极大。

（3）定时炸弹型。故意在网络上布下陷阱或在网络维护软件内安插逻辑炸弹或后门程序，在特定的时间或特定的条件下，引发一系列具连锁反应性质的破坏行动。

（4）制造矛盾型。非法进入他人网络，窃取或修改其电子邮件的内容或厂商签约日期等，破坏甲乙双方交易，或非法介入竞争。有些黑客还利用政府网络发布公众信息，制造社会矛盾和动乱。

（5）职业杀手型。经常以监控方式将他人网站内的资料迅速清除，使得网站使用者无法获取最新资料。或者将计算机病毒植入他人网络内，使其网络无法正常运行。更有甚者，进入军事情报机关的内部网络，干扰军事指挥系统的正常工作，从而导致严重后果。

（6）窃密高手型。出于某些集团利益的需要或者个人的私利，窃取网络上的加密信息，使高度敏感信息泄密。

（7）业余爱好型。某些爱好者受好奇心驱使，在技术上“精益求精”，丝毫未感到自己的行为对他人造成的影响，属于无意性攻击行为。

为了降低被黑客攻击的可能性，要注意以下几点：

① 提高安全意识，如不要随便打开来历不明的邮件。

② 使用防火墙是抵御黑客程序入侵的非常有效的手段。

③ 尽量不要暴露自己的 IP 地址。

④ 要安装杀毒软件并及时升级病毒库。

⑤ 做好数据的备份。

总之，我们应当认真制定有针对性的策略，明确安全对象，设置强有力的安全保障体系。在系统中层层设防，使每一层都成为一道关卡，从而让攻击者无隙可钻、无计可施。

四、信息安全技术

随着信息技术的发展与应用，信息安全的内涵在不断地延伸，从最初的信息保密性发展到信息的完整性、可用性、可控性和不可否认性，进而又发展为“攻”（攻击）、“防”（防范）、“测”（检测）、“控”（控制）、“管”（管理）、“评”（评估）等多方面的基础理论和实施技术。

信息安全技术主要有：密码技术、防火墙技术、虚拟专用网（VPN）技术、病毒与反病毒技术以及其他安全保密技术。

1. 密码技术

（1）密码技术的基本概念。密码技术是信息安全与保密的核心和关键。通过密码技术的变换或编码，可以将机密、敏感的消息变换成难以读懂的乱码型文字，因此达到两个目的：其一，使不知道如何解密的黑客不可能从其截获的乱码中得到任何有意义的信息；其二，使黑客不可能伪造或篡改任何乱码型的信息。

研究密码技术的学科称为密码学。密码学包含两个分支，即密码编码学和密码分析学。前者旨在对信息进行编码实现信息隐蔽，后者主要研究分析破译密码的学问。二者既相互对立，又相互促进。

采用密码技术可以隐蔽和保护需要发送的消息，使未授权者不能提取信息。发送方要发送的消息称为明文，明文被变换成看似无意义的随机消息，称为密文。这种由明文到密文的变换过程称为加密。其逆过程，即由合法接收者从密文恢复出明文的过程称为解密。非法接收者试图从密文分析出明文的过程称为破译。对明文进行加密时采用的一组规则称为加密算法，对密文解密时采用的一组规则称为解密算法。加密算法和解密算法是在一组仅有合法用户知道的秘密信息的控制下进行的，该密码信息称为密钥，加密和解密过程中使用的密钥分

别称为加密密钥和解密密钥。

（2）单钥加密与双钥加密。传统密码体制所用的加密密钥和解密密钥相同，或从一个可以推出另一个，被称为单钥或对称密码体制。若加密密钥和解密密钥不相同，从一个难于推出另一个，则称为双钥或非对称密码体制。

单钥密码的优点是加、解密速度快；缺点是随着网络规模的扩大，密钥的管理成为一个难点，无法解决消息确认问题，缺乏自动检测密钥泄露的能力。

双钥体制的特点是密钥一个是可以公开的，可以像电话号码一样进行注册公布；另一个则是秘密的，因此双钥体制又称作公钥体制。由于双钥密码体制仅需保密解密密钥，所以双钥密码不存在密钥管理问题。双钥密码还有一个优点是可以拥有数字签名等新功能。双钥密码的缺点是算法一般比较复杂，加、解密速度慢。

（3）著名密码算法介绍。数据加密标准（DES）是迄今为止世界上最为广泛使用和流行的一种分组密码算法，它是20世纪70年代信息加密技术发展史上的两大里程碑之一。DES是一种单钥密码算法，它是一种典型的按分组方式工作的密码。其他的分组密码算法还有IDEA密码算法、LOKI算法、Rijndael算法等。

最著名的公钥密码体制是RSA算法。RSA算法是一种用数论构造的，也是迄今为止理论上最为成熟完善的一种公钥密码体制，该体制已得到广泛的应用。它的安全性基于“大数分解和素性检测”这一已知的著名数论难题基础。著名的公钥密码算法还有Diffie-Hellman密钥分配密码体制、EIGamal公钥体制等。

2. 防火墙技术

当构筑和使用木质结构房屋的时候，为防止火灾的发生和蔓延，人们将坚固的石块堆砌在房屋周围作为屏障，这种防护构筑物被称为防火墙。在今日的电子信息世界里，人们借助了这个概念，使用防火墙来保护计算机网络免受非授权人员的骚扰与黑客的入侵，不过这些防火墙是由先进的计算机系统构成的。

3. 虚拟专用网技术

虚拟专用网是虚拟私有网络（virtual private network，VPN）的简称，它是一种利用公共网络来构建的私有专用网络。目前，能够用于构建VPN的公共网络包括Internet和ISP所提供的DDN专线（digital data network leased line）、帧中继（frame relay）、ATM等，构建在这些公共网络上的VPN将给企业提供集安全性、可靠性和可管理性于一身的私有专用网络。“虚拟”的概念是相对传统私有专用网络的构建方式而言的，对于广域网连接，传统的组网方式是通过远程拨号和专线连接来实现的，而VPN是利用ISP所提供的公共网络来实现远程的广域连接。企业可以通过VPN以更低的成本连接其远程办事机构、出差工作人员以及业务合作伙伴。

4. 病毒与反病毒技术

计算机病毒的发展历史悠久，从20世纪80年代中后期广泛传播至今，据统计，世界上已存在的计算机病毒有5 000余种，并且每月以平均几十种的速度增加。

计算机病毒的危害不言而喻，人类面临这一世界性的公害采取了许多行之有效的措施，如加强教育和立法来从产生病毒源头上杜绝病毒；加强反病毒技术的研究来从技术上解决病毒传播和发作。

5. 其他安全保密技术

（1）实体及硬件安全技术。实体及硬件安全是指保护计算机设备、设施（含网络）以及其他媒体免遭地震、水灾、火灾、有害气体和其他环境事故（包括电磁污染等）破坏的措施和过程。实体安全是整个计算机系统安全的前提，如果实体安全得不到保证，则整个系统就失去了正常工作的基本环境。另外，在计算机系统的故障现象中，硬件的故障占很大比例。

（2）数据库安全技术。数据库系统作为信息的聚集体，是计算机信息系统的核心部件，其安全性至关重要，关系到企业兴衰、国家安全。因此，如何有效地保证数据库系统的安全，实现数据的保密性、完整性和有效性，成为业界人士探索研究的重要课题之一。

五、信息安全政策与法规

1. 信息系统安全法规的基本内容与作用

（1）计算机违法与犯罪惩治。这是为了控制犯罪，保护计算机资产。

（2）计算机病毒治理与控制。这在于严格控制计算机病毒的研制、开发，防止、惩罚计算机病毒的制造与传播，从而保护计算机资产及其运行安全。

（3）计算机安全规范与组织法。着重规定计算机安全监察管理部门的职责和权利以及计算机负责管理部门和直接使用部门的职责与权利。

（4）数据法与数据保护法。其主要目的在于保护拥有计算机的单位或个人的正当权益，包括隐私权等。

2. 国外计算机信息系统安全立法简况

瑞典早在 1973 年就颁布了《数据法》，这大概是世界上第一部直接涉及计算机安全问题的法规。1991 年，欧共体 12 个成员国批准了软件版权法等。

1981 年美国成立了国家计算机安全中心（NCSC）；1983 年，美国国家计算机安全中心公布了《可信计算机系统评测标准》（TCSEC）；1986 年制定了《计算机诈骗条例》；1987 年又制定了《计算机安全条例》。

3. 国内计算机信息系统安全立法简况

早在 1981 年，我国政府就对计算机信息系统的安全予以极大关注。1983 年 7 月，公安部成立了计算机管理监察局，主管全国的计算机安全工作。公安部于 1987 年 10 月推出了《电子计算机系统安全规范（试行草案）》，这是我国第一部有关计算机安全工作的管理规范。

1994 年 2 月颁布的《中华人民共和国计算机信息系统安全保护条例》是我国的第一个计算机安全法规，也是我国计算机安全工作的总纲。此外，还颁布了《计算机信息系统国际联网保密管理规定》《计算机病毒防治管理办法》等多部信息系统方面的法律法规。除此之外，各地区也根据本地实际情况，在国家有关法规的基础上，制定了符合本地实情的计算机信息安全“暂行规定”或“实施细则”等。

任务实战

1. 什么是信息安全？信息安全的技术特征有哪些？

2. 常见的信息安全的威胁主要有哪些？

3. 有哪些措施可以选择来保证电子邮件的安全？

4. 加强网络道德建设对维护信息的安全有哪些作用？

5. 什么是计算机犯罪？计算机犯罪有哪些特点？

6. 简述黑客的行为特征及防御黑客的方法。

7. 信息安全技术主要包括哪些？

8. 什么是加密？什么是解密？什么是密钥？

任务三　计算机中的信息表示

学习任务

掌握二进制的运算规则和二进制、八进制、十进制、十六进制之间的相互转换，了解数据的编码方式。

相关知识

一、计算机科学中的数制

在日常生活中最常用的数制是十进制。此外，也使用许多非十进制的计数方法。例如计时采用60进制，即60秒为1分，60分为1小时；1星期有7天，是7进制；1年有12个月，是12进制。由于在计算机中是使用电子器件的不同状态来表示数的，而电信号一般只有两种状态，如导通与截止、通路与断路等。因此计算机采用的是二进制。

1. 常用数制

按进位的原则进行计数称为进位计数制，简称数制。它是人类自然语言和数学中广泛使用的一类符号系统。计算机科学中通常采用的数制有十进制、二进制、八进制和十六进制等。

首先介绍数制中的几个名词术语。

数码：数制中表示基本数值大小的不同数字符号。例如，十进制有10个数码：0、1、2、3、4、5、6、7、8、9；二进制有2个数码：0、1。

基数：数制所使用数码的个数。常用R表示，称为R进制。例如，二进制的基数为2，十进制的基数为10。

位权：数码在不同位置上的权值。二进制数的位权是以2为底的幂。位置不同，权值不同。例如，二进制数据101.01，其权值的大小顺序为2^2、2^1、2^0、2^{-1}、2^{-2}。

(1) 十进制 (decimal)。人们日常生活中最熟悉的进位计数制。在十进制数中，用0、1、2、3、4、5、6、7、8、9这10个符号数码来描述，基数为10。其计数规则是逢十进一，借一当十。

十进制数153.2按权展开的展开式为：

$(153.2)_{10}=1\times10^{2}+5\times10^{1}+3\times10^{0}+2\times10^{-1}$

(2) 二进制（binary）。在计算机系统中采用的进位计数制。在二进制中，数字用0和1两个符号数码来描述，基数R为2。其计数规则是逢二进一，借一当二。

二进制数1011.01按权展开的展开式为：

$(1011.01)_{2}=1\times2^{3}+0\times2^{2}+1\times2^{1}+1\times2^{0}+0\times2^{-1}+1\times2^{-2}$

(3) 八进制（octal）。在八进制中，数用0、1、2、3、4、5、6、7这8个符号数码来描述，基数为8。其计数规则是逢八进一，借一当八。

八进制数234.25按权展开的展开式为：

$(234.25)_{8}=2\times8^{2}+3\times8^{1}+4\times8^{0}+2\times8^{-1}+5\times8^{-2}$

(4) 十六进制（hexadecimal）。人们在计算机指令代码和数据的书写中经常使用的数制。在十六进制中，数用0、1、…、9和A、B、C、D、E、F（分别代表10、11、12、13、14、15）这16个符号数码来描述，基数为16。其计数规则是逢十六进一，借一当十六。

十六进制数34E.5F按权展开的展开式为：

$(34E.5F)_{16}=3\times16^{2}+4\times16^{1}+14\times16^{0}+5\times16^{-1}+15\times16^{-2}$

在计算机科学中，为了不混淆各种进制，必须使用不同的标志表示。一般在十进制末尾加字母D，二进制加B，八进制加O，十六进制加H。37D、1010B、47O、AE2H，根据它们最后一个字母就可以识别出它们分别是十进制、二进制、八进制数、十六进制数。也可以用下标的形式来区分不同的进制，如$(137.25)_{8}$、$(34EF.5D)_{16}$等。

2. 进制转换

(1) R进制（二进制、八进制、十六进制）**数转化为十进制数。**对于任何一个二进制数、八进制数、十六进制数，均可以先写出它的按权展开式，然后再按十进制进行计算，即可将其转换为十进制数。

例如：

$$\begin{aligned}(1010.01)_{2}&=1\times2^{3}+0\times2^{2}+1\times2^{1}+0\times2^{0}+0\times2^{-1}+1\times2^{-2}\\&=8+0+2+0+0+0.25\\&=(10.25)_{10}\end{aligned}$$

$$\begin{aligned}(3AE.8)_{16}&=3\times16^{2}+10\times16^{1}+14\times16^{0}+8\times16^{-1}\\&=768+160+14+0.5\\&=(942.5)_{10}\end{aligned}$$

(2) 把十进制数转换成R进制（二进制、八进制、十六进制）**数。**十进制数转换成R进制数，整数部分和小数部分要分别转换成R进制数，然后组合起来。

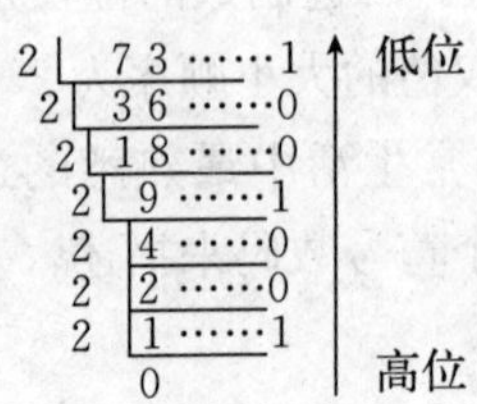

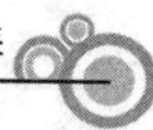

① 十进制整数的转换方法。采用“除以R取余，逆序排列”（简称除R取余法）。除以R取余数，一直除到商为零为止。最先得到的余数是R进制的最低位，最后得到的余数是R进制的最高位。例如，把 $(73)_{10}$ 转换成二进制数。

所以，$(73)_{10}=(1001001)_2$。

仿照此例将十进制数512转化为八进制数、十六进制数。

② 十进制小数的转换方法。“乘以R取整，顺序排列”（乘R取整法）。乘以R取整数，一直乘到小数部分为零或精确到某一位为止。最先得到的整数是转换成R进制小数的最高位，最后得到的整数是转换成R进制小数的最低位。例如，把 $(0.125)_{10}$ 转换成二进制数。

$$0.125\times2=0.25\cdots\cdots\text{整数为 }0$$
$$0.25\times2=0.50\cdots\cdots\text{整数为 }0$$
$$0.50\times2=1.00\cdots\cdots\text{整数为 }1$$

所以，$(0.125)_{10}=(0.001)_2$。

既有整数又有小数的，将两部分分别转换后，由小数点连接起来即可。

所以，$(73.125)_{10}=(1001001.001)_2$。

仿照此例将十进制数37.625转化为二进制、八进制数、十六进制数。

(3) 二进制数与八进制数之间的转换。 因二进制的基数是2，八进制的基数是8，而 $2^3=8$，所以，1位八进制数对应3位二进制数。

① 二进制数转换成八进制数。以小数点为基准，整数部分从右向左，每3位一组分组，最高位不够3位，添0补足3位；小数部分从左向右，每3位一组分组，最低位不够3位，添0补足3位。然后按照二进制与八进制数的对应关系，即可把二进制数转换成八进制数。例如，把 $(1010010110.011)_2$ 转换成八进制数为 $(1226.3)_8$。

② 八进制数转换成二进制数。把八进制数中的每位数码转换成与之对应的3位二进制数，然后把无意义的前0与后0去掉，即可得到转换成的二进制数。例如，把 $(1226.3)_8$ 转换成二进制数为 $(1010010110.011)_2$。

(4) 二进制数与十六进制数之间的转换。 因二进制的基数是2，十六进制的基数是16，而 $2^4=16$，所以1位十六进制数对应4位二进制数。

① 二进制数转换成十六进制数。以小数点为基准，整数部分从右向左，每4位一组分组，最高位不够4位，添0补足4位；小数部分从左向右，每4位一组分组，最低位不够4位，添0补足4位。然后按照二进制与十六进制数的对应关系，即可把二进制数转换成十六进制数。例如，把 $(1110011011.1101)_2$ 转换成十六进制数为 $(39B.D)_{16}$。

② 十六进制数转换成二进制数。把十六进制数中的每位数码转换成与之对应的4位二进制数，然后把无意义的前0与后0去掉，即可得到转换成的二进制数。

例如，把 $(38F.A)_{16}$ 转换成二进制数为 $(1110001111.101)_2$。

熟悉二进制、八进制、十进制和十六进制各个数码之间的转换，可加强对数制的理解，表1-1是四种进制换算的对应表。

表1-1　二进制、八进制、十进制和十六进制换算

二进制数	八进制数	十进制数	十六进制数	二进制数	八进制数	十进制数	十六进制数
0000	0	0	0	1001	11	9	9
0001	1	1	1	1010	12	10	A
0010	2	2	2	1011	13	11	B
0011	3	3	3	1100	14	12	C
0100	4	4	4	1101	15	13	D
0101	5	5	5	1110	16	14	E
0110	6	6	6	1111	17	15	F
0111	7	7	7	10000	20	16	10
1000	10	8	8	…	…	…	…

二、计算机信息的几种编码

由于计算机内部采用的是二进制的方式计数，因此输入计算机中的各种数字、文字、符号或图形等数据都是用二进制数编码的。不同类型的字符数据其编码方式是不同的，编码的方法也很多。下面介绍最常用的BCD码、ASCII码、汉字编码和图像编码。

1. BCD码

BCD（binary coded decimal）码是用若干位二进制数码表示一位十进制数的编码，简称二-十进制编码。

二-十进制编码的方法很多，使用最广泛的是8421码，8421码采用4位二进制数表示1位十进制数，即每1位十进制数用4位二进制编码表示，这4位二进制数各位权由高到低分别是2^3、2^2、2^1、2^0，即8、4、2、1。

【例】 将十进制数3879转换为BCD码。

【解】 十进制数：3879

对应的BCD码：0011　1000　0111　1001

即二进制数3879的BCD码为0011100001111001。

【例】 将BCD码1001011101010110转换为十进制数。

【解】 BCD码：1001011101010110

对应的十进制数：9756

即BCD码1001011101010110的十进制数为9756。

（1）二进制的运算规则。

① 算术运算规则。

加法：0+0=0；0+1=1；1+0=1；1+1=10

减法：0-0=0；1-0=1；1-1=0；10-1=1

乘法：0×0=0；0×1=0；1×0=0；1×1=1

除法：0/1=0；1/1=1

② 逻辑运算规则。

与运算（AND）：$0\wedge0=0$；$0\wedge1=0$；$1\wedge0=0$；$1\wedge1=1$

或运算（OR）：$0\vee0=0$；$0\vee1=1$；$1\vee0=1$；$1\vee1=1$

非运算（NOT）：$\overline{0}=1$；$\overline{1}=0$

异或运算（XOR）：$0\oplus0=0$；$0\oplus1=1$；$1\oplus0=1$；$1\oplus1=0$

（2）信息单位。描述内、外存储容量的常用信息存储单位有位、字节、字等。

① 位（bit，缩写为 b）。度量数据的最小单位，表示一位二进制信息，0 或 1。

② 字节（Byte，缩写为 B）。1 字节由 8 位二进制数组成，即 1Byte=8bit。字节是信息存储的基本单位。

③ 其他常用单位及对应的换算关系如下：

KB（千字节）：1 KB=1 024 B；

MB（兆字节）：1 MB=1 024 KB；

GB（吉字节）：1 GB=1 024 MB；

TB（太字节）：1 TB=1 024 GB；

PB（拍字节）：1 PB=1 024 TB；

EB（艾字节）：1 EB=1 024 PB；

ZB（泽字节）：1 ZB=1 024 EB。

④ 字（word）。计算机处理数据时，CPU 通过数据总线一次存取、传送和加工的数据称为字，一个字通常由一个或多个字节组成。一个字的位数称为字长，它是衡量计算机精度和运算速度的主要技术指标。字长位数越大，速度越快，精度越高。常见的字长有 8 位、16 位、32 位、64 位等。

2. ASCII 码

ASCII 码是由美国国家标准委员会制定的一种包括数字、字母、通用符号、控制符号在内的字符编码，全称为美国国家信息交换标准代码（American Standard Code for Information Interchange）。

ASCII 码表示 128 种国际上通用的西文字符，只需用 7 个二进制位（$2^7=128$）表示。ASCII 码采用 7 位二进制表示一个字符时，为了便于对字符进行检索，把 7 位二进制数分为高 3 位（$b_7b_6b_5$）和低 4 位（$b_4b_3b_2b_1$）。7 位 ASCII 码编码如表 1-2 所示。利用该表可查找数字、运算符、标点符号以及控制字符与 ASCII 码之间的对应关系。例如数字“8”的 ASCII 码为 0111000，大写字母“B”的 ASCII 码为 1000010，小写字母“a”的 ASCII 码为 1100001。

表中高 3 位为 000 和 001 的两列是一些控制符。例如“NUL”表示空白、“STX”表示文本开始、“ETX”表示文本结束、“EOT”表示发送结束、“CR”表示回车、“CAN”表示作废、“SP”表示空格、“DEL”表示删除等。

在计算机中一个字节为 8 位，为了提高信息传输的可靠性，在 ASCII 码中把最高位（b_8）作为奇偶校验位。所谓奇偶校验位是指代码传输过程中，用来检验是否出现错误的一种方法，一般分为奇校验和偶校验两种。偶校验规则为：若 7 位 ASCII 码中“1”的个数为偶数，则校验位置“0”；若 7 位 ASCII 码中“1”的个数为奇数，则校验位置“1”。校验位仅在信息传输时有用，在对 ASCII 码进行处理时校验位被忽略，如表 1-2 所示。

表 1-2　7 位 ASCII 码编码

$b_4b_3b_2b_1$	$b_7b_6b_5$							
	000	001	010	011	100	101	110	111
0000	NUL	DLE	SP	0	@	P	、	p
0001	SOH	DC1	!	1	A	Q	a	q
0010	STX	DC2	“	2	B	R	b	r
0011	ETX	DC3	#	3	C	S	c	s
0100	EOT	DC4	$	4	D	T	d	t
0101	ENQ	NAK	%	5	E	U	e	u
0110	ACK	SYN	&	6	F	V	f	v
0111	BEL	ETB	‘	7	G	W	g	w
1000	BS	CAN	(	8	H	X	h	x
1001	HT	EM	)	9	I	Y	i	y
1010	LF	SUB	*	:	J	Z	j	z
1011	VT	ESC	+	;	K	[	k	{
1100	FF	FS	,	<	L	\	l	|
1101	CR	GS	—	=	M	]	m	}
1110	SO	RS	.	>	N	↑	n	～
1111	SI	US	/	?	O	←	o	DEL

3. 汉字编码

计算机在处理汉字时也要将其转换为二进制码，这就需要对汉字进行编码，通常汉字有两种编码：国标码和机内码。

（1）国标码。我国根据有关国际标准于 1980 年制定并颁布了中华人民共和国国家标准信息交换用汉字编码 GB 2312—1980，简称国标码。国标码的字符集共收录 6 763 个常用汉字和 682 个非汉字图形符号，其中使用频度较高的 3 755 个汉字为一级字符，以汉语拼音为序排列；使用频度稍低的 3 008 个汉字为二级字符，以偏旁部首进行排列。682 个非汉字字符主要包括拉丁字母、俄文字母、日文假名、希腊字母、汉语拼音符号、汉语注音字母、数字、常用符号等。

（2）汉字机内码。汉字机内码是计算机系统内部对汉字进行存储、处理、传输统一使用的代码，又称为汉字内码。由于汉字数量多，一般用 2 个字节来存放 1 个汉字的内码。在计算机内汉字字符必须与英文字符区别开，以免造成混乱，英文字符的机内码是用 1 个字节来存放 ASCII 码，1 个 ASCII 码占 1 个字节的低 7 位，最高位为 0，为了区分，汉字机内码中两个字节的每个字节的最高位置为 1。

（3）汉字输入码。汉字主要是从键盘输入，汉字输入码是计算机输入汉字的代码，是代表某一个汉字的一组键盘符号。汉字输入码也称为外部码（简称外码）。汉字输入方案众多，

常用的有拼音输入和五笔字型输入等。每种输入方案对同一汉字的输入编码都不相同，但经过转换后存入计算机的机内码均相同。

(4) 汉字字型码。存储在计算机内的汉字在屏幕上显示或在打印机上输出时，必须以汉字字形输出，才能被人们所接受和理解。所谓汉字字形是以点阵方式表示汉字，就是将汉字分解成由若干个“点”组成的点阵字形，将此点阵字形置于网状方格上，每一小方格就是点阵中的一个“点”。以 24×24 点阵为例，网状横向划分为 24 格，纵向也分成 24 格，共 576 个“点”，点阵中的每个点可以有黑、白两种颜色，有字形笔划的点用黑色，反之用白色，用这样的点阵就可以描写出汉字的字形了。图 1-1 是汉字“跑”的字形点阵。

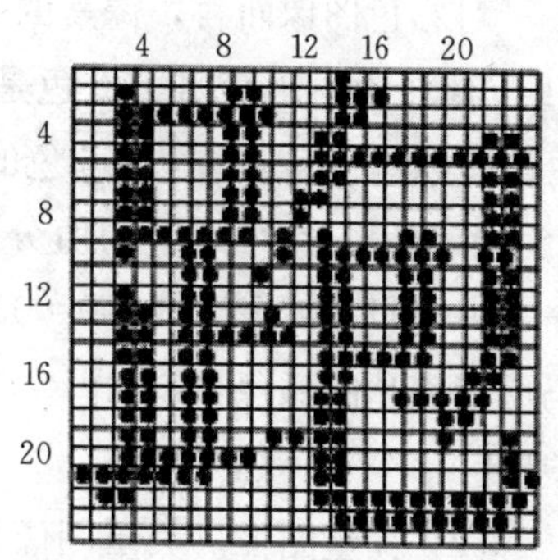

图 1-1　汉字“跑”的字形点阵

根据汉字输出精度的要求，有不同密度点阵。汉字字形点阵有 16×16 点阵、24×24 点阵、32×32 点阵。汉字字形点阵中每个点的信息用一位二进制码来表示，1 表示对应位置处是黑点，0 表示对应位置处是空白。

字形点阵的信息量很大，所占存储空间也很大。例如 16×16 点阵，每个汉字要占 32 个字节；24×24 点阵，每个汉字要占 72 个字节。因此字形点阵只用来构成“字库”，而不能用来代替机内码用于机内存储，字库中存储了每个汉字的字形点阵代码，不同的字体对应不同的字库。在输出汉字时，计算机要先到字库中找到它的字形描述信息，然后输出字形。

汉字信息处理过程如图 1-2 所示。

图 1-2　汉字信息处理过程

4. 图像编码

计算机中表示图像的方法有两种，即位图方法和矢量方法，由此形成两种图像——位图图像和矢量图像。两种图像在图像的质量、图像存储空间的大小、图像传送的时间和图像修改的难易程度等方面存在很大的差别。

(1) 位图图像。将图像划分成均匀的网格状，如 640 列×480 行＝307 200 个单元格，每个单元格称为像素，图像即可视为这些像素的集合。对每个像素进行编码，即可得到整个图像的编码。

对只有黑、白两种颜色的单色图像而言，像素的颜色只有两个：黑色和白色。用 1 表示白色，用 0 表示黑色，就得到了像素的 1 位编码。每一行像素的编码构成一个 0、1 序列，按顺序将所有行的编码连起来，就构成了图像的编码。

对灰度图像而言，像素的颜色除了黑、白两种之外，还有介于两者之间的不同程度的灰色，所以 1 位编码不足以表达颜色信息。计算机中通常用 256 级灰度来表示灰度图像，每个像素可以是白色、黑色或 254 级灰色中的任何一个，用 11111111 表示白色，用 00000000 表示黑色，按灰度由深到浅，用 00000001～11111110 来表示其余 254 种颜色，这样就得到了灰度图像的每个像素的 8 位编码，所有像素编码的集合即构成整个图像的编码。

对彩色图像而言，像素的颜色更丰富。计算机中经常使用的显示方法有 16 色、256 色、24 位真彩色。16 色和 256 色是以红、绿、蓝 3 种主色调合成 16 种或 256 种颜色，因此，16 色的像素编码是 4 位，256 色的像素编码是 8 位。对 24 位真彩色图像来说，每个像素使用 3 个字节编码，每个字节的值分别代表像素中红、绿、蓝颜色的强度。例如按红、绿、蓝顺序，111111110000000000000000 表示红色，111111111111111111111111 表示白色。24 位编码可以表达的颜色共有 2^{24} =1 677 216 种，颜色之多，人的肉眼根本无法识别临近颜色的差别。

（2）矢量图像。矢量图像是把图像分解为曲线和直线的组合，用数学公式定义这些曲线和直线，这些数学公式是重构图像的指令，计算机存储这些指令，需要生成图像的时候，只要输入图像的尺寸，计算机会按照这些指令，根据新的尺寸形成图像。

位图图像和矢量图像的表示方法各有优劣，位图图像的质量高，数码相机中使用的就是这种方法。矢量图像看起来没有位图图像真实，但是当放大或缩小时，能够保持原来的清晰度，不失真，而位图图像则会变得模糊。同时，矢量图像的存储空间比位图图像小。矢量图像适用于艺术线条和卡通绘画，计算机辅助设计系统采用的也是矢量图像技术。

位图图像的每一种编码方式对应着一种文件格式，Windows 操作系统中采用的位图图像文件格式有以下几种：

① BMP（bit map）格式。BMP 是在 Windows 中广泛使用的格式，通常采用非压缩方式存储不太大的图像文件。

② TIFF（tag image file format）格式。TIFF 是最普遍应用的图形图像格式之一，它广泛应用于桌面发布、传真、3D 应用程序和医学图像应用程序中。

③ GIF（graphics interchange format）格式。GIF 图形交互格式被许多 Internet 用户用作标准的图像格式，在 GIF 图像中使用 LZW 压缩算法，使得它具有很高的压缩比且为无损压缩。GIF 的缺点是只支持 8 位，即 256 色图。

④ JPEG（joint photographic experts group）格式。目前绝大多数的数码相机都使用 JPEG 格式压缩图像，这是一种有损压缩算法，压缩比很大并且支持多种压缩级别的格式，当对图像的精度要求不高而存储空间又有限时，JPEG 是一种理想的压缩方式。JPEG 的缺点是不适合打印高质量的图像。

任务实战

1. 使用“开始”→“所有程序”→“附件”→“计算器”程序，进行不同数制的运算和大小比较。

2. 二进制数 1101100.11 转换为十六进制数、八进制数、十进制数分别是多少？

3. 字符“A”和“a”的 ASCII 码值分别是多少？并由之推算出“G”和“k”的 ASCII 码值。

任务四　组装微型计算机

学习任务

了解计算机系统的组成，微型计算机的组成部件和计算机的性能指标，掌握信息存储单位。

相关知识

冯·诺依曼提出了计算机存储程序原理，时至今日仍是计算机设计制造的理论基础，根据这一原理，计算机划分为五大基本组成部件。一个完整的计算机系统由硬件系统和软件系统两大部分组成。下面，首先通过"相关知识"了解计算机系统组成和微型计算机系统的主要部件和作用，然后在"任务实战"中通过观看组装计算机的视频，来直观地认识计算机硬件。

一、计算机硬件系统的组成

计算机硬件是计算机系统中由机械、电子和光电元器件等组成的各种计算机部件和计算机设备。这些部件和设备依据计算机系统结构的要求构成一个有机的整体，称为计算机硬件系统。按照冯·诺依曼计算机的体系结构，计算机硬件系统主要由五部分组成，即运算器、控制器、存储器、输入设备和输出设备，如图 1－3 所示，图中实线为数据流，虚线为控制流。

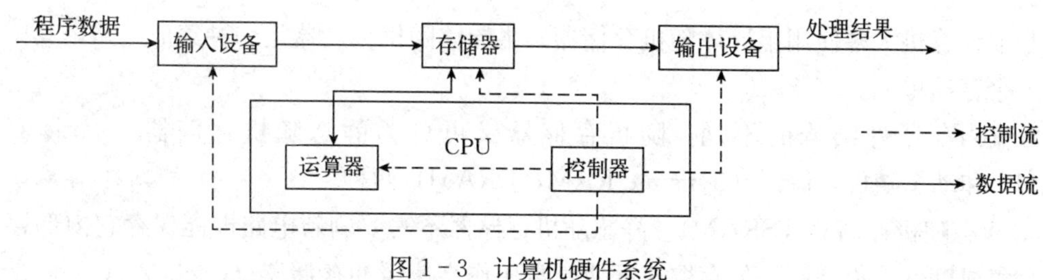

图 1－3　计算机硬件系统

首先，在控制器控制下，输入设备把解题程序和原始数据输入存储器中并得以保存。

然后，控制器再从存储器中依次读出程序的一条条指令，经过译码分析，发出一系列操作信号，以指挥运算器、存储器等部件完成所规定的运算操作。

最后，由控制器发出控制命令，使输出设备以适当方式输出最后结果。

这是一个自动的连续运行的过程。其中的一切工作都由控制器来控制整个系统有条不紊地运行，而控制器的控制信号是由存放于存储器中的程序决定的。这就是计算机的存储程序控制方式，即"存储程序"和"程序控制"。下面分别介绍计算机的各个组成部件及其功能。

1. 运算器

运算器通常由算术逻辑运算单元（ALU）及寄存器等组成，是计算机中进行算术运算和逻辑运算的部件，运算器有两个主要功能：

（1）执行算术运算。算术运算是指各种数值运算，如加、减、乘、除四则运算。

（2）执行逻辑运算。逻辑运算是指进行逻辑判断的非数值运算，如与、或、非、比较、移位等。

2. 控制器

控制器对输入的指令进行分析，用以控制和协调计算机各部件自动、连续地执行各条指令。它通常由指令部件、时序部件及操作控制部件组成。

计算机的工作方式是执行程序，程序就是为完成某一任务所编制的特定指令序列，各种指令操作按一定的时间关系有序安排，控制器产生各种最基本的不可再分的操作命令信号，以指挥整个计算机有条不紊地工作。它是计算机的指挥系统，因此控制器也称为计算机的“神经中枢”。

一般来说，把控制器、运算器和寄存器集成制作在一块芯片上，称为中央处理器 CPU（central processing unit）。CPU 是计算机系统的核心部件，它的工作速度、字长等性能指标，对计算机的整体性能有决定性的影响。

3. 存储器

存储器的主要功能是用来保存各类程序和数据信息。存储器可分为主存储器和辅助存储器两类。

（1）主存储器。主存储器（也称内存储器），属于主机的一部分，用于存放系统当前正在执行的数据和程序，属于临时存储器。主存储器按其工作方式可分为随机存储器（random access memory，RAM）和只读存储器（read only memory，ROM）两类。

① 随机存储器（RAM）。RAM 在计算机工作时，既可从中读出信息，也可随时写入信息。

目前计算机大多使用半导体随机存储器。半导体随机存储器是一种集成电路，其中有成千上万个存储单元。

根据内存器件结构的不同，随机存储器又可分为静态随机存储器（static RAM，SRAM）和动态随机存储器（dynamic RAM，DRAM）两种。

a. 静态随机存储器（SRAM）。静态随机存储器不需要刷新电路即能保存它内部存储的数据，集成度低，价格高，但存取速度快，常用作高速缓冲存储器（Cache）。Cache 是工作速度比一般内存快得多的存储器，它的速度基本上与 CPU 速度相匹配，它的位置在 CPU 与内存之间，如图 1－4 所示。

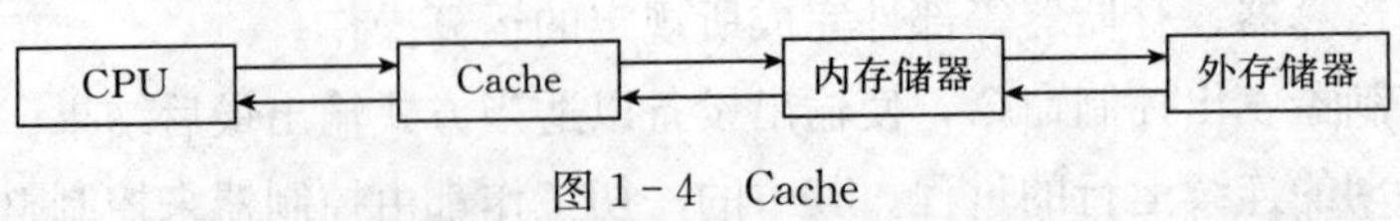

图 1－4　Cache

在通常情况下，Cache 中保存着内存中部分数据映像。CPU 在读写数据时，首先访问 Cache。如果 Cache 含有所需的数据，就不需要访问内存；如果 Cache 中不含有所需的数据，才去访问内存。设置 Cache 的目的，就是为了提高机器运行速度。

b. 动态随机存储器（DRAM）。动态随机存储器每隔一段时间，要刷新充电一次，否则内部的数据会消失，这类存储器集成度高、价格低、存取速度慢。微机中的内存一般指DRAM。

随机存储器存储当前使用的程序和数据，一旦机器断电，就会丢失数据，而且无法恢复。因此，用户在操作计算机过程中应养成随时存盘的习惯，以免断电时丢失数据。

② 只读存储器（ROM）。ROM 容量较小，只能做读出操作而不能做写入操作。只读存储器中的信息是在制造时用专门的设备一次性写入的，用来存放固定不变重复执行的程序，一般存放系统的基本输入输出系统（BIOS）等，只读存储器中的内容是永久性的，即使关机或断电也不会消失。

CPU（运算器和控制器）和主存储器组成了计算机的主机部分。

（2）辅助存储器。辅助存储器（也称外存储器）属于外部设备，用于存放暂时不用的数据和程序，属于永久存储器。

外存储器大多采用磁性（如硬盘）和光学材料（如光盘）制成。与内存储器相比，外存储器的特点是存储容量大，价格较低，而且在断电的情况下也可以长期保存信息，所以称为永久性存储器。其缺点是存取速度比内存储器慢（依靠机械转动选择数据区域）。

外存储器既可作为输入设备，也可作为输出设备。

4. 输入/输出设备

输入设备（input device）用来接收用户输入的原始数据和程序，并将它们变为计算机能识别的二进制存入内存中。计算机能够接收各种各样的数据，既可以是数值型的数据，也可以是各种非数值型的数据，如图形、图像、声音等。各种数据可以通过不同类型的输入设备输入计算机中，进行存储、处理和输出。键盘、鼠标、摄像头、扫描仪、光笔、手写输入板、游戏杆、语音输入装置等都属于输入设备。

输出设备（output device）用于将计算机处理的数据或信息，以数字、字符、图像、声音等形式输出。常见的输出设备有显示器、打印机、绘图仪、影像输出系统、语音输出系统、磁记录设备等。

输入/输出设备统称为 I/O（Input/Output）设备。键盘、鼠标和显示器是每台计算机必备的 I/O 设备。除了 I/O 设备外，外部设备还包括存储器设备、通信设备等。

二、微型计算机系统

微型计算机简称微机，按其性能、结构、技术特点等可分为单片机、单板机、PC 机、便携式微机等类型。

微型计算机硬件从外观上看，主要包括主机箱、显示器、常用 I/O 设备（如鼠标、键盘等）。其中，主机箱里装着微型计算机的大部分重要硬件设备，如 CPU、主板、内存、硬盘、光驱、软驱、各种板卡、电源及各种连线等。如果再配置声卡、音箱等，就构成了一台多媒体计算机。为了特殊用途，还需配置打印机、扫描仪等常用设备。

微机的性能指标是对微型计算机的性能的评价。最常用的指标有：主频、字长、内核数、内存容量、运算速度等 5 项。此外，机器的兼容性、系统的可靠性（平均无故障工作时间 MTBF）、系统的可维护性（平均修复时间 MTTR）、性能价格比等也常需要考虑。

下面我们主要介绍组成微型计算机的硬件。

1. 主板

图 1-5 所示为常用主板结构。

主板是计算机中各个部件工作的一个平台，它把计算机的各个部件紧密连接在一起，各个部件通过主板上的总线进行数据传输。也就是说，计算机中重要的“交通枢纽”都在主板上，它工作的稳定性影响着整机工作的稳定性。主板一般为矩形电路板，上面安装了组成计算机的主要电路系统，一般有 BIOS 芯片、I/O 控制芯片、键盘和面板控制开关接口、指示灯插接件、扩充插槽、主板及插卡的直流电源供电接插件等元器件。

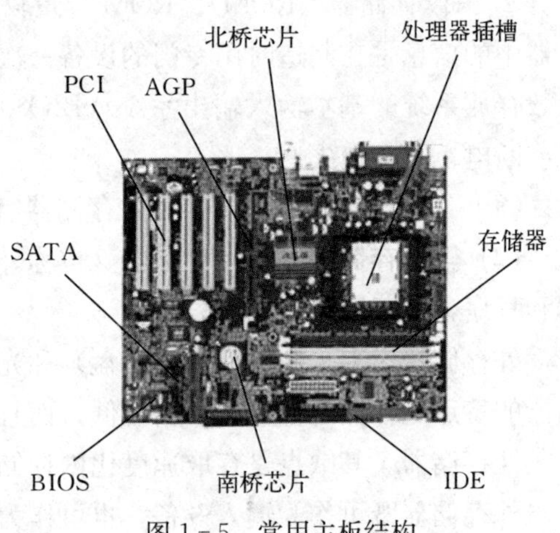

图 1-5　常用主板结构

总线是连接微型机 CPU、内存储器和外部设备的公共信息通道。在总线上传送数据、地址和控制 3 种信号。传送数据信号的称为数据总线 DB（data bus），传送地址信号的称为地址总线 AB（address bus），传送控制信号的称为控制总线 CB（control bus），微型计算机的总线由这 3 种总线构成。常用总线有：ISA 总线、EISA 总线、VESA 总线、PCI 总线、USB 总线等。

2. CPU

CPU 即中央处理器，是一台计算机的运算核心和控制核心。其功能主要是解释计算机指令以及处理计算机软件中的数据。CPU 由运算器、控制器、寄存器、高速缓存及实现它们之间联系的数据、控制及状态总线构成。计算机的性能在很大程度上由 CPU 的性能决定，而 CPU 的性能主要体现在其运行程序的速度上。影响运行速度的性能指标包括 CPU 的工作频率、Cache 容量、指令系统和逻辑结构等参数。通常都以 CPU 为标准来判断计算机的档次。图 1-6 所示为 Intel 酷睿 i7 6700K CPU。

图 1-6　CPU

（1）主频。主频也称时钟频率，单位是赫兹（Hz），表示单位时间内 CPU 发出的脉冲数，用来表示 CPU 的运算、处理数据的速度。通常，主频越高，CPU 处理数据的速度就越快。

（2）内核数。随着对 CPU 处理运行效率的提高，尤其对多任务处理速度的要求提高，Intel 和 AMD 两个公司分别推出了多核处理器。所谓多核处理器，简单说就是在一块 CPU 基板上集成两个或两个以上的处理器核，并通过并行总线将各处理器核连接起来。多核处理

技术的推出，极大地提高了 CPU 的多任务处理能力，现在已成为市场的应用主流。

3. 内存储器

内存（memory）也称内存储器，是 CPU 能直接寻址的存储空间。其作用暂时存放 CPU 中的运算数据，以及与硬盘等外部存储器交换的数据。

内存包括只读存储器（ROM）、随机存储器（RAM），以及高速缓冲存储器（Cache）。

（1）只读存储器（ROM）。在制造 ROM 的时候，信息（数据或程序）就被存入并永久保存。这些信息只能读出，一般不能写入，即使机器停电，这些数据也不会丢失。ROM 一般用于存放计算机的基本程序和数据。

（2）随机存储器（RAM）。RAM 表示既可以从中读取数据，也可以写入数据。当机器电源关闭时，存于其中的数据就会丢失。我们通常购买或升级的内存条就是用作计算机的内存，内存条就是将 RAM 集成块集中在一起的一小块电路板，它插在计算机的内存插槽上，以减少 RAM 集成块占用的空间。内存是由内存芯片、电路板、插槽等部分组成的，如图 1-7 所示。

图 1-7　DDR3 内存条

（3）高速缓冲存储器（Cache）。Cache 常见的有一级缓存（L1 Cache）、二级缓存（L2 Cache）、三级缓存（L3 Cache）等。它位于 CPU 与内存之间，是一个读写速度比内存更快的存储器。当 CPU 向内存中写入或读出数据时，这个数据也被存储进高速缓冲存储器中。当 CPU 再次需要这些数据时，CPU 就从高速缓冲存储器读取数据，而不是访问较慢的内存，当然，如需要的数据在 Cache 中没有，CPU 会再去读取内存中的数据。

4. 外存储器

（1）硬盘。硬盘是主要的外部存储器，用于存放系统文件、用户的应用程序和数据。

（2）软盘。软驱用来读取软盘中的数据。软盘为可读写外部存储设备，与主板用 FDD 接口连接，现已淘汰。

（3）光盘。光盘是利用激光原理进行读、写的设备。目前用于计算机系统的光盘可分为只读光盘（CD-ROM、DVD）、追记型光盘（CD-R、WORM）和可改写型光盘（CD-RW、MO）等。光盘存储介质具有价格低、保存时间长、存储量大等特点，已成为微机的标准配置。

（4）闪存盘。闪存盘通常也被称为优盘、U 盘、闪盘。它用闪存作为存储介质，一般由闪存、控制芯片和外壳组成。闪存盘具有可多次擦写、速度快而且防磁、防震、防潮的优点。它采用流行的 USB 接口，体积小，质量轻，不用驱动器，无须外接电源，即插即用，实现在不同计算机之间进行文件交流，存储容量从 4～128GB 不等，满足不同的需求，外观如图 1-8 所示。

图 1-8 优盘外观

（5）移动硬盘。 移动硬盘与采用标准的 IDE 接口的主机相连的台式机硬盘不同，它是一种采用了电脑外设标准接口（USB 或 IEEE1394）的便携式大容量存储系统。移动硬盘一般由硬盘体加上带有 USB/IEEE1394 控制芯片及外围电路板的配套硬盘盒构成。与同类产品相比有许多出色的特性：如容量大（主流产品都至少是上百 GB 的储存空间）、存取速度快、兼容性好（即插即用）、具有良好的抗震性能。

（6）移动存储卡。 存储卡是利用闪存技术达到存储电子信息目的的存储器，一般应用在数码相机、掌上电脑、MP3、MP4 等小型数码产品中，犹如一张卡片，所以又称为闪存卡。

由于闪存卡本身并不能直接被计算机辨认，读卡器就是两者的沟通桥梁，作为存储卡的信息存取装置。读卡器使用 USB 接口，支持热拔插。

5. 输入设备

输入设备把外界信息转换成计算机能处理的数据形式。计算机输入的信息有数字、模拟量、文字符号、音频和图形图像等形式。这些信息形式必须转换成相应的二进制数字编码，计算机才能处理。输入设备按功能可分为下列几类：

字符输入设备：键盘；

图形输入设备：鼠标、操纵杆、光笔；

图像输入设备：摄像机、扫描仪、传真机；

光学阅读设备：光学标记阅读机、光学字符阅读机；

模拟输入设备：语言模数转换识别系统。

下面我们重点介绍键盘的布局和功能键及鼠标。

（1）键盘。 键盘是计算机的输入设备，通过键盘可以向计算机输入信息，包括指令、数据和程序。

键盘主要分为主键盘区、功能键区、编辑键区和数字键区 4 个分区。键盘布局如图 1-9 所示。

主键盘区：位于键盘的左部，各键上标有英文字母、数字和符号等，共计 62 个键，其中包括 3 个 Windows 操作用键。主键盘区分为字母键、数字键、符号键和控制键。该区是我们操作计算机时使用频率最高的键盘区域。

功能键区：主要分布在键盘的最上一排，从“F1”到“F12”。在不同的软件中，可以对功能键进行定义，或者是配合其他键进行定义，起到不同的作用。

编辑键区：位于主键盘区的右边，由 13 个键组成。在文字编辑中有着特殊的控制功能。

数字键区：位于键盘的最右边，又称小键盘区。该键区兼有数字键和编辑键的功能。

(2) 鼠标。鼠标是一种常用的输入设备，它可以对当前屏幕上的光标进行定位，并通过按键和滚轮装置对光标所经过位置的屏幕元素进行操作。鼠标按其工作原理及其内部结构的不同可以分为机械式、光电式。

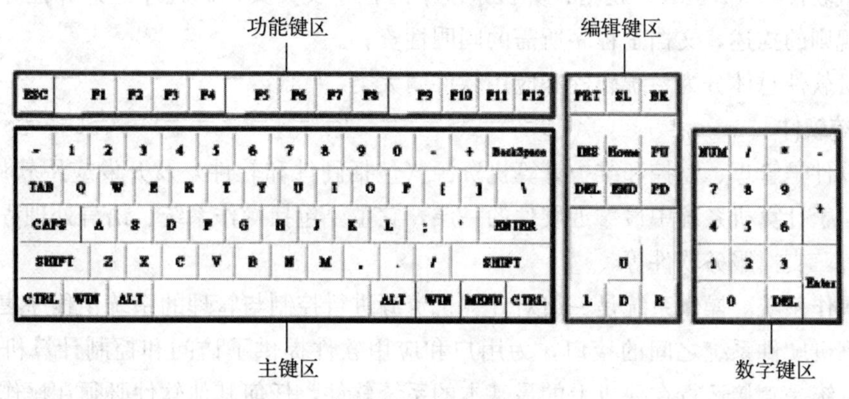

图 1-9　键盘布局

6. 输出设备

输出设备将计算机中的数据或信息以数字、字符、图像、声音等形式表示出来。常见的输出设备有显示器、打印机、绘图仪、影像输出系统、语音输出系统、磁记录设备等。

(1) 显示系统。显示系统包括显示器和显示适配器（又称为显卡）。显示器包括阴极射线管（CRT）显示器、液晶显示器（LCD）和等离子显示器等。图 1-10 所示为 CRT 显示器，图 1-11 所示为 LCD 显示器。与 CRT 显示器相比，LCD 显示器具有体积小、无辐射、耗电量低等优点，目前已成为主流配置。显卡把信息从计算机中取出并显示到显示器上，它决定了颜色数目和图形效果。目前很多主板集成了显卡，能满足一般用户的要求。

(2) 打印机。打印机按工作方式分为针式打印机、喷墨式打印机、激光打印机等。

图 1-10　CRT 显示器

图 1-11　LCD 显示器

(3) 声音输出设备。声音输出设备是以声波的形式来表示计算机中声音信息的电子装置，最主要的声音输出设备是声卡和扬声器两部分。扬声器是微机的基本配置，安装在主机箱内。音箱只能在有声卡的微机中才能使用，声卡的作用是对各种声音信息进行解码，并将解码后的结果送入音箱中播放。

三、计算机软件系统

计算机软件（software）是指计算机系统中的程序及其文档。程序是计算任务的处理对象和处理规则的描述，文档是程序所需的阐明性资料。

计算机软件总体分为系统软件和应用软件两大类。

1. 系统软件

系统软件是管理、监控和维护计算机资源（包括硬件和软件）及开发应用软件的软件。系统软件居于计算机系统中最靠近硬件的一层，它主要包括操作系统、语言处理程序、数据库管理系统、支撑服务软件等。

(1) 操作系统。操作系统是一组对计算机资源进行控制与管理的系统化程序集合，它是用户和计算机硬件系统之间的接口，为用户和应用软件提供了访问和控制计算机硬件的桥梁。操作系统是直接运行在裸机上的最基本的系统软件，任何其他软件必须在操作系统的支持下才能运行。常用的操作系统有 Windows、Linux、UNIX、OS 等。

(2) 语言处理程序（翻译程序）**。**人和计算机交流信息使用的语言称为计算机语言或程序设计语言。计算机只能直接识别和执行机器语言，用各种程序设计语言编写的源程序，计算机是不能直接执行的，必须经过翻译（对汇编语言源程序是汇编，对高级语言源程序则是编译或解释）才能执行，这些翻译程序就是语言处理程序；包括汇编程序、编译程序和解释程序等，它们的基本功能是把用高级语言或汇编语言编写的源程序翻译成机器可执行的二进制语言程序。翻译的方法有以下两种：

一种称为“解释”。早期的 BASIC 源程序的执行都采用这种方式。它调用机器配备的 BASIC“解释程序”，逐条把 BASIC 的源程序语句进行解释和执行，它不保留目标程序代码，即不产生可执行文件。这种方式速度较慢，每次运行都要经过“解释”，边解释边执行。

另一种称为“编译”，它调用相应语言的编译程序，把源程序变成目标程序（以 .obj 为扩展名），然后连接程序，把目标程序与库文件相连接形成可执行文件。尽管编译的过程复杂一些，但它形成的可执行文件（以 .exe 为扩展名）可以反复执行，速度较快。运行程序时只要输入可执行程序的文件名，再按 Enter 键即可。

指令是指挥计算机执行某种操作的命令。指令的作用是规定机器运行时必须完成的一次基本操作。如从哪个存储单元取操作数，得到的结果存到哪个地方等。指令的集合称为指令系统。

每条指令由操作码和地址码两部分组成，命令格式为：操作码＋地址码。

操作码表示要执行的操作，如加、减、乘、除、移位、传送等。地址码表示操作数据应存放的位置。由机器指令组成的程序称为目标程序，用各种计算机语言编制的程序称为源程序。源程序只有被翻译成目标程序才能被计算机接受和执行。

(3) 数据库管理系统。数据库管理系统是一种操纵和管理数据库的大型软件，用于建立、使用和维护数据库。

数据库是指按照一定联系存储的数据集合，可为多种应用共享。数据库管理系统则是能够对数据库进行加工、管理的系统软件。

常用的数据库管理系统有微机上的FoxBASE+、FoxPro、Access和大型数据库管理系统如Oracle、DB2、Sybase、SQL Server等，它们都是关系型数据库管理系统。

(4) 系统支撑和服务软件。又称工具软件，如系统诊断程序、调试程序、排错程序、编辑程序、查杀病毒程序等，都是为维护计算机系统的正常运行或支持系统开发所配置的软件系统。

2. 应用软件

应用软件是为了解决用户的具体问题而开发的程序和文档。应用软件具有很强的实用性、专业性，包括商品化的通用软件和用户自己编制的各种应用程序。较常见的应用软件如下：

(1) 文字处理软件，如WPS、Word等。

(2) 信息管理软件。

(3) 辅助设计软件，在汽车、飞机、船舶、超大规模集成电路VLSI等设计、制造过程中，CAD占据着越来越重要的地位。辅助设计软件主要用于绘制、修改、输出工程图纸。目前常用的辅助设计软件有AutoCAD等。

(4) 实时控制软件，如极域电子教室等。

(5) 教育与娱乐软件。

(6) 图像处理软件，图像处理软件主要用于绘制和处理各种图形图像，常用的图像处理软件有Adobe Photoshop和我行我速等。

(7) 多媒体处理软件，多媒体处理软件主要用于处理音频、视频及动画，播放软件是重要的多媒体处理软件，例如豪杰超级解霸和Winamp等。常用的视频处理软件有Adobe Premiere及Ulead会声会影等，而Flash用于制作动画，Maya、3DMAX等是大型的3D动画处理软件。

软件开发是根据用户要求设计出软件系统或者系统中的软件部分的过程。软件开发是一项包括需求捕捉、需求分析、设计、实现和测试的系统工程。

一个完整的计算机系统的硬件和软件是按一定的层次关系组织起来的。操作系统是系统软件的核心，它紧贴系统硬件之上，所有其他软件之下，是其他软件的共同环境。应用软件位于系统软件的外层，以系统软件作为开发平台。

任务实战

1. 观看微机组装操作视频。

2. 在实验室中，在教师的指导下对微机进行简单的拆装，了解微机的组成部件及连接方式，提升对计算机系统的认识。

3. 键盘的使用：按照计算机安装的打字软件进行打字练习。

任务五 计算思维

学习任务

了解计算和思维的概念，掌握计算思维的概念，了解计算思维在社会生活中的应用，掌握利用计算思维解决简单计算问题的方法。

相关知识

一、计算与思维

简单计算如我们从幼儿开始学习和训练的算术运算，就是指数据在运算符的操作下，按规则进行数据变化。那么计算就是基于规则的、符号集的变换过程，也就是说从既定的符号集合经过变换得到确定的结果。广义的计算就是执行信息变换。

思维是人脑对事物进行概括的、间接的反应过程。通常把涉及所有认知或智力活动都称为思维。它探索和发现事物的内部规律性和本质联系，是认识过程的高级阶段，从信息论的角度出发，思维是对新输入的信息与脑内已存储的知识经验进行一系列复杂的心智操作的过程。思维包括理论思维、实验思维、计算思维 3 种类型。

1. 理论思维

理论思维也称推理思维，以推理和演绎为特征，典型领域是数学学科。理论思维是所有学科领域的基础。

2. 实验思维

实验思维也称实证思维，主要是观察和总结自然规律，典型领域是物理学科。实验思维的先驱是意大利著名物理学家、天文学家和数学家伽利略。实验思维需要借助一些特定设备来获取数据供以后分析。

3. 计算思维

计算思维也称构造思维，是以设计和构造为特征，用计算的手段来研究社会和自然的现象及规律。典型领域是计算机科学。

二、计算思维概述

计算思维不是数学计算的能力，也不是运用计算机的能力。计算思维的概念是 2006 年由美国卡内基・梅隆大学计算机科学系主任周以真（Jeannette M. Wing）教授提出的，周教授认为：计算思维是运用计算机科学的基础概念进行问题求解、系统设计，以及人类行为理解等涵盖计算机科学之广度的一系列思维活动。国际上广泛认同周以真教授的这一计算思维定义。2011 年，周教授再次更新定义并提出计算思维包括算法、分解、抽象、概括和调试 5 个基本要素。

计算思维融合了数学思维、工程思维和科学思维。中国科学院计算技术研究所研究员徐

志伟强调：计算思维是一种本质的、所有人都必须具备的思维方式。它如同所有人都需要具备读、写、算等基本能力一样，也是人们必须具备的一种思维能力。

三、计算思维的本质及特征

1. 计算思维的本质

计算思维的本质是抽象（abstract）和自动化（automation）。计算思维中的抽象完全超越物理的时空观，并可以完全用符号表示，是计算思维的核心。与数学相比，计算思维中的抽象显得更为丰富，也更为复杂。数学抽象的特点是抛开现实事物的物理、化学和生物等特性，仅保留其量的关系和空间的形式，而计算思维中的抽象却不仅仅如此。如堆栈是计算学科中常见的一种抽象数据类型。

计算思维通过约简、嵌入、转化和仿真等方法，把一个困难的问题重新阐释成一个我们能解决的问题，把这一问题表示成求解它的算法通过计算机自动执行，所以具有自动化的本质。自动化需要机械地一步一步地执行，其前提和基础还是抽象。

2. 计算机思维的特征

（1）是概念化，不是程序化。计算机科学不仅是计算机编程，还应该像计算机科学家那样去思维，意味着远不止为计算机编程，还要求能够在抽象的多个层次上思维。

（2）是根本的，不是刻板的技能。根本技能是指人在现代社会中发挥职能所必须具备的基本技能。刻板的技能指机械的重复。

（3）是人的，不是计算机的思维。计算思维是人们解决问题的一条途径，但并非让人像计算机那样思考问题。

（4）是思想，不是人造物品。计算思维是一种思维模式，是一种思想，而不是我们生产的软硬件等人造物。

（5）是数学思维和工程思维的互补与融合。

（6）它面向所有人，可应用于所有地方。

四、计算思维的方法

计算思维方法是计算思维的核心，计算思维方法最重要的是数学和工程的方法，是计算机科学自身方法。计算思维 4 种基本思维方式有分层思维、抽象化、模式识别及流程建设。

1. 基本方式

（1）分层思维。分层思维是将一个大问题分解成许多小的部分。这些小部分使人更容易理解，让问题更加容易解决。如我们可以把电影制作过程分解为脚本、演员剧组、拍摄录制、后期制作等小部分，拍摄录制还可以继续分为场景 1、场景 2 等多个场景。

（2）抽象化。抽象化是指只关注关键信息，忽略不必要细节的过程。

（3）模式识别。任何事物都有相似性，模式识别是识别不同问题中的模式和趋势（即共同点）的过程，从以往经验中得出规律，从而起到举一反三的效果，将它运用到其他问题中。

（4）流程建设。流程建设是一步一步解决问题的过程，按照一定的顺序完成一个任务。

2. 基本方法

计算思维不仅属于计算机科学家，也是现代社会每个人都需具有的基本技能。因此每个学生都需要培养计算思维，并用计算思维的方法去求解问题。计算思维方法很多，周以真教授将其归纳为以下几大类：

（1）计算思维通过约简、嵌入、转化和仿真等方法，把一个困难问题分解成求解它的步骤问题。

（2）计算思维是一种递归思维，是并行处理，它是一种把代码译成数据又能把数据译成代码的方法。

（3）计算思维采用抽象和分解的方法来控制复杂的任务或设计巨型复杂的系统，基于关注点分离的方法（SOC 方法）。由于关注点混杂在一起会导致复杂性大大增加，把不同的关注点分离开来分别处理是处理复杂性任务的一个原则。

（4）计算思维选择合适的方式对一个问题的相关方面进行建模，使其易于处理，在不必理解每一个细节的情况下能够安全地使用、调整和影响一个大型复杂系统。

（5）计算思维采用预防、保护及通过冗余、容错、纠错的方法，从最坏情形进行系统恢复。

（6）计算思维是一种利用启发式推理来寻求解答的方法，即在不确定的情况下进行规划、学习和调度。

（7）计算思维是一种利用海量数据来加快计算，在时间和空间之间，在处理能力和存储容量之间进行折中处理的方法。

五、计算思维的应用领域

计算思维教育不是让人人成为程序员、工程师，而是在未来时代拥有一种适配未来的思维模式。计算思维是人类在未来社会求解问题的重要手段，而不是让人像计算机一样机械地运转。孙家广院士在“计算机科学的变革”中指出：计算思维是（计算机科学界）最具有基础性和长期性的思想。计算思维是每个人都应具备的基本技能，也是培养创新人才的基本要求和专业素养，每个人都应当学习和应用计算思维。正如印刷出版促进了阅读、写作和算术（reading，writing and aRithmetic－3R）的普及，计算和计算机也正促进着计算思维的传播。

目前，计算思维在生物学、脑科学、化学、经济学、艺术、工程学、社会科学等领域都有广泛的应用。如在生物信息学中的应用研究，从各种生物的 DNA 数据中挖掘 DNA 序列自身规律和 DNA 序列进化规律；在脑科学上的应用，与心理学、人工智能、认知科学及创造学等互相渗透，揭示人脑高级意识功能；在化学中的数据处理、图形显示、模式识别、数据库检索等应用；艺术领域的书法模拟、服装设计、图案设计及电子出版物等应用；工程学中的电子、土木、机械、航空航天等领域的应用；经济学中的博弈论专家设计；社交科学中社交网络、统计机器学习等方面的应用。

计算思维不仅渗透到每个人的生活，并且对生物信息学、生物计算、专家系统、经济学、社会科学等学科领域都产生了重大的影响，在科技创新和教育教学中也起着非常重要的作用。

计算思维领域提出的新思想、新方法不断地促进自然科学、工程学和社会经济等领域产生革命性的发展。典型的应用领域有生物信息学，仿生计算，专家系统，数值计算，工程、模型模拟，统计模式识别，虚拟现实等。

任务实战

1. 结合自己的专业谈一谈专业知识和计算思维的关系。
2. 查阅用计算思维解决汉诺塔问题、旅行商问题。

任务六 计算机病毒

学习任务

了解计算机病毒的概念、特点、分类、传播途径和预防，能够使用杀毒软件清除计算机病毒。

相关知识

计算机病毒的破坏能力是巨大的，轻则扰乱用户正常工作、降低系统性能，重则损坏用户文件、删除硬盘程序或格式化硬盘，使用户资料丢失、系统瘫痪，甚至损坏计算机硬件造成用户无法开机。

一、计算机病毒定义及特点

计算机病毒是计算机安全中的一大毒瘤，可以在瞬间损坏文件系统，使计算机陷入瘫痪。计算机病毒的产生是计算机技术和以计算机为核心的社会信息化进程发展到一定阶段的必然产物。

1. 什么是计算机病毒

计算机病毒（computer virus）是编制者在计算机程序中插入的破坏计算机功能或者数据的代码，能影响计算机使用、能自我复制的一组计算机指令或者程序代码。计算机病毒可以是一个程序，一段可执行代码。就像生物病毒一样，计算机病毒有独特的复制能力。计算机病毒可以很快地蔓延，又常常难以根除。

2. 计算机病毒的特点

（1）传染性。可以通过种种途径传播。

（2）潜伏性。计算机病毒的作者可以让病毒在某一时间自动运行。

（3）破坏性。可以破坏电脑，造成电脑运行速度变慢、死机、蓝屏等问题。

（4）隐蔽性。不易被发现。

（5）可触发性。病毒可以在条件成熟时运行，增加了病毒的隐蔽性和破坏性。

（6）寄生性。可以寄生在正常程序中，可以跟随正常程序一起运行，但是病毒在运行之前不易被发现。

二、计算机病毒分类

计算机病毒按感染对象分为引导型、文件型、混合型、宏病毒、网络病毒，文件型病毒主要攻击的对象是.com及.exe等可执行文件，按其破坏程度分为良性病毒、恶性病毒。

1. 引导型病毒

引导型病毒会感染硬盘的主引导记录（MBR），当硬盘主引导记录感染病毒后，病毒就企图感染每个插入计算机进行读写的移动磁盘引导区。这类病毒常常将其病毒程序替代主引导区中的系统程序。引导型病毒总是先于系统文件装入内存储器，获得控制权并进行传染和破坏。

2. 文件型病毒

文件型病毒主要感染.exe、.com、.drv、.bin、.ovl、.sys等可执行文件。它通过寄生在文件的首部或尾部，并修改程序的第一条指令。当染毒程序执行时就先跳转去执行病毒程序，进行感染和破坏。这类病毒只有当带毒程序执行时，才能进入内存，一旦符合激发条件，它就发作。CIH病毒就是文件型病毒。

3. 混合型病毒

混合型病毒既可以感染磁盘的引导区，也可感染可执行文件，兼有上述两类病毒的特点。

4. 宏病毒

宏病毒与以上病毒不同，它不感染程序，仅感染Microsoft Word文档文件（DOC）和模板文件（DOT），与操作系统没有特别的关联。它能通过U盘文档复制、E-mail下载Word文档附件等途径蔓延。当对感染宏病毒的Word文档操作时，它就进行破坏和传播。Word宏病毒造成的结果是：不能正常打印，改变文件名称或存储路径，删除或随意复制文件，禁用有关菜单，最终导致无法正常编辑文件。

5. Internet病毒（网络病毒）

通过计算机网络感染可执行文件的计算机病毒。Internet病毒大多通过E-mail传播，黑客是危害计算机系统的源头之一。黑客是指利用通信软件，通过网络非法进入他人的计算机系统，截取或篡改数据，危害信息安全的入侵者或入侵行为。

如果网络用户收到来历不明的E-mail，不小心执行了附带的“黑客程序”，该用户的计算机系统就会被偷偷修改注册表信息。已经发现的“黑客程序”有：BO（Back Orifice）、Netbus、Netspy、Backdoor等。

三、计算机病毒的传播和预防

1. 计算机病毒的传播途径

（1）通过不可移动的计算机硬件设备进行传播。这些硬件设备通常包括计算机的硬盘等。这种病毒虽然极少，但破坏力却极强，目前尚没有较好的检测手段对付。

（2）通过移动存储设备传播。这些设备包括软盘、U盘等。由于软盘、U盘是使用最广泛、移动最频繁的存储介质，因此也成了计算机病毒寄生的“温床”。目前，大多数计算

机都是从这类途径感染病毒的。

(3) 通过计算机网络进行传播。现代信息技术的巨大进步已使空间距离不再遥远，但也为计算机病毒的传播提供了新的“高速公路”。计算机病毒可以附着在正常文件中通过网络进入一个又一个系统，在信息国际化的同时，病毒也在国际化。

(4) 通过点对点通信系统和无线通道。如手机病毒，这种途径很可能与网络传播途径成为病毒扩散的两大“时尚渠道”。

2. 计算机病毒的预防措施

计算机病毒的预防措施是安全使用计算机的要求，计算机病毒的预防措施主要有以下几个方面：

(1) 建立良好的安全习惯。例如：对一些来历不明的邮件及附件不要打开，不要上一些不太了解的网站，不要执行从 Internet 下载后未经杀毒处理的软件。访问受到安全威胁的网站也会造成感染等因此要尽量少访问这类网站，这些安全习惯会使您的计算机更安全。

(2) 关闭或删除系统中不需要的服务。默认情况下，许多操作系统会安装一些辅助服务，如 FTP 客户端、Telnet 和 Web 服务器。这些服务为攻击者提供了方便，而又对一般用户没有太大用处，删除它们，能减少被攻击的可能性。

(3) 经常升级安全补丁。据统计，有 80%的网络病毒是通过系统安全漏洞进行传播的，如红色代码、尼姆达等病毒，所以应该定期到微软网站去下载最新的安全补丁，以防患于未然。

(4) 迅速隔离感染病毒的计算机。当计算机发现病毒或异常时应立刻断网，以防止计算机受到更多的感染，或者成为传播源，再次感染其他计算机。

(5) 了解一些病毒知识。这样就可以及时发现新病毒并采取相应措施，在关键时刻使自己的计算机免受病毒破坏。如果能了解一些 Windows 注册表知识，就可以定期看一看注册表的自启动项是否有可疑键值。

(6) 安装专业的防毒软件进行全面监控。使用防毒软件进行防毒，是越来越经济的选择，不过用户在安装了反病毒软件之后，应该经常进行升级，将一些主要监控经常打开，这样才能真正保障计算机的安全。

(7) 坚决杜绝使用来路不明的磁盘。

四、计算机病毒的清除

(1) 使用正版杀毒软件清除病毒。

(2) 使用防火墙隔离病毒。安装个人防火墙，有效地监控任何网络连接，通过过滤不安全的服务，可极大地提高网络安全和减少计算机被攻击的风险，使系统具有抵抗外来非法入侵的能力，保护系统和数据的安全。开启防火墙后能自动防御大部分已知的恶意攻击。

(3) 人工处理。有些情况下也可以人工清除计算机中的病毒。可以将有毒文件删除，有毒磁盘重新格式化。

任务实战

1. 下载并安装 360 杀毒软件。

2. 使用 360 杀毒软件查杀计算机上的病毒。

3. 使用 360 安全卫士对计算机进行安全管理。

练习与思考

一、单选题

1. 在计算机内部，一切信息的处理、存储和传输都是以（　　）进行的。

A. ASCII 码　　B. 二进制　　C. 八进制　　D. 国标码

2. 计算机硬件的组成部分主要包括运算器、（　　）、存储器、输入设备和输出设备。

A. 控制器　　B. 显示器　　C. 磁盘驱动器　　D. 鼠标器

3. 一条计算机指令中，规定其执行功能的部分称为（　　）。

A. 源地址码　　B. 操作码　　C. 目标地址码　　D. 数据码

4. 在网络信息安全中，（　　）是指以各种方式有选择地破坏信息。

A. 必然事故　　B. 被动攻击　　C. 偶然事故　　D. 主动攻击

5. 冯·诺伊曼为现代计算机的结构奠定了基础，他的主要设计思想是（　　）。

A. 采用电子元件　　B. 存储程序　　C. 虚拟存储　　D. 数据存储

6. 在计算机领域中，通常用 MIPS 来测试计算机的（　　）。

A. 运算速度　　B. 可靠性　　C. 可运行性　　D. 可扩充性

7. 任何进位计数制都有的两要素是（　　）。

A. 整数和小数　　B. 定点数和浮点数

C. 数码个数和基数　　D. 尾码和阶码

8. 下列四个不同数制表示的数中，数值最大的是（　　）。

A. $(11011101)_2$　　B. $(334)_8$　　C. $(219)_{10}$　　D. $(DA)_{16}$

9. 十六进制数 58.C 的二进制数表示是（　　）。

A. 1011000.11　　B. 1000101.01　　C. 111000.1　　D. 1101000.11

10. 主频是计算机的重要指标之一，它的单位是（　　）。

A. MHz　　B. MB　　C. MIPS　　D. MTBF

11. 按 16×16 点阵存放国标 GB 2312—1980 中一级汉字（共 3 755 个）的汉字库，大约需占（　　）存储空间。

A. 1MB　　B. 512KB　　C. 256KB　　D. 118KB

12. 已知字符 K 的 ASCII 码的十六进制数是 4BH，则 ASCII 码的二进制数 1001000 对应的字符为（　　）。

A. G　　B. H　　C. I　　D. G

13. 已知字母“F”的 ASCII 码是 46H，则字母“f”的 ASCII 码是（　　）。

A. 66H　　B. 26H　　C. 98H　　D. 34H

14. 系统软件中最重要的是（　　）。

A. 语言处理程序　　B. 操作系统　　C. 工具软件　　D. 数据库管理系统

15. 计算机病毒之所以具有强大的传播能力，是因为它具有较强的（　　）能力。

A. 可执行能力　　B. 潜伏能力　　C. 遗传能力　　D. 自我复制能力

16. 为了避免混乱，二进制数在书写时常在后面加上字母（　　）。

A. H　　B. D　　C. B　　D. 32

17. 一个字节由 8 个二进制位组成，他所能表示的最大的十六进制数为（　　）。

A. 255　　B. 256　　C. 9F　　D. FF

18. 下列有关存储器读写速度的排列正确的是（　　）。

A. RAM＞Cache＞硬盘＞软盘　　B. Cache＞RAM＞硬盘＞软盘

C. Cache＞硬盘＞RAM＞软盘　　D. RAM＞硬盘＞软盘＞Cache

19. 计算机病毒由安装部分、传染部分和（　　）组成。

A. 计算部分　　B. 加密部分　　C. 破坏部分　　D. 衍生部分

20. 人类应具备的三大思维能力是指（　　）。

A. 逆向思维、演绎思维和发散思维　　B. 实验思维、理论思维和计算思维

C. 抽象思维、逻辑思维和形象思维　　D. 计算思维、理论思维和辩证思维

二、填空题

1. 根据软件的用途，计算机软件一般分为系统软件和（　　）两大类。

2. 只读储存器（　　）内所存的数据在断电之后也不会丢失。

3. 打印机可以分为击打式和非击打式，激光打印机属于（　　）。

4. 计算机的指令由操作码和（　　）组成。

5. 记录汉字字形通常有两种字形编码：（　　）和（　　）。

6. 表示 7 种状态至少需要（　　）位二进制数。

7. 运算器又称算术逻辑单元，是计算机中执行各种（　　）和（　　）的部件。

8. 计算机为了区分存储器中的各存储单元（每个字节对应一个存储单元），把全部存储单元按顺序编号，这些编号称为（　　）。

9. 计算思维的 4 种思维方式是分层思维、（　　）、模式识别和流程建设。

10. 计算机处理数据时，CPU 通过数据总线一次存取、加工和传送的数据称为（　　）。

项目二

Windows 10 操作系统

项目导读

操作系统是在硬件基础上的第一层软件，是用户和计算机硬件系统之间的接口，为用户和其他软件提供了访问和控制计算机硬件的桥梁，最大限度地发挥计算机系统各部分的作用，因此，操作系统的性能很大程度上决定了计算机系统的性能。Windows 操作系统包括多个版本，其中，Windows 10 以更简单、更快速、更安全等特点受到众多用户的青睐，据不完全统计，全球已有 60%以上的用户使用 Windows 10 操作系统，下面就来学习它的使用方法。

学习目标

1. 掌握 Windows 10 基本知识及基本操作。
2. 掌握文件和文件夹管理的操作方法。
3. 掌握 Windows 10 个性化设置。
4. 掌握 Windows 10 常用工具的使用及系统的维护。

任务一　Windows 10 操作系统的基本操作

学习任务

了解 Windows 10 桌面的桌面背景、桌面图标、任务栏、“开始”菜单等各组成部分，掌握各组成部分的设置；掌握对话框、窗口的基本操作；了解 Windows 10 系统的新特性；掌握快捷方式的创建。

相关知识

一、Windows 10 桌面及其组成

1. Windows 10 桌面

启动 Windows 10 系统，显示的整个屏幕称为桌面（Desktop），它是用户和 Windows

操作系统之间的桥梁，如运行各种应用程序、对系统进行管理和设置等操作。Windows 10 桌面主要由开始菜单、桌面图标、任务栏等部分组成。

2. 桌面图标

桌面图标由图形和文字组成，双击图标或者选中图标后按 Enter 键，即可迅速打开文件、文件夹、应用程序等项目。用户可根据需要将常用系统图标、安装的应用程序图标添加到桌面上。系统图标添加操作方法：

（1）在桌面的空白区域右击，在弹出的快捷菜单中选择“个性化”命令，在“个性化”设置窗口中选择“主题”，在“相关的设置”下选择“桌面图标设置”，弹出“桌面图标设置”对话框，如图 2-1 所示。

（2）在对话框中选择所需系统图标，单击“确定”按钮，完成设置。在“桌面图标设置”对话框中还可通过“更改图标”按钮进行桌面图标更改。

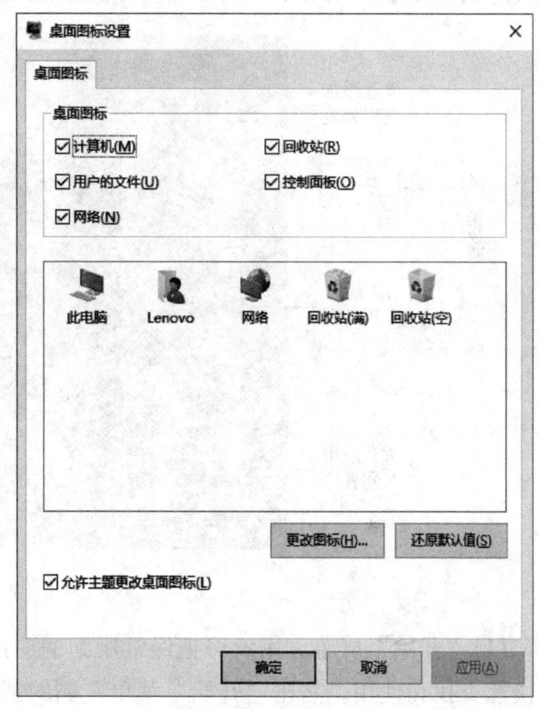

图 2-1　“桌面图标设置”对话框

3. 任务栏

默认情况下，任务栏是位于桌面底端的条状区域，主要由“开始”按钮、“搜索”按钮、任务区、通知区域、“显示桌面”按钮等部分组成，如图 2-2 所示。

（1）“开始”按钮。单击可以打开“开始”菜单。

（2）“搜索”按钮。可以查找 Web 和 Windows 资源。

（3）任务区。显示正在执行的程序的缩略图，单击某一程序按钮后该应用程序窗口变为当前活动窗口，即可以快速地进行程序之间的切换。

（4）通知区域。包括音量、网络、时间及一些常用应用程序，用户通过单击操作启动程序及进行设置，还可以查看有关通知信息。

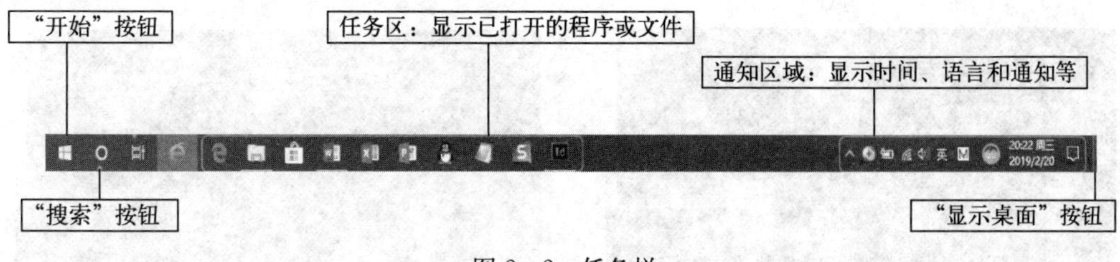

图 2-2　任务栏

（5）“显示桌面”按钮。该按钮位于任务栏的最右侧，单击快速显示桌面。任务栏的位置和高度是可以改变的。拖动任务栏可以置于桌面的上方、下方、左侧或右侧，拖动任务栏边框线可调整其栏高。用户还可根据自己的操作习惯对任务栏的外观、显示图标等进行自定义设置，右击任务栏空白区域，在弹出的快捷菜单中选择“任务栏设置”选项，打开任务栏设置窗口对任务栏进行设置。

4.“开始”菜单

“开始”菜单是操作系统的中央控制区域，通过该菜单可以方便地启动应用程序，打开文件夹，对系统进行各种设置和管理。单击任务栏最左侧的“开始”按钮或利用组合键“Ctrl＋Esc”，即可弹出“开始”菜单，如图 2－3 所示。

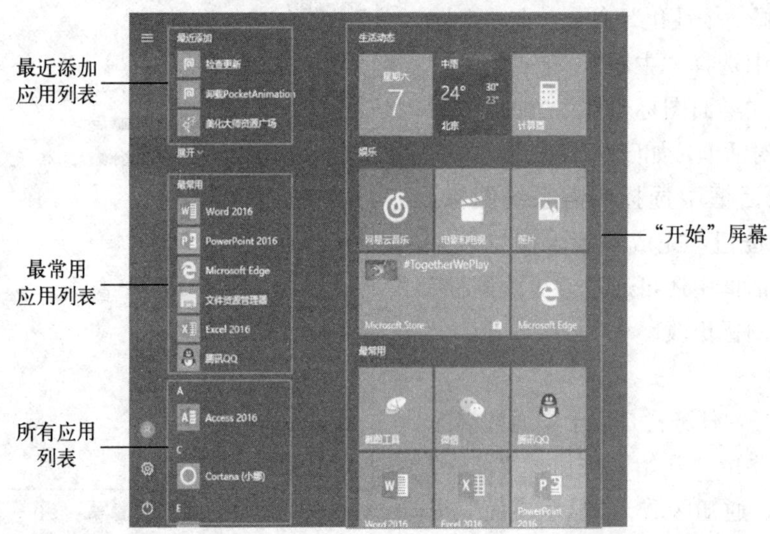

图 2－3 “开始”菜单

(1)“开始”屏幕。用户可把经常用到的应用项目，固定到右侧的“开始”屏幕上，方便快速查找和使用。右击“开始”菜单左侧的某个项目，在弹出的快捷菜单中选择“固定到开始屏幕”选项，该项目的应用图标就会固定到右侧的“开始”屏幕上。

把鼠标移到“开始”屏幕的边缘，鼠标变成双向箭头，拖动鼠标可调整“开始”屏幕的大小。

(2) 动态磁贴使用。在“开始”屏幕上显示的这些图标称为磁贴。其中内容会动态变化的称为动态磁贴。用户可通过“固定到开始屏幕”命令或者直接拖动磁贴到“开始”屏幕，可以开启或关闭动态磁贴，如图 2－4 所示；磁贴的大小也是可以调整的，右键单击磁贴，调整大小，有小中宽大 4 个模式，如图 2－5 所示；直接用鼠标左键拖动，可以调整磁贴的位置。

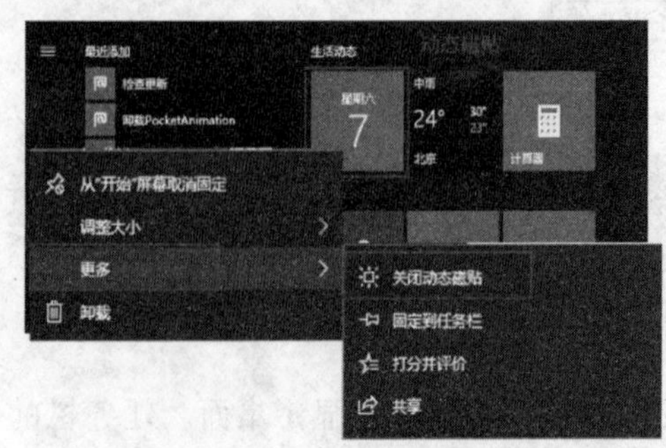

图 2－4 动态磁贴状态设置

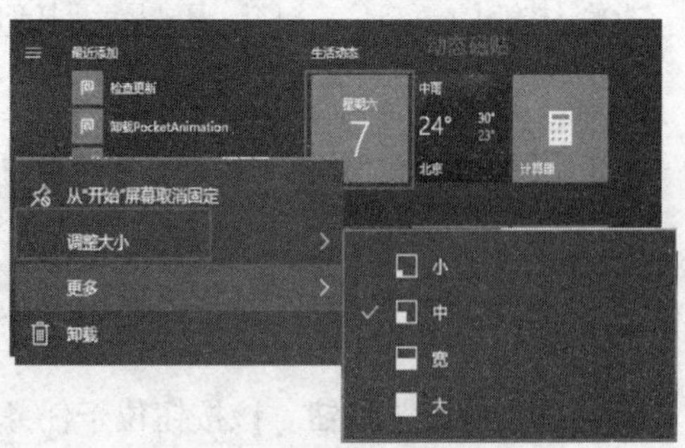

图 2－5 动态磁贴大小设置

二、窗口、对话框的基本操作

1. 窗口

在 Windows 10 中启动程序或打开文件夹时，会在屏幕上出现一个矩形区域，这便是窗口。操作应用程序大多是通过窗口中的菜单、工具按钮、工作区或打开的对话框等来进行的。不同类型的窗口，其组成元素也不同。窗口的组成如图 2－6 所示。

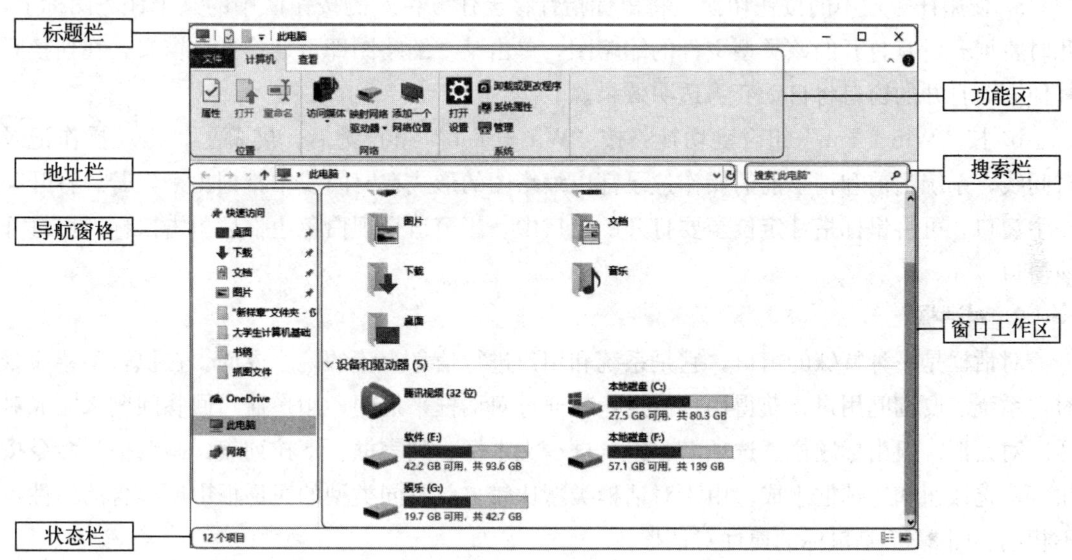

图 2－6 窗 口

(1) 窗口各组成部分作用介绍。

① 标题栏。位于窗口顶部，通过该工具栏可以快速实现设置所选项目属性和新建文件夹等操作，最右侧是窗口最小化、窗口最大化和关闭窗口的按钮。

② 功能区。功能区是以选项卡的方式显示的，其中存放了各种操作命令，要执行功能区中的操作命令，只需单击对应的操作名称即可。

③ 地址栏。显示当前窗口中文件在系统中的位置。

④ 搜索栏。用于快速搜索计算机中的文件、文件夹等。

⑤ 导航窗格。单击可快速切换或打开其他窗口。

⑥ 窗口工作区。显示当前窗口中存放的文件和文件夹内容。

⑦ 状态栏。用于显示当前窗口所包含项目的个数和项目的排列方式。

(2) 窗口的具体操作。

① 窗口的最大化、最小化及还原。

a. 打开任意窗口，单击窗口标题栏右侧的“最大化”按钮，此时窗口将铺满整个显示屏幕，同时“最大化”按钮变成“还原”按钮。

b. 单击“还原”按钮即可将最大化窗口还原成原始大小。

c. 单击窗口右上角的“最小化”按钮，此时该窗口将隐藏显示，并在任务栏的程序区域中显示一个图标按钮，单击该图标，窗口将还原到屏幕显示状态。

② 排列窗口。在使用计算机的过程中常常需要打开多个窗口，如既要用 Word 编辑文档，又要打开 Microsoft Edge 浏览器查询资料等。当打开多个窗口后，为了使桌面更加整洁，可以对打开的窗口进行层叠、堆叠和并排等操作。右击任务栏的空白区域弹出快捷菜单，选择所需排列方式。

③ 切换窗口。

a. 使用任务栏中的按钮切换：将鼠标指针移至任务栏左侧按钮区中的某个任务图标上，此时将展开所有打开的该类型文件的缩略图，单击某个缩略图即可切换到该窗口，在切换时其他同时打开的窗口将自动变为透明效果。

b. 按“Win＋Tab”组合键切换：按“Win＋Tab”组合键后，屏幕上将出现操作记录时间线，系统当前和稍早前的操作记录都以缩略图的形式在时间线中排列出来，若想打开某一个窗口，可将鼠标指针定位至要打开的窗口中，当窗口呈现白色边框后单击鼠标即可打开该窗口。

2. 对话框

对话框是一种特殊的窗口，它是系统和用户进行信息交流的一个界面。在执行某些命令时，系统需要询问用户，获得用户信息，就通过对话框来提问，用户通过回答问题来完成对话。对话框一般由标题栏、选项卡、组合框、文本框、列表框、下拉列表、微调框、命令按钮、单选按钮和复选框组成。由于对话框类型比较多，不同类型的对话框中所包含的构件各不相同。图 2-7 是鼠标的属性对话框。

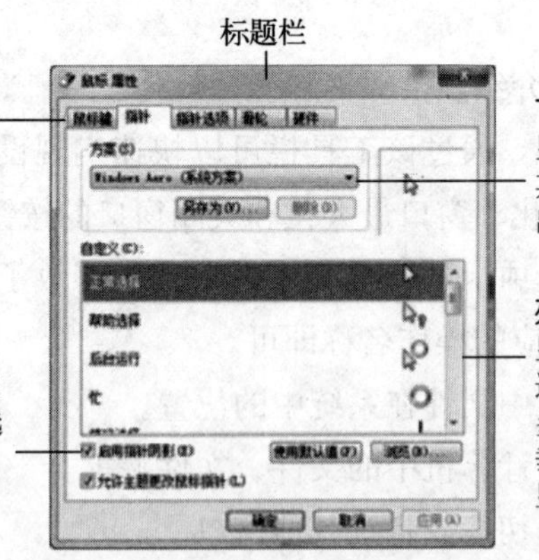
标题栏
选项卡：当对话框的内容很多时，通常采用选项卡的方式来分页，从而将内容归类到不同的选项卡中。通过单击选项卡标签可在不同选项卡之间切换
复选框：用于设定或取消某些项目，单击☐可勾选复选框，此时方框变为☑形状，再次单击☑可以取消选择
下拉列表框：在下拉列表框中显示了一个当前选项，可单击其右侧的小三角按钮，从弹出的下拉列表中选择其他选项
列表框：列表框是以列表形式显示有效选项的框，可以单击选择需要的选项。如果选项较多的话，在其右侧还会有一个垂直滚动条，拖动该滚动条可显示隐藏的选项

图 2-7　鼠标的属性对话框

三、Windows 10 系统新特性

相比之前的操作系统，Windows 10 系统增加了很多新特性，如虚拟桌面、分屏多窗口功能增强、多任务管理界面、设备与平台统一、语音助手 Cortana、Microsoft Edge 浏览器、上帝模式等。下面主要介绍一些常用的特性。

1. 虚拟桌面

Windows 10 新增了 Multiple Desktops 功能，让用户在一个操作系统下按个人喜好进行

桌面分区，即可以使用多个桌面环境，各个桌面运行任务互不干扰。使用组合键“Win+Tab”即可打开虚拟桌面设置，单击“新建桌面”按钮就可以添加一个新的桌面，自动命名为“桌面1”“桌面2”。

2. 分屏多窗口

Windows 10 系统可以在屏幕上同时摆放4个窗口，可以在单独窗口中显示正在运行的程序，同时还能智能给出分屏建议。用鼠标左键按住要窗口分屏的应用或者文件夹的上方，把它拖曳到左方或者右方，然后放开鼠标。

3. 多任务管理界面

任务栏中多了一个全新的“任务视图”按钮。桌面模式下可以运行多个应用程序和对话框，并且它们可以在不同桌面间自由切换。能将所有已开启窗口缩放并排列，以方便用户迅速找到目标任务。通过单击该按钮可以迅速预览多个桌面中打开的所有应用，单击其中一个可以快速跳转到该页面。

4. 语音助手 Cortana

在 Windows 10 中，小娜 Cortana 语音助手从移动端集成在 PC 电脑端，它不仅支持人机对话、查查天气、打开调用应用程序或文件、上网查找等功能，还能设置提醒和日程计划安排。小娜 Cortana 语音助手支持文字与语音两种指令方式，也支持与其闲聊。

5. 上帝模式

用户通过“上帝模式”能快速对系统进行设置，无须在系统中一一查找选项。具体方法为：在桌面上新建一个名为“GodMode.{ED7BA470-8E54-465E-825C-99712043E01C}”的文件夹，这时会发现这个文件夹变为类似控制面板的图标，如图2-8所示。双击这个“Godmode”文件即可打开 Windows 10 上帝模式，如图2-9所示。

图2-8 上帝模式文件创建

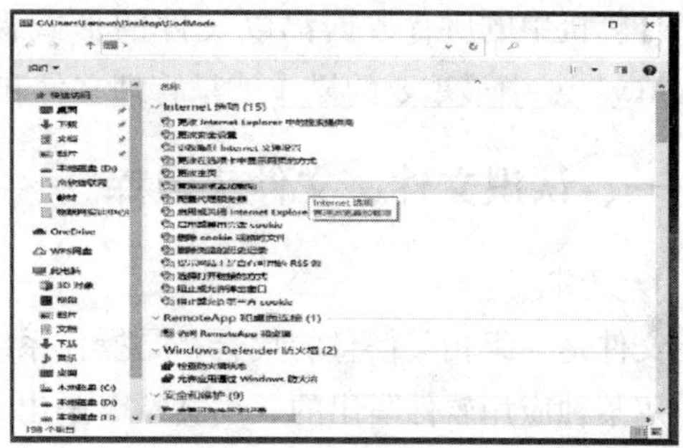

图2-9 上帝模式窗口

四、创建快捷方式

快捷方式是 Windows 提供的一种快速启动程序、打开文件或文件夹的方法。快捷方式实际上是一个扩展名为.lnk 的文件，一般与一个应用程序或文档关联。通过快捷方式可以快速打开相关联的应用程序、文档或文件夹，以及访问计算机或网络上任何可访问的项目。快捷方式图标仅代表程序、文件或文件夹的链接，删除该快捷方式图标不会影响源程序、文件或文件夹。

创建桌面快捷方式的方法如下：

方法 1：按 Alt 键的同时将该文档的图标拖到桌面上。

方法 2：右击该文档图标，在弹出的快捷菜单中选择“发送到”→“桌面快捷方式”命令。

方法 3：在桌面空白区域右击，在弹出的快捷菜单中选择“新建”→“快捷方式”命令，弹出“创建快捷方式”对话框，根据提示完成创建。

任务实战

1. 更改“回收站”的桌面图标。
2. 为 Word 2016 程序创建桌面快捷方式。
3. 个性化设置开始屏幕。

任务二　Windows 10 文件及文件夹的管理

学习任务

理解文件、文件夹及库的概念，熟练掌握文件和文件夹的选定、新建、重命名、复制、移动、删除、属性设置及查找等操作，获得利用 Windows 资源管理器和此电脑对文件和文件夹进行管理的能力。

相关知识

计算机中的所有数据都以文件的形式保存，而文件夹用来分类存储文件，因此，在 Windows 10 中最重要的操作就是管理文件和文件夹。

一、认识文件、文件夹及库

1. 文件

文件是一组相关信息的集合，是操作系统用来存储和管理信息的基本单位。文件可以是用户用某种应用软件写出的一篇文章、画出的一幅画，也可以是一批数据或者是为了解决某个实际问题而编写的程序。

Windows 中的任何文件都是用图标和文件名来识别的，文件名由主文件名和扩展名两部分组成，中间由“.”分隔。

主文件名：最多可以由 255 个英文字符或 127 个汉字组成，或者混合使用字符、汉字、数字甚至空格。但是，文件名中不能含有“\”“/”“:”“<”“>”“?”“*”“"”和“|”字符。

扩展名：通常为 3 个英文字符。扩展名决定了文件的类型，也决定了可以使用什么程序来打开文件。常说的文件格式指的就是文件的扩展名。

从打开方式看，文件分为可执行文件和不可执行文件两种类型。

可执行文件：指可以自己运行的文件，其扩展名主要有 .exe、.com 等。用鼠标双击可执行文件，它便会自己运行。

不可执行文件：指需要借助特定程序打开或使用的文件。例如，双击 .txt 文档，系统将调用“记事本”程序打开它。不可执行文件有许多类型，如文档文件、图像文件、视频文件等。在每一种类型下，又可根据文件扩展名细分为多种类型。大多数文件都属于不可执行文件。

2. 文件夹

文件夹是用于存储程序、文档、快捷方式和其他子文件夹的地方。一个文件夹对应一块磁盘空间。由一个黄色的小夹子图标和名称组成，如图 2-10 所示。使用它可以访问大部分应用程序和文档，很容易实现对象的复制、移动和删除。文件夹的路径是一个地址，它告诉操作系统如何才能找到该文件夹。

在 Windows 10 中，为了方便管理文件，用户可以创建不同的文件夹，将文件分门别类地存放在文件夹内。在文件夹中除了包含文件外还可以包含其他文件夹，如图 2-10 所示。

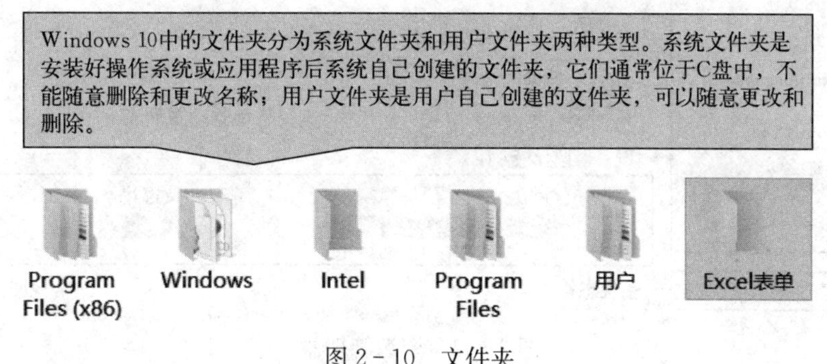

图 2-10　文件夹

3. 库

Windows 10 中使用了“库”组件，可以方便对各类文件或文件夹的管理。打开“Windows 资源管理器”，在左侧边栏就可以看到“库”。

实际上，它并不是将不同位置的文件从物理上移动到一起，而是通过库将这些目录的快捷方式整合在一起，在“资源管理器”任何窗口中都可以方便地访问，大大提高了文件查找的效率。用户不用关心文件或者文件夹的具体存储位置，把它们都链接到一个库中进行管理。或者说，库中的对象就是各种文件夹与文件的一个快照，库中并不真正存储文件，只提供一种更加快捷的管理方式。

默认情况下，Windows 10 已经设置了视频、图片、文档和音乐的子库，还可以建立新类别的库，如可以建立“下载”库，把本机所有下载的文件统一进行管理。

二、资源管理器的基本操作

在 Windows 10 中，资源管理器是管理计算机中文件、文件夹等资源的最重要工具。在“开始”菜单中打开“Windows 系统”，单击“文件资源管理器”即可打开文件资源管理器窗口，用户也可双击桌面上的“此电脑”“网络”等图标或单击任务栏上的“资源管理器”图标打开资源管理器。使用资源管理器打开的“此电脑”窗口如图 2-11 所示。

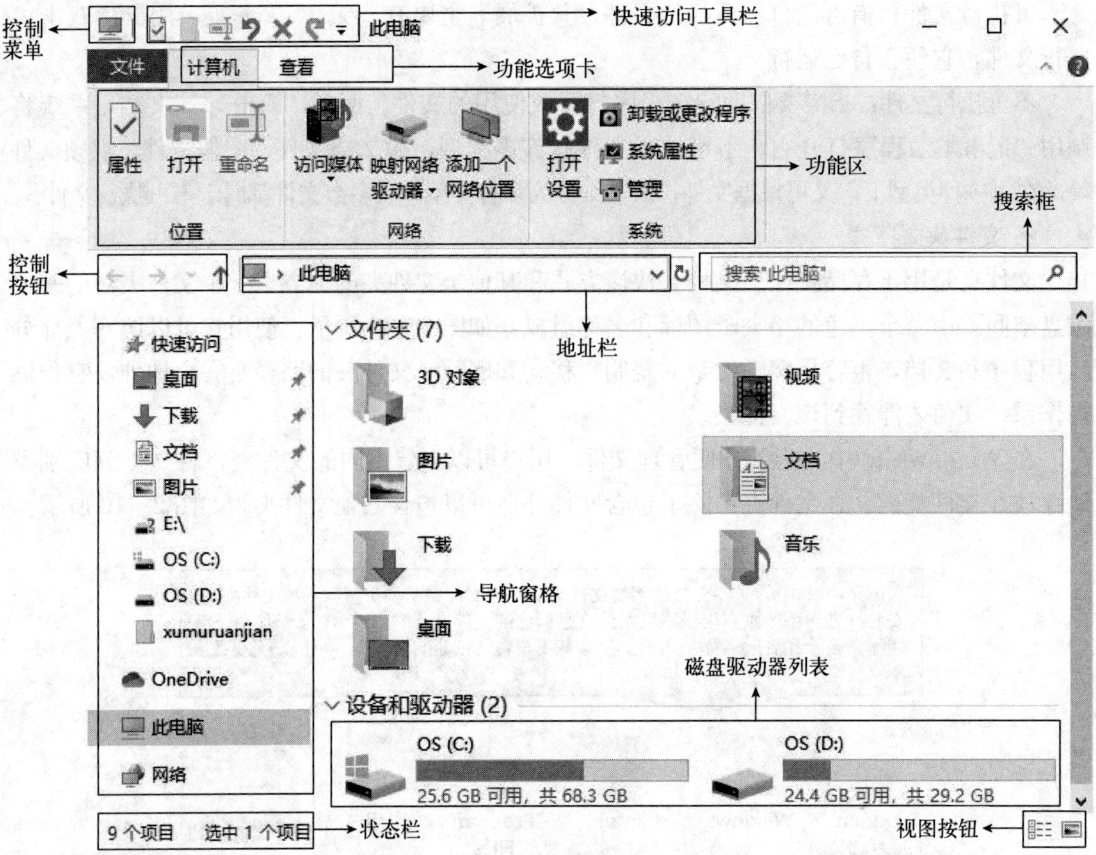

图 2-11 资源管理器

（1）快速访问工具栏。显示常用的工具按钮。

（2）磁盘驱动器列表。包括 C、D、E 等磁盘驱动器图标，双击某个驱动器图标可将其打开，以查看和管理其中的文件。注意，磁盘驱动器通过对硬盘分区产生，不同的计算机分区情况可能不同，磁盘驱动器的数量也不同。

（3）控制按钮。“前进”按钮和“后退”按钮，单击这两个按钮可在打开过的文件夹之间切换。

（4）视图按钮。用户选择窗口的显示方式有列表和大缩略图两种选项。

打开文件夹和文件：打开资源管理器，双击 D 磁盘，打开该磁盘，查看保存在该磁盘中的文件和文件夹。在 D 磁盘中双击任意一个文件夹将其打开，查看保存在其中的文件或文件夹。双击某个文件，系统会自动启动相应的应用程序将其打开；也可选中文件后，单击“主页”中的“打开”按钮将其打开。此外，也可利用资源管理器左侧导航窗格来打开磁盘或文件夹窗口。

三、文件和文件夹管理

文件和文件夹管理操作包括创建文件夹、复制文件或文件夹、删除文件或文件夹、移动文件或文件夹、重命名文件或文件夹、查找文件或文件夹等。

文件管理操作有多种方式，可以选用菜单命令、使用组合键、借助工具按钮来完成，有些操作还可以用鼠标拖动的方式实现。下面具体介绍文件管理的操作方法。

1. 新建文件或文件夹

（1）新建文件夹。首先选择我们要创建的文件夹的存放位置，这里我们以打开 D 盘下一个文件夹为例。

方法一：选择“主页”选项卡“新建”组中的“新建文件夹”命令，在管理器的右侧窗格中将出现新创建的文件夹图标，图标旁的“新建文件夹”是它的临时名字。删除临时名字，输入新文件夹名字，按 Enter 键，即完成新文件夹的创建。

方法二：鼠标指针放于窗口的工作区空白区域，右击，在弹出的快捷菜单中选择“新建”→“文件夹”命令，最后命名文件夹。

方法三：单击快速访问工具栏上的“新建文件夹”按钮，最后命名文件夹。

（2）新建文件。

方法一：右击右窗格的空白区域，在弹出的快捷菜单中选择“新建”子菜单下的所需文件类型，然后命名文件。

方法二：选择“主页”选项卡“新建”组中的“新建项目”选项，在弹出的下拉列表中选择所需的文件类型，然后命名文件。

2. 选择文件和文件夹

文件及文件夹的管理操作要遵循“先选择后操作”的原则，即先选择操作对象，然后针对操作对象做具体操作。选择文件或文件夹的方法如下：

（1）选择单个文件或文件夹。找到要选择的文件或文件夹的存放位置，单击要选择的文件或文件夹即可。当文件或文件夹的图标背景变为蓝色时，表示此文件或文件夹已被选中。

（2）选择多个文件或文件夹。

① 选择不连续的多个文件或文件夹。按 Ctrl 键的同时，依次单击要选定的文件或文件夹。

② 选择连续的多个文件或文件夹。

方法一：单击第一个文件或文件夹，然后按 Shift 键，再单击最后一个文件或文件夹，即可选定两个图标区间内的所有文件和文件夹。

方法二：按住鼠标左键沿对角线拖动鼠标形成一个矩形框，在矩形框内的所有文件都被选定。

③ 选择所有文件。选择文件夹中的所有文件和文件夹，也可以通过两种方法实现：

方法一：选择“主页”→“全部选择”命令，即可选定文件夹下的所有文件和文件夹。

方法二：使用“Ctrl＋A”组合键来选择。

（3）取消选择的文件或文件夹。

① 取消选择的全部文件或文件夹。

方法一：在空白区域单击即可。

方法二：选择“主页”→“全部取消”命令，即可取消选定的所有文件和文件夹。

② 取消选择的单个文件或文件夹。在选择多个对象时，按 Ctrl 键的同时单击要取消选择的对象。

3. 重命名文件或文件夹

方法一：选定需重命名的文件或文件夹，再选择“主页”选项卡“组织”组中的“重命名”命令，在文本框中输入新名称，然后在窗口的空白区域单击或者按 Enter 键，完成重命名。

方法二：右击需重命名的文件或文件夹，在弹出的快捷菜单中选择“重命名”选项，在文本框中输入新名称。

方法三：选定需重命名的文件或文件夹，再按 F2 键或者单击文件名，在文本框中输入新名称。

用户可以对单个文件或文件夹重命名，也可同时对多个文件或文件夹重命名：首先选择多个文件或文件夹，按 F2 键，然后重命名其中一个对象，所有被选择的各文件或文件夹将被重命名为新的名称（在末尾处加上了递增的数字）。

需要注意的是，这里讲的文件或文件夹重命名，修改的是文件的名字而不是文件的扩展名。为文件重命名时，若改变了文件的扩展名，系统会给出提示，让用户确认是否真的要改变文件扩展名。

4. 删除文件或文件夹

对于那些不需要的文件和文件夹，用户应该及时地从硬盘上将其删除。用户可以一次删除一个或多个文件或文件夹，硬盘中的文件删除后被放入回收站，需要时可以从回收站还原。

（1）删除文件或文件夹。

方法一：选定需删除的文件或文件夹，再选择“主页”选项卡“组织”组中的“删除”命令。

方法二：右击需删除的文件或文件夹，在弹出的快捷菜单中选择“删除”选项。

方法三：选定需删除的文件或文件夹，再按 Delete 键。

方法四：直接把需要删除的文件或文件夹拖到回收站。

（2）永久性删除文件或文件夹。

方法一：选定需删除的文件或文件夹，再按“Shift＋Delete”组合键，在弹出的提示对话框中选择“是”按钮。

方法二：按 Shift 键的同时右击需删除的文件或文件夹，在弹出的快捷菜单中选择“删除”选项。

注意：

① 如果删除的对象是文件夹，那么该文件夹内的子文件夹、文档、应用程序将一起被删除。

② 永久性删除的文件或文件夹将不会出现在回收站，也不能恢复。

③ 如果删除的是 U 盘或移动硬盘上的文件或文件夹，删除后不会送入“回收站”，将直接永久删除。

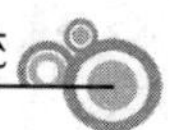

5. “回收站”的使用

回收站是硬盘上的一块存储区域，该区域的大小一般为硬盘总容量的10%。为了保护用户的文件，Windows 10 将从硬盘删除的文件暂时放在“回收站”中，用户可以根据需要将其恢复或永久删除。

(1) 恢复文件或文件夹。要从“回收站”中恢复删除的文件，首先要双击桌面上的“回收站”图标，打开“回收站”窗口，选中要恢复的文件或文件夹，单击“回收站工具”→“还原选定的项目”按钮或者右击需要还原的文件或文件夹，选择“还原”命令，就可将文件或文件夹恢复到原来的位置。单击“回收站工具”→“还原所有项目”按钮则可还原回收站中所有项目。

(2) 清空回收站。打开“回收站”窗口，单击“清空回收站”命令，或者在桌面右击“回收站”图标，在弹出的快捷菜单中选择“清空回收站”命令可对回收站进行清空操作，将回收站中的所有文件或文件夹永久删除。在回收站中右击文件或文件夹，选择“删除”命令，也可永久删除该文件或文件夹。

6. 复制和移动文件或文件夹

文件（文件夹）的复制和移动操作包括复制（移动）文件（文件夹）到剪贴板和从剪贴板粘贴对象到目的地两步操作。所不同的是复制操作后原来位置上的文件或文件夹保留不动，而剪切后被操作的文件或文件夹在原先位置不再存在。

方法一：右击选中的文件或文件夹，在弹出快捷菜单中选择“复制”或“剪切”命令；然后打开目标文件夹，右击右窗格的空白区域，在弹出快捷菜单中选择“粘贴”命令，即可完成复制或移动操作。

方法二：选定文件或文件夹，再选择“主页”选项卡中的“复制”或“剪切”命令，然后打开目标文件夹，选择“主页”→“粘贴”命令。

方法三：选定文件或文件夹，再选择“主页”选项卡中的“复制到”或“移动到”命令，在弹出的下拉菜单中选择常用保存位置或单击“选择位置”命令，选择目标文件夹。

方法四：选定文件或文件夹，利用复制组合键“Ctrl+V”或剪切组合键“Ctrl+X”进行复制或剪切操作，然后打开目标文件夹，利用粘贴组合键“Ctrl+V”进行粘贴操作。

方法五：当源文件（文件夹）和目标文件（文件夹）在同一个驱动器上时，左手按Ctrl键（或不按键）的同时，直接把右侧窗格中的文件（文件夹）拖动到导航窗格的目标文件夹内，即可实现复制（移动）操作。

方法六：当源文件（文件夹）和目标文件（文件夹）在不同的驱动器上时，左手不按键（或按Shift键）的同时，直接把右侧窗格中的文件（文件夹）拖动到导航窗格的目标文件夹内，即可实现复制（移动）操作。

方法七：用鼠标右键拖动选定的文件或文件夹到目标文件夹，松开鼠标后在弹出的快捷菜单中选“复制到当前位置”或“移动到当前位置”，即可实现复制（移动）操作。

7. 设置文件或文件夹的属性

文件或文件夹属性是一些描述性的信息，是文件系统用来识别文件的某种性质的记号。Windows 10 中的文件和文件夹中都有属性页，属性页显示有关文件或文件夹的信息，如大小、位置以及创建日期等。属性是表明文件是否为只读、隐藏、准备存档（备份）、压缩或加密以及是否应当索引文件内容以便快速搜索文件的信息。

查看和更改文件或文件夹属性的方法如下：

方法一：右击文件或文件夹，从弹出的快捷菜单中选择“属性”命令，就会弹出“属性”对话框，选择需设置的属性，单击“确定”按钮完成设置。

方法二：选定文件或文件夹，再选择“主页”→“属性”命令，即可设置属性。

8. 查找文件或文件夹

Windows 10 提供了强大的搜索功能，用户可以快速、方便地找到指定的文件或文件夹。操作如下：

（1）在资源管理器导航窗格中选择要搜索的位置。

（2）在“搜索”文本框中输入检索关键字进行搜索。搜索关键字可使用通配符“*”和“?”。“?”代表任意的一个字符；“*”代表任意多个字符。例如，p*.exe 代表用字母 p 开头，且扩展名为 .exe 的所有文件。? .docx 代表所有主文件名是一个字符且扩展名为 .docx 的文件。

（3）若搜索结果过多，可以利用“搜索”选项卡，在“优化”选项组中选择所需的筛选条件，把多种筛选方法组合来进行筛选。

（4）若要搜索文件内容，可在“搜索”选项卡中的“高级选项”下拉菜单中选择“文件内容”选项，可搜索包含输入关键字的文件。如果同时选中了“系统文件”“压缩的文件夹”选项，会把包含关键字的系统文件和压缩文件也找出来。

9. 显示或隐藏文件扩展名

在系统默认状态下，“资源管理器”工作区中一般不显示文件的扩展名。文件的扩展名可以由用户决定是需要显示还是隐藏，方法如下：

方法一：在“资源管理器”窗口中，单击“查看”→“文件扩展名”，若为√则显示文件扩展名，否则为隐藏扩展名。

方法二：选择“查看”→“选项”按钮，弹出“文件夹选项”对话框。在该对话框的“查看”选项卡中，如果选中“隐藏已知文件类型的扩展名”复选框，一些常用文件的扩展名就会被隐藏；取消选中此复选框，所有文件的扩展名就会显示出来。最后单击“应用”→“确定”按钮，完成显示文件扩展名的操作。

四、使用“剪贴板”

剪贴板是内存中的一块存储区域，是 Windows 应用程序之间传递信息的一个临时存储区，用户可以从一个应用程序中剪切或复制信息到剪贴板上，然后将这些信息从剪贴板传送到其他应用程序中去，或者传送到本应用程序的其他地方。

剪贴板不但可以存储文字，还可以存储图像、声音等其他信息。通过它可以把多个文件的文字、图像、声音粘贴在一起，形成一个图文并茂、有声有色的文件。

1. 文件中的内容在进行复制、移动时，需要借助剪贴板来完成。使用剪贴板在应用程序之间传递信息的步骤如下：

(1) 将信息复制或剪切到剪贴板上。

(2) 确定信息插入的位置。

(3) 选择“编辑”→“粘贴”命令，或者选择“组织”→“粘贴”命令，或者使用“Ctrl+V”组合键。

2. 除了在应用程序之间交换信息外，用户还可以将屏幕上显示的内容复制下来，插入文本或图像中。将屏幕内容复制到剪贴板的步骤如下：

(1) 复制整个屏幕。按 Print Screen 键即可将整个屏幕的内容复制到剪贴板中。

(2) 复制活动窗口。将 Alt 键和 Print Screen 键同时按下，即可完成活动窗口的复制。

Windows 剪贴板上的信息是最后一次复制或剪切上去的信息。剪切或复制到剪贴板上的信息能一直保留到清除剪贴板，或有新的剪切或复制信息放到剪贴板上，或是退出 Windows 10 时。因为信息一直保留在剪贴板上，所以可以随时将其粘贴到文件中。

五、文件（文件夹）的压缩与解压缩

为了便于存储和传输，我们通常对文件或文件夹进行压缩处理，以减小它们的大小，并可减少它们在卷或可移动存储设备上占用的空间。常用的压缩软件有 WinRAR、好压、WinZip、360 压缩等。以 WinRAR 为例介绍压缩与解压缩方法。

1. 文件压缩

右击压缩的文件或文件夹，在快捷菜单中选择“添加到 *.rar”命令，则系统自动进行压缩，在当前目录中生成一个以 .rar 为扩展名的压缩包。

如果需在压缩包中增加文件，双击打开压缩包，单击“添加”按钮，选择要添加的文件，单击“确定”按钮即可完成。

2. 文件解压缩

右击解压缩的文件，在快捷菜单中选择“解压到当前文件夹”或“解压文件”命令，根据提示完成操作。

任务实战

1. 在 D 盘根目录下新建文件夹，文件夹名为“学号+姓名”。

2. 在 C 盘中查找扩展名为 .txt 的文件，并选择任意 5 个文件，复制到 D 盘的“学号+姓名”的文件夹中。

3. 删除“学号+姓名”文件夹中的 3 个 .txt 文件，并从回收站中还原 1 个，删除 2 个文件。

4. 将“自己的姓名”文件夹的属性设置为“只读”，并设置显示计算机中所有文件的扩展名。

5. 在“自己的姓名”文件夹中创建文本文档“李白 .txt”。

6. 选择驱动器 D 盘，查看磁盘的属性，查看“回收站”的属性。

任务三　Windows 10 个性化设置及系统维护

学习任务

掌握桌面背景、主题、屏幕保护程序、屏幕分辨率等个性化设置；掌握账户设置操作；掌握应用程序的安装与卸载；掌握磁盘清理、碎片整理、磁盘分区和管理等磁盘管理操作；掌握系统更新、备份、还原等 Windows 系统维护操作。

相关知识

Windows 10 提供了个性化的环境，用户可根据自己使用习惯和喜好定制个性化的工作环境，以及管理计算机中的软、硬件资源。在 Windows 10 中，用户利用控制面板和设置应用程序的综合工具箱进行个性化系统设置和管理。

选择“开始”→“Windows 系统”→“控制面板”命令打开控制面板，控制面板有类别、大图标和小图标 3 种查看方式。

单击“开始”按钮，再单击“开始”菜单左侧的“设置”按钮，或者右击“开始”按钮，在弹出的快捷菜单中选择“设置”命令，都可运行设置应用程序，打开“Windows 设置”窗口，如图 2-12 所示。

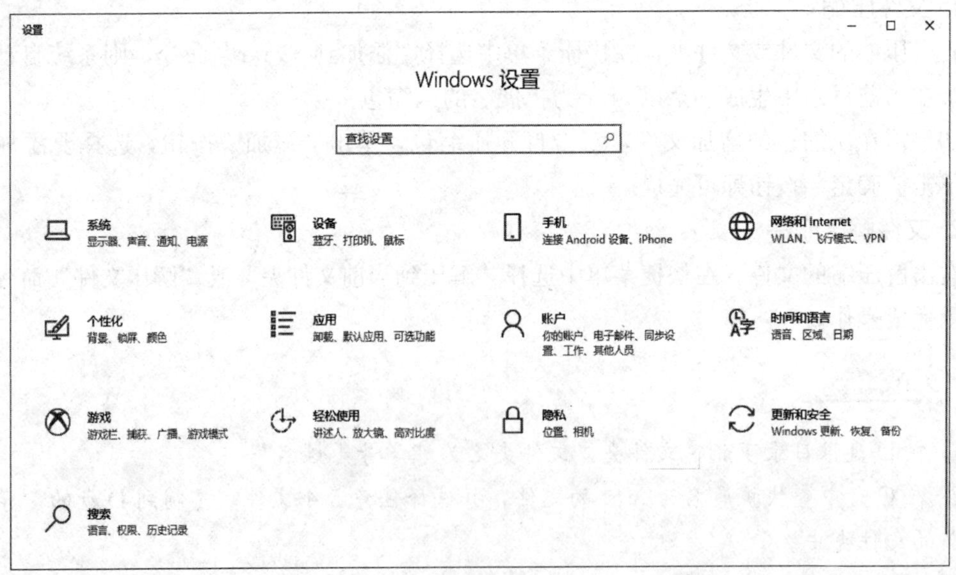

图 2-12　Windows 设置

一、外观和个性化设置

1. 设置桌面背景和主题

桌面背景是指窗口的背景图片、颜色或幻灯片。用户可以选择自带的桌面背景图片，也

可以使用自己准备的图片。选择“开始”→“设置”→“个性化”选项，或者右击桌面空白区域，在弹出的快捷菜单中选择“个性化”命令，打开“个性化”设置窗口，用户可对桌面背景、主题及窗口颜色等进行设置。

如果想让自己的桌面时刻充满新鲜和惊喜，可在如图2-12所示的“个性化”设置窗口中单击“背景”选项，在下拉列表中选择“幻灯片放映”选项，单击“浏览”按钮进行设置。

2. 设置屏幕保护程序

当计算机在一段时间内没有使用鼠标、键盘操作时，就会自动启动屏幕保护程序，将屏幕上正在进行的工作状况画面隐藏起来。屏幕保护程序起到保护信息安全、省电及延长显示器寿命的作用。选择“开始”→“设置”→“个性化”→“锁屏界面”→“屏幕保护程序设置”选项，打开“屏幕保护程序设置”对话框，选择相应的设置即可。

3. 更改屏幕分辨率

显示分辨率是指显示器所能显示的像素数量，像素越多，画面越精细，同样的屏幕区域内能显示的信息也越多，所以分辨率是显示器非常重要的性能指标之一。在桌面的空白处右击，在弹出的快捷菜单中选择“显示设置”命令，或者选择“开始”→“设置”→“系统”→“显示”选项，则打开“显示”设置窗口，即可对显示分辨率进行设置。

二、账户设置

Windows 10是多用户操作系统，允许多个用户使用同一台计算机，每个用户都可以拥有属于个人的数据和程序，每个用户都有不同的账户名。在系统中拥有最高权限的账户是管理员账户。系统通过设置不同的账户，赋予用户不同的操作权限。通过控制面板中的“用户账户”功能可实现创建账户、更改删除账户密码、更改账户名称等功能。操作步骤如下：

（1）单击控制面板中的“用户账户”打开“用户账户”窗口。

（2）单击“管理其他账户”可在电脑中添加新用户。

三、应用程序的安装与卸载

计算机软件有些是操作系统自身带的，但大多数是通过光盘或从网上下载安装的。软件分为绿色软件和非绿色软件，这两种软件的安装和卸载完全不同。

对于绿色软件，安装程序时，只要将组成该软件系统的所有文件复制到本机的硬盘，然后双击主程序就可以运行。而非绿色软件运行需要动态库，其文件必须安装在Windows的系统文件夹下，特别是这些软件需要向系统注册表中写入一些信息才能运行。卸载程序时，对于绿色软件，只要将组成软件的所有文件删除即可；而对于非绿色软件，在安装时都会生成一个卸载程序，必须运行卸载程序才能将软件彻底删除。

1. 应用程序的安装

（1）若光盘上带有Autorun. inf文件，则光盘打开后将自动运行安装向导，根据安装向导安装即可。

（2）直接运行安装盘中的Setup. exe或Install. exe安装程序，根据提示安装即可。

（3）从网上下载的软件有.exe可执行文件或者.rar压缩文件。双击.exe可执行文件即可安装，对.rar压缩文件先解压再安装。

2. 应用程序的卸载

（1）使用软件自带的卸载程序。当软件安装完成后，会自动在“开始”菜单中添加对应的快捷方式，如果需要卸载软件，可以在“开始”菜单中查找自带的卸载程序的快捷方式，启动卸载程序。

（2）选择“开始”→“Windows系统”→“控制面板”→“程序和功能”卸载程序。

四、磁盘管理

磁盘是计算机系统存储数据的重要设备，操作系统和应用程序的运行都依赖磁盘的支持。磁盘管理以一组磁盘管理应用程序的形式提供给用户，它们位于“计算机管理”控制台中，包括查错程序和磁盘碎片整理程序以及磁盘整理程序。

1. 磁盘清理

计算机在使用的过程中会产生一些垃圾数据。比如安装软件时带来的临时文件、上网时网页缓存及回收站中的文件等，太多无用的文件、过多的磁盘碎片会导致计算机运行速度变慢，因此要定期进行磁盘清理，具体方法及操作步骤如下：

方法一：打开资源管理器，右击所需磁盘图标，在快捷菜单中选择“属性”命令，在“属性”对话框中选择“常规”选项卡，单击“磁盘清理”按钮，打开“磁盘清理”对话框，单击“清理系统文件”按钮，对系统垃圾文件进行清理，重新返回到清理界面后，选择需删除的垃圾文件，单击“确定”按钮，对垃圾文件进行清理。

方法二：右击桌面“此电脑”图标，在快捷菜单中选择“管理”命令，打开“计算机管理”窗口，如图2-13所示，选择“磁盘管理”，然后右击需要整理的磁盘图标，在弹出的快捷菜单中选择“属性”命令。

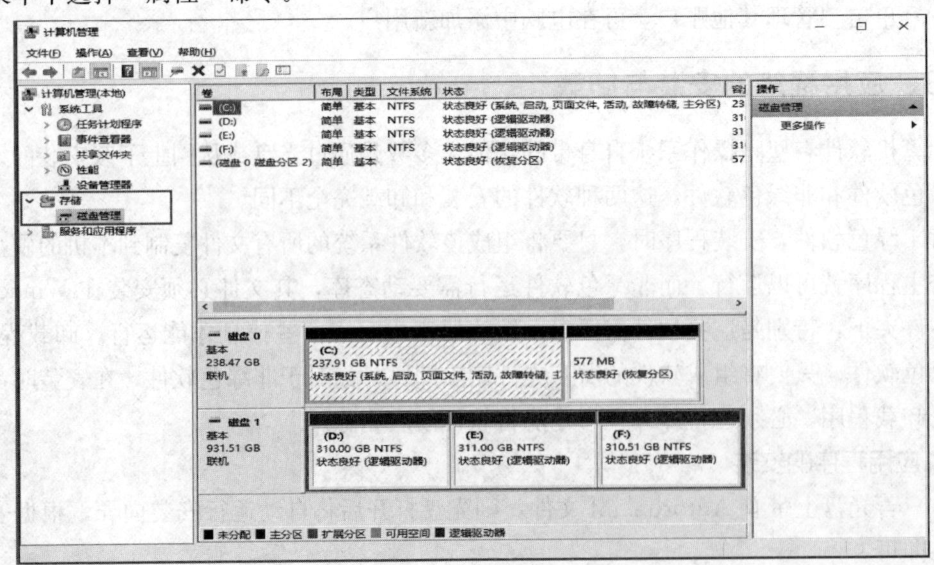

图2-13 磁盘管理

2. 碎片整理

计算机长期使用，在磁盘中会产生大量不连续的碎片（未使用的磁盘空间），使得读写文件的速度变慢，从而影响系统运行速度。利用“磁盘碎片整理”工具使文件的存储和磁盘空闲空间变得连续，以提高磁盘文件的读写速度。碎片整理的操作步骤如下：

（1）打开资源管理器，右击需要碎片整理的磁盘图标，在弹出的快捷菜单中选择“属性”命令。

（2）在弹出的“属性”对话框中选择“工具”选项卡，单击“优化”按钮，弹出“优化驱动器”对话框。

（3）选择需进行碎片整理的磁盘，单击“分析”按钮，系统进行碎片分析，单击“优化”按钮，系统则自动对磁盘进行碎片整理优化。

3. 磁盘分区

计算机中最主要的存储设备是硬盘，硬盘在使用前需先进行分区，磁盘分区就是将硬盘分割成一块块的硬盘区域。硬盘分区的目的就是合理分配空间，方便使用管理，如可将软件、视频、文档、音乐、图片等进行分类存储；再就是某个分区存在病毒，只将该分区格式化即可，不影响其他分区。

可使用专门的分区工具对硬盘进行分区，也可利用“计算机管理”窗口，使用“磁盘管理”中的“压缩卷”命令，根据分区程序向导进行分区。

4. 格式化磁盘

硬盘须先分区再格式化才能使用。格式化就是把一张空白的盘划分成一个个小的区域并编号（创建磁道和扇区），供计算机存储读写数据。当创建好磁道和扇区后，计算机才可用磁盘来存储数据。当磁盘有坏道或者顽固病毒时也可以对其进行格式化。

格式化磁盘的操作步骤如下：打开资源管理器，右击需格式化的磁盘图标，在弹出的快捷菜单中选择“格式化”命令，打开格式化对话框，单击“开始”按钮将弹出提示对话框，单击“确定”按钮即可开始格式化操作。

五、Windows 10 操作系统维护

Windows 10 使用不慎有时会导致系统受损或者瘫痪，当进行应用程序的安装与卸载时也可能会造成系统的运行速度降低、系统应用程序冲突明显增加等问题。为了使 Windows 10 正常运行，有必要定期对操作系统进行日常维护。

1. 更新系统

对于新安装的操作系统或长时间不更新的系统，为了避免被病毒入侵或黑客通过新发现的安全漏洞进行攻击，应该连接 Internet 下载并更新补充、修复系统漏洞及完善功能。Windows 10 操作系统中提供了多种安装更新方式，用户选择“开始”→“设置”→“更新和安全”命令可对 Windows 系统进行更新设置。

2. 优化系统

虽然 Windows 10 的自动化程度很高，但是还需适当做一些优化工作，这对于提高系统的运行速度是很有效的，一些优化方法如下：

（1）定期删除不再使用的应用程序、文件及不再使用的字体。

（2）驱动程序是硬件和系统的接口，使系统正常管理硬件以及实现硬件功能。驱动的安装是否正确，直接影响到系统的稳定性，驱动的更新也会使整个软硬件稳定性更高。

（3）关闭光盘或闪存盘等存储设备的自动播放功能。

3. 系统的备份和还原

为了防止系统崩溃或出现问题，Windows 10 内置了系统保护功能，它能定期创建还原点，保存注册表设置及一些 Windows 重要信息，选择“开始”→“控制面板”→“系统”→“系统保护”命令，在“系统属性”对话框中选择“系统保护”选项卡，单击右下角“创建”按钮来创建还原点。当系统出现故障时，将系统还原到某个时间之前能正常运行的版本。还原点功能只针对注册表及一些重要系统设置进行备份，并非对整个操作系统进行备份。

使用 Windows 10 自带的系统映像创建功能可以进行全面的备份及保护，方便以后系统彻底崩溃时快速还原。创建系统映像选择“开始”→“控制面板”→“备份和还原”→“创建系统映像”命令，按照步骤创建系统映像即可。

另外用户还应该对硬盘存储的重要数据进行定期备份。在“备份和还原”窗口中，可以选择“设置备份”链接项，根据步骤向导提示对硬盘进行备份。利用 Windows 10 的备份还原功能，系统会自动跟踪上次的备份来添加或修改文件，然后更新现有备份，而不是将所有文件重新备份，这样可以节省大量的存储空间。

任务实战

1. 将桌面主题设置为“中国”。

2. 在桌面背景中，设置图片放置方式为“居中”，图片时间间隔为 15 分钟。

3. 创建一个名为“test1”的账户，设置其密码为“A123”，账户类型为“管理员”。

4. 在“程序与功能”窗口中，添加和卸载应用程序，如“Winrar 压缩程序”，观察卸载后窗口内容的变化。

5. 选择 C 盘进行磁盘清理，要求要删除的文件为“Internet 临时文件”和“脱机网页”。

6. 选择一个磁盘进行磁盘分析，启动磁盘碎片整理程序。

练 习 与 思 考

一、单选题

1. 下列关于快捷方式错误的是（　　）。

A. 快捷方式是到计算机或网络上任何可访问的项目的链接

B. 可以将快捷方式放置在桌面、“开始”菜单和文件夹中

C. 快捷方式是一种无须进入安装位置即可启动常用程序或打开文件、文件夹的方法

D. 删除快捷方式后，初始项目也一起被从磁盘中删除

2. 在 Windows 10 的“资源管理器”窗口中，当选择好文件或文件夹后，（　　）操作不能将所选定的文件或文件夹删除（在系统的默认状态下）。

A. 执行“文件”菜单中的“删除”命令

B. 按键盘上的 Delete 键或 Del 键

C. 用鼠标右键单击文件或文件夹，在打开的快捷菜单中选择“删除”命令

D. 用鼠标左键双击该文件或文件夹

3. 操作系统是根据文件的（　　）来区分文件类型的。

A. 创建方式　　B. 打开方式　　C. 主名　　D. 扩展名

4. 下列有关删除文件的说法不正确的是（　　）。

A. 可移动盘上的文件被删除后不能恢复

B. 网络上的文件被删除后不能恢复

C. U 盘上被删除的文件不能直接恢复

D. 直接用鼠标拖回回收站的文件不能恢复

5. 对显示属性的设置，除了可以在控制面板中进行，也可以在（　　）进行。

A. 网络　　B. 我的文档　　C. 桌面　　D. 回收站

6. 下列有关 Windows 回收站的叙述不正确的是（　　）。

A. 可以修改回收站的图标　　B. 回收站中的文件（夹）可以改名

C. 用户可以调整回收站的空间大小　　D. 可以为多个硬盘驱动器分别设置回收站

7. 若在某菜单项的右端有一个“▲”符号，则表示该菜单项（　　）。

A. 可以立即执行　　B. 不可执行

C. 有下级子菜单　　D. 单击后会打开一个对话框

8. 在 Windows 10 中，当一个应用程序窗口被最小化后，该应用程序将（　　）。

A. 被中止执行　　B. 继续在前台执行

C. 被暂停执行　　D. 被转入后台执行

9. 为了避免重命名文件时重复输入扩展名，一般在重命名时要保证文件的扩展名显示。要使文件的扩展名显示，我们应该选择（　　）菜单中的“文件夹选项”。

A. “查看”　　B. “工具”　　C. “编辑”　　D. “文件”

10. Windows 10 窗口的标题栏上没有的按钮是（　　）。

A. 帮助　　B. 最小化　　C. 还原　　D. 关闭

11. 在 Windows 10 中，当一个应用程序窗口被关闭后，该程序将（　　）。

A. 被暂停执行　　B. 继续在前台执行　　C. 被中止执行　　D. 被转入后台执行

12. 在不同的窗口之间进行切换的组合键是（　　）。

A. Shift+Space 键　　B. Shift+Ctrl 键

C. Ctrl+Space 键　　D. Alt+Tab 键

13. Windows 10 有 4 个默认库，分别是视频、图片、（　　）和音乐。

A. 下载　　B. 桌面　　C. 收藏夹　　D. 文档

14. Windows 10 是根据（　　）来建立应用程序与文件的关联。

A. 文件的主名　　B. 文件的扩展名　　C. 文件的属性　　D. 文件的内容

15. 搜索文件或文件夹时，星号（*）代表（　　）。

A. 可以和任意多个字符匹配　　B. 可以和任意一个字符匹配

C. 可以和指定的一个字符匹配　　D. 可以和指定的多个字符匹配

16. Windows 10 中，查看文件及文件夹格式中没有（　　）。

A. 大图标　　B. 缩略图　　C. 平铺　　D. 详细信息

17. Windows 剪贴板是（　　）中的一个临时储存区，用来临时存放文件或图形。

A. 硬盘　　B. 显示储存区　　C. 应用程序　　D. 内存

18. 在 Windows 10 中，若要活动窗口到剪贴板，可以按（　　）键。

A. Ctrl＋PrintScreen 键　　B. Alt＋PrintScreen 键

C. PrintScreen 键　　D. Shift＋PrintScreen 键

19. 在 Windows 10 系统中，不同输入法之间切换键是（　　）键。

A. Shift＋Enter　　B. Shift＋Space

C. Ctrl＋Enter　　D. Ctrl＋Shift

20. 在 Window 10 资源管理器中，按（　　）键，用鼠标将选定的文件或文件夹从右窗口拖到左窗口，可以实现文件或文件夹的复制。

A. Ctrl　　B. Shift　　C. Alt　　D. Tab

二、填空题

1. 计算机系统软件的核心是（　　），它主要用来控制和管理计算机的所有软硬件资源。

2. 不少微机软件的安装程序都具有相同的名字，其安装程序的文件名为（　　）。

3. 每当计算机运行一个应用程序时，系统都会在（　　）上增加一个按钮。

4. 在 Windows 10 的回收站中，若要恢复选定的文件或文件夹，可以使用（　　）命令。

5. 在 Windows 10 中要将当前窗口作为图片拷入剪切板中，应该使用（　　）键。

6. 如果启动 Windows 10 时不能正常启动，我们可以在启动时选择（　　）模式来自动修正错误。

7. Windows 10 有 4 个默认库，分别是视频、图片、（　　）和音乐。

8. 当 Windows 10 应用程序不再响应用户操作时，为了结束程序，可用组合键（　　）调出任务管理器来结束程序。

9. 由一台计算机同时轮流为多个用户服务，而用户却常常感觉只有自己在使用计算机，即为（　　）操作系统的工作特性。

10.（　　）操作系统适用于对外部事件做出及时响应并立即处理的场合。

项目三

文字处理软件 Word 2016

项目导读

文字处理是利用计算机对文字信息进行存储、格式排版等。微软于 2015 年 9 月 22 日发布 Office 2016，其中组件之一的 Word 2016 是一款强大的文字处理软件，适于制作各种文档，如公文、书刊、论文、信函等。从整体特点来看，Word 2016 拥有全新的现代外观，丰富的人性化体验，改进用来创建专业品质文档的功能，比如全新的“文件选项卡”面貌：用户想创建一个新文档，就能看到许多可用模板的预览图像；打开 PDF 文件时会将其转换为 Word 格式，随心所欲地对其进行编辑。

在本项目中详细讲解 Word 2016 基础知识与功能，系统掌握 Word 2016 的使用方法和使用技巧，并能应用该软件完成各种文档的编辑与排版，满足日常办公需要。

学习目标

1. 认识 Word 2016。
2. 掌握 Word 2016 的基本操作方法。
3. 掌握文档的基本编辑。
4. 掌握 Word 2016 的格式排版。
5. 掌握在文档中使用表格。
6. 掌握图文混排的操作。
7. 掌握页面、排版和文档打印。

任务一　Word 2016 概述

学习任务

认识 Word 2016，熟悉 Word 2016 的视图方式及窗口操作。

相关知识

一、启动与退出 Word 2016

1. 启动 Word 2016

方法一："开始"菜单启动。①单击"开始"菜单按钮；②在弹出的应用程序列表中，单击 Word 即可启动该应用程序，或者在常用程序列表中选择 Word 图标即可，如图 3－1 所示。

方法二：使用快捷方式启动。双击桌面上 Word 2016 的快捷图标，即可启动该应用程序。

方法三：使用文档启动。在资源管理器中双击某个 Word 文档，即可启动 Word 2016 应用程序并打开该文档。

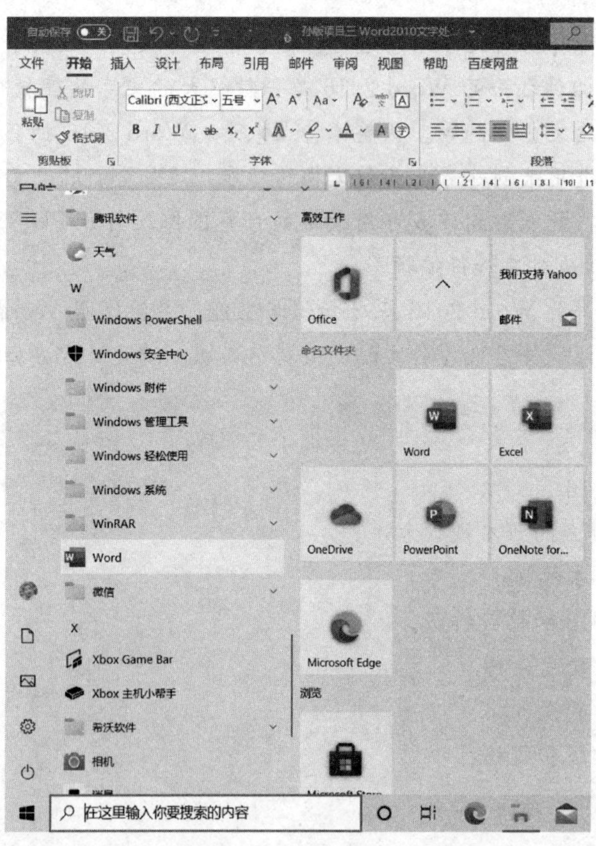

图 3－1　菜单启动

2. 退出与关闭 Word 2016

方法一：单击程序窗口右上角的"关闭"按钮，如图 3－2 所示。

方法二：单击"文件"菜单，在展开的列表中选择"关闭"命令。

方法三：使用"Alt＋F4"快捷组合键进行关闭。

图 3-2　关闭按钮

以上方法只是关闭当前文档窗口，若同时打开了多个文档，其他文档窗口依然处于正常工作状态。

退出 Word 2016 表示结束 Word 程序的运行，这时系统会关闭已打开的 Word 文档。如文档在此之前做了修改而未存储，则系统会出现保存提示框，提示用户是否对修改后文档进行存储。根据需要选择“保存”“不保存”“取消”，“取消”表示不关闭该文档。

二、Word 2016 工作界面

启动 Word 2016 程序后，弹出的窗口即工作界面。窗口界面划分为快速访问工具栏、标题栏、功能区、编辑区和状态栏等组成元素，如图 3-3 所示。

1. 标题栏

标题栏包含了 3 部分功能区域：

（1）快速访问工具按钮。快速访问工具区域位于标题栏的左侧，用于放置一些使用频率较高的工具按钮。默认情况下，该工具栏包含了“保存”“撤销”和“恢复”按钮。

（2）标题显示。标题显示区位于标题栏，显示正在编辑的文档名称以及应用软件名称。

（3）窗口控制按钮。窗口控制按钮位于标题栏最右侧，包含“最小化”“还原”“关闭”按钮，可将程序窗口最小化、还原或最大化、关闭。

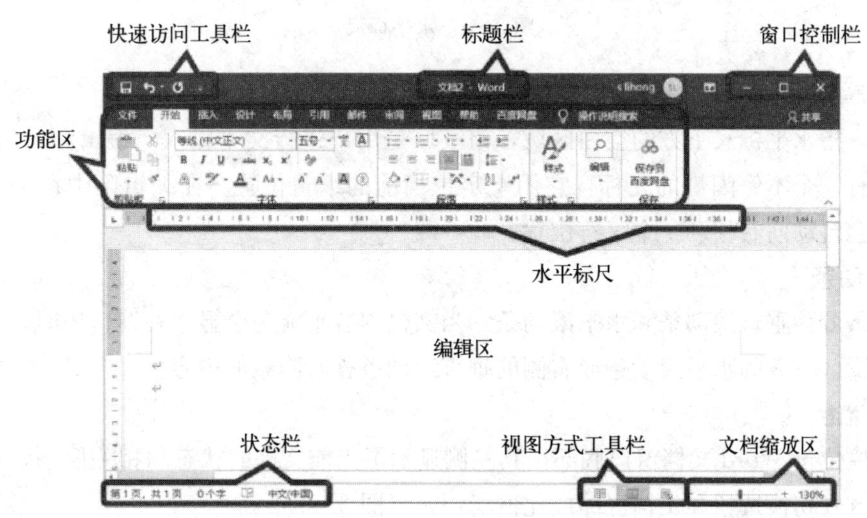

图 3-3　工作界面

2. 功能区

（1）相关知识。

① 选项卡。功能区用选项卡的方式分类存放着编辑文档时所需要的功能按钮。②选项

卡标签。选项卡名称。③组。在每一个选项卡中，相应工具按钮又被分类放置，形成不同的组。④对话框启动器。需要弹出对话框的按钮。⑤对话框。存放该组的功能选项，比功能区工具按钮内容更丰富。

(2) 相关操作。

① 切换到不同选项卡，单击选项卡标签即可切换，从而显示不同的工具。②打开对话框，每组右下角有一个“对话框启动器”按钮，单击可打开对话框。

(3) 技巧。功能区可以隐藏，并根据用户需求显示，隐藏时只留下选项卡名称。

方法一：双击任意选项卡标签可进行隐藏，若再次打开功能区可再一次双击任意选项卡标签即可。

方法二：单击功能区右下方“折叠功能区”按钮来隐藏和展开功能区。

3. 命令选项卡

功能区中的选项卡依次为“开始”“插入”“设计”“布局”“引用”“邮件”“审阅”“视图”“操作说明搜索”，每个选项卡都有相关操作命令，部分命令按钮下面或右下角有下拉按钮，单击下拉按钮可以打开列表，完成相关选择。

4. 标尺

标尺分为水平标尺和垂直标尺。标尺中间白色部分表示版面实际宽度，两端银色部分表示版面与页面四边的空白宽度。利用标尺可以设置页边距、段落缩进和制表位等操作（图 3 - 4）。

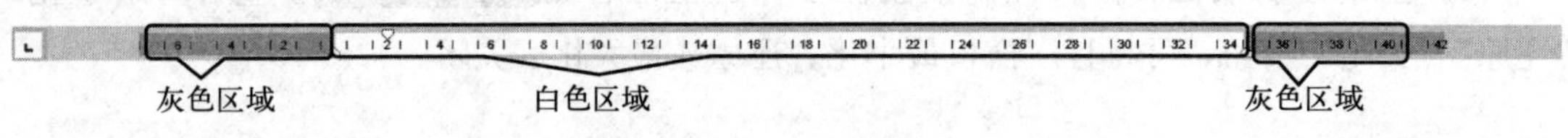

图 3 - 4　水平标尺

5. 编辑区

编辑区指水平标尺下方的空白区域，该区域是用户进行文本输入、编辑和排版的区域。在编辑区有一个不停闪烁的光标，它用于定位当前的编辑位置。在编辑区中每输入一个字符，光标会自动向右移动一个字符位置。

6. 滚动条

滚动条分为垂直滚动条和水平滚动条。当文档内容不能完全显示在窗口中时，可通过拖动文档编辑区下方的水平滚动条或右侧的垂直滚动条查看隐藏的内容。

7. 状态栏

状态栏位于 Word 文档窗口底部，其左侧显示了当前文档的状态和相关信息，右侧显示的是视图方式切换按钮和文档区缩放比例滑块条（图 3 - 5）。

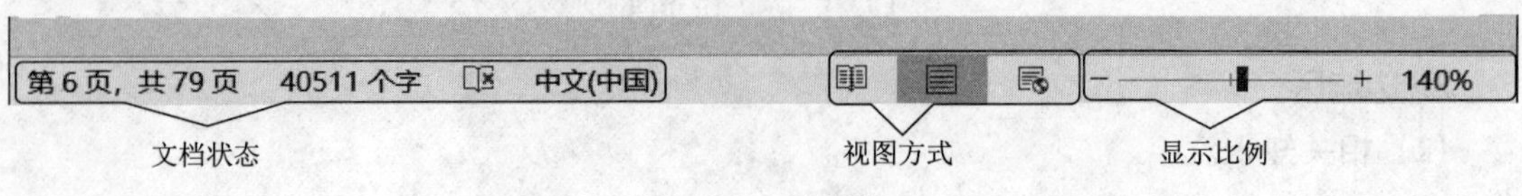

图 3 - 5　状态栏

（1）文档状态区域。位于窗口左下角，用于显示当前文档信息状态，包括文档当前页码、总页数、字数及校对信息等。

（2）视图方式区域。主要用于切换不同视图方式。

（3）文档缩放比例区域。文档显示比例滑块位于窗口右下角，以百分比数字形式显示，调整范围为 10%～500%。

三、Word 2016 的视图方式

对文档编辑者来说，基于编辑过程有不同需求，使用不同视图方式可以更好地完成编辑工作。Word 2016 提供了 5 种视图方式，分别是“页面视图”“阅读视图”“Web 版式视图”“大纲视图”“草稿视图”。

四、Word 2016 的个性化设置

1. 启动菜单

Word 2016 在启动时，不会像早期版本那样直接进入空白文档，而是会进入一个欢迎界面。如果编辑者想直接进入空白文档界面，可以进行设置。①启动 Word 2016，弹出窗口界面；②“文件”列表中，单击“选项”命令；③弹出“Word 选项”对话框，左侧列表框中选择“常规”选项；④在右侧列表框中，取消勾选“此应用程序启动时显示开始屏幕”复选框，单击“确定”按钮即可，如图 3－6 所示。

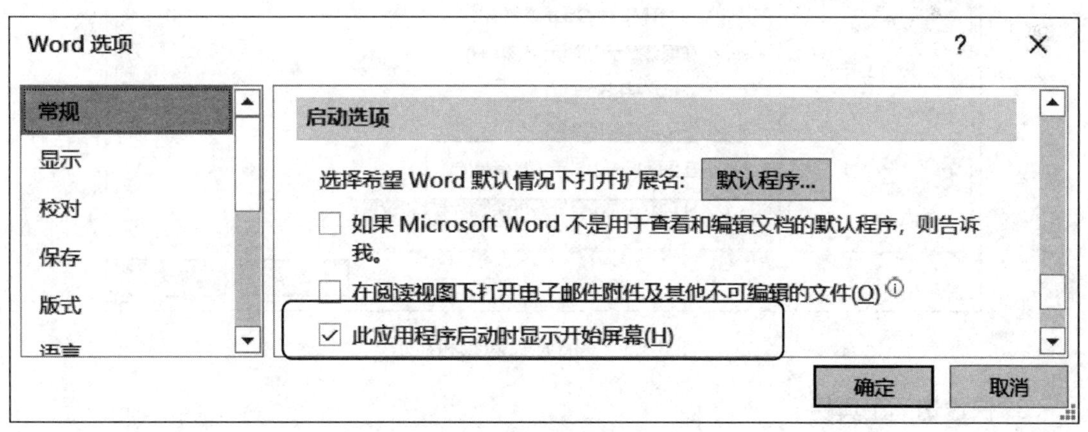

图 3－6　启动选项

2. 窗口元素

窗口有一些元素在文档编辑过程中可以协助编辑者更好地去完成编辑，如不使用这一功能可以将其隐藏，比如标尺、网格线、导航窗格等。隐藏后可以扩大编辑区的显示区域（图 3－7）。

（1）操作方法。选择“视图”选项卡，在“显示”组中勾选“标尺”“网格线”“导航窗格”复选框，即为显示，不勾选即为隐藏。

（2）技巧。选择“文件”列表中“选项”命令，在弹出的“Word 选项”对话框中单击

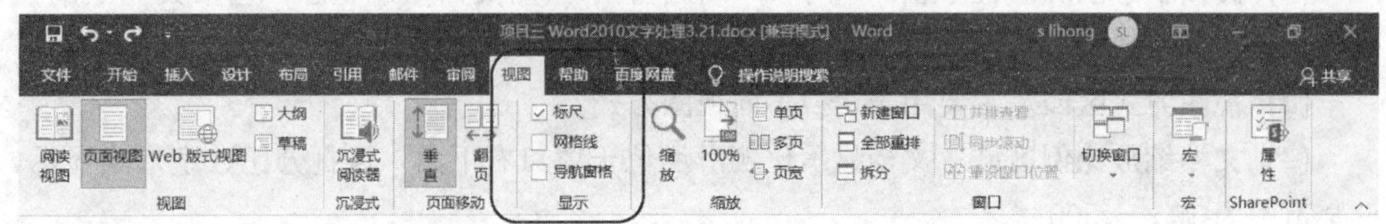

图 3-7　标尺、网格线、导航窗格元素隐藏和显示

“高级”选项命令，在“显示”里面勾选“在页面视图中显示垂直标尺”复选框，即可显示垂直标尺（图 3-8）。

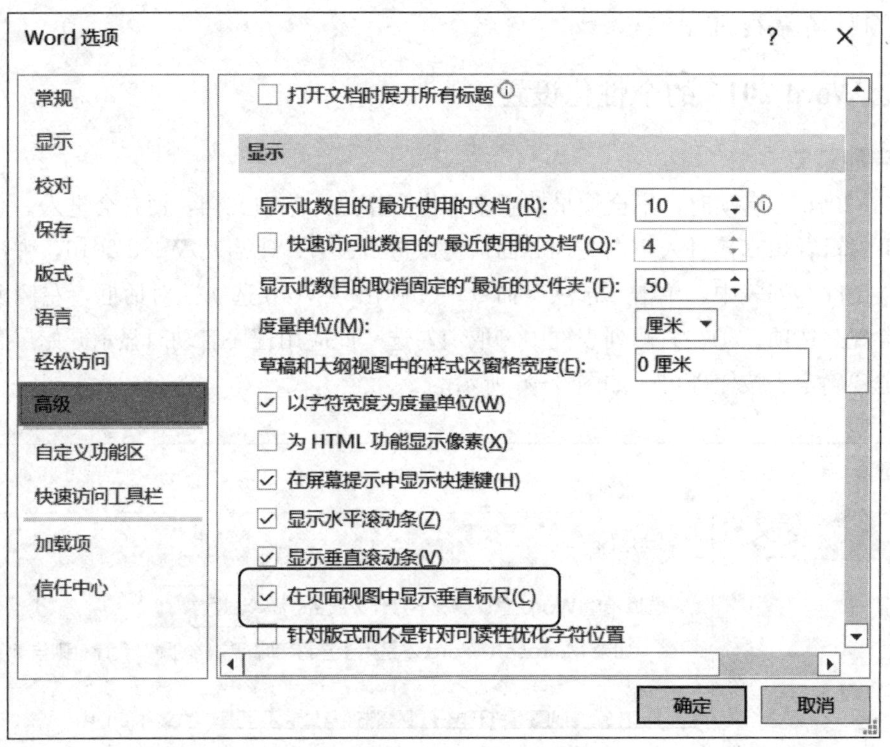

图 3-8　垂直标尺隐藏和显示

3. 快速访问工具栏

快速访问工具栏区域可以将最常使用的工具按钮添加到此处，同时也是 Word 2016 窗口中唯一一个允许自定义的窗口元素。

（1）添加工具按钮。Word 2016 快速访问工具栏中已经集成了多个常用命令，默认情况下并没有被显示出来，通过以下方法将常用命令显示在快速访问工具栏中：

方法一：单击“快速访问工具栏”区域右侧下拉按钮，在列表中，选择需要显示的命令即可。

方法二：首先打开功能区中要添加的工具按钮（如“插入”功能区的“图片”按钮），单击鼠标右键该按钮，在弹出的快捷菜单中选择“添加到快速访问工具栏”命令即可（图 3-9）。

图 3-9　添加工具按钮

（2）删除工具按钮。单击鼠标右键快速访问工具栏中某个工具按钮，在弹出的快捷菜单中选择“从快速访问工具栏删除”命令，即可将命令按钮删除。

（3）改变位置。如果不希望快速访问工具栏出现在默认位置，可以单击快速访问工具栏右侧的下拉按钮，在列表中选择“在功能区下方显示”命令，就可以将快速访问工具栏显示在功能区下方。

4. 界面颜色

默认情况下，Word 2016 工作界面的颜色为银色，可以制定符合自己需要的窗口颜色。①启动 Word 2016；②单击“文件”按钮，从弹出的下拉菜单中选择“选项”命令；③选择“Word 选项”对话框的“常规”选项；④在“对 Microsoft Office 进行个性化设置”组单击“Office 主题”下拉列表，选择需要的颜色，单击“确定”按钮，此时 Word 2016 工作界面的颜色由原来的银色变为需要的颜色。

任务实战

1. 采用 3 种方法启动和退出 Word 2016。
2. 在文档中打开标尺、导航窗格元素，并适当调整左右窗格大小。
3. 将视图方式分别设置为页面视图和大纲视图。
4. 在快速访问工具栏中添加“新建”“屏幕截图”按钮。

任务二　文档基本操作

学习任务

创建新文档。

相关知识

Word 文档最基本的操作：新建、输入、保存、打开、关闭。

一、新建文档

创建一个新文档是编辑文档的第一步，可以根据实际需求选择新建空白文档或是模板文档。

1. 新建空白文档

方法一：启动 Word 2016。

启动 Word 2016 后，系统会自动创建一个新的空白文档，并以“文档 1”命名，即可在该文档中输入文本。

方法二：“文件”菜单。

启动 Word 2016 后，还可以新建多个文档。单击“文件”菜单，在列表中选择“新建”命令，在展开的右侧窗口列表中选择“空白”文档，即可创建出“文档 1”“文档 2”……命名的空白文档。

方法三：使用快捷键“Ctrl＋N”创建文档。

启动 Word 2016 后，同时按键盘上的 Ctrl 键和 N 键，即可快速创建空白文档。

2. 新建模板文档

Word 2016 提供了多种主题模板，在模板里面元素都已格式好，用户只需要修改个人的文字内容，即可快速生成一个美观的文档。

选择“文件”→“新建”命令，在右侧界面中选择需要的主题模板，弹出的窗口界面中单击“创建”按钮，即打开该模板文档（此过程需要连接网络下载该模板，如之前已下载，使用该主题模板不需要再进行下载）。

二、输入文档

1. 键盘输入

文档输入使用键盘。在输入过程中，中文字符需要应用中文输入法，通常输入法软件中有英文输入功能，只需在中文和英文之间进行切换即可。

（1）技巧。①不同输入法之间的切换，使用快捷键“Ctrl＋Shift”。

②中文输入法和英文输入法进行切换，使用快捷键“Ctrl＋Space”。

（2）相关知识。硬回车是指按键盘中的 Enter 键。使用该键会产生下一行，但真正目的是作为段落标记，如文档中有了硬回车符号↵，就认为一个段落结束。如果只是为了单纯产生下一行，使用快捷键“Shift＋Enter”，但不会形成段落，这称为软回车，符号是：↓。

2. 特殊符号输入

键盘设置的符号是有限的，如要输入键盘上没有的特殊符号，可以进入符号列表中查找（图 3－10）。① 将光标符号置于插入符号的位置；②选择“插入”选项卡“符号”组下拉

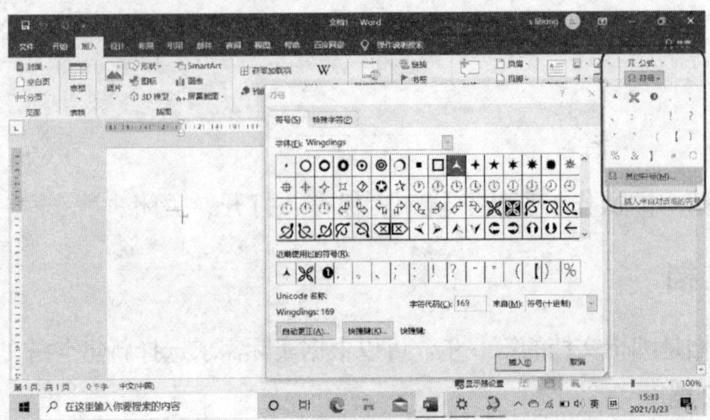

图 3－10 特殊符号

"符号"工具按钮列表，在列表中选择合适的符号；③若列表中没有合适的符号，单击"其他符号"命令，弹出"符号"对话框；④在"字体"下拉列表框中选择某字体，在"子集"下拉列表中选择符号类型，然后单击需要插入的符号，单击"插入"按钮。

三、保存文档

当启动 Word 2016 后，所做的文档编辑是存储在内存区域，如果断电，文档所有的信息都会丢失，保存文档是为了将编辑的内容存储到硬盘存储器中，进行永久保存，要养成经常保存文档的习惯。

方法一：单击"文件"菜单，选择"保存"命令，在右侧窗口中选择"浏览"命令，弹出的"保存"对话框中设置好"保存位置""文件名称"，保存类型默认为"docx"，这也是 Word 2016 文档属性，单击"确定"即可完成初次保存操作。初次保存后，后面的保存对话框不会再弹出。

方法二：单击快速访问工具栏的保存工具按钮。

方法三：使用快捷键"Ctrl+S"保存。

Word 2016 默认每隔 10 分钟自动保存一次，如编辑者在编辑过程中忘记保存，系统也会实现自动保存。也可以进入选项功能，修改自动保存时间。

提示：

（1）如果打开一个 Word 文档后，想要一个副本，可以选择"另存为"命令，对该文档的名称和属性都可以修改，只是文档内容不变。如果保存的是一个新文档，那么"保存"和"另存为"是一样的。

（2）如果保存时需要保护文档内容，可以在"另存为"对话框中下拉"工具"列表按钮，选择"常规选项"命令，在弹出的"常规选项"对话框中设置好密码，单击"确定"按钮，即可完成对该文档的密码设置（图 3-11）。

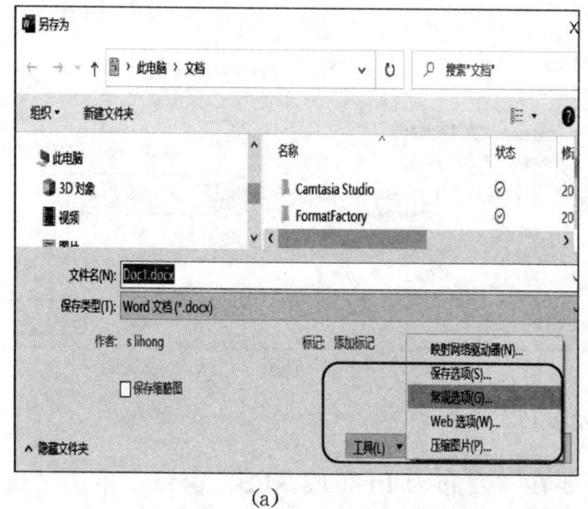

(a)

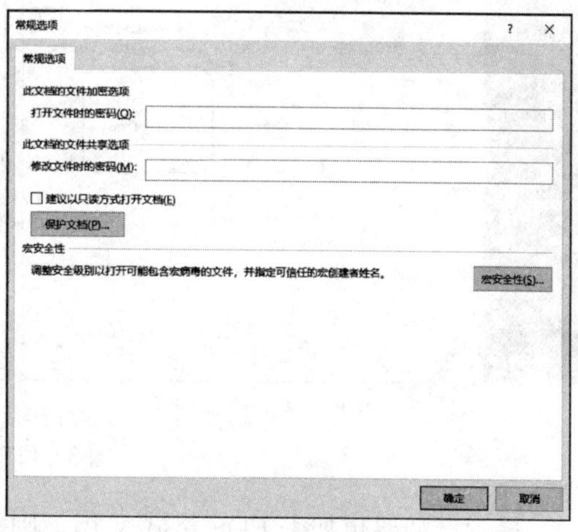

(b)

图 3-11　文档密码

四、打开文档

文档通常一次完成不了，再次编辑该文档就需要对其进行打开操作。如果要对保存的文档进行编辑，首先需要将其打开。

方法一：直接打开文档。

在资源管理器中找到所需要的文档，然后双击该文档名称，即可打开该文档。

方法二：使用“打开”命令打开文档。

在编辑文档的过程中，若需要参考其他文档内容，可以单击“文件”菜单，选择“打开”命令，选择“浏览”命令，在弹出的窗口中找到文档存储的位置，单击“确定”按钮即可打开该文档。或按“Ctrl+O”组合键，等同于“打开”命令。

方法三：快速打开最近常使用过的文档。

在“文件”菜单，“开始”命令和“打开”命令里面都有最近打开过 Word 文档的列表，可以在列表中直接选择要打开的文档。

五、发布 PDF 格式

通常保存后生成的文档属性默认为“docx”，如果想要在 Word 2016 中直接生成 PDF 属性的文档，操作如下：

① 单击“文件”菜单，在列表中选择“导出”命令；②在右侧界面单击“创建 PDF/XP”按钮，如图 3－12（a）所示，弹出“发布为 PDF 或 XPS”窗口；③选择存储位置，输入文件名称，如图 3－12（b）所示，单击“发布”命令即可完成，随即弹出用浏览器打开的该 PDF 文档。

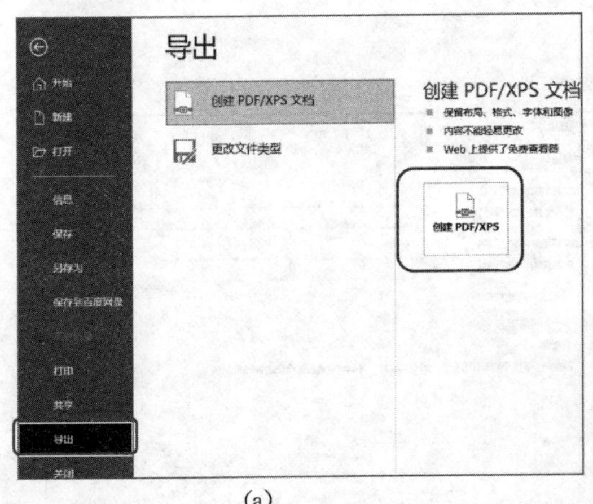

(a)

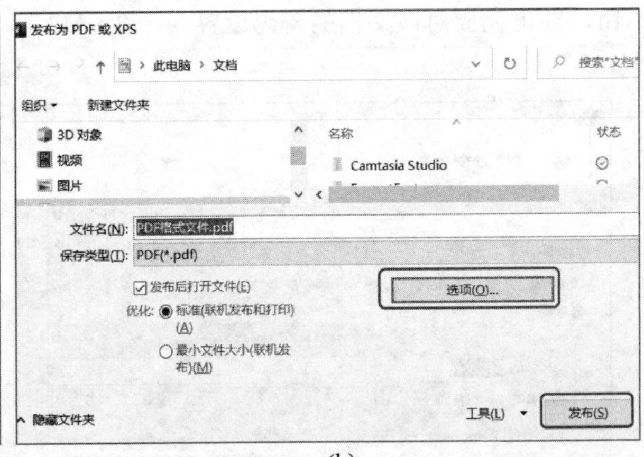

(b)

图 3－12　发布 PDF 文档

提示：如要想加密 PDF 格式文档，则需要在“发布为 PDF 或 XPS”窗口中单击“选项”按钮，弹出“选项”对话框，勾选“使用密码加密文档”选项，如图 3－13 所示。在弹出的“加密 PDF 文档”窗口中设置密码，即可加密 PDF 文档，如图 3－14 所示。

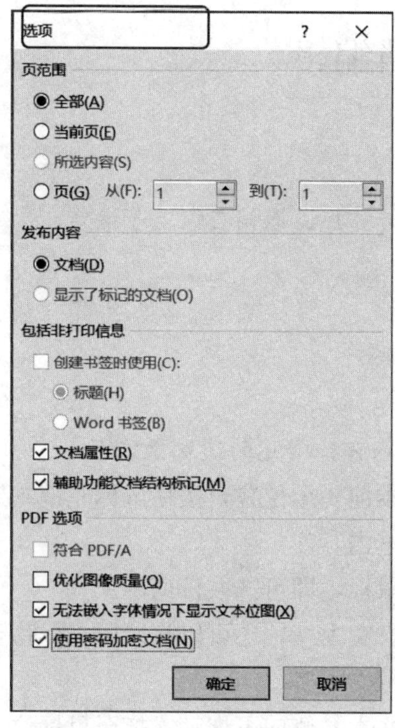

图 3－13　“选项”对话框

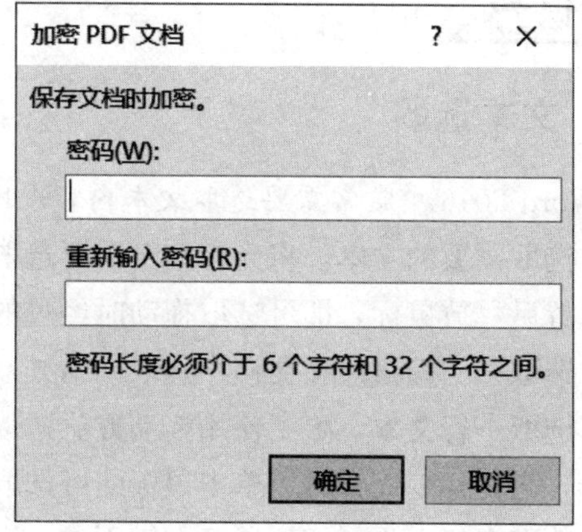

图 3－14　加密窗口

任务实战

1. 采用 3 种方式新建一个空白文档，选择其中一个文档以“公司招聘”为文件名称，保存在根目录下。

2. 采用多种方式关闭文档。

3. 在文档中输入以下内容，并保存，如图 3－15 所示。

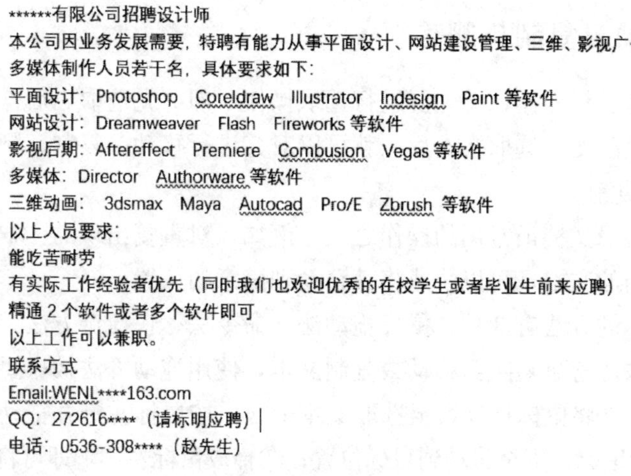

******有限公司招聘设计师
本公司因业务发展需要，特聘有能力从事平面设计、网站建设管理、三维、影视广告、多媒体制作人员若干名，具体要求如下：
平面设计：Photoshop　Coreldraw　Illustrator　Indesign　Paint 等软件
网站设计：Dreamweaver　Flash　Fireworks 等软件
影视后期：Aftereffect　Premiere　Combusion　Vegas 等软件
多媒体：Director　Authorware 等软件
三维动画：3dsmax　Maya　Autocad　Pro/E　Zbrush 等软件
以上人员要求：
能吃苦耐劳
有实际工作经验者优先（同时我们也欢迎优秀的在校学生或者毕业生前来应聘）
精通 2 个软件或者多个软件即可
以上工作可以兼职。
联系方式
Email:WENL****163.com
QQ：272616****（请标明应聘）
电话：0536-308****（赵先生）

图 3－15　文档内容

任务三　文档编辑

学习任务

掌握文本选取、文本移动、复制与删除、查找与替换、撤销与恢复等操作。

相关知识

一、文本选取

在 Word 2016 中常常需要选取文本内容或段落内容，常见的选取操作有：

（1）选取需要的文本。将光标移至需要选取文本前一个位置，按住鼠标左键并拖动，拖至目标位置后释放鼠标，即可选取拖动时经过的文本内容。

（2）选取一个词语。在文档中选取词语处双击鼠标，即可选取该词语。

（3）选取一行文本。除了使用拖动方法选取一行文本外，还可以将鼠标光标移至该行文本的左侧，当光标变成↗时，单击鼠标即可选取该行文本。

（4）选取多行文本。按住鼠标左键不放，沿着文本左侧向下拖动，拖至目标位置后释放鼠标，即可选取多行文本。

（5）选取段落。在段落中任意位置处连续三击鼠标左键，即可选取该段落。

（6）选取所有文本。将鼠标光标移至文本左侧，待光标变为↗时，连续三击鼠标左键，即可选取文档中所有文本。快捷键为“Ctrl＋A”键。

在文本选取区外的任意地方单击，即可撤销选取操作。

提示：文本左边的空白称为文本选取区，当鼠标指针移进该区域后，鼠标指针就会变成右指向箭头形状↗。

二、文本移动、复制与删除

要对输入的信息进行操作，首先要进行选取操作，即“先选取，后操作”的原则，被选取的文本底色会发生改变。选取文本后，就可以对其进行移动、复制、删除等编辑操作。

1. 文本移动与复制

移动与复制是编辑文档最常用的操作之一。例如，对重复出现的文本，不必一次次地重复输入；对放置不当的文本，可以快速将其移动到满意的位置。

移动与复制文本的方法有 3 种：鼠标拖动法、命令法、快捷键方法。

（1）鼠标拖动法。若是短距离移动或复制文本，使用拖动方法效率要高一些。操作步骤如下：①选取文本；②将鼠标指针移至选取文本上方，按鼠标左键并拖动，此时鼠标指针会变成一条竖线，拖动鼠标，直至移动到目标位置；③释放鼠标左键，即可将文本移动到该处。

如要进行复制操作，则需要鼠标左键拖动过程中同时按 Ctrl 键，移动到目标位置后，同时释放鼠标左键和 Ctrl 键。

（2）命令法。 若是选取的文本内容需要移动或复制到该篇文档的其他页面或另一篇文档中，命令法非常合适。操作步骤如下：①选取文本；②单击“开始”选项卡“剪贴板”组的“剪切”或是“复制”工具按钮；③将光标移至目标位置；④再次单击“剪贴板”组中的“粘贴”按钮，即可将文本内容移动或复制到新位置。

（3）快捷键方法。 快捷键方法，任何情况都可以使用。操作步骤如下：①选取文本；②如要进行移动操作，则按键盘的“Ctrl＋X”组合键，如要进行复制操作，则按键盘的“Ctrl＋C”组合键；③将光标移至目标位置后，按键盘的“Ctrl＋V”组合键，即可完成移动和复制操作。

提示：移动或复制文本后，在目标文本处将出现一个粘贴标记，单击该标记，在弹出的列表中选择文本是保留源格式，还是使用目标位置处的格式。

2. 删除文本

如果要删除的文本内容较多，则采用如下办法：首先选取文本，然后按键盘 Delete 键即可删除；如果只是删除光标右侧的字符则直接按 Delete 键即可，不需选取字符；如要删除光标左侧的字符，则只需按 Backspace 键即可，也不需选取字符。

提示：如发现在当前输入状态下，输入的内容替换了光标后面的字符（即删除），这时需要按一下键盘 Insert 键，将当前的“改写”状态转变为“插入”状态，再进行输入就只是插入而不会发生删除操作；再按一下 Insert 键，又会转变为“改写”状态。

三、文本查找与替换

1. 查找文本

操作步骤：①将光标放置在文档起始位置；②在“开始”选项卡“编辑”组单击“查找”工具按钮，弹出“导航”窗格；③在窗格的搜索栏中输入要查找的文本信息，此时文档中将以黄色底纹突出显示查找到的内容，“导航”窗格中显示要查找的文本所在的标题、页面、结果信息；④在“导航”任务窗格中单击“下一处搜索结果”按钮，可从上到下定位搜索结果；单击“上一处搜索结果”按钮，则可从下到上定位搜索结果。⑤单击“导航”任务窗格右上角的“关闭”按钮，可以关闭窗格。

2. 替换文本

在编辑文档的过程中，有时需要将文档中某一内容统一替换成其他内容，此时可以使用 Word“替换”功能进行操作，以加快修改文档的速度。

替换功能实际上是查找和替换结合的一个功能。操作步骤如下：①单击“开始”选项卡“编辑”组的“替换”按钮，打开“查找和替换”对话框“替换”选项卡；②在“查找内容”编辑框中输入需要替换的内容，如图 3－16 所示；③单击“替换”按钮，逐个替换查找到的内容；④替换完毕，在弹出的提示对话框中单击“确定”按钮，再在“查找和替换”对话框中单击“取消”按钮，关闭对话框，效果如图 3－17 所示。

若不需要替换查找到的文本，可单击“查找下一处”按钮跳过该文本并继续查找。此外，单击“全部替换”按钮，可一次性替换文档中所有符合查找条件的内容。若要进行高级查找和替换操作（例如，在查找或替换文本时区分英文大小写，区分全角和半角符号，使用

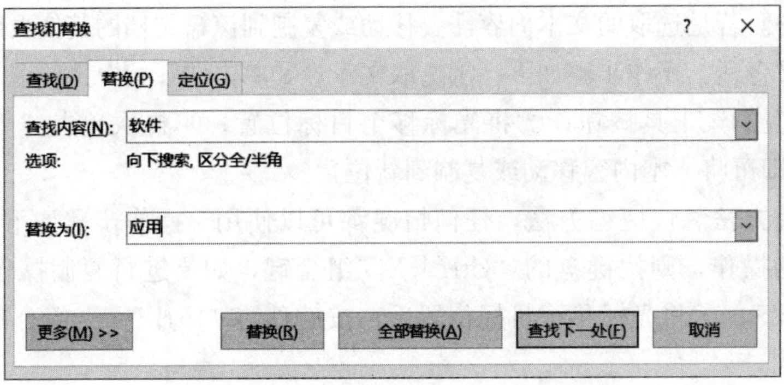

查找和替换
查找(D)
替换(P)
定位(G)
查找内容(N):
软件
选项:
向下搜索, 区分全/半角
替换为(I):
应用
更多(M) >>
替换(R)
全部替换(A)
查找下一处(F)
取消

图 3－16　替换对话框

管理、三维、影视广告、多媒体制作人员若干名，具体要求如下：
平面设计：Photoshop Coreldraw Illustrator Indesign Paint 等应用软件
网站设计：Dreamweaver Flash Fireworks 等应用软件
影视后期：Aftereffect Premiere Combusion Vegas 等应用软件
多媒体：Director Authorware 等应用软件
三维动画：3dsmax Maya Autocad Pro/E Zbrush 等应用软件
以上人员要求：
1. 能吃苦耐劳
2. 有实际工作经验者优先（同时我们也欢迎优秀的在校学生或者毕业生前来应聘）
3. 精通 2 个应用软件或者多个应用软件即可
4. 以上工作可以兼职
联系方式：Email: WENL****163.com

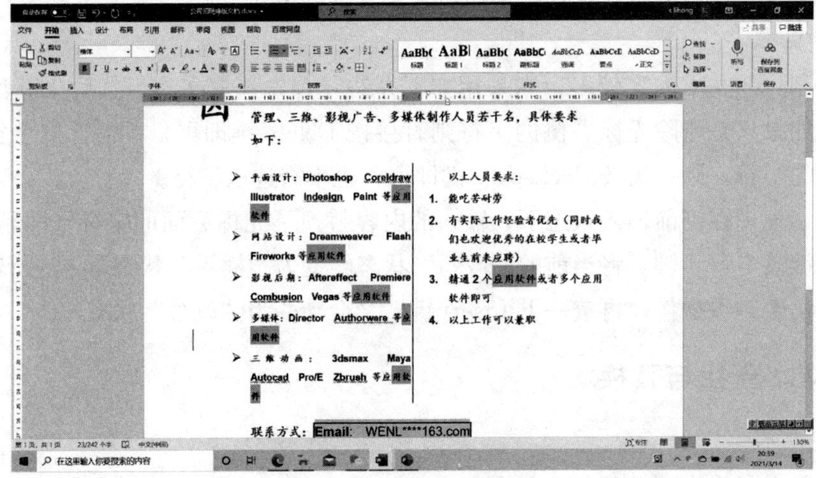

图 3－17　替换效果

通配符，以及查找或替换特殊格式等），可在“查找和替换”对话框中单击“更多”按钮，展开对话框进行操作（图 3－18）。

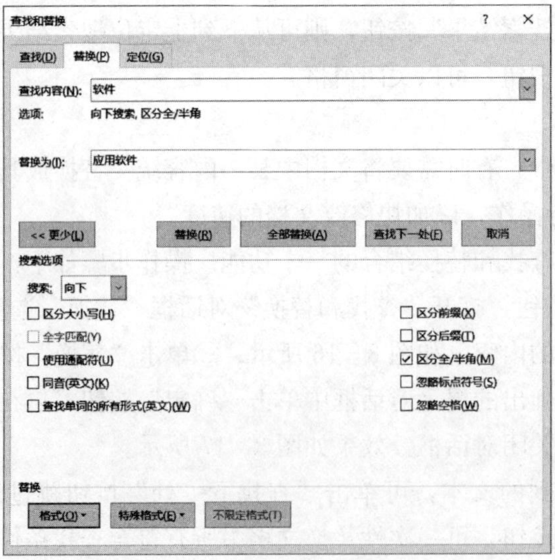

查找和替换
查找(D)
替换(P)
定位(G)
查找内容(N):
软件
选项:
向下搜索, 区分全/半角
替换为(I):
应用软件
<< 更少(L)
替换(R)
全部替换(A)
查找下一处(F)
取消
搜索选项
搜索:
向下
区分大小写(H)
全字匹配(Y)
使用通配符(U)
同音(英文)(K)
查找单词的所有形式(英文)(W)
区分前缀(X)
区分后缀(T)
区分全/半角(M)
忽略标点符号(S)
忽略空格(W)
替换
格式(O)
特殊格式(E)
不限定格式(T)

图 3－18　高级查找和替换对话框

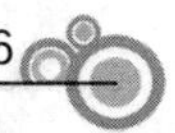

四、撤销与恢复

在编辑文档时，撤销与恢复操作可以解决出现的误操作问题，使用撤销功能将错误的操作撤销。如果误撤销了某些操作，还可以使用恢复功能将其恢复。

1. 撤销操作

按“Ctrl+Z”组合键，或者单击快速访问工具栏的“撤销”按钮。连续执行此命令可以撤销多个连续的误操作。

单击“撤销”按钮右侧三角按钮，打开历史操作表，在此选择撤销的步骤，则该操作及其之后所有操作都将被撤销。

2. 恢复操作

按“Ctrl+Y”组合键，或者单击快速访问工具栏的“恢复”按钮，可以恢复撤销操作。

提示：恢复不能像撤销一样一次性还原多步操作，所以在“恢复”按钮右侧没有可以展开的列表。当撤销多个操作时，再单击“恢复”按钮，最先恢复的是第一次撤销的操作。

任务实战

1. 打开根目录下存储的“公司招聘”文档。
2. 将视图方式设置为页面视图。
3. 查找“软件”，并替换为“应用软件”。

任务四　文档排版

学习任务

掌握文档字符、段落等格式设置。

掌握边框、底纹、项目符号设置，以及特殊排版方式。

相关知识

为了让文档版面精简美观，突出文档标题、重点内容等，需对字符和段落进行格式设置。字符格式是指字体、字号、字形、颜色等内容。段落格式主要包括对齐方式、缩进、间距、行间距等内容。

一、设置字符格式

“字体”对话框“所有文字”设置区可以设置字体颜色、下划线、着重号效果，只需在相应下拉列表中进行选择即可；利用“效果”设置区可设置字符下划线、阴影、上标、下标等效果，选中相应复选框即可。

切换到“高级”选项卡，可设置字符在宽度方向上的缩放百分比，以及字符之间的距离，字符的上下效果等（图 3-19）。

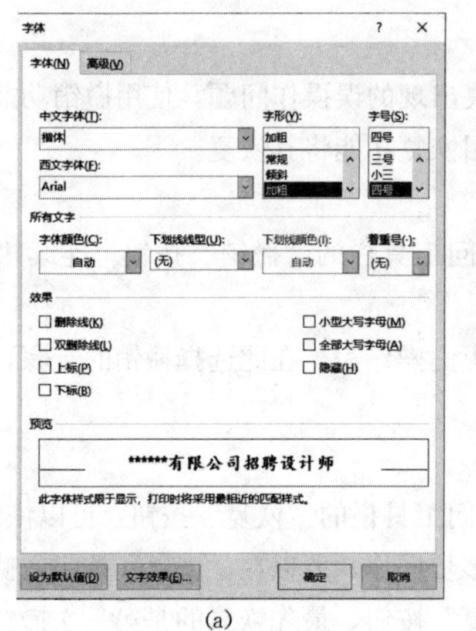

(a)

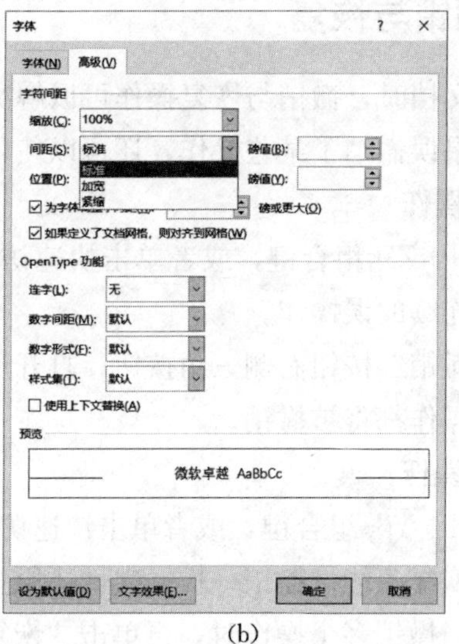

(b)

图 3－19　字体对话框

设置字体、字号、颜色是文档编辑过程中最基本的操作，字体决定了文字的外观，字号决定文字的大小，字形设置文字的加粗、倾斜。

以《公司招聘》文档为例进行字符格式设置。

方法一：①选取全部文本；②单击“开始”选项卡；③单击下拉“字体”工具按钮列表，选择所需字体，如：“楷体”；④单击下拉“字号”工具按钮列表，选择字号，如：“四号”；⑤单击“加粗”工具按钮。

方法二：①选取全部文本；②单击“开始”选项卡“字体”组右下角的对话框启动按钮；③弹出“字体”对话框，在“中文字体”下拉列表中选择“楷体”，字形选择“加粗”，在“西文字体”下拉列表框中选择“Arial”；在“字号”列表框中单击选择“四号”；④单击“确定”按钮。

在对话框下方的“预览”框中预览设置效果，如图 3－20 所示。

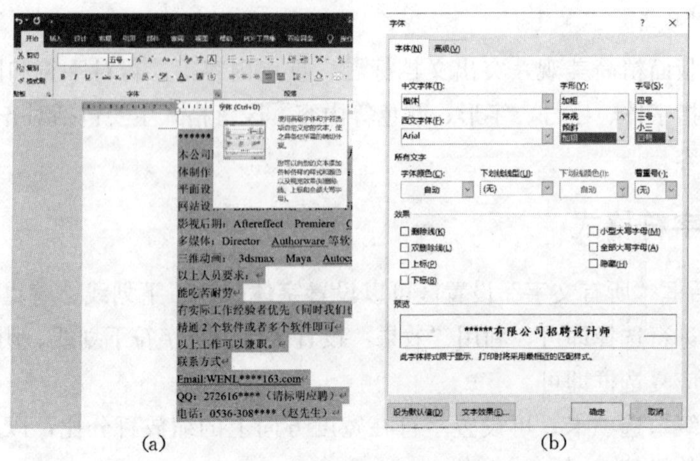

(a)　　　　　　　　　　　　(b)

图 3－20　字体对话框启动

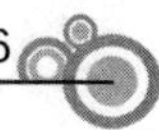

全部文本设置完后，再对个别文字和段落进行选取，单独进行格式设置。这个顺序可根据编辑者的习惯而定。

二、设置段落格式

段落格式设置主要包括段落对齐、缩进、段落间距、行间距等。

段落缩进：指段落中的文本与页边距之间的距离。Word 2016 提供了 4 种缩进方式：左缩进、右缩进、首行缩进、悬挂缩进。

左缩进：整个段落左边界的缩进位置。

右缩进：整个段落右边界的缩进位置。

首行缩进：段落中首行的起始位置。

悬挂缩进：段落中除首行外其他行的起始位置。

段落间距：包括文档的行间距和段间距。行间距是指段落中行与行之间的间距，段间距是指前后相邻段落之间的距离。

行间距设置：行间距决定各文本间的垂直距离，将影响整个段落中所有的行。

段落间距设置：段间距决定了段落前后空白距离的大小。

以《公司招聘》文档为例进行段落格式设置：

方法一：①选取该段落，将光标放置该段落任意位置；若要同时设置多个段落格式，则需要同时选取这些段落；②单击“段落”组右下角对话框启动器按钮，弹出段落对话框；③在常规区设置对齐方式，下拉列表框中选择“两端对齐”对齐方式；大纲级别选择“正文文本”（除标题段），如图 3－21（a）所示；④在“缩进”设置区设置缩进方式，在“特殊格式”下拉列表框中选择“首行缩进”，在右侧输入磅值为“2 字符”（中文文档的习惯，西文文档则不需要），即首行缩进 2 个字符；⑤在间距区设置行间距和段落间距。这里将段前间距设置为 0.5 行，行间距设置为“1.5 倍行距”，如图 3－21（b）所示；⑥设置完成后，单击“确定”按钮。

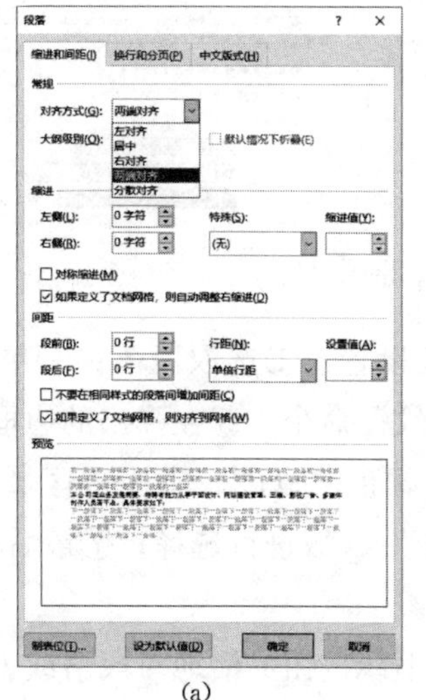

(a)

(b)

图 3－21　段落对话框

方法二：①选取该段落，将光标放置该段落任意位置；若要同时设置多个段落格式，则需要同时选取这些段落；②在段落组中设置对齐方式：单击“两端对齐”工具按钮；③在段落组中设置段落间距：单击“行和段落间距”工具按钮，在下拉列表中选择“行距选项”选项命令，弹出段落对话框，设置操作如方法一。

方法三：使用标尺设置段落缩进，通过水平标尺可以快速设置段落缩进方式和缩进量。水平标尺包含左缩进、右缩进、首行缩进、悬挂缩进 4 个游标，游标如图 3－22 所示。用鼠标左键可以直接拖动游标至目标位置，即可实现对该段落的 4 种缩进方式。如要精准的设置缩进量，需要使用“段落”对话框进行设置。

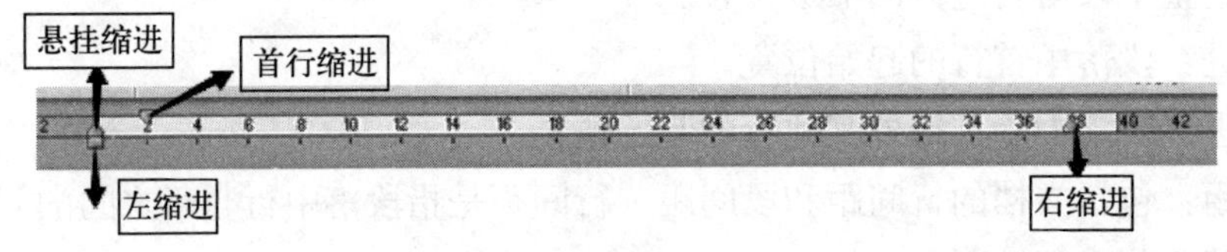

图 3－22 游 标

至此，《公司招聘》文档文字和段落格式设置完毕，按“Ctrl＋S”组合键保存文档。

三、设置边框和底纹

给文档增加一些底纹和边框，可以使文档看起来更美观大方，如图 3－23 所示。Word 2016 提供了为文本、段落、表格等元素添加边框和底纹的功能。

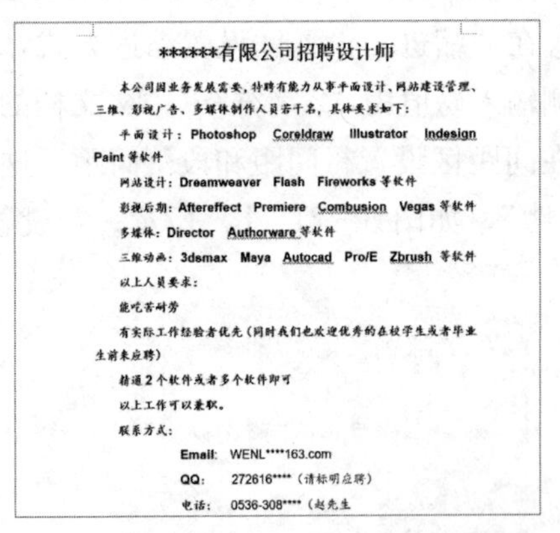

******有限公司招聘设计师

本公司因业务发展需要，特聘有能力从事平面设计、网站建设管理、三维、影视广告、多媒体制作人员若干名，具体要求如下：

平面设计：Photoshop Coreldraw Illustrator Indesign Paint 等软件

网站设计：Dreamweaver Flash Fireworks 等软件

影视后期：Aftereffect Premiere Combusion Vegas 等软件

多媒体：Director Authorware 等软件

三维动画：3dsmax Maya Autocad Pro/E Zbrush 等软件

以上人员要求：

能吃苦耐劳

有实际工作经验者优先（同时我们也欢迎优秀的在校学生或者毕业生前来应聘）

精通 2 个软件或者多个软件即可

以上工作可以兼职。

联系方式：

Email: WENL****163.com

QQ: 272616****（请标明应聘）

电话：0536-308****（赵先生

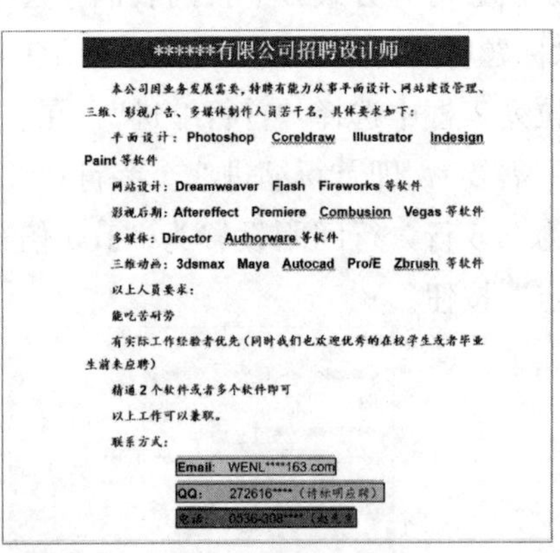

******有限公司招聘设计师

本公司因业务发展需要，特聘有能力从事平面设计、网站建设管理、三维、影视广告、多媒体制作人员若干名，具体要求如下：

平面设计：Photoshop Coreldraw Illustrator Indesign Paint 等软件

网站设计：Dreamweaver Flash Fireworks 等软件

影视后期：Aftereffect Premiere Combusion Vegas 等软件

多媒体：Director Authorware 等软件

三维动画：3dsmax Maya Autocad Pro/E Zbrush 等软件

以上人员要求：

能吃苦耐劳

有实际工作经验者优先（同时我们也欢迎优秀的在校学生或者毕业生前来应聘）

精通 2 个软件或者多个软件即可

以上工作可以兼职。

联系方式：

Email: WENL****163.com

QQ: 272616****（请标明应聘）

电话：0536-308****（赵先生

图 3－23 效果图对比

以《公司招聘》文档为例进行边框和底纹设置：①选取段落；②单击“段落”组“边框”工具按钮右侧下拉列表，选择“边框和底纹”命令；③在弹出的边框和底纹窗口，选择“边框”选项卡；④分别对设置区域、样式、颜色、宽度、应用于区域进行选择；⑤选择“底纹”选项卡；⑥分别对填充区域和“应用于”区域进行选择；⑦最后单击“确定”按钮，完成设置边框和底纹的操作，如图 3－24 所示。

技巧：熟练的编辑者会利用预览区域的边框线按钮灵活地对段落或表格添加边框线，单击其中的一个边框按钮就会预览到该边框线的应用情况（图 3－25）。边框线按钮是一个反

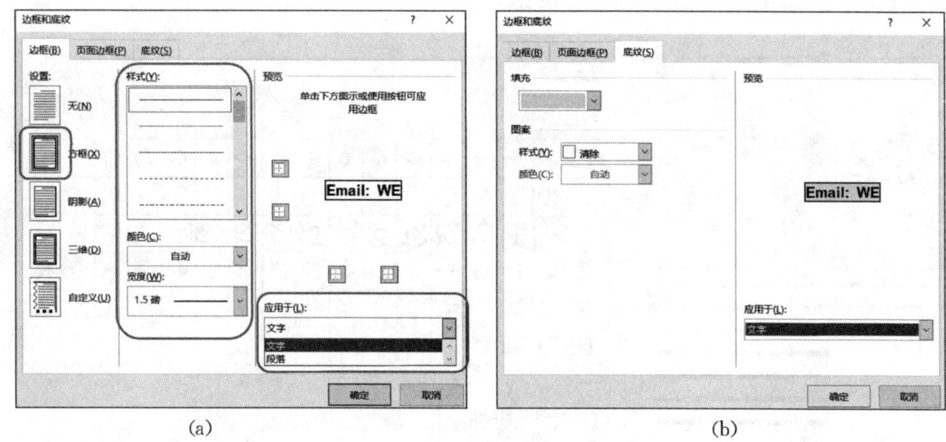

(a)　　　　　　　　　　　　(b)

图 3-24　边框和底纹对话框

复应用按钮，即添加和取消应用。

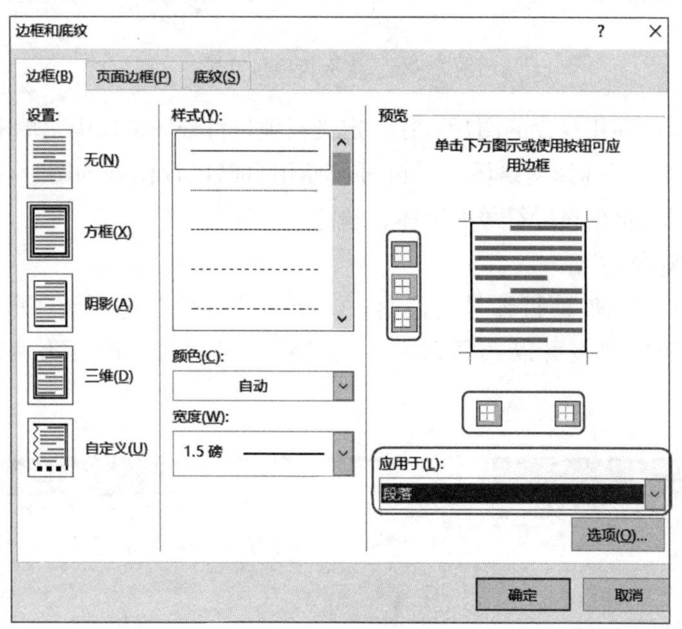

图 3-25　预览边框按钮

四、设置项目符号和编号

1. 设置项目符号

项目符号和编号是放在项目列表前，用于强调文档重点内容。

以《公司招聘》文档为例进行项目符号和编号设置：①选取要添加项目符号的段落；②单击“开始”选项卡“段落”组中的“项目符号”工具按钮，在下拉列表中，有很多种符号可以选择；③如果没有合适的符号，可以选择“定义新项目符号”命令，在弹出的窗口中，单击“符号”按钮，弹出“符号”窗口，在该窗口中，有着更加丰富的符号进行选择，如图 3－26 所示；④最后单击“确定”按钮。

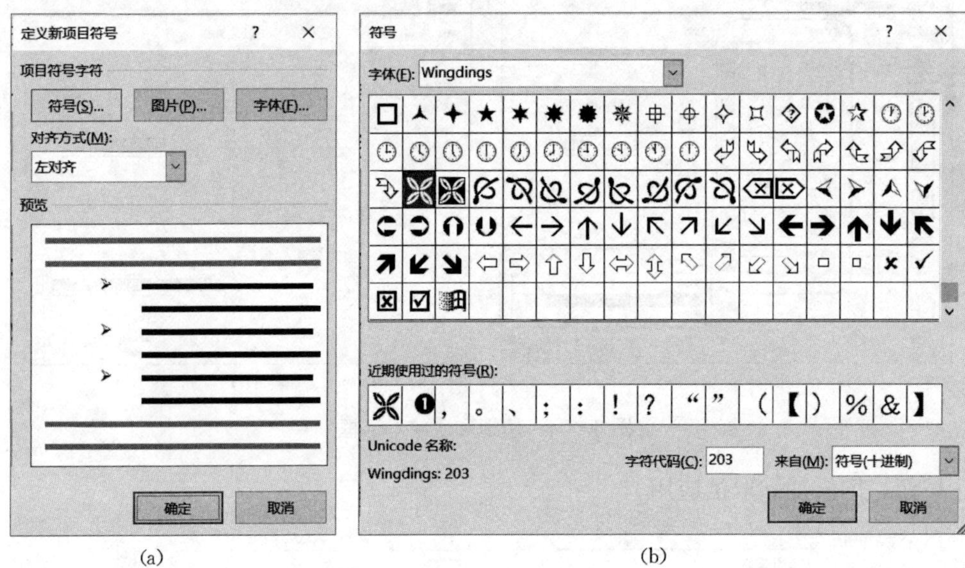

(a)　　　　　　　　　　　　　　(b)

图 3－26　定义新项目符号

项目符号还可以使用自设的图片。在“定义新项目符号”窗口中，单击图片按钮，在弹出的插入图片窗口可以选择网络图片，也可以使用自己已存储好的图片，单击“字体”按钮，可在打开的对话框中设置符号的字体、颜色、字号等。

2. 设置项目编号

步骤：①选取要添加项目编号的段落；②单击“开始”选项卡“段落”组中的“编号”工具按钮，下拉列表可以选择列表中的某种编号样式，即可为所选段落添加编号（图 3－27）。

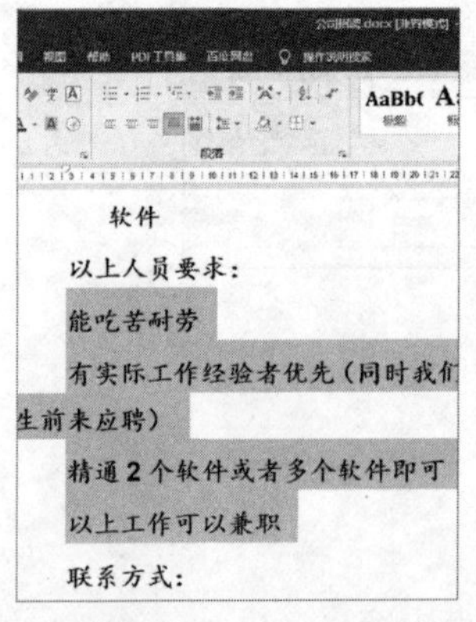

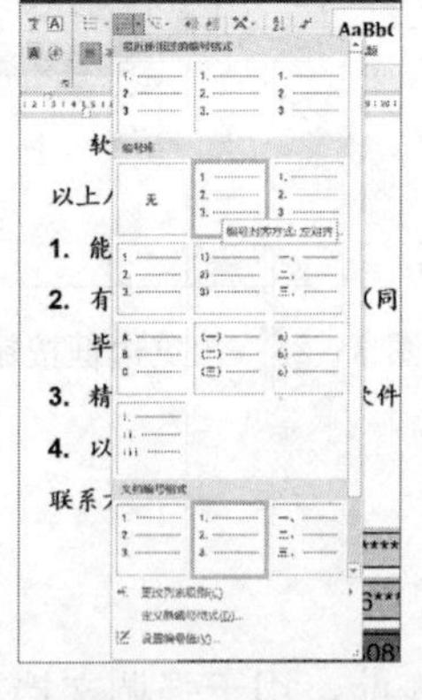

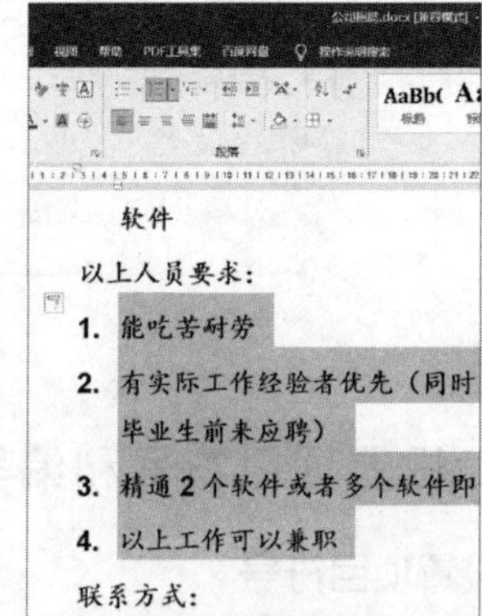

图 3－27　添加编号

如果编号列表中没有所需的编号样式，可以自定义一个新的编号样式。①选择“定义新编号格式”命令，弹出定义新编号格式对话框；②下拉编号样式列表，选择一种编号样式；③编号格式框中可以在样式编号前后输入需要的编号字符，如图 3－28 所示；④对齐方式左

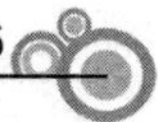

对齐即可，单击“确定”按钮完成自定义。

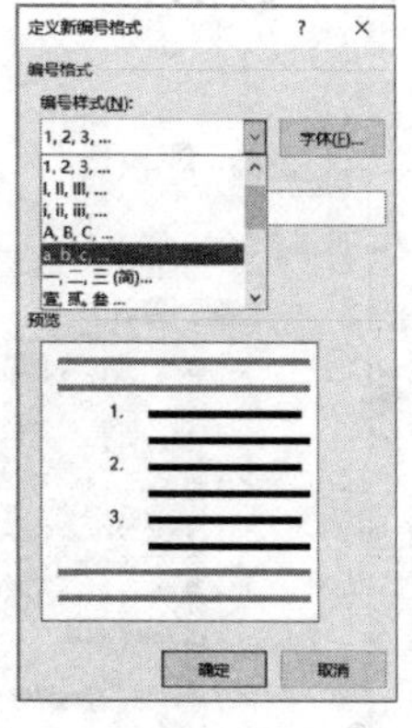
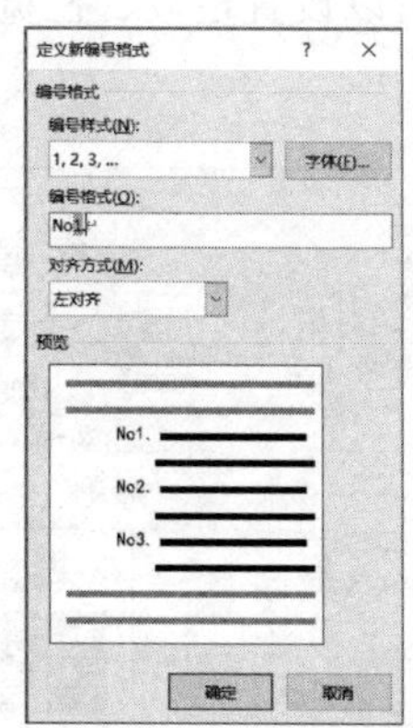

图 3-28　定义新编号

技巧：

（1）如要对已生成的段落添加项目符号或编号，只需同时选取这些段落，进行添加即可完成对选取段落的操作。

（2）只生成第一个段落，添加项目符号或编号后，那么开始下一个新段落，项目符号或编号是自动添加，并且编号是自动累加连续的。

如果要取消项目符号或者编号，单击“项目符号”或者编号按钮，选择“无”样式即可。

五、设置分栏

分栏的目的是为了便于阅读和调整版面，可以减少段落末行的空间。Word 2016 中分栏功能，就能够很轻松地制作出多栏样式。①在页面视图模式下，选取要设置分栏的文本；②单击“布局”选项卡“页面设置”组中的“栏”工具按钮；③在下拉列表中选择分栏样式，即可完成分栏设置（图 3-29）。

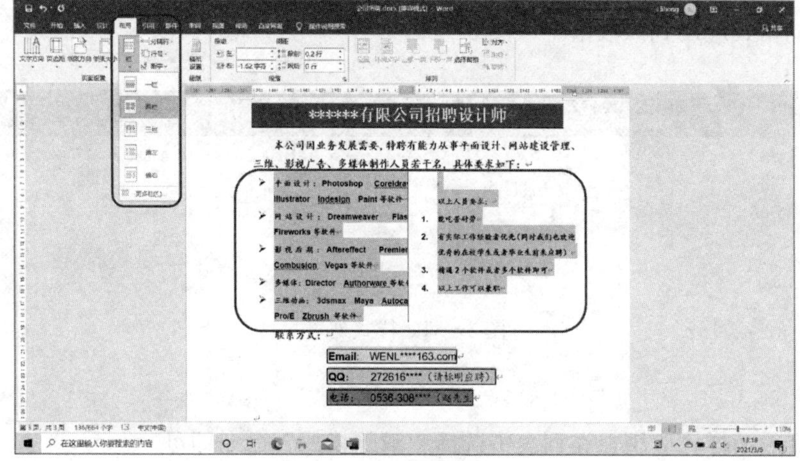

图 3-29　分　栏

如果需要更多的分栏样式，在下拉列表中选择“更多栏”命令，弹出“栏”对话窗口，在该对话框，可以设置栏数、栏宽、栏间距、分隔线和应用对象等内容，形成不同的栏样式（图 3－30）。

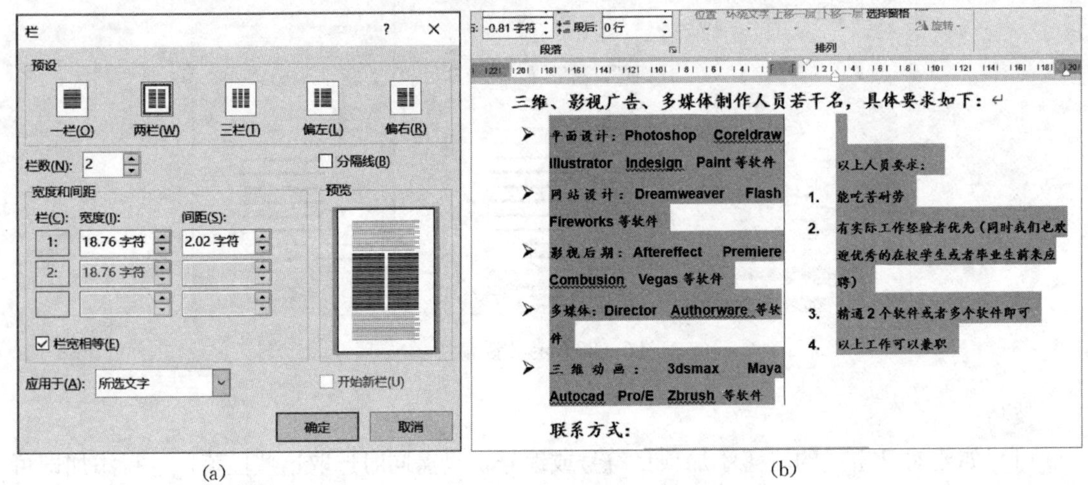

(a) (b)

图 3－30　更多栏

删除分栏的方法，只需选择“一栏”命令即可取消多栏效果。

技巧：调整栏宽和栏间距的方法，除了在“栏”对话框中进行设置，还可以拖动水平标尺上的分栏游标，调整栏宽和栏间距。

六、应用样式

应用样式可以快速排版文档，大大简化排版操作，提高效率。常用于较长文档，如书稿、论文等。样式就是 Word 系统内置的或由用户自定义的一系列排版格式的总和，包括字符格式、段落格式等。Word 2016 提供了多个样式，每种样式都设计了成套的格式，分别用于设置文章各级标题、副标题等文本格式。操作如下：①选取要应用样式的段落；②单击“开始”选项卡“样式”组中的“其他”按钮，在下拉系统内置样式列表中选择一种样式，即可将成套的格式应用到该段落中（图 3－31）。

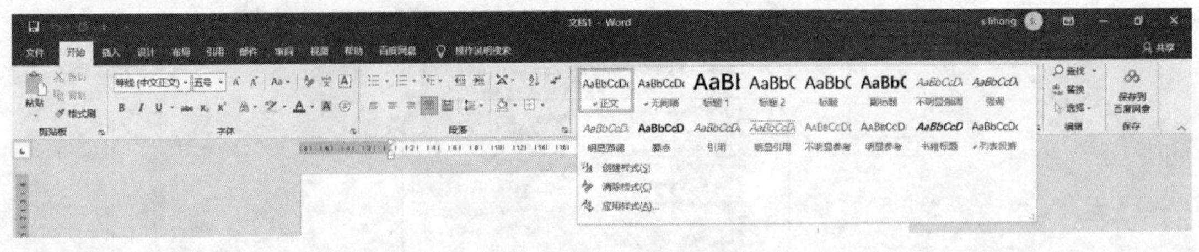

图 3－31　样式列表

提示：

（1）如需取消样式应用，在列表中选择“清除格式”命令即可。

（2）如需创建自己应用的样式，在列表中选择“创建样式”命令，在弹出的窗口中选择

不同格式内容进行设置，最后命名好新建样式名称，即可在列表中选择自建样式应用。

（3）若样式的某些格式设置不合理，可根据需要进行修改。修改样式后，所有应用了该样式的文本都会发生相应的格式变化，提高了排版效率。此外，对于多余的样式，也可以将其删除，以便更好地应用样式。

任务实战

操作要求：

1. 录入内容，文档命名“练习 4”，并保存。

2. 为文章添加标题“蜗牛与它的大海”，宋体 24 磅，居中对齐。

3. 为文章添加作者“文/庄晓明”，宋体五号，加边框线：阴影、蓝色、个性色 1、淡色 60%，线粗细：2.25 磅，段落：文字居中对齐，段后间距 0.5 行。

4. 设置字符格式和段落格式：正文内容为宋体，五号，首行缩进 2 个字符，1.5 倍行距。

5. 分栏：将文档分为等宽三栏，添加分割线（除标题段），如图 3-32 所示。

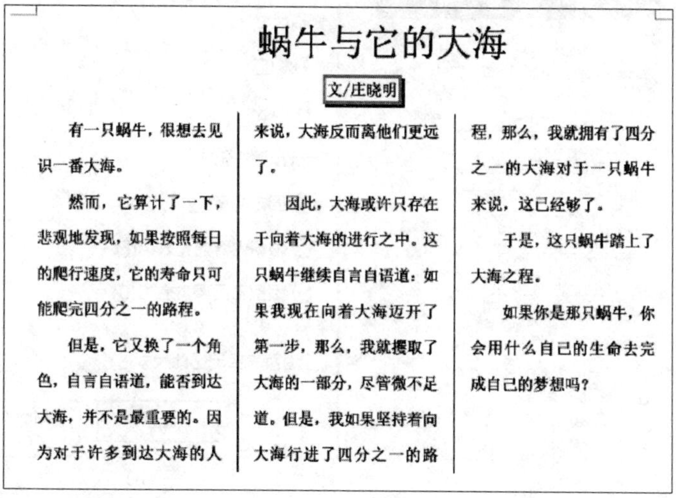

蜗牛与它的大海

文/庄晓明

有一只蜗牛，很想去见识一番大海。

然而，它算计了一下，悲观地发现，如果按照每日的爬行速度，它的寿命只可能爬完四分之一的路程。

但是，它又换了一个角色，自言自语道，能否到达大海，并不是最重要的。因为对于许多到达大海的人来说，大海反而离他们更远了。

因此，大海或许只存在于向着大海的进行之中。这只蜗牛继续自言自语道：如果我现在向着大海迈开了第一步，那么，我就攫取了大海的一部分，尽管微不足道。但是，我如果坚持着向大海行进了四分之一的路程，那么，我就拥有了四分之一的大海对于一只蜗牛来说，这已经够了。

于是，这只蜗牛踏上了大海之程。

如果你是那只蜗牛，你会用什么自己的生命去完成自己的梦想吗？

图 3-32　样张图

任务五　表格创建与编辑

学习任务

1. 掌握表格的创建。
2. 掌握表格、单元格编辑。
3. 掌握编辑表格格式化。
4. 掌握在表格中输入内容。

相关知识

表格是由成行、成列的方框组成，行与列交叉形成的方框为单元格，在单元格中进行编辑。在日常生活中常常需要绘制不同表格，如个人简历表、人事信息表、课程表等表格，下面以制作一份个人简历表为例。

一、创建表格

根据需要创建表格的行数、列数，进行合并单元格、拆分单元格、设置单元格的行高、设置单元格的列宽等操作来调整表格。①新建一个空文档，以“个人简历”命名并进行保存；②单击“插入”选项卡“表格”组中的“表格”工具按钮，在下拉列表中选择“插入表格”命令，弹出“插入表格”对话框；③在该对话框中，“列数”“行数”编辑框中输入相应数值，表格的宽度在“自动调整”操作区域中选择“回定列宽”的“自动”选项，单击“确定”按钮，即可完成表格创建（图 3－33）。

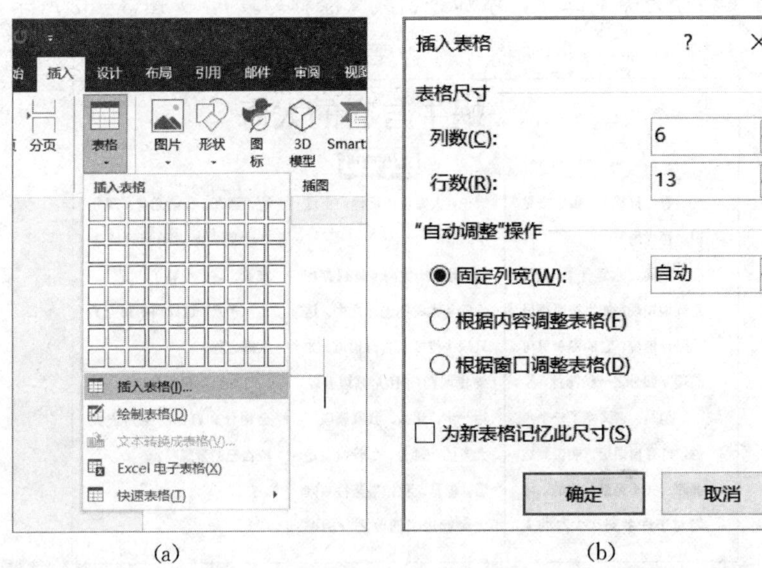

(a)　　(b)

图 3－33　插入表格对话框

如要创建简单表格，可在“表格”下拉列表中直接用鼠标在网格中拖动，即可在文档区域创建出表格。

二、选取表格和单元格

选取表格、单元格，目的是对表格、单元格进行编辑，Word 2016 提供了多种选取方法。

1. 选取整个表格

将鼠标指针移动到表格外左上角，此时将显示⊞控制按钮，单击该按钮即可选取整个单元格。

2. 选取行

把鼠标移动到所选行左端外侧，当光标符号变成“↗”形状后，单击鼠标左键，即可选取该行，此时按住鼠标左键上下移动，可选取相邻多行。

3. 选取列

把鼠标移动到所选列顶端，当光标符号变成“⬇”形状后，单击鼠标左键，即可选取该列，此时左右拖动鼠标，可选取相邻多列。

4. 选取单元格

把鼠标移动到单元格左侧，当光标符号变成“↗”形状后，单击鼠标左键，即可选取该单元格，如果进行双击可选取整行。

5. 选取连续单元格区域

方法一：选取该区域起始单元格，然后按 Shift 键，再选取该区域的最后一个单元格，释放 Shift 键，即可完成。

方法二：把光标移动到起始单元格，按住鼠标左键向其他单元格拖动，鼠标指针经过的单元格均被选取，直至最后一个单元格，释放鼠标即可完成。

6. 选取不连续单元格和单元格区域

先按 Ctrl 键，用上述方法依次选取单元格或单元格区域，即可完成。

三、编辑表格

如何让表格达到理想效果，就要对表格进行编辑，如怎样插入、删除行、删除列或单元格、合并与拆分单元格等操作，达到想要的效果。

编辑表格用到的选项卡：“表格工具”→“设计”选项卡和“表格工具”→“布局”选项卡。创建好表格后，把光标放置表格任意单元格位置，在选项卡区域中就会出现“表格工具”选项卡，表格的编辑和美化主要是利用这两个选项卡来实现。

前面将个人简历表格框架创建好，后面就进行编辑表格的工作，首先要掌握如下几个操作：合并单元格、拆分单元格、插入行和列、删除行和列、调整行高与列宽。

1. 合并单元格

步骤：①选取要合并的多个单元格，如图 3-34 所示；②单击“表格工具”→“布局”选项卡“合并单元格”工具按钮，将所选多个单元格合并成一个单元格；③分别将其他单元格进行合并，得到表格基本框架。

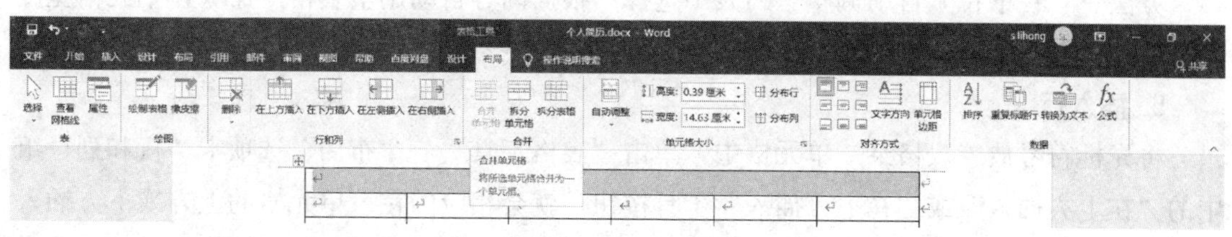

图 3-34　合并单元格

2. 拆分单元格

步骤：①选取要拆分的一个单元格；②单击“表格工具”→“布局”选项卡“拆分单元格”工具按钮，弹出对话框，输入拆分的行数和列数，即可将一个单元格拆分成多个单元格，如图 3-35 所示；③分别将其他单元格进行合并，得到表格基本框架。

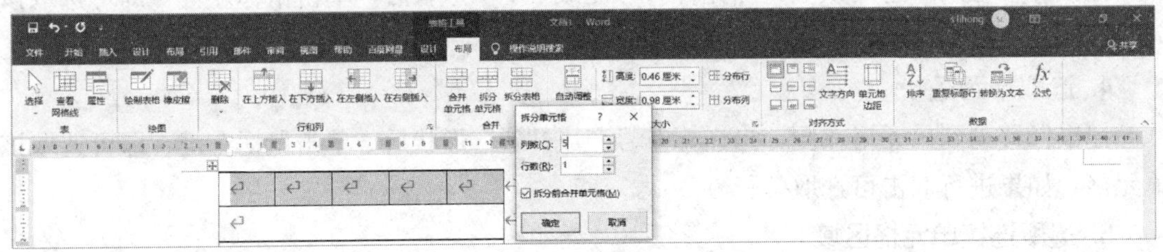

图 3-35　拆分单元格

3. 设置单元格行高

方法一：将光标移动到表格行的分界线处，光标变为“![]”形状后，按住鼠标左键上下拖动可以快速调整行高。

方法二：精准调整行高，把光标符号移动到任意单元格中，单击“表格工具”→“布局”选项卡“单元格大小”组中的“高度”编辑框，输入行高值，按 Enter 键确认。如：第一行行高为 1.2 厘米（图 3-36）。

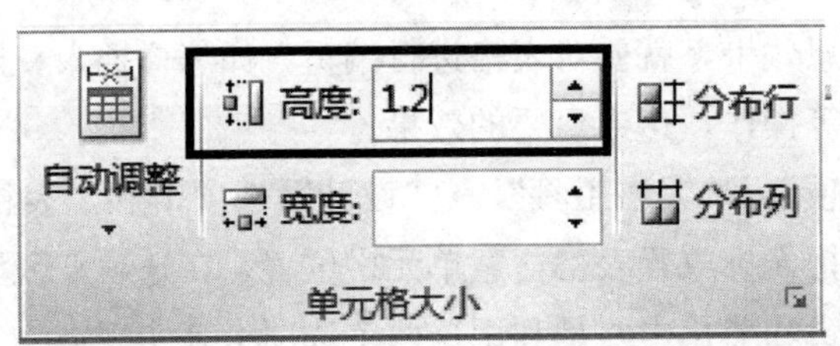

图 3-36　设置行高

4. 设置单元格列宽

方法一：将光标移动到表格列的分界线处，光标变为“![]”形状后，按住鼠标左键左右拖动可以快速调整列宽。

方法二：精准调整列宽，把光标符号移动到任意单元格中，单击“表格工具”→“布局”选项卡“单元格大小”组中的“宽度”编辑框，输入列宽值，按 Enter 键确认。

方法三：在下拉“自动调整”列表中选择“根据内容自动调整表格”命令，单元格宽度和高度会随着单元格内容的宽度和高度自行调整。

5. 插入行

将光标符号放置表格某一单元格中，单击“表格工具”→“布局”选项卡“行和列”组中的“在上方插入”或“在下方插入”工具按钮，就会相应的在该单元格的上方或下方插入一行。

如需插入多行，则先选取表格中的多行，单击“在上方插入”或者“在下方插入”按

钮，即可在所选多行的上方或下方插入所选的行数（图 3－37）。

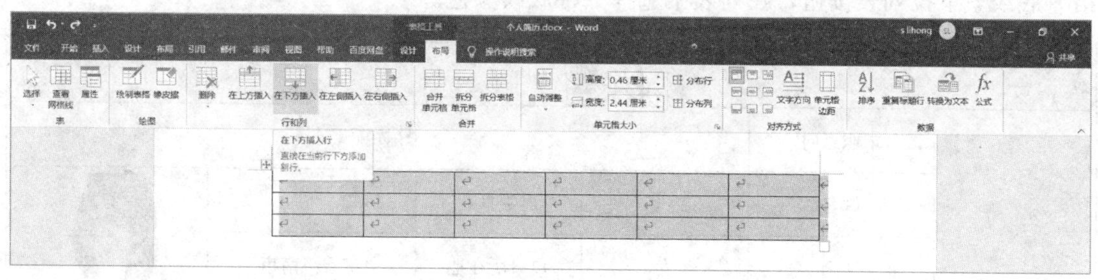

图 3－37　插入行

6. 插入列

将光标符号放置表格某一单元格中，单击“表格工具”→“布局”选项卡“行和列”组中的“在左侧插入”或“在右侧插入”工具按钮，就会相应的在该单元格的左侧或右侧插入一列。

如需插入多列，则先选取表格中的多列，单击“在左侧插入”或者“在右侧插入”按钮，即可在所选多列的左侧或右侧插入所选的列数。

7. 删除行、列、单元格或表格

选取要删除的行、列、单元格或表格，单击“表格工具”→“布局”选项卡“删除”按钮，在下拉列表中选择对应要删除的命令，即可完成删除。

个人简历表格框架在创建过程会用到以上操作，最终框架如图 3－38 所示。

四、输入单元格内容并设置格式

个人简历表格框架创建好后，要在表格中输入文字、插入图片等内容。内容输完后根据需要进行格式设置，达到美观效果。

①输入文字。将光标符号置于每一个单元格，即可在光标处输入文字；②插入图片。将光标符号置于图片插入的单元格处，单击“插入”选项卡“图片”工具按钮，完成图片插入；③适当调整某些列宽和某些行高，使内容看起来更清楚；④选取整个表格，单击“表格工具”→“布局”选项卡“对齐方式”组中的“水平居中”按钮，将各单元格中文字相对于单元格垂直和水平方向对齐，字体为宋体，小四号；⑤将第一行“个人简历”字符单独格式设置：选取表格第 1 行，单击“开始”选项卡“字体”组，黑体，三号字；⑥将表格中宽度相对于文字偏长的单元格全部选取后，对齐方式修改为中部左对齐。

五、表格格式设置

表格创建后，还需进一步对表格进行美化操作，如设置单元格或整个表格的边框、底纹等，美化后效果图如图 3－38 所示。

方法一：①选取整个表格；②边框设置：在“表格工具”→“设计”选项卡“边框”组中分别单击“笔样式”“笔划粗细”和“笔颜色”下拉列表按钮，在列表中选择边框样式、粗细和颜色，如图 3－39 所示；③单击“边框”下拉列表按钮，在列表中选择要设置的外侧框线；④用同样方法设置表格内部框线；⑤底纹设置：选取表格第 1 行，单击“表格样式”组“底纹”下拉列表按钮，在列表中选择一种底纹颜色。

个人简历					
个人概况	求职意向	图书编辑			
	姓名	赵华	出生日期	1990	
	性别	女	户口所在地	山东省济南市	
	民族	汉	专业和学历	计算机应用	
	联系电话	12345667787	通信地址	北京市海淀区日月小区 2－456	
	电子邮件地址	wangdaxin@163. com			
学习及实践情况	2006. 8—2012. 8	北京新新文件发展有限公司		北京	
	编辑： 参与编辑加工全国职业教育精品教材，主要参与者 参与策划电脑新干线系列图书，任负责人				
	2012. 9 至今	北京零点文件传播有限公司		北京	
	策划编辑： 全国高职高专计算机专业教材，策划人 全国高职高专机械专业教材，策划人				
	2006. 9—2009. 7	北京邮电大学		计算机应用	
	学士 连续四年获得校三好学生 参与开发从事管理信息系统、财务管理信息系统				
外语水平	六级				
计算机水平	二级				
业余爱好	画画、爬山、旅游				

图 3－38　个人简历效果图

方法二：①选取整个表格；②单击“边框”下拉列表按钮，在列表中选择“边框和底纹”命令，即可弹出“边框和底纹”对话框；③单击对话框中的“边框”选项，在设置区域选择“自定义”，先设置外框线的样式、颜色、宽度，用鼠标左键单击预览区域中间的四条外框线位置，即

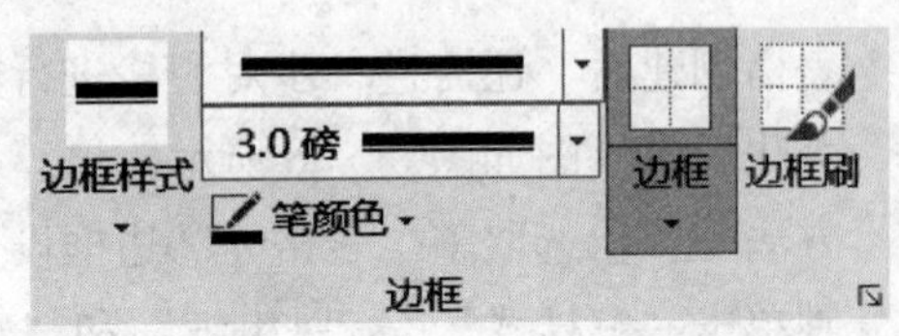

图 3－39　边框线设置

可完成外框线设置；④设置内框线的样式、颜色、宽度，用鼠标左键单击预览区域中间的内框线位置，即可完成内框线设置；⑤单击对话框中的“底纹”选项中下拉“填充”列表，在颜色列表中选择一种颜色；⑥单击“确定”按钮，完成边框和底纹的设置，如图 3-40 所示。

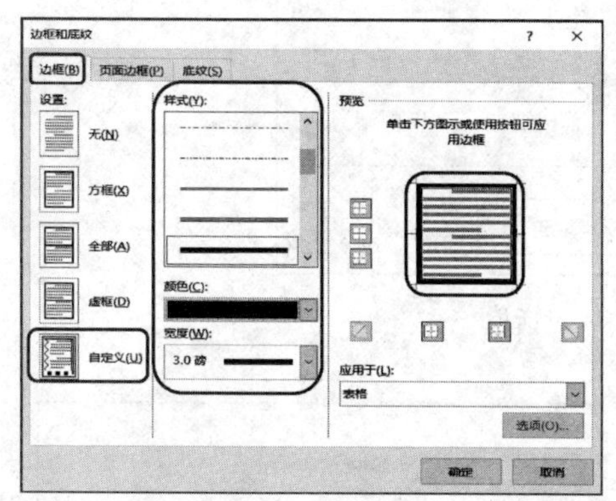
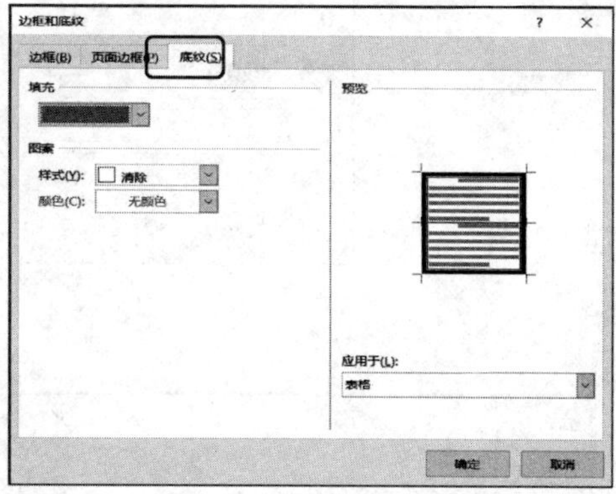

图 3-40　边框和底纹设置对话框

方法三：套用“表格样式”。①选取整个表格；②单击“表格工具”→“设计”选项卡“表格样式”组中的下拉“其他”列表；③在样式列表中选择一种样式，即可完成表格格式设置。

至此，个人简历表格制作完成，保存文档。

六、表格高级应用

1. 表格数据计算

计算内容以求和、求平均值操作进行讲解。

对表格中 3 人做总分求和数值计算：

①将光标符号置于张三强总分单元格，对政治、英语、专业课一、专业课二四门课程求和计算；②单击“表格工具”→“布局”选项卡“数据”组中的“公式”工具按钮 fx；③弹出“公式”对话框，如图 3-41 所示，在公式栏中 Word 2016 会自动调用“＝SUM（LEFT)”求和公式，函数参数默认；④用同样的方法设置表格内部框线；⑤底纹设置：选取表格第 1 行，单击“表格样式”组“底纹”下拉列表按钮，在列表中选择一种底纹颜色；⑥单击“确定”按钮，即可完成求和计算。

对表格中 3 人做平均分数值计算：①将光标符号置于张三强平均分单元格，对政治、英语、专业课一、专业课二四门课程求平均计算；②单击“表格工具”→“布局”选项卡“数据”组中的“公式”工具按钮 fx；③弹出“公式”对话框，在公式栏中将 Word 2016 自动调用的“＝SUM（LEFT)”公式删除，重新输入“＝AVERAGE（B2:E2)”求平均公式，或在“粘贴函数”下拉列表中选择“AVERAGE”求平均函数名称后，需要在公式栏中输入参数“B2:E2”，如图 3-42 所示；④单击“确定”按钮，即可完成求平均计算，如图 3-43 所示。

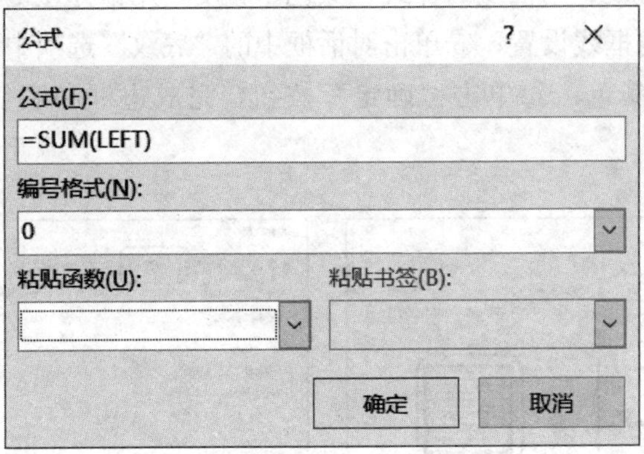

图 3－41　公式对话框

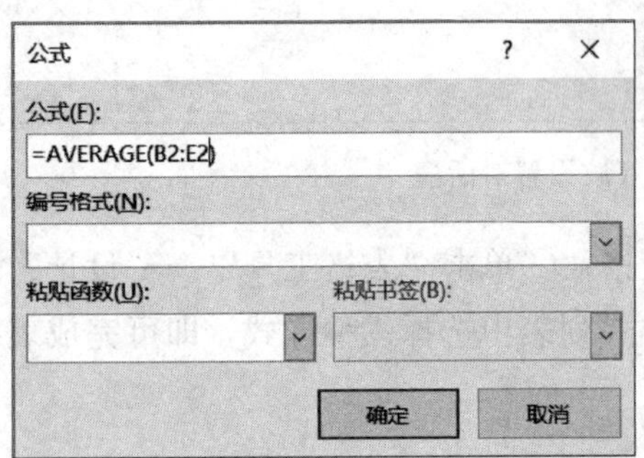

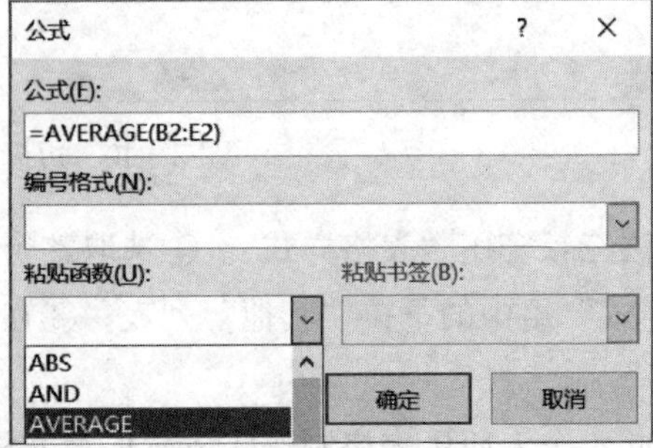

图 3－42　输入公式

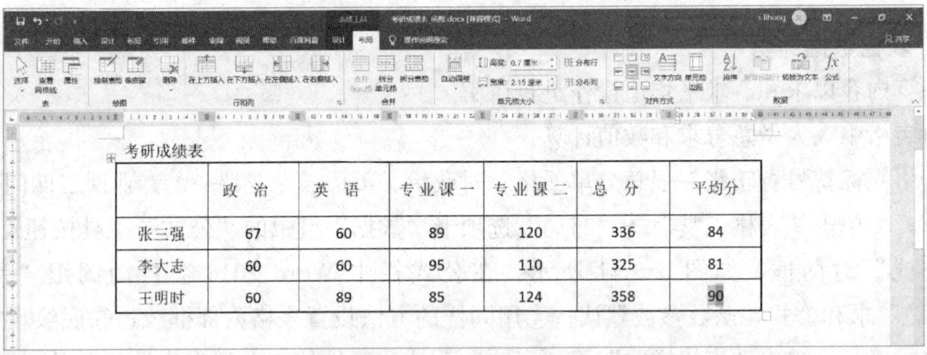

考研成绩表

	政　治	英　语	专业课一	专业课二	总　分	平均分
张三强	67	60	89	120	336	84
李大志	60	60	95	110	325	81
王明时	60	89	85	124	358	90

图 3－43　计算效果图

注意：

如自动调用的函数不正确或是函数参数不正确，这时需要进行修改，以正确使用公式。

2. 表格数据排序

在 Word 2016 中可以对表格中数字、文字和日期进行排序，操作步骤如下：①将光标

符号放置在要进行排序的任意单元格中；②单击“表格工具”→“布局”选项卡“数据”组中的“排序”工具按钮，弹出“排序”对话框，如图 3-44 所示；③在“列表”区域勾选“有标题行”选项。注意：如果选择“无标题行”选项，表格中第一行标题也会参与排序；④单击“主要关键字”下拉列表按钮，选择“政治”关键字，单击“类型”下拉列表按钮，选择“数字”类型。如果参与排序的数据是文字，则选择“笔画”或“拼音”；如果参与排序的数据是日期类型，则选择“日期”；如果参与排序的只是数字，则选择“数字”；⑤选择排序顺序为“升序”；⑥单击“次要关键字”下拉列表按钮，在列表中选择“总分”关键字，类型和排序顺序同上；⑦单击“确定”按钮，即可完成表格数据排序，如图 3-45 所示。

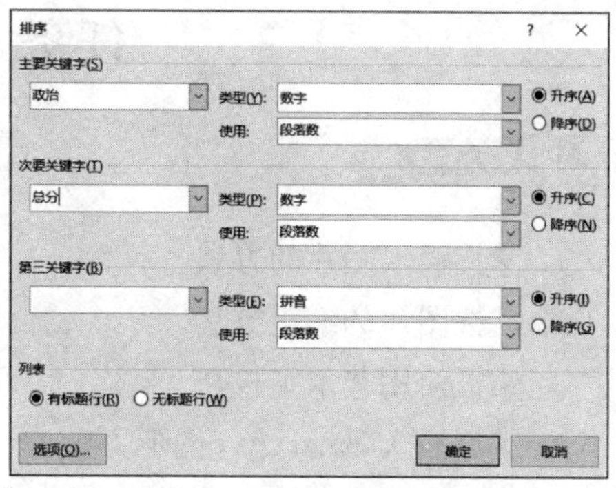

图 3-44　“排序”对话框

考研成绩表

	政　治	英　语	专业课一	专业课二	总　分	平均
李大志	60	60	95	110	325	81
王明时	60	89	85	124	358	90
张三强	67	60	89	120	336	84

图 3-45　排序效果图

任务实战

1. 新建 Word 文档，以“练习 5”命名文件并保存。

2. 制作个人简历表格，如表 3-1 所示。

3. 制作表格《学生成绩统计表》，如表 3-1 所示，计算每个学生总分、平均分，并按总分从高到低排序。

表 3-1　学生成绩统计

学号	姓名	语文	数学	英语	历史	政治	化学	物理	总分	平均分
№001	张峰	95	35	50	42	70	85	65		
№002	王金	85	64.5	70	50	86.2	80	52.5		
№003	刘华	91	59	62.3	58	87.1	85	38		
№004	蔡思俊	85.3	52.4	56	70	78.4	95	54		
№005	赵雅	88.9	53	85.3	85	72	84	65		

任务六　图文混排

学习任务

1. 掌握插入图片的方法。
2. 掌握图片的编辑方法。
3. 掌握使用艺术字技巧。
4. 掌握插入 SmartArt 图形方法。
5. 掌握绘制、编辑和美化自选图形方法。
6. 掌握如何插入文本框和公式。

相关知识

在文档中插入各种图片、艺术字、SmartArt 图形、自选图表、文本框等对象，极大地丰富了文档内容。而编辑和美化插入对象，提高了美化文档的效果。

插入×××对象后，在功能区就会激活“×××工具”→“格式”或“×××工具”→“设计”选项卡，选项卡里包含大量的工具按钮，利用它们可以对插入的×××对象进行美化和编辑操作。

Word 2016 对图形、图片和文本框等对象进行编辑、美化操作的步骤相同。

一、插入图片

插入图片可以让文档更加美观、生动。在 Word 2016 中，将图片来源分为 3 部分进行讲述：联机图片、本机图片、屏幕截图。

1. 插入联机图片

微软 Office 提供了大量的联机图片，这些图片设计精美，构思巧妙，能够表达不同的主题，适合制作各种文档。①单击鼠标左键定位图片插入位置；②在“插入”选项卡“插图”组中的下拉“图片”工具按钮列表中选择“联机图片”命令，如图 3-46 所示；③弹出“联机图片”对话框，从展开的列表中进行选择，也可以输入图片的关键词，从展开搜索到的列表中选择需要的图片；④单击“插入”按钮，即可完成联机图片的插入。

2. 插入本机图片

从磁盘中可以插入多种格式的图片，如 BMP 位图、CDR 矢量图、JPEG 压缩图片、TIFF 格式图片等。①单击鼠标左键定位图片插入位置；②选择“插入”选项卡“插图”组中的下拉“图片”工具按钮列表，在列表中选择“此设备”命令，弹出“插入图片”对话框；③在该对话框中，选择存储在本机的图片文件，单击“插入”按钮，即可完成本机图片的插入。

提示：在 Word 2016 中可以一次插入多个图片，在弹出的“插入图片”对话框中，配合 Shift 键或 Ctrl 键可以选择多个图片，单击“插入”按钮即可一次插入所选的多个图片。

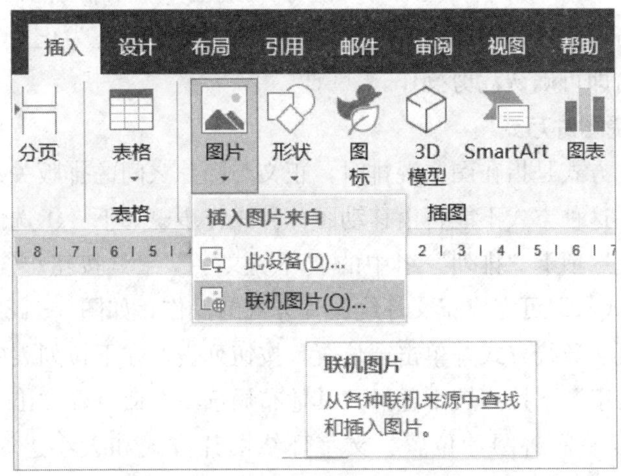

图 3-46　插入联机图片

3. 插入屏幕截图

选择“插入”选项卡“插图”组中的“屏幕截图”工具按钮，如图 3-47 所示，该按钮可以快速向文档插入在桌面上已打开的任何窗口界面，也可以选择“屏幕剪辑”命令，随意拖动鼠标选择截图区域，释放鼠标后，即可在文档光标处插入截图图片。

图 3-47　屏幕截图

二、编辑图片

1. 修改图片大小

选取图片，激活“图片工具”→“格式”选项卡，在“大小”组中输入图片具体高度值和宽度值，按 Enter 键即可完成。

2. 裁剪图片

裁剪图片目的是截取图片中所需要的部分。操作步骤如下：①选取图片；②单击“图片工具”→“格式”选项卡“大小”组中的“裁剪”按钮；③图片周围出现 8 个裁剪控制柄，用鼠标拖动控制柄将对图片进行相应方向的裁剪，直至调整合适为止；④将光标移动到空白区域，鼠标左键单击即可确认裁剪操作。

3. 设置正文环绕图片方式

正文环绕图片的方式是指在图文混排时，正文与图片之间的排版关系。默认情况下，图片是嵌入到文档中，这种方式不能自由移动图片。操作步骤如下：①选取图片；②单击“图片工具”→“格式”选项卡“排列”组中的“环绕文字”工具按钮；③在下拉列表中选择“文字环绕”某一样式，即可完成正文环绕图片方式的操作，如图 3－48 所示。

如果希望设置更多环绕方式，单击“位置”按钮列表，在下拉列表中选择合适的位置样式即可。在“环绕文字”下拉列表中选择“其他布局选项”命令，弹出“布局”对话框，在该“对话框”中可以一次将图片位置、文字环绕图片方式和大小进行设置，如图 3－49 所示。

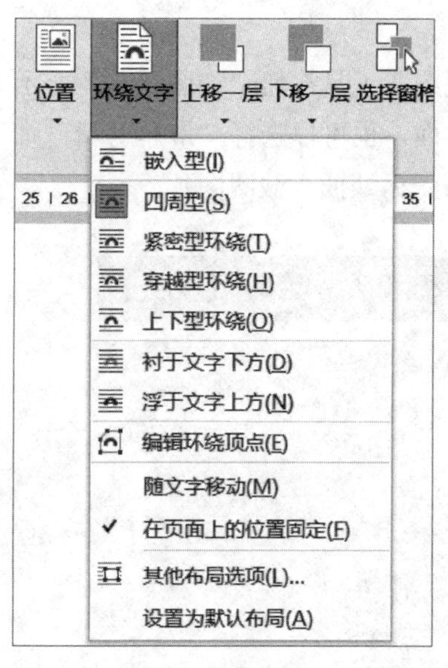

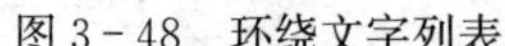
图 3－48　环绕文字列表

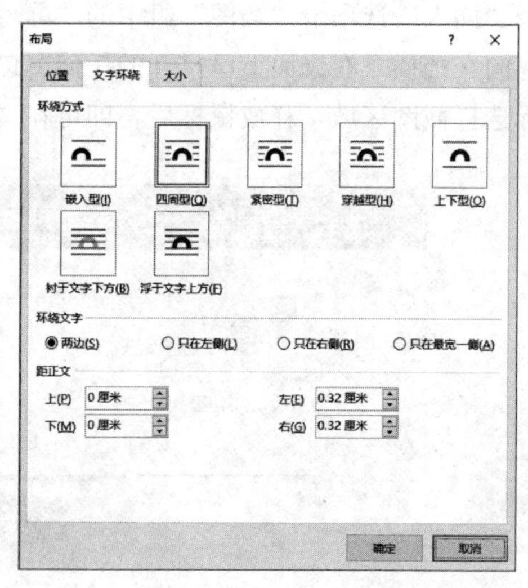

图 3－49　“布局”对话框

4. 移动、复制及删除图片

图片的移动、复制及删除方法和文字的移动、复制、删除的方法相似。

三、使用艺术字

艺术字可以给文章添加强烈视觉冲击效果，在文档中把某些特定文字内容以艺术字效果去实现，就会让内容更加醒目。

艺术字功能结合了文本和图形特点，让文本具有图形的某些属性，如可以旋转、三维、映像等效果。

1. 插入艺术字

操作步骤如下：①将光标符号定位到准备插入艺术字的位置；②单击“插入”选项卡

“文本”组中的“艺术字”工具按钮，打开艺术字预设样式面板，在面板中选择合适的艺术字样式，这时文档中就会插入艺术字文字编辑框；③在文字编辑框中直接输入文本，同时设置字体和字号等，如图 3-50 所示；④在空白处鼠标左键单击即可完成。

图 3-50 艺术字列表

2. 编辑艺术字

对艺术字的内容、边框效果、填充效果或样式进行修改和设置，首先选取艺术字，单击“绘图工具”→“格式”选项卡中相关工具按钮即可完成操作。

四、SmartArt 图形

SmartArt 图形功能可以轻松制作各种流程图，如层次结构、矩阵图、关系图等，借助流程图的形式可以使内容看起来更加清晰。

1. 插入 SmartArt 图形并添加文字

操作步骤如下：①将光标符号定位到准备插入艺术字的位置；②单击“插入”选项卡“插图”组中的“SmartArt”工具按钮，弹出“选择 SmartArt 图形”对话框；③在该对话框中有 8 种类型图形，选择一种类型，在左侧列表中选择合适的样式，在右侧区域进行预览，最后单击“确定”按钮即可完成插入。

2. 编辑 SmartArt 图形

插入 SmartArt 图形后，需要一些文本编辑、添加删除形状等操作，才能最终完成流程图的制作。这些操作是在“SmartArt 工具”的“设计”和“格式”选项卡中进行的，如对文本的编辑、添加、删除形状、套用样式等。

3. 文本编辑

方法一：SmartArt 图形插入后，处于选取状态，即可在光标符号处输入文本，一个形状完成输入后，用鼠标左键单击下一个形状，继续进行输入，直至在形状上输入完毕。

方法二：也可直接在“在此处输入文字”框中输入。

4. 添加或删除形状

选择 SmartArt 图形的一个形状，单击“SmartArt 工具”→“设计”选项卡“创建图形”组中的下拉“添加形状”列表按钮，选择“在后面添加形状”命令，即可在所选形状之后插入一个形状，如图 3-51 所示；单击要删除的形状，按 Delete 键即可完成删除操作。

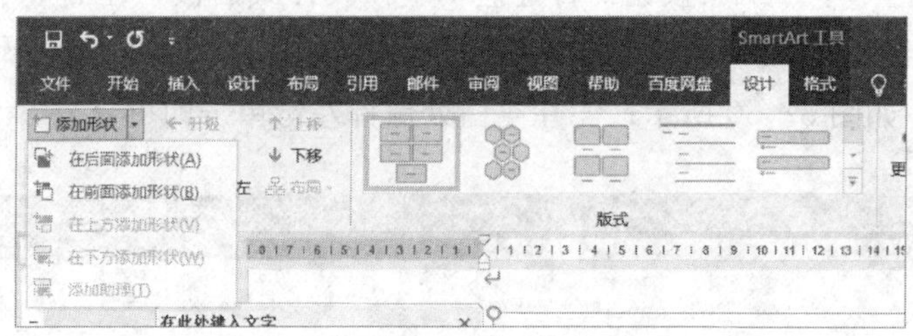

图 3－51　添加形状

5. 更改布局

首先选取 SmartArt 图形，单击“SmartArt 工具”→“设计”选项卡“版式”组中的下拉布局样式列表按钮，在列表中选择一种布局样式即可更改。

6. 应用 SmartArt 样式

单击“SmartArt 工具”→“设计”选项卡“SmartArt 样式”组中的下拉“样式”列表按钮，在列表中选择合适的样式，再搭配“更改颜色”工具按钮，即可完成 SmartArt 图形的美化设置。

7. 修饰 SmartArt 图形

“SmartArt 工具”→“格式”选项卡有着更加丰富的修饰功能，包括 SmartArt 图形的每个形状，它的大小、样式、文本样式都可以进行修饰。

五、绘制、编辑和美化自选图形

1. 绘制自选图形

操作步骤如下：①单击“插入”选项卡“插图”组中的下拉“形状”工具列表按钮，在列表中选择要绘制的形状；②当文档区域光标符号变为十字形，将其移动到要绘制图形位置，按住鼠标左键并拖动，即可绘制出自选形状。

2. 美化自选图形

选取自选图形后，可以通过“绘图工具”→“格式”选项卡进一步修饰图形的形状、形状样式、文本样式等内容。

功能介绍：

（1）“插入形状”组。在下拉形状列表中选择某个形状，然后在编辑区拖动鼠标绘制该形状。若单击“编辑形状”按钮，在弹出的列表中选择相应选项，可改变当前所选图形形状。

（2）“形状样式”组。在下拉形状样式列表中选择某个系统内置样式，可快速美化所选图形，也可自行设置所选图形的填充、轮廓和三维效果。

（3）“艺术字样式”组。若所选图形是文本框，可通过该组的选项设置文本框内文本艺术效果，制作出漂亮文字。

（4）“文本”组。设置所选文本框中文字的对齐方式和方向等。

（5）“排列”组。设置所选图形的叠放次序、文字环绕方式、旋转及对齐方式等。

（6）“大小”组。设置所选图形大小。

六、插入文本框

文本框是一种图形对象，可以作为存放文本和图形的容器。通过使用文本框，可以将文本和图形很方便的放置到文档页面指定位置，而不必受段落格式、页面设置等因素的影响，也可以像处理一个新页面一样来进行特殊处理，如设置文字的方向、格式化文字、设置边框和颜色等。

Word 2016 内置了多种样式的文本框可供用户选择。

1. 插入文本框

操作步骤如下：①将光标符号置于插入位置；②单击“插入”选项卡“文本”组中的下拉“文本框”工具列表按钮，在列表中选取合适的内置样式，就会在光标处插入文本框，拖动光标调整文本框的大小和位置，即可完成空文本框的插入；③输入文本内容。

2. 绘制文本框

操作步骤如下：①在“文本框”下拉列表中选择“绘制文本框”或“绘制竖排文本框”命令，此时光标符号变为十字形状；②在文档适当位置按住鼠标左键并拖动到合适位置，释放鼠标，即可绘制出文本框；③输入文本内容。

技巧：对已输入的文本做文本框效果的方法有①选取文本；②在“文本框”下拉列表中选择“绘制横排文本框”或“绘制竖排文本框”命令，选取的内容即可设置为文本框效果。

3. 设置文本框格式

文本框具有图形属性，所有对其格式操作与图形格式操作是一样的。①选取文本框对象，在激活的“绘图工具”→“格式”选项卡中（图 3 - 52），通过相应的功能来实现；②文本框中的文本就像普通文本一样，可以设置页边距，也可以设置文本框的文字环绕方式、大小等。

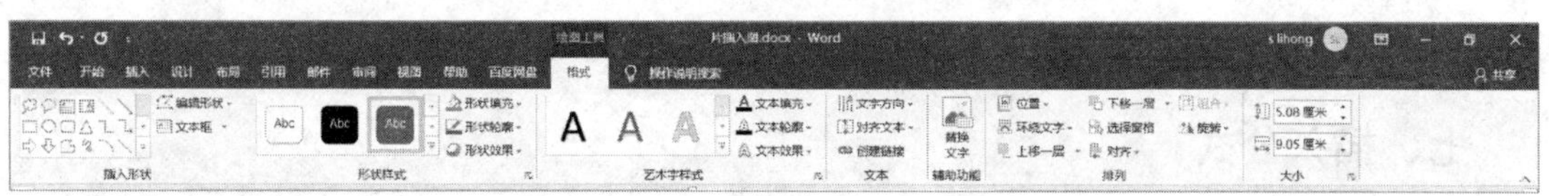

图 3 - 52　格式选项卡

对文本框和图形格式的设置还可以通过“设置形状格式”命令法操作：①选取文本框；②单击鼠标右键，弹出快捷菜单，选择“设置形状格式”命令，弹出“设置形状格式”窗口；③通过“形状选项”和“文本选项”里面的功能可实现格式设置。

4. 文本框的链接

在使用 Word 2016 制作手抄报、海报、宣传册等文档时，往往会使用多个文本框进行版式设计。在文本框之间创建链接，可以实现当前文本框中输满文字后自动转入所链接的下一个文本框中继续输入文本；同样，当删除前一个文本框的内容时，后一个文本框内容将上移。操作步骤如下：①在文档中插入多个文本框，调整文本框位置和尺寸，并单击选取第 1 个文本框，如图 3 - 53 所示；②在“绘图工具”→“格式”选项卡“文本”组，单击“创建链接”按钮；③光标符号变成水杯形状，将水杯形状光标移动到准备链接的下一个文本框内部，单击即可创建链接，如图 3－54 所示；④继续单击“创建链接”按钮，水杯光标继续在想要创建链接的文本框内单击，依次完成文本框的链接。

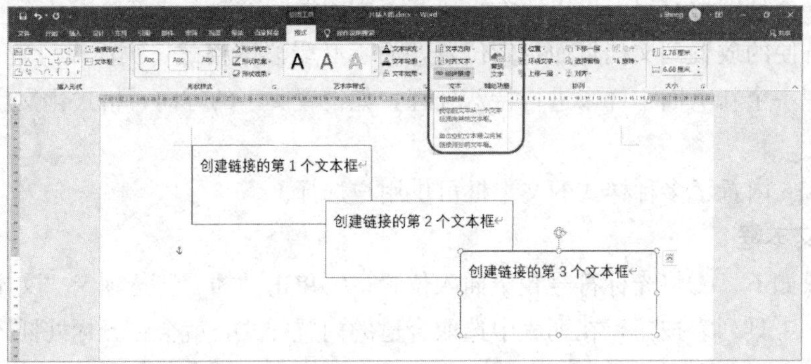

图 3－53　多个文本框

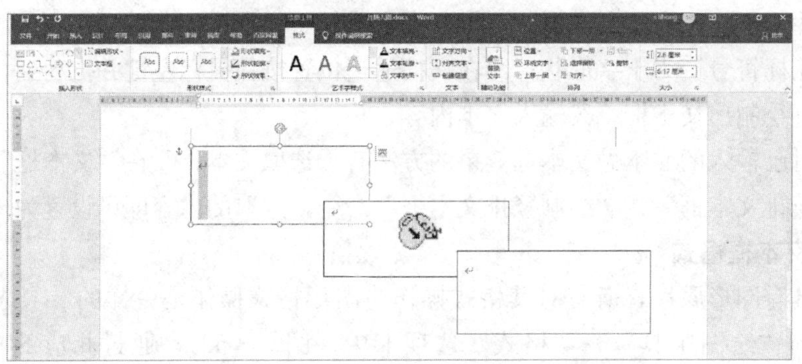

图 3－54　创建链接

5. 删除文本框

选取要删除的文本框，按 Delete 键即可完成删除操作。

七、插入公式

Word 2016 中内置了复杂的数学公式。

方法一：①将光标符号置于公式插入位置；②单击“插入”选项卡“符号”组中下拉“公式”工具列表按钮，在列表中选取合适的内置公式，即可插入公式，相应在公式中符号处双击鼠标左键，可选取到该符号进行修改（图 3－55）。

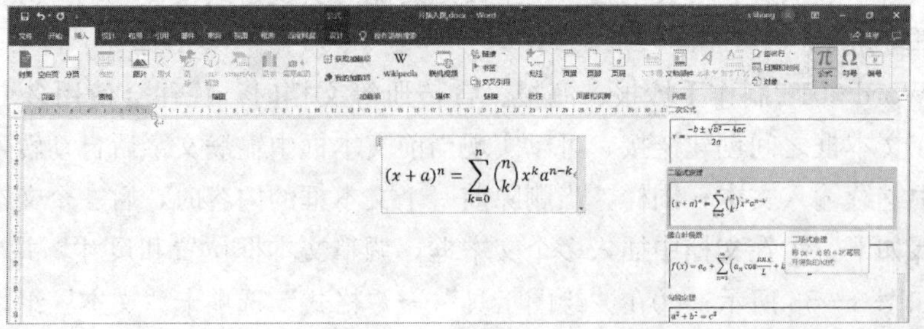

图 3－55　公式列表

方法二：①在列表中选择“插入新公式”命令，文档中会插入公式编辑器；②在功能区出现“公式工具”→“设计”选项卡，单击相应按钮，在编辑框中编辑新公式。

提示：使用快捷键“Alt＋＝”键，可以直接插入一个公式编辑器进行编辑。

任务实战

操作要求：

1. 录入图 3－56 文字，命名“练习 6”并保存，按以下要求完成操作。

2. 给正文加上标题“鸿爪”，并设置为艺术字，采用艺术字“样式库”中第三行第四列的样式；字体为隶书，字号 60，居中。

3. 正文字体为宋体，五号，各段首行缩进 2 个字符，段前间距为 1 行，行间距为 1.5 倍。

4. 设置页眉、页脚：页眉文字为“刘墉《花痴日记》”，页脚为“学号、姓名”，靠右对齐。

5. 将正文第二段分为等宽的三栏，加分割线。

6. 在第二段末插入一张“风景”画，位置与大小如图 3－57 所示。

7. 为最后两段添加红色项目符号“🕮”，文字设置为标准蓝色，底纹设置为浅绿色。

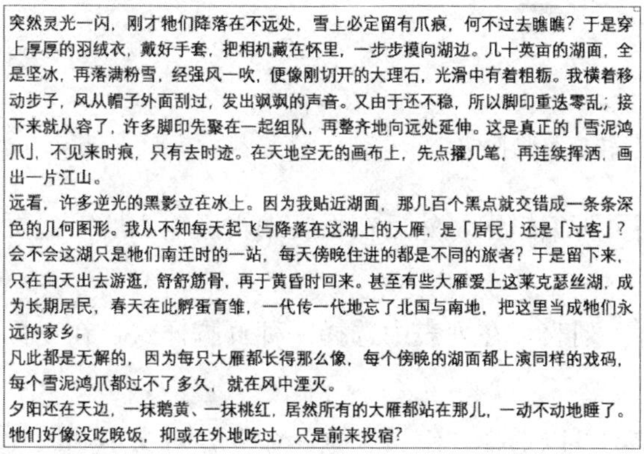

突然灵光一闪，刚才牠们降落在不远处，雪上必定留有爪痕，何不过去瞧瞧？于是穿上厚厚的羽绒衣，戴好手套，把相机藏在怀里，一步步摸向湖边。几十英亩的湖面，全是坚冰，再落满粉雪，经强风一吹，便像刚切开的大理石，光滑中有着粗粝。我横着移动步子，风从帽子外面刮过，发出飒飒的声音。又由于还不稳，所以脚印重迭零乱；接下来就从容了，许多脚印先聚在一起组队，再整齐地向远处延伸。这是真正的「雪泥鸿爪」，不见来时痕，只有去时迹。在天地空无的画布上，先点擢几笔，再连续挥洒，画出一片江山。
远看，许多逆光的黑影立在冰上。因为我贴近湖面，那几百个黑点就交错成一条条深色的几何图形。我从不知每天起飞与降落在这湖上的大雁，是「居民」还是「过客」？会不会这湖只是牠们南迁时的一站，每天傍晚住进的都是不同的旅者？于是留下来，只在白天出去游逛，舒舒筋骨，再于黄昏时回来。甚至有些大雁爱上这莱克瑟丝湖，成为长期居民，春天在此孵蛋育雏，一代传一代地忘了北国与南地，把这里当成牠们永远的家乡。
凡此都是无解的，因为每只大雁都长得那么像，每个傍晚的湖面都上演同样的戏码，每个雪泥鸿爪都过不了多久，就在风中湮灭。
夕阳还在天边，一抹鹅黄、一抹桃红，居然所有的大雁都站在那儿，一动不动地睡了。牠们好像没吃晚饭，抑或在外地吃过，只是前来投宿？

图 3－56　主文档

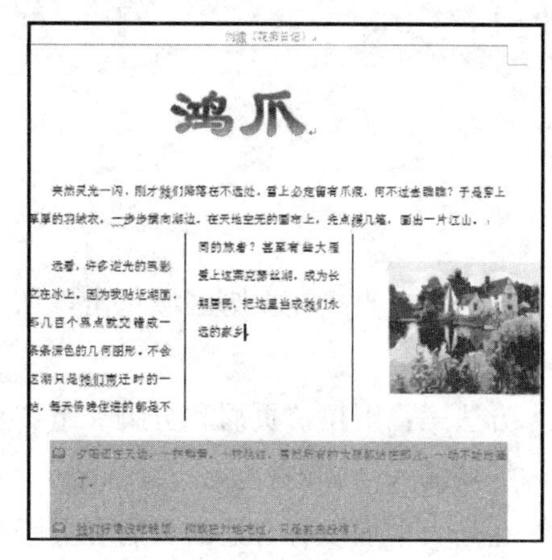

图 3－57　样张图

任务七　页面排版和文档打印

学习任务

1. 掌握设置页眉、页脚和页码的方法。

2. 掌握设置页面主题和背景的方法。

3. 掌握页面设置方法。

4. 掌握文档打印方法。

相关知识

一、设置页眉、页脚和页码

页眉、页脚和页码是文档内容之外的一部分元素，属于页面范畴，它们设置好后，页眉、页脚和页码的内容会自动在文档每一页相应区域显示。

1. 设置页眉

操作步骤如下：①打开“个人简历”文档，页面为首页；②选择“插入”选项卡“页眉和页脚”组中下拉“页眉”按钮列表，在展开的列表中选择一种页眉样式。此时文档页面呈现灰白状态，在功能区同时出现“页眉和页脚”选项卡，光标符号在“文档标题”处闪烁，为输入文字状态；③在“文档标题”处输入页眉内容，可以是文本，也可以是图片。

2. 设置页脚

方法一：由页眉切换至页脚，单击“页眉和页脚工具设计”选项卡“导航”组中的“转至页脚”按钮（图 3－58）。

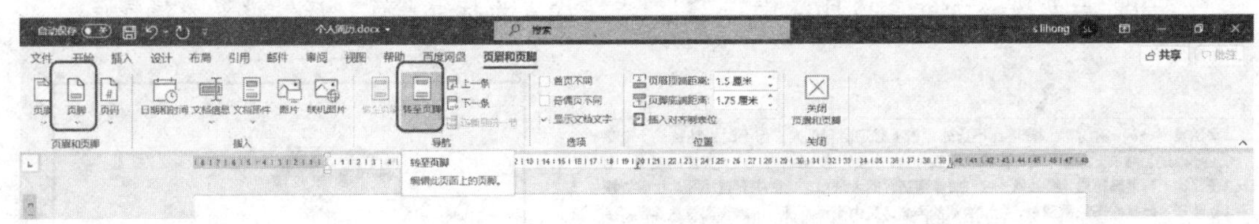

图 3－58　转至页脚按钮

方法二：直接在页脚区域单击，切换到页脚编辑区，然后在页脚编辑区输入所需的页脚内容。

方法三：下拉“页眉和页脚”组“页脚”列表，在列表中选择一种页脚样式，在光标符号闪烁处输入页脚内容。

在列表中如没有合适的页眉和页脚样式，可以选择“编辑”这一命令，对文本和图片的格式设置如同正文文档一样操作。

单击“页眉和页脚工具设计”选项卡中的“关闭页眉和页脚”按钮，退出页眉和页脚编辑状态，返回正文编辑状态。如果需要再次编辑页眉或页脚，只需在页眉和页脚区双击鼠标，即可进入页眉和页脚编辑状态。

3. 插入页码

方法：①单击“插入”选项卡“页眉和页脚”组中的下拉“页码”工具列表按钮（图 3－59）；②选择“设置页码格式”命令，弹出“页码格式”对话框，在该对话框设置编号格式，在列表中选择一样式，页码编号勾选“起始页码”，从 1 开始，单击“确定”按钮，如图 3－60 所示；③在“页码”按钮列表中选择一页码位置，即可完成文档所有页的页码设置。

如果页面是在页眉、页脚编辑状态下，单击“页眉和页脚”选项卡“页码”工具按钮，

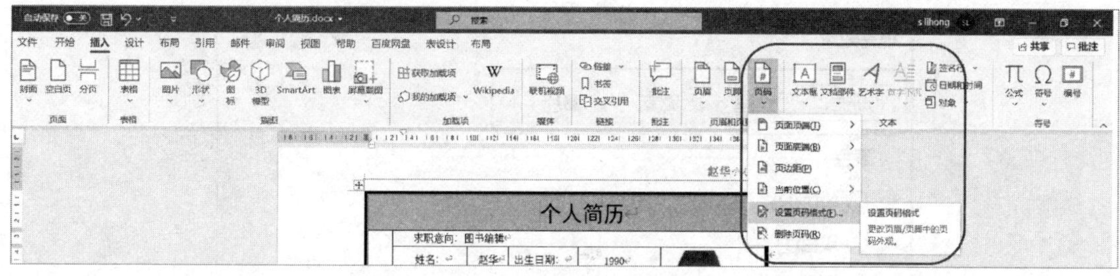

图 3-59　页码列表

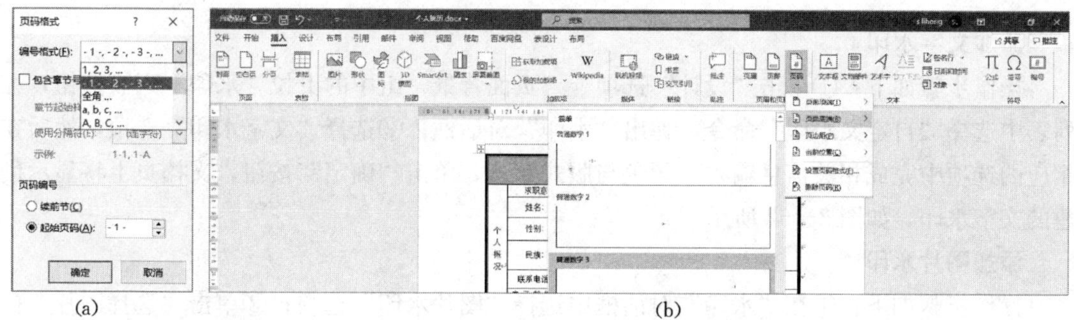

(a)　　(b)

图 3-60　页码格式对话框和选择页码位置

可完成对页码的设置。

二、设置页面主题和背景

Word 2016 提供了强大的背景功能，页面颜色可以任意设计，还可以使用一个图片作为文档背景制作出水印效果。

1. 主题设置

主题是一套统一的设计元素和颜色方案。通过设计主题，可以非常容易的创建具有专业水准、设计精美的文档。

单击“设计”选项卡“主题”组中的下拉“主题”列表按钮，在列表中选择一内置的“主题样式”即可；若要清除文档中应用主题，在下拉列表中选择“重设为模板中主题”命令。

2. 背景设置

(1) 页面颜色设置。新建的 Word 2016 默认新建文档背景色是白色。

单击“设计”选项卡“页面背景”组中的下拉“页面颜色”工具列表按钮，可以将白色修改成其他颜色。如果要设置更加丰富的背景效果，可以选择“填充效果”，在“填充效果”对话框中，背景可以做出渐变、纹理、图案或图片的效果（图 3-61）。

删除设置：在“页面颜色”下拉列表中选择“无颜色”命令即可删除。

(2) 水印设置。在“页面背景”组中，通过“水印”功能可以确保文档内容专属权。水印是透明的，因此，任何打印在水印上的文字或插入对象元素都清晰可见。

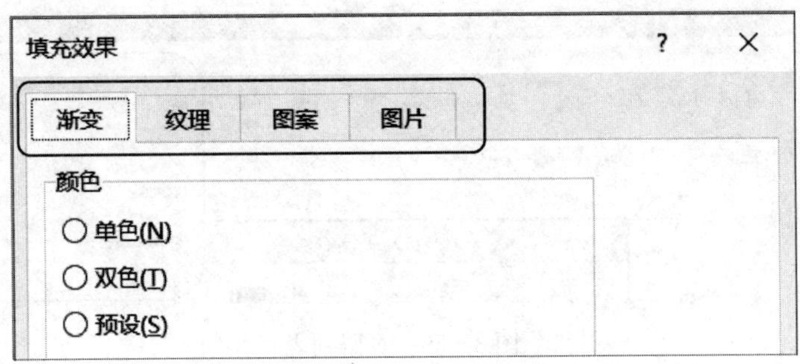

图 3-61　“填充效果”对话框

添加文字水印

操作步骤如下：①单击“设计”选项卡“页面背景”组中的下拉“水印”列表按钮，在列表中选择“自定义水印”命令，弹出“水印”对话框；②选择“文字水印”选项，然后在相应的选项中完成相关信息输入，颜色与版式默认，单击“确定”按钮，文档页上将显示创建的文字水印，如图 3-62 所示。

添加图片水印

操作步骤如下：①在“水印”对话框中选择“图片水印”选项；②单击“选择图片”按钮，选择水印图片，单击“插入”选项卡；③回到“水印”对话框，在“缩放”下拉列表中选择“自动”命令按钮，勾选“冲蚀”复选框，如图 3-63 所示；④单击“确定”按钮，即可完成文档的图片水印效果。

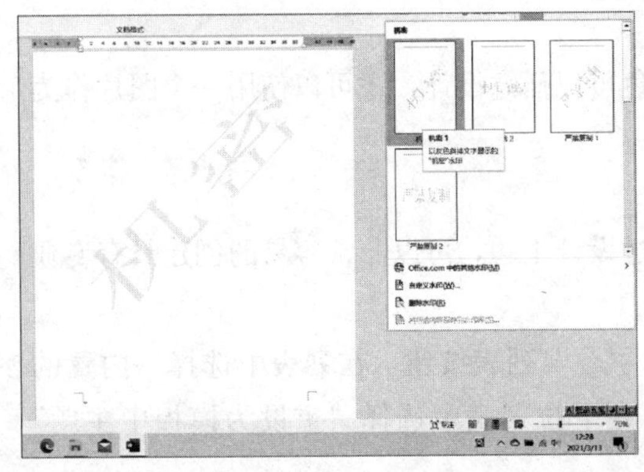

图 3-62　文字水印效果图

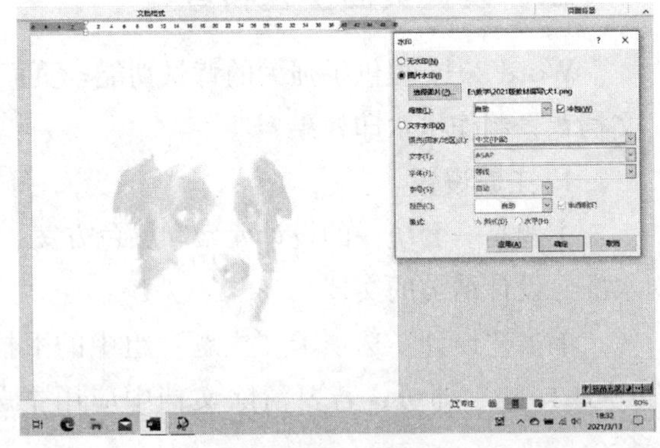

图 3-63　图片水印效果图

删除水印

方法如下：

方法一：在“水印”对话框中，选择“无水印”选项，单击“确定”按钮。

方法二：在“水印”按钮下拉列表中选择“删除水印”命令，即可删除创建的水印效果。

三、页面边框设置

“页面边框”功能可以给文档页面加样式丰富的边框线，以增加页面美观、内容突出效果。

操作步骤如下：①单击“设计”选项卡“页面背景”组中的“页面边框”工具按钮，弹出“边框底纹”对话框；②单击“页面边框”选项卡，先设置，再选择样式、颜色、宽度、艺术型列表中的样式；③单击“确定”按钮即可。

如果要删除页面边框，在“边框底纹”对话框中“设置”区域单击“无”按钮即可。

四、页面设置

在 Word 2016 默认情况下，文档布局用的是“A4”纸张大小，纸张方向为“纵向”，在页面设置功能里可以改变纸张大小、方向、页边距等参数（图 3-64）。

1. 设置纸张大小

方法一：单击“布局”选项卡“页面设置”组中的下拉“纸张大小”工具列表按钮，在列表中选择合适的纸张。

方法二：单击“布局”选项卡“页面设置”组右下角启动框按钮，弹出“页面设置”对话框，单击“纸张”选项卡，在纸张大小列表中选择合适纸张，或者选择自定义命令，在宽度和高度栏中设置数值，达到自定义纸张大小的效果。

2. 页边距设置

方法一：单击“布局”选项卡“页面设置”组中的下拉“页边距”工具列表按钮，在展开的列表中选择一页边距样式，即可设置完成。

方法二：①选择“页边距”列表底部“自定义页边距”命令，弹出“页面设置”对话框；②单击“页边距”选项卡，可以设置页面边距上、下、左、右数值，以及纸张方向。

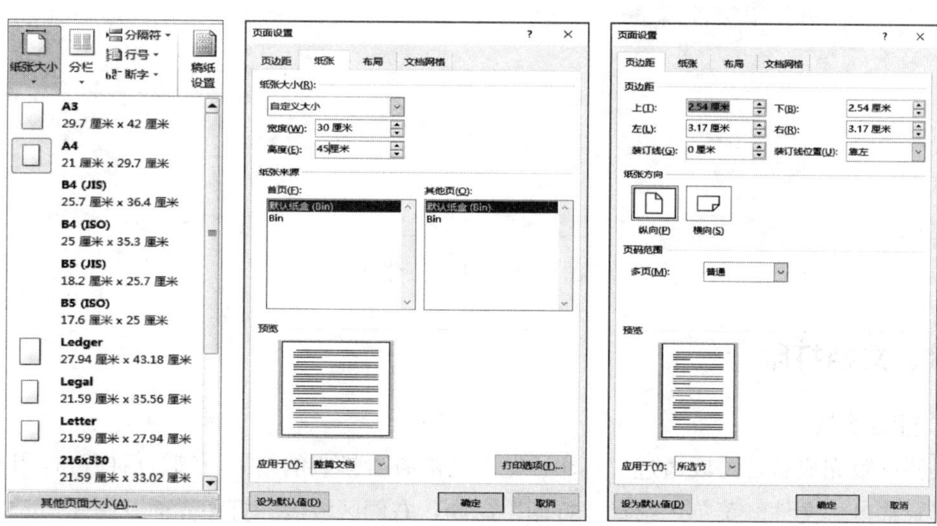

图 3-64　页面设置对话框

五、插入分页符和分节符

分页符是分页的一种符号，上一页结束以及下一页开始的位置。Word 2016 默认是“自动”分页符（称软分页符），可通过插入“手动”分页符（称硬分页符）在指定位置强制分页。

分节符不仅可以将文档内容划分为不同的页面，还可以分别针对不同的节进行页面设置操作。

1. 插入分页符

页面强制分页设置操作步骤如下：①将光标符号置于需要分页的位置；②单击“布局”选项卡“页面设置”组中下拉“分隔符”工具列表按钮，在列表中选择“分页符”类别中的“分页符”命令，即可在光标符号处出现强制分页符号，页面形成了第二页效果。

选中插入的分页符标记，然后按 Delete 键将其删除。此时分开的两页又合并为一页。

2. 插入分节符

操作步骤如下：①将光标置于需要分节的位置；②单击“分隔符”下拉列表中选择“分节符”类别中的一项，“下一页”命令既具有强制分节的功能，同时还具有强制分页作用（图 3－65）；“连续”命令只具有强制分节功能，并未分页，表示新节与前一节同处于当前页中；“偶数页”或“奇数页”命令，表示新节显示在下一偶数页或奇数页上。

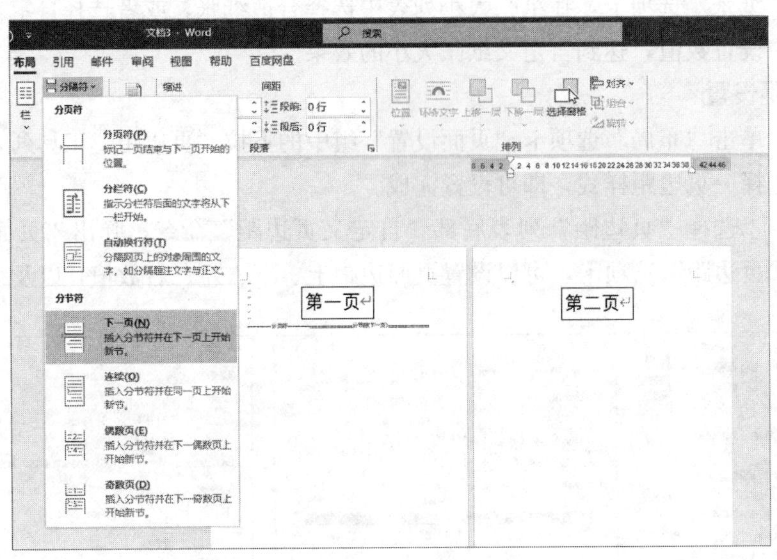

图 3－65　下一页分节

六、文档打印

1. 打印预览

文档排版完成后，可以通过“打印预览”功能查看排版的效果，满意后即可打印文档。

（1）单击“文件”菜单，选择“打印”命令，右侧区域展开打印界面（图 3－66）。

（2）在界面预览区可以查看打印预览效果，拖动预览区域右下方滑块改变视图大小，单击打印设置区域下方的“页面设置”按钮，可以继续对纸张方向、页边距等效果进行调整。

2. 打印设置

打印文档之前，要确定打印机的电源已接通，并处于联机状态。

操作步骤如下：①下拉“打印机”按钮列表，在列表中选择已安装的打印机；②如仅需要打印部分内容，在“设置”区域设置打印范围：在“页数”文本框中输入打印的页码，用逗号分隔不连续页码，用连字符连接连续页码。例如。要打印 2、5、7、10、11、12、13，可在文本框中输入“2，5，7，10－13”；③如需要打印多份，在“份数”文本框中设置打印份数；④如要双面打印文档，选择“手动双面打印”命令；⑤如要在每版打印多页，设置“每版打印页数”选项；⑥单击“打印”按钮即可进行打印。

提示：如要双面打印，可选择手动双面打印，一面打印完成后，根据提示打印另一面。

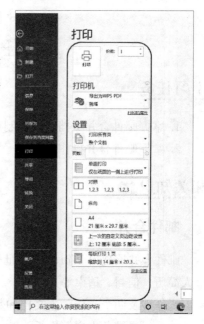

图 3－66　打印界面

任务实战

1. 录入以上内容，命名为“练习 7”，并保存。

2. 设置文档第 1 段：隶书，一号，居中，段后间距 0.5 行。

3. 设置正文段：宋体，五号，首行缩进，2 倍行距。

4. 设置第 2 段：段落左、右缩进 4 字符，段后间距 1 行。

5. 第 2 段末和第 5 段末插入连续分节符。

6. 对第 3、第 4、第 5 段落分 2 栏，加分隔线。

7. 插入一图片，设置文字环绕方式，如图 3－67 所示。

2011 年移动产业大事记

这一年的移动产业，可谓是风起云涌，百家争鸣。很多公司都出现了大的动作，这注定了 2011 年不是平凡的，是成为移动产业里程碑的一年。下面，小编就带着大家一起回顾一下 2011 年里值得我们记住的事件。……分节符(连续)……

诺基亚牵手微软，共同开发 Windows-Phone

要说这一年里最先发生的大事件，那应属诺基亚同微软的合作了。2 月 11 日，当人们还沉浸在春节的余温时，手机巨头诺基亚公司做出了惊人的举措，宣布与微软达成战略合作关系，将共同开发 Windows Phone 操作系统。并宣称将齐心协力，建立一个无与伦比、覆盖极广的

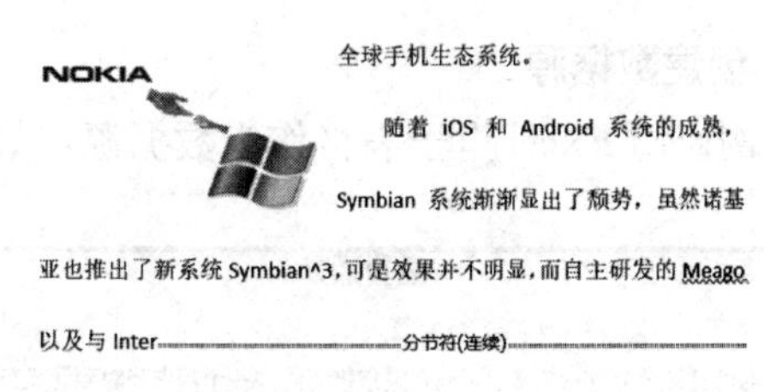

全球手机生态系统。

随着 iOS 和 Android 系统的成熟，Symbian 系统渐渐显出了颓势，虽然诺基亚也推出了新系统 Symbian^3，可是效果并不明显，而自主研发的 Meago 以及与 Inter……分节符(连续)……

总　结

2011 年无疑是移动产业里程碑的一年，在这一年里，各种新技术如雨后春笋般的涌出，各厂商大动作层出不穷，诺基亚的复兴和 Android 的崛起。在飞速发展的同时，问题与矛盾也出现出来，隐私怎么保护，专利如何维护，这些都是移动产业下一步要面对的问题。相信随着这些问题的解决，移动产业将迎来一个更加完善的生态环境。

图 3－67　文　档

任务八　高级应用

学习任务

1. 掌握邮件合并文档和数据制作。
2. 掌握邮件合并操作。

相关知识

邮件合并

邮件合并展现出 Word 2016 批处理的能力，该功能可以用于批量打印或发送获奖证书、个人简历、信封、请柬等文档。

操作涉及两个文档：主文档和数据源文档。

第一步：准备主文档模板。

第二步：准备数据源文档。

数据源文档是邮件合并内容不同的部分，主要用于联系人的相关信息。用户可在邮件合并中使用多种格式的数据源，如 Microsoft Outlook 联系人列表、Excel 电子表格、Access 数据、Word 文档。

主文档是邮件合并内容固定不变的部分，即信函中通用部分。

第三步：邮件合并。

第四步：完成合并。

1. 制作主文档

操作步骤如下：①新建一个 Word 文档，设置上、下、左、右页边距各为 2.0 厘米，纸张大小为 21 厘米×12 厘米；②输入缴费通知的正文部分（姓名、电话号码、月数和金额位置暂时空着即可），并设置其格式，最后将文档保存为“缴费通知（主文档）”，如图 3-68 所示。

2. 创建数据源

本例使用 Excel 电子表格作为数据源，如图 3-69 所示。

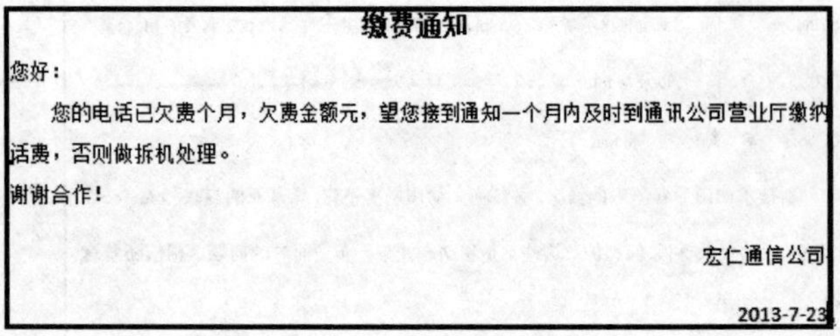

缴费通知

您好：

您的电话已欠费个月，欠费金额元，望您接到通知一个月内及时到通讯公司营业厅缴纳话费，否则做拆机处理。

谢谢合作！

宏仁通信公司

2013-7-23

图 3-68　主文档内容

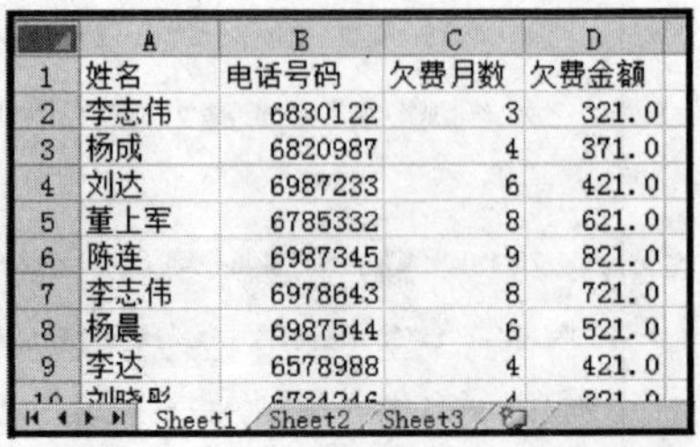

	A	B	C	D
1	姓名	电话号码	欠费月数	欠费金额
2	李志伟	6830122	3	321.0
3	杨成	6820987	4	371.0
4	刘达	6987233	6	421.0
5	董上军	6785332	8	621.0
6	陈连	6987345	9	821.0
7	李志伟	6978643	8	721.0
8	杨晨	6987544	6	521.0
9	李达	6578988	4	421.0

Sheet1　Sheet2　Sheet3

图 3-69　数据源内容

3. 进行邮件合并

操作步骤如下：①打开创建的主文档“缴费通知”（图 3 - 70）；②单击“邮件”选项卡“开始邮件合并”组中的下拉“开始邮件合并”列表按钮，在列表中选择“普通 Word 文档”命令；③下拉“选择收件人”工具按钮列表，在列表中选择“使用现有列表”命令，如图 3 - 71 所示；④弹出“选取数据源”对话框，选择创建好的数据源文件“缴费通知（数据源）”文件，单击“打开”按钮；⑤弹出“选择表格”对话框，选择要使用的工作表，单击“确定”按钮，如图 3 - 72 所示；⑥将光标符号置于文档中第一处要插入合并域的位置，即“您好”二字的左侧的下拉“插入合并域”列表按钮，在列表中选择要插入的域“姓名”；用同样的方法插入“电话号码”“欠费月数”及“欠费金额”域，如图 3 - 73 所示；⑦单击下拉“完成并合并”工具列表按钮，在列表中选择“编辑单个文档”选项，合并后的邮件放置到一个新文档；⑧在弹出的“合并到新文档”对话框中勾选“全部”选项，单击“确定”按钮，如图3 - 74所示；⑨将全部记录存放到一个新文档中，另存为“缴费通知（邮件合并）”。

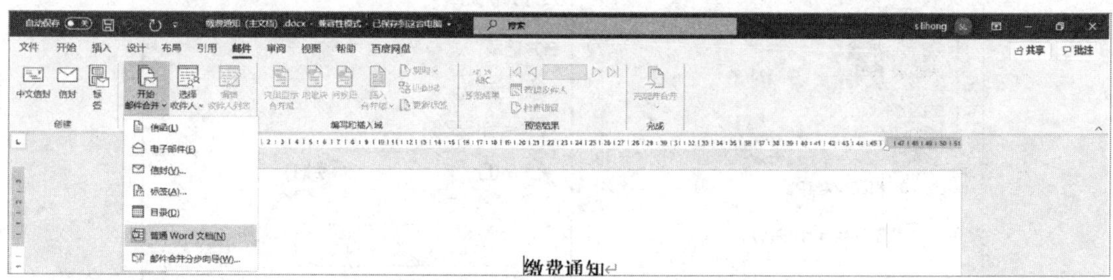

图 3 - 70　打开主文档

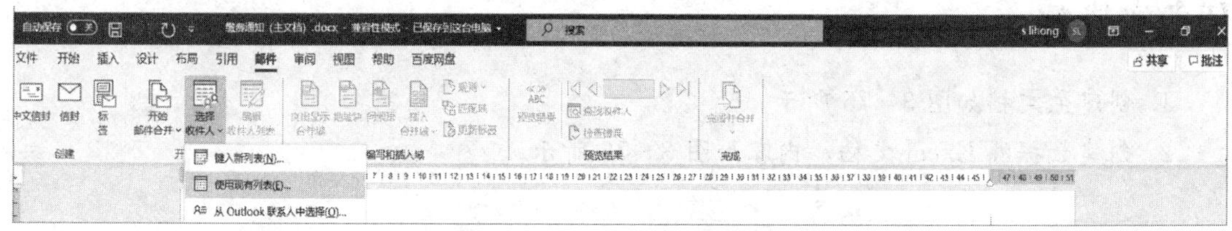

图 3 - 71　调用数据源文档

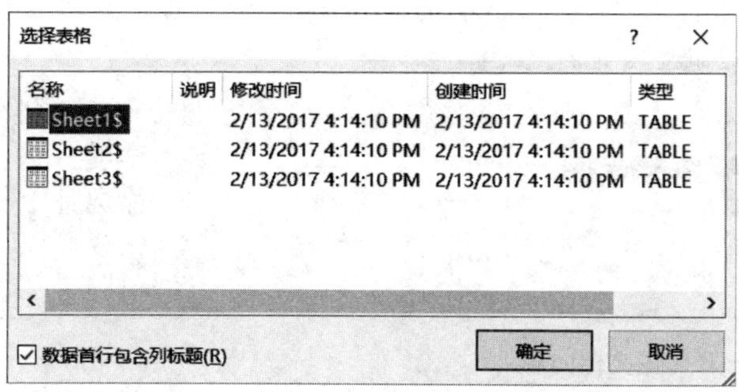

图 3 - 72　工作表

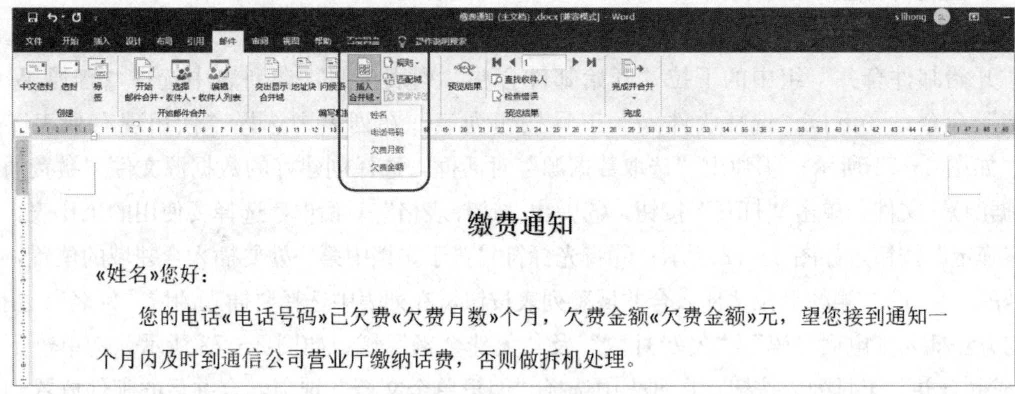

图 3-73　插入合并域

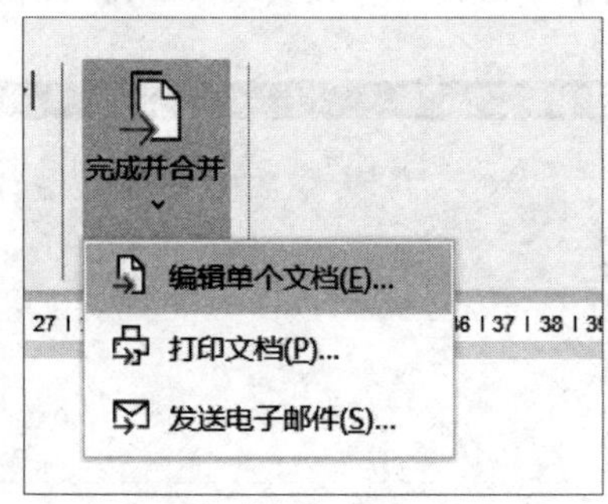

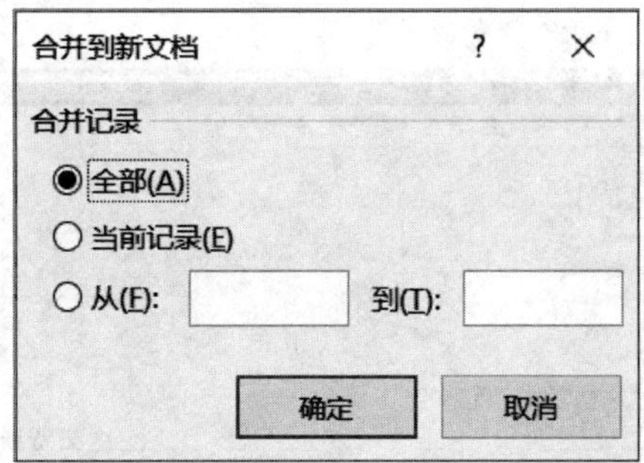

图 3-74　完成并合并

任务实战

1. 创建主文档如图 3-75 所示。
2. 创建数据源 Excel 文档，内容如图 3-76 所示。

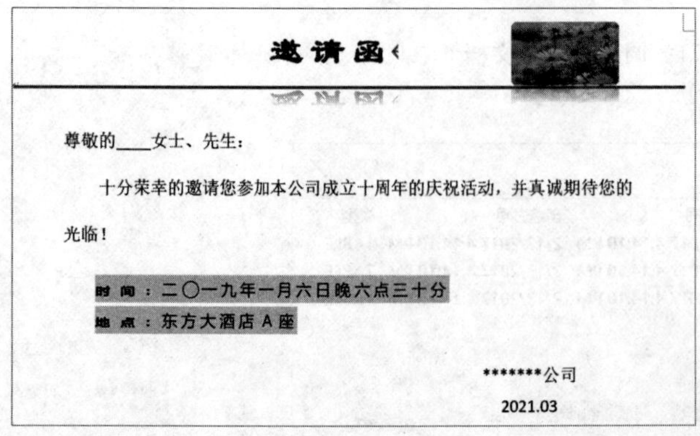

邀请函

尊敬的____女士、先生：

十分荣幸的邀请您参加本公司成立十周年的庆祝活动，并真诚期待您的光临！

时 间 ：二〇一九年一月六日晚六点三十分

地 点 ：东方大酒店 A 座

*******公司

2021.03

图 3-75　主文档内容

1	姓名	性别
2	李晨	男士
3	徐逸舟	女士
4	张爱萍	女士
5	付胜男	男士

图 3-76　数据源内容

3. 在主文档中，选取下划线区域，插入域“姓名”，选取女士、先生区域，插入域“性别”。
4. 完成合并，生成文档命名“练习 8”，并保存。

练习与思考

一、单选题

1. 在 Word 2016 环境下，使用（　　）键在英文和中文输入法之间进行切换。

A. Ctrl+Alt　　B. Ctrl+Shift　　C. Ctrl+V　　D. Shift+W

2. Word 文档实现快速格式化的重要工具是（　　）。

A. 格式刷　　B. 工具按钮　　C. 选项卡命令　　D. 对话框

3. 在 Word 环境下，分栏编排（　　）。

A. 只能用于全部文档　　B. 可运用于所选择的文档

C. 只能排两栏　　D. 两栏是对等的

4. 能显示页眉和页脚的视图是（　　）。

A. 普通视图　　B. 页面视图　　C. 大纲视图　　D. 全屏幕视图

5. 在 Word 环境下，粘贴的快捷键是（　　）操作。

A. Shift+V　　B. Shift+C　　C. Ctrl+V　　D. Ctrl+C

6. 在 Word 环境下编辑文件时不可以插入（　　）。

A. 文本　　B. 图片　　C. 可执行文件　　D. 表格

7. 在 Word 2016 文档中，艺术字默认的插入形式是（　　）。

A. 浮动式　　B. 嵌入式　　C. 四周型　　D. 紧密型

8. 新建 Word 2016 文档的快捷键是（　　）。

A. Ctrl+N　　B. Ctrl+O　　C. Ctrl+C　　D. Ctrl+S

9. 要在 Word 2016 的同一个多页文档中设置 3 个以上不同的页眉页脚，必须（　　）。

A. 分栏　　B. 分节　　C. 分页　　D. 采用不同的显示方式

10. 在 Word 中，关于设置保护密码的说法正确的是（　　）。

A. 在设置保护密码后，每次打开该文档时都要输入密码

B. 在设置保护密码后，每次打开该文档时都不要输入密码

C. 设置保护密码后，不需要保存文件，密码在下次打开时就能使用

D. 保护密码是不可以取消的

11. （　　）是 Word 提供的快速排版文档的功能。

A. 模板　　B. 样式　　C. 页面布局　　D. 主题

12. 在 Word 中要对某一单元格进行拆分，应执行（　　）操作。

A. “表格工具”中“设计”里面的“拆分单元格”命令

B. “表格工具”中“布局”里面的“拆分单元格”命令

C. “表格工具”中“拆分表格”命令

D. “表格工具”中“拆分并合并单元格”命令

13. 下面关于 Word 中浮动式对象和嵌入式对象的说法中，不正确的是（　　）。

A. 浮动式对象即可以浮于文字之上，也可以衬于文字之下

B. 剪贴画的默认插入形式是嵌入式的

C. 嵌入式对象可以和浮动式对象组合成一个新对象

D. 浮动式对象可以直接拖放到页面上的任意位置

14. 在 Word 2016 编辑状态中，设定文档行间距功能按钮是位于（　　）中。

A. “文件”选项卡　B. “开始”选项卡　C. “插入”选项卡　D. “布局”选项卡

15. Word 2016 中的文本替换功能所在选项卡是（　　）。

A. “文件”　B. “开始”　C. “插入”　D. “页面布局”

二、填空题

1. 如果想在文档中加入页眉、页脚，应当使用（　　）选项卡中的“页眉和页脚”选项组。

2. Word 2016 在编辑一个文档完毕后，要想知道它打印后的结果，可使用（　　）菜单中的打印命令。

3. Word 2016 编辑状态下，当前对齐方式是左对齐，如果连续两次单击“段落”组中的“居中对齐”按钮，得到的对齐方式是（　　）。

4. Word 2016 的（　　）视图是最适合文本录入和编辑的视图。

5. Word 2016 中的段落是指两个（　　）键之间的全部字符。

6. 当一张表格超过一页时，要想在第二页的续表中也包括第一页的表头，应单击“表格工具”→“布局”选项卡，选择“数据”组中的（　　）命令。

7. Word 2016 环境下，文件中用于插入/改写的按键是（　　）。

8. Word 2016 文字处理中，所谓悬挂缩进是指段落中除（　　）以外的其他行距页面左侧的缩进量。

9. Word 2016 具有（　　）功能，可以快速截取屏幕图像，直接插入文档中。

10. Word 2016 表格由若干行及若干列组成，行和列交叉的地方称为（　　）。

三、项目实训

首届中国网络媒体论坛在青岛开幕

6 月 22 日，首届中国网络媒体论坛在青岛隆重开幕。来自全国近 150 家网络媒体的代表聚会青岛，纵论中国网络事业发展大计。本次论坛是中国网络媒体首次举行的高层次、大规模的专业论坛，是近年来中国网络媒体规模最大的一次的盛会。

中国网络媒体论坛，是在《2000 全国新闻媒体网络传播研讨会》上，由中华全国新闻工作者协会发出建议，全国数十家新闻媒体网站共同发起设立的，宗旨是推进中国网络媒体的建设和发展。

论坛的主题是网络与媒体，按照江泽民总书记关于加强互联网新闻宣传的重要指示，按照中宣部和国务院新闻办对网络新闻宣传的要求，总结经验、沟通理论与实践等方面的心得，通过交流与合作，进一步提高网络新闻宣传工作的水平，进一步加强网络媒体的管理和自律。

与会嘉宾将研讨中国网络媒体在已有的初步框架的基础上如何进一步发展，如何为建设有中国特色的社会主义网络新闻宣传体系打下一个坚实的基础。在本次论坛上，还将探讨网络好新闻的评选办法等。

	一季度	二季度	三季度	四季度
海淀区连锁店	1 024	2 239	2 569	3 890
西城区连锁店	1 589	3 089	4 120	4 500
东城区连锁店	1 120	2 498	3 001	3 450
崇文区连锁店	890	1 109	2 056	3 002
总计				

操作要求：

1. 输入以上文字和表格，完成如下格式设置，文件命名为“练习”。

2. 将文本标题“首届中国网络媒体论坛在青岛开幕”改为华文彩云、四号、加粗，并将其居中。

3. 将正文第一段首行缩进 2 个字符，段前、段后间距分别设为 1 行和 2 行，固定行距设为 20 磅。

4. 在正文第一段后的空行中插入一副类型为“人物”的联机图片，设置高度为 4 厘米，其他设置不变，并将其居中显示。

5. 将以“论坛的主题是网络与媒体”开始的段落分为 3 栏，栏宽为 4 厘米。

6. 在文中表格的右侧插入一列，列标题是“平均值”，并计算“平均值”列的成绩和“总计”行的总计（最后一个单元格不计算）。

7. 表格外边框设置宽度为 1.5 磅、红色，内部线条宽度为 0.75 磅、蓝色。

项目四

电子表格处理软件 Excel 2016

项目导读

Excel 2016 是 Office 2016 中的组件，它是目前最强大的电子表格制作软件之一。作为主流的电子表格制作软件，Excel 2016 广泛地应用于管理、金融、统计等众多领域。用户使用它不仅能够轻松地完成表格中数据的录入、编辑、筛选等工作，还可以通过图表、图形等多种形式对处理结果进行展示。此外，Excel 2016 还能与 Office 2016 中的其他组件相互调用数据，实现资源共享。

学习目标

1. 熟悉 Excel 2016 工作环境，理解 Excel 的基本概念。
2. 掌握数据输入和编辑的方法及技巧，以及单元格和工作表的基本操作。
3. 掌握单元格的引用、公式和函数的使用。
4. 学会格式化工作表的方法。
5. 学会图表的创建、编辑和分析。
6. 掌握排序、筛选、分类汇总、合并计算等数据处理操作。
7. 掌握工作表的页面设置和打印输出。

任务一　Excel 2016 使用基础

学习任务

熟练 Excel 2016 启动方法，熟悉 Excel 2016 的工作界面，熟悉 Excel 2016 电子表格的基本概念，新建 Excel 工作簿，并保存为“成绩统计表”，掌握工作表的管理操作。

相关知识

常见到的考试成绩统计表，通常我们需要先输入成绩，再计算每名同学的总分，如

图 4-1所示。那么使用 Excel 该如何操作呢？要想弄清楚这些，首先我们认识一下 Excel 2016。

	A	B	C	D	E	F	G	H	I
1	学号	姓名	出生日期	性别	高数	计算机	英语	政治	总分
2	2021010101	王惠	1997-3-18	女	89	76	78	65	
3	2021010102	李明	1998-7-21	男	78	88	97	64	
4	2021010103	高海波	1997-4-11	男	89	63	83	75	
5	2021010104	李晓明	1997-5-24	女	82	90	93	96	
6	2021010105	李慧	1999-9-10	女	67	84	75	66	
7	2021010106	王小刚	1997-3-20	男	69	45	62	50	
8	2021010107	单蕾	1998-6-16	女	92	90	90	89	

图 4-1　成绩统计表

一、认识 Excel 2016 的工作簿、工作表和单元格

选择“开始”→“所有程序”→“Microsoft office”→“Microsoft Excel 2016”菜单，可启动 Excel 2016。启动 Excel 2016 后，出现的便是它的工作界面，如图 4-2 所示，在 Excel 中，用户所进行的所有工作都是在工作簿、工作表和单元格中完成的。

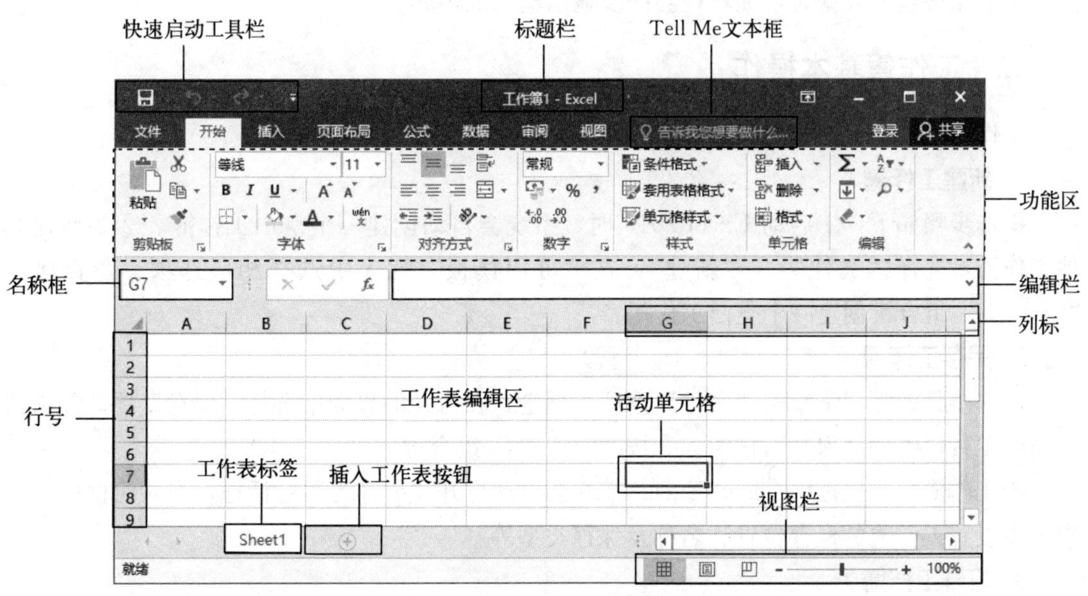

图 4-2　Excel 2016 工作界面

Tell Me 是全新的 Microsoft Office 助手，用户可以在“告诉我您想要做什么……”文本框中输入需要得到的帮助。Tell Me 能够引导至相关命令，利用带有“必应”支持的智能查找功能检查资料，如输入“单元格”关键字，在下拉菜单中即会出现“设置单元格格式”“单元格样式”“格式”“字体设置”等，另外也可以“获取有关单元格的帮助”和“智能查找”等。

1. 工作簿

工作簿是 Excel 用来存储和处理数据的文件，其扩展名为“. xlsx”。启动 Excel 2016 选择“空白工作簿”时，打开一个名为“工作簿 1”的空白工作簿。

2. 工作表

在 Excel 中，每个工作簿像一个大的活页夹，工作表就是其中一张张的活页纸。工作表是工作簿的重要组成部分，又称为电子表格。工作表由排列在一起的行和列构成。行的编号为 1～1 048 576，列的编号为 A～XFD，共 16 384 列。默认情况下，每个工作簿都有一个工作表标签 Sheet 1。

3. 单元格

工作表中行列交汇处的区域称为单元格，是存储数据的基本单位，它可以存放文字、数字、公式和声音等信息。单元格由它们所在列和行的标识来命名，列标识位于行标识之前如单元格 A5 表示第 A 列与第 5 行的交叉点上的单元格。

在工作表中正在使用的单元格周围有一个黑色方框，该单元格被称为当前单元格或活动单元格，用户当前进行的操作都是针对活动单元格。活动单元格的名称显示在编辑栏左侧的名称框中，活动单元格右下侧的黑色方块称为填充柄。

Excel 工作界面中的编辑栏主要用于显示、输入和修改活动单元格中的数据。在工作表的某个单元格输入数据时，编辑栏会同步显示输入的内容。

二、工作簿基本操作

工作簿的基本操作包括新建、保存、打开和关闭工作簿。

1. 新建工作簿

操作步骤如下：①启动 Excel 2016 时，系统会自动创建一个空白工作簿。②要新建其他工作簿，选择“文件”→“新建”，在“可用模板”列表中选择相应选项。③直接按“Ctrl＋N”组合键创建一个空白工作簿。

2. 保存工作簿

操作步骤如下：①单击“文件”选项卡标签，在打开的界面中选择“保存”项。②击快速访问工具栏中的“保存”按钮。③按“Ctrl＋S”组合键。

当工作簿第一次被保存时，Excel 2016 会自动打开“另存为”对话框，在对话框中，用户可以设置工作簿的保存位置、名称及保存类型等。

3. 打开工作簿

操作步骤如下：①打开工作簿所在文件夹，双击该文件。②启动 Excel 2016，选择“文件”→“打开”→“最近”，在最近使用过的文件列表中单击所需的文件。③启动 Excel 2016，选择“文件”→“打开”→“打开”→“浏览”，在“打开”对话框中，选择所需的演示文稿后，单击“打开”按钮。

4. 关闭工作簿

操作步骤如下：①双击工作簿左上角的空白位置，关闭当前工作簿。②单击文件窗口右上角的“关闭”按钮，关闭当前工作簿。③选择“文件”→“关闭”命令，关闭当前工作

簿。④右键单击标题栏的“关闭”命令，关闭当前工作簿。⑤按“Alt＋F4”组合快捷键，关闭当前工作簿。

与关闭 Word 文档一样，关闭工作簿时，如果工作簿被修改过且未执行保存操作，将弹出一个对话框，提示是否保存所做的更改，用户根据需要单击相应的按钮即可。

三、Excel 2016 视图

在 Excel 2016 中，可以用不同视图方式方便查看工作表。在“视图”选项卡的“工作簿视图”命令组中，可以选择“普通”“页面布局”“全屏显示”“分页预览”等不同视图，用户还可以自定义视图。

1. 普通视图

普通视图是默认的显示方式，即对工作表的视图不做任何修改。可以使用右侧的垂直滚动条和下方的水平滚动条来浏览当前窗口，以显示不完全的数据。

2. 分页预览视图

单击“视图”选项卡“工作簿视图”组中的“分页预览”按钮，即可进入分页预览视图，可以在窗口中查看工作表分页的情况，如图 4－3 所示。图中非打印区域为深色背景，打印区域为浅色背景。右侧粗线为分页符，显示分页的情况，手动分页符以实线表示，自动分页符以虚线表示。分页预览视图中每页区域中都有暗淡页码显示。

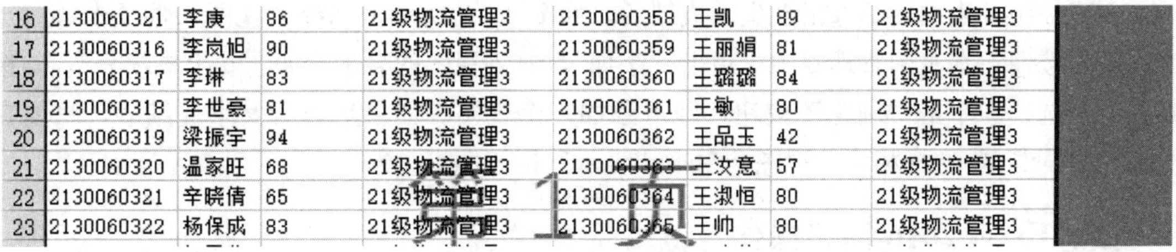

16	2130060321	李庚	86	21级物流管理3	2130060358	王凯	89	21级物流管理3
17	2130060316	李岚旭	90	21级物流管理3	2130060359	王丽娟	81	21级物流管理3
18	2130060317	李琳	83	21级物流管理3	2130060360	王璐璐	84	21级物流管理3
19	2130060318	李世豪	81	21级物流管理3	2130060361	王敏	80	21级物流管理3
20	2130060319	梁振宇	94	21级物流管理3	2130060362	王品玉	42	21级物流管理3
21	2130060320	温家旺	68	21级物流管理3	2130060363	王汝意	57	21级物流管理3
22	2130060321	辛晓倩	65	21级物流管理3	2130060364	王淑恒	80	21级物流管理3
23	2130060322	杨保成	83	21级物流管理3	2130060365	王帅	80	21级物流管理3

第1页

图 4－3　分页预览视图

在分页预览视图中可以对工作表进行编辑，设置、取消打印区域，插入、删除分页符。改变打印区域时，将鼠标指针移到打印区域的边界上，指针变为双向箭头，拖动鼠标即可改变打印区域。

只有在分页预览视图下才能调整手工分页符位置。将鼠标指针移到分页实线上，指针变为双向箭头，拖动鼠标可以调整分页符的位置，以改变显示的页数和每页的显示比例。若将分页符拖出打印区域以外，则分页符将被删除。要想结束分页预览状态回到普通视图，单击“工作簿视图”组中的“普通”按钮即可。

3. 页面布局视图

在 Excel 2016 页面布局视图中，显示的页面布局即打印出来的工作表形式，每一页都会同时显示页边距、页眉、页脚，用户可以在此视图模式下编辑数据、添加页眉和页脚，并可以通过拖动上边或左边标尺中的浅灰色控制条设置页面边距。

选择“视图”选项卡“工作簿视图”组中的“页面布局”按钮，即可将工作表设置为页面布局形式，如图 4-4 所示。

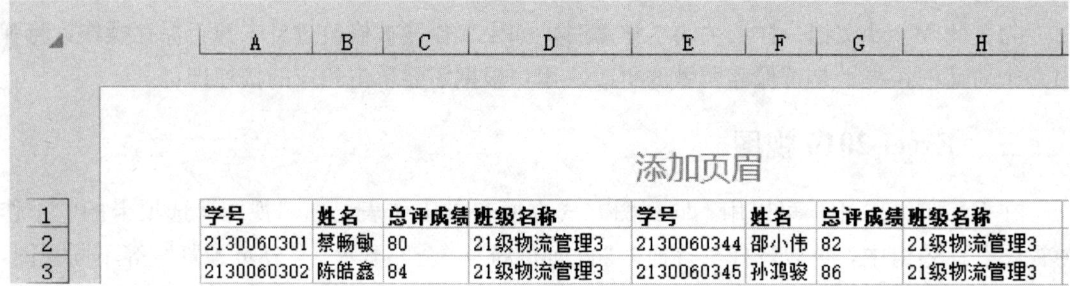

	A	B	C	D	E	F	G	H
1	学号	姓名	总评成绩	班级名称	学号	姓名	总评成绩	班级名称
2	2130060301	蔡畅敏	80	21级物流管理3	2130060344	邵小伟	82	21级物流管理3
3	2130060302	陈皓鑫	84	21级物流管理3	2130060345	孙鸿骏	86	21级物流管理3

图 4-4 “页面布局”视图

将鼠标指针移动到页面的中缝处，鼠标指针变成隐藏空格形状时单击，即可隐藏空白区域，只显示有数据的部分。

页面布局视图的优点：在页面布局视图下既可以预览打印效果，又可以对单元格进行编辑操作。

4. 自定义视图

顾名思义，就是自己设置一个视图显示方式，然后可以快速地以该视图设置的规则，快速显示出该视图下所有数据内容，在需要经常操作多选项的筛选时，自定义视图是非常好用的。

在成绩统计表中，筛选出女生的成绩后，如图 4-5 所示，选择“视图”选项卡“自定义视图”按钮，在视图管理器中，单击“添加”，输入视图的名称，如“女生成绩表”，勾选相应的复选框，单击“确定”按钮，即可添加一个视图。如果想查看女生成绩表，只要在“自定义视图”中选择相应的视图，单击“显示”按钮即可。

四、Excel 2016 窗口操作

1. 重排窗口

当打开多个 Excel 文档进行编辑时，如果需要以其中一个 Excel 文档作为参考，可以使用“重排窗口”将两个 Excel 文档并排在屏幕上进行对比编辑。

（1）打开两个 Excel 文档。

（2）单击“视图”选项卡“窗口”组中的“全部重排”按钮，弹出“重排窗口”对话框，从中可以设置窗口的排列方式。选中“垂直并排”单选按钮，可以使用垂直方式排列查看窗口。也可以直接单击“窗口”组中的“并排查看”按钮，将两个窗口并排放置。

在并排窗口中，拖动其中一个窗口的滚动条时，另一个也会同步滚动；单击其中任意一个工作簿的“最大化”按钮，或者再次单击“并排查看”按钮，即可取消重排窗口。

2. 拆分窗口

如果工作表中的数据过多，当前屏幕中只能显示一部分数据，通常需要使用滚动条来查看其他部分内容。拖动滚动条查看时，表格的首行标题等也会随着数据一起移出屏幕，结果只能看到内容，而看不到标题名称。使用 Excel 2016 的拆分和冻结窗格功能可以解决该

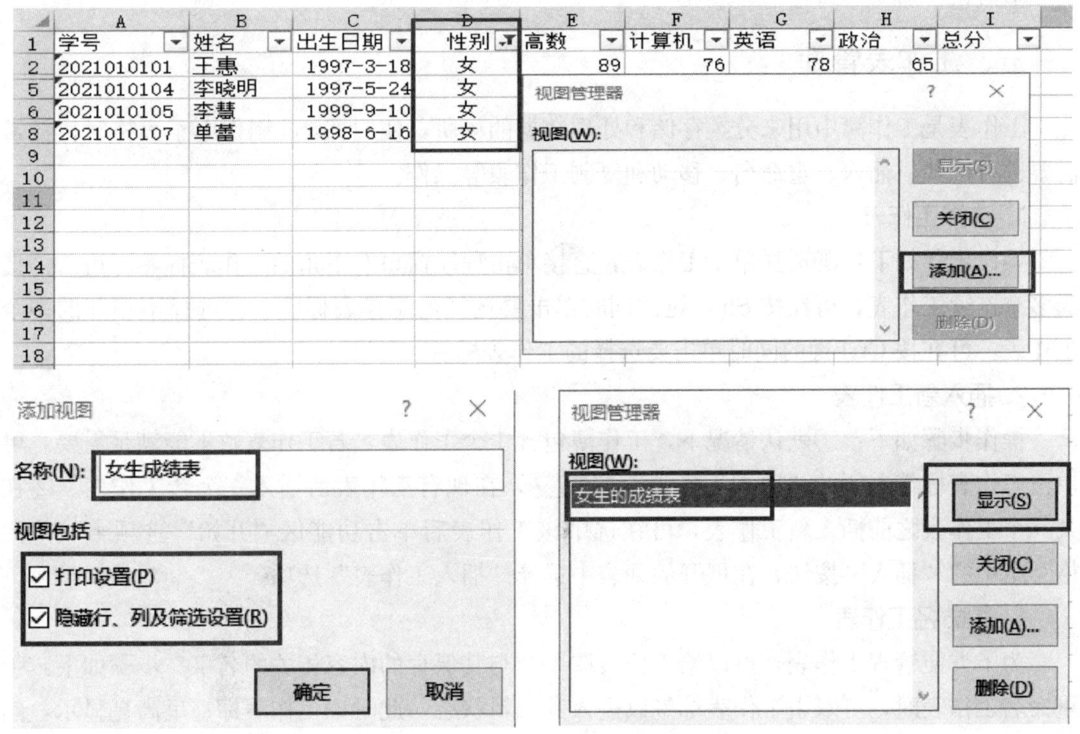

图 4-5 “自定义”视图

问题。

拆分窗口是指在选定单元格的左上角处将当前窗口拆分为 4 个窗格，可以分别拖动水平和垂直滚动条来查看各个窗格的数据，以便在不同的窗格中显示同一工作表的不同部分。

3. 冻结窗格

如果在拖动滚动条时，希望某些数据，如表头所在的行或列，不随滚动条移动，可以使用冻结窗格操作。窗格冻结后，水平冻结线上方的数据将不随垂直滚动条而移动，垂直冻结线左侧的数据将不随水平滚动条移动。

在 Excel 2016 中冻结窗格有 3 种情况，分别如下：

（1）冻结单元格首行。指冻结当前工作表的首行，垂直滚动查看当前工作表中的数据时，保持当前工作表的首行位置不变。选择“视图”选项卡，单击“窗口”组中的“冻结窗格”按钮，在弹出的下拉列表中选择“冻结首行”命令。

（2）冻结首列。单击“窗口”组中的“冻结窗格”按钮，在弹出的下拉列表中选择“冻结首列”命令。水平滚动查看当前工作表中的数据时，当前工作表的首列位置保持不变。

（3）冻结拆分窗格。选中单元格，单击“冻结窗格”按钮，在弹出的下拉列表中选择“冻结拆分窗格”命令，以当前单元格左侧和上方的框线为边界将窗口分为 4 部分。冻结后，拖动水平滚动条查看工作表中的数据时，当前单元格左侧的列的位置不变；拖动垂直滚动条时，当前单元格上方的行的位置不变。

如果要取消窗口的冻结，可再次单击“冻结窗格”按钮，在弹出的下拉列表中选择“取

消冻结窗格”命令即可。

五、工作表管理

工作表是工作簿中用来分类存储和处理数据的场所，使用 Excel 制作电子表格时，经常需要进行选择、插入、重命名、移动和复制工作表等操作。

1. 选择工作表

操作步骤如下：①选择单个工作表，直接单击程序窗口左下角的工作表标签即可。②选择多个连续工作表，可在按 Shift 键的同时单击要选择的工作表标签。③选择不相邻的多个工作表，可在按 Ctrl 键的同时单击要选择的工作表标签。

2. 插入新工作表

操作步骤如下：①默认情况下，工作簿包含 1 个工作表，若工作表数不能满足需要，可单击工作表标签右侧的“插入工作表”按钮，在现有工作表后插入一个新工作表。②在某一个工作表之前插入新工作表，可在选中该工作表后单击功能区“开始”选项卡“单元格”组中的“插入”按钮，在展开的列表中选择“插入工作表”选项。

3. 重命名工作表

为了方便管理工作表，可以给工作表取一个与其保存的内容相关的名字。步骤如下：①重命名工作表时，可双击工作表标签以进入其编辑状态，此时该工作表标签呈高亮显示，然后输入工作表名称，再单击除该标签以外工作表的任意处或按 Enter 键即可。②在工作表标签上右击，在弹出的快捷菜单中选择“重命名”菜单项。

4. 移动工作表

（1）要在同一工作簿中移动工作表，可单击要移动的工作表标签，然后按住鼠标左键，将其拖到所需位置即可移动工作表。若在拖动的过程中按 Ctrl 键，则表示复制工作表操作，原工作表依然保留。

（2）若要在不同的工作簿之间移动或复制工作表，可选中要移动或复制的工作表，然后单击功能区“开始”选项卡“单元格”组中的“格式”按钮，在展开的列表中选择“移动或复制工作表”项，打开“移动或复制工作表”对话框，如图 4－6 所示。

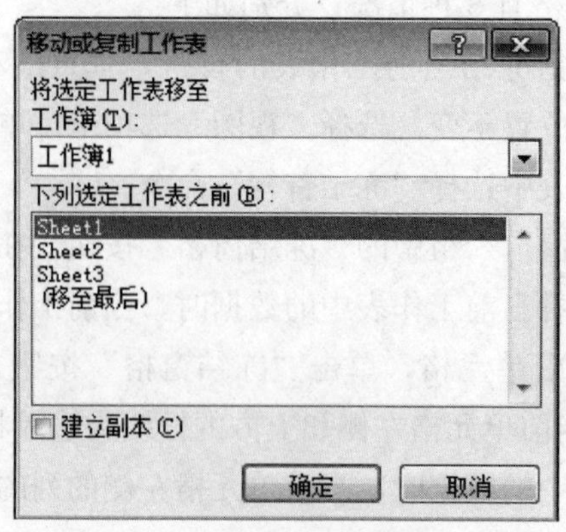

图 4－6 “移动或复制工作表”对话框

在“将选定工作表移至工作簿”下拉列表中选择目标工作簿（复制前需要将该工作簿打开），在“下列选定工作表之前”列表中设置工作表移动的目标位置，然后单击“确定”按钮，即可将所选工作表移动到目标工作簿的指定位置；若选中对话框中的“建立副本”复选框，则可将工作表复制到目标工作簿指定位置。

5. 删除工作表

对于没用的工作表可以将其删除，方法是单击要删除的工作表标签，单击功能区“开始”选项卡“单元格”组中的“删除”按钮，在展开的列表中选择“删除工作表”选项；如果工作表中有数据，将弹出一个提示对话框，单击“删除”按钮即可。

6. 隐藏工作表

如果不想让别人看到自己编辑的内容，可以将工作表隐藏，使用的时候再将其显示出来。

(1) 隐藏工作表。右击要隐藏的工作表，然后在弹出的快捷菜单中选择“隐藏”命令，工作表即从窗口中消失。或者在选中要隐藏的工作表后，单击“开始”选项卡的“单元格”组中的“格式”按钮，在打开的下拉列表的“可见性”栏中，选择“隐藏和取消隐藏”下级菜单中的“隐藏工作表”命令。

(2) 取消隐藏。右击任意工作表标签，在弹出的快捷菜单中选择“取消隐藏”命令，就会弹出“取消隐藏”对话框，对话框中显示了隐藏的工作表名称，选择要显示的工作表，单击“确定”按钮。或者在“隐藏和取消隐藏”下级菜单中选择“取消隐藏工作表”命令，也会弹出“取消隐藏”对话框进行选择。

7. 保护工作表

为了防止工作表中的重要数据被他人修改，可对工作表设置保护。保护工作表可以防止他人更改工作表中部分或全部内容、查看隐藏的数据行和列、查阅公式等。

选中需要保护的工作表，选择“审阅”选项卡，在“更改”组中单击“保护工作表”按钮，弹出“保护工作表”对话框，如图 4-7 所示。

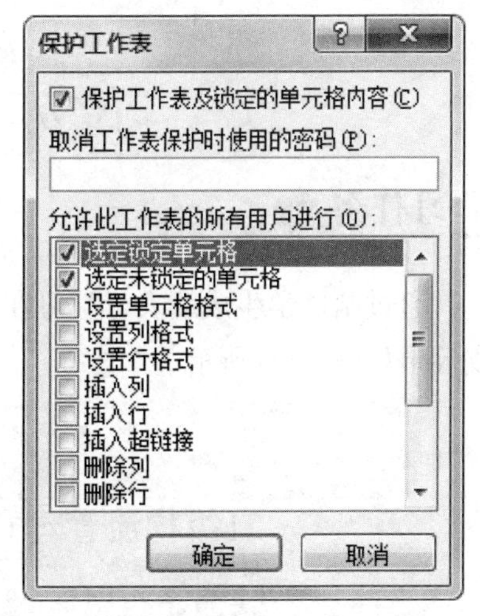

图 4-7 “保护工作表”对话框

在对话框的“取消工作表保护时使用的密码”文本框中输入密码，在“允许此工作表的所有用户进行”列表中选择允许的操作，然后单击“确定”按钮，将弹出“确认密码”对话框，再次输入密码，然后单击“确定”按钮即可。

工作表设置保护后，“保护工作表”按钮变成“撤销工作表保护”按钮，单击将弹出“撤销工作表保护”对话框，输入设置的保护密码，即可撤销工作表的保护。

注意：

对工作表标签进行的大部分操作，包括插入、重命名、移动和复制及删除等，都可通过右击要操作的工作表标签，从弹出的快捷菜单中选择相应的菜单项来实现。

任务实战

1. 启动 Excel 2016，新建 Excel 空白工作簿，输入图 4-1 成绩统计表中的数据，并保存为“成绩统计表 1. xlsx”。

2. 根据样本模板中的“每周出勤报告”创建工作簿，并保存为“每周出勤报告 1. xlsx”。

3. 更改新建工作簿时默认的工作表数量为 9 个，新建一个工作簿观察包含的工作表数。

4. 打开已有的 Excel 文件，以不同的视图查看工作表，将当前窗口拆分为 4 个窗格，取消拆分后冻结首列。

5. 打开两个已有的 Excel 文件，分别以水平和垂直方式排列查看窗口。

6. 打开“实训素材\项目 4\任务 1\成绩统计表 . xlsx”，完成以下操作：

（1）将工作表 Sheet 1 改名为“成绩统计”。

（2）在工作表 Sheet 2 前连续插入两个工作表。

（3）删除工作表 Sheet 2。

（4）将工作表“成绩统计”复制到新插入的工作表后，并重命名为“成绩备份”。

（5）将工作表“成绩统计”移到所有工作表之后。

7. 将“成绩统计表 . xlsx”中的“成绩统计”设置为保护工作表，密码为“123”，允许用户设置单元格及行列格式。

任务二　Excel 的基本操作

学习任务

通过制作学生成绩表，学习在工作表中输入和编辑数据等操作。制作计算机成绩表，完成效果如图 4-8 所示。

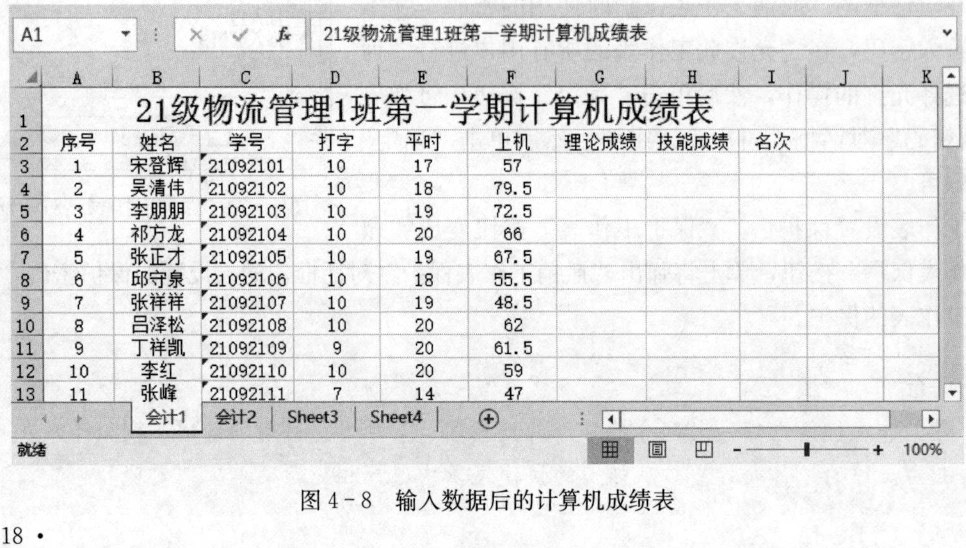

A1　21级物流管理1班第一学期计算机成绩表

	A	B	C	D	E	F	G	H	I	J	K
1	21级物流管理1班第一学期计算机成绩表										
2	序号	姓名	学号	打字	平时	上机	理论成绩	技能成绩	名次		
3	1	宋登辉	21092101	10	17	57					
4	2	吴清伟	21092102	10	18	79.5					
5	3	李朋朋	21092103	10	19	72.5					
6	4	祁方龙	21092104	10	20	66					
7	5	张正才	21092105	10	19	67.5					
8	6	邱守泉	21092106	10	18	55.5					
9	7	张祥祥	21092107	10	19	48.5					
10	8	吕泽松	21092108	10	20	62					
11	9	丁祥凯	21092109	9	20	61.5					
12	10	李红	21092110	10	20	59					
13	11	张峰	21092111	7	14	47					

会计1　会计2　Sheet3　Sheet4

就绪　100%

图 4-8　输入数据后的计算机成绩表

相关知识

一、输入与编辑数据

（一）输入数据

创建一个工作表，首先要向单元格输入数据，数据可以分为文本、数字、日期和时间、公式与函数等类型。

1. 单元格中输入或编辑数据的方法

操作步骤如下：①单击需要输入数据的单元格，直接输入数据，输入的内容将同时显示在单元格和编辑框中，如图 4-9 所示。②单击单元格，再单击编辑框，在编辑框中输入或编辑数据。③双击单元格，单元格内出现光标，移动光标到所需位置，即可进行数据的输入或修改。

（1）输入完成后，确认输入方法有以下几种：

· 单击编辑栏中的“输入”按钮确认。

· 可以按 Enter 键确认，同时光标移到下一个单元格。

· 可以按 Tab 键确认，同时光标移到右边的单元格。

· 可以单击任意其他单元格确认。

（2）要取消输入或编辑，单击编辑栏中的“取消”按钮或者按 Esc 键即可。

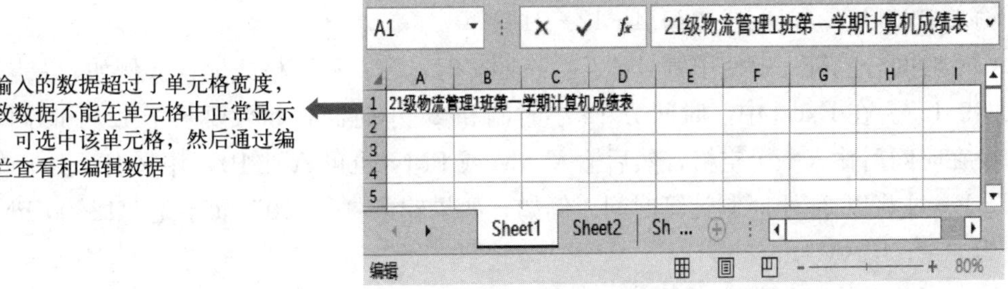

图 4-9　在单元格中输入数据

2. 文本型数据的输入

文本包括汉字、字母、数字、空格及键盘上可以输入的任何符号。默认状态下，所有文本型内容在单元格中均为左对齐。

如果单元格列宽容纳不下文本，则会占用相邻的单元格；如果相邻的单元格中已有数据则会截断显示。如果在单元格中输入的是多行数据，完成输入后，单击“开始”选项卡“对齐方式”组中的“自动换行”按钮，可以在不改变列宽的情况下实现换行，换行后在一个单元格中将显示多行文本，行的高度也会自动增大。

> **输入时需要注意：**
> ① 文字如字母、汉字等直接输入即可。

② 如果把数字作为文本输入（如身份证号码、电话号码等），需要在数字前先输入一个半角的单引号“'”再输入相应数字。

3. 数字（值）型数据的输入

在Excel 2016中，数字包括数字（0～9）和＋、－、$（货币符号）、%（百分号）、E、e（科学计数符）及小数点（.）和千分位（,）等特殊字符。数字默认的显示方式是右对齐。

输入数字需要注意下面几点：

(1) 输入分数时，应先输入“0”和一个空格，再输入分数。否则系统会将其作为日期处理。例如，分数“5/6”，应输入“0 5/6”，如果不输入“0”和空格，则表示5月6日。

(2) 当输入一个负数时，可以通过两种方法来完成即在数字前面加上负号或将数字用括号括起来。例如，－3可输入“－3”，也可输入“(3)”。

(3) 在单元格中输入超过11位的数字时，Excel会自动使用科学计数法来显示该数字。例如，当在单元格中输入12位数字“123456789012”时，该数字将显示为“1.23457E＋11”。

4. 日期型数据的输入

(1) 日期分隔符为“/”或“-”，按照“年/月/日”格式输入。例如，2014年12月21日，输入“2014/12/21”或“2014-12-21”。

(2) 时间分隔符一般使用冒号“:”，按照“时：分：秒”格式输入。例如，9点15分，输入“9:15”。在Excel中，时间分12小时制和24小时制，如果要基于12小时制输入时间，要在时间后输入一个空格，然后输入AM或PM（也可A或P），用来表示上午或下午。否则，Excel将以24小时制计算时间。例如，如果输入“12:00”而不是“12:00 PM”，将被视为“12:00 AM”。

输入当前系统日期按“Ctrl＋;”组合键，输入当前系统时间按“Ctrl＋Shift＋;”组合键。

默认情况下，日期和时间项在单元格中右对齐。如果输入的是Excel不能识别的日期或时间格式，输入的内容将被视为文字，并在单元格中左对齐。

5. 自动填充数据

Excel 2016数据填充是使用鼠标拖动填充柄或“序列”命令来实现的。填充柄是位于单元格或选定区域右下角的小黑方块。用鼠标指针指向填充柄时，鼠标指针将变为黑十字加号。

(1) 填充相同的数据。

操作方法：选定含有数据的单元格，将鼠标指针移到单元格右下角的填充柄，鼠标指针变为黑十字，按住鼠标左键拖动到所需的位置（向上、下、左、右4个方向均可拖动），松开鼠标即可完成自动填充。

·填充数值型数据，在拖动填充柄的同时按 Ctrl 键，可产生自动增 1 的数字序列。

·初值既有文本又有数值，则填充时文字不变，数字递增或递减（向上、向左递减，向下、向右递增）。例如，初值为“第 5 节”，则向下填充结果为“第 6 节”“第 7 节”等。

·填充日期时间型数据，在左键拖动填充柄的同时要按 Ctrl 键，才能在相邻单元格中填充相同数据。只拖动填充柄，则在相应单元格中填充自动增 1 的序列（日期型数据以天为单位、时间型数据以小时为单位）。

（2）填充等差或等比数列。

填充等差数列：首先在相邻单元格中输入数列的前几项（最少 2 项），如填充奇数序列，在 A1、B1 单元格分别输入 7 和 9，选定这个初值区域（选定 A1、B1 单元格），用鼠标左键拖动填充柄即可得到奇数序列。

填充等比数列的方法：①在相邻单元格输入等比数列前几项后，选定初值区域，用鼠标右键拖动填充柄到目标位置，释放鼠标，弹出图 4－10 所示的快捷菜单，然后选择菜单中的“等比序列”命令。② 用“序列”命令填充数列，在选定初值区域后，在快捷菜单中选择“序列”命令，或者单击“开始”选项卡“编辑”组中的“填充”按钮，在打开的下拉列表中选择“序列”命令，弹出图 4－11 所示的“序列”对话框。在该对话框中，根据需要设置相应参数，单击“确定”按钮即可得到相应序列。

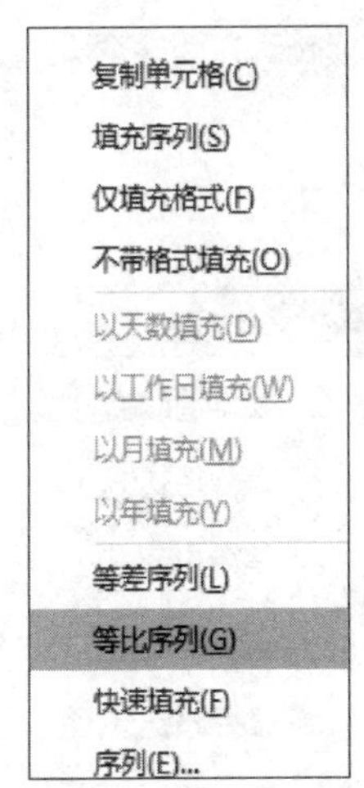

图 4－10　右键填充选项

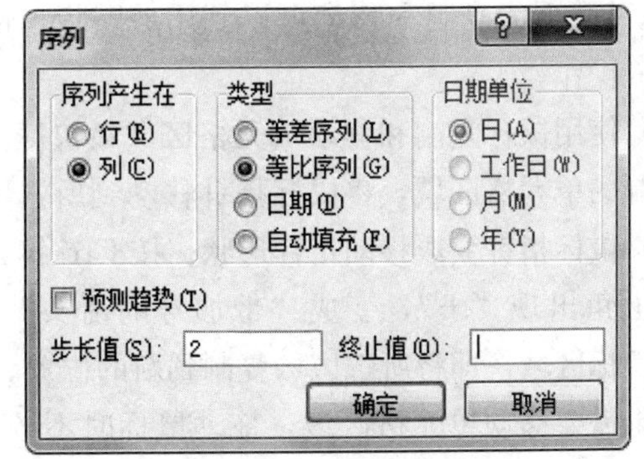

图 4－11　“序列”对话框

6. 插入批注

批注是附加在单元格里根据实际需要对单元格的数据添加的注解或说明。

给单元格添加批注的方法：①单击需要添加批注的单元格，然后在“审阅”选项卡的“批注”组中单击“新建批注”按钮，最后在弹出的批注框中输入批注文本即可。②选定单元格后，右击，在弹出的快捷菜单中选择“插入批注”命令输入批注。

添加了批注的单元格的右上角有一个小红三角，当鼠标指针移到该单元格时将显示批注内容。

同理，删除批注的方法也有两种：①单击需要添加批注的单元格，然后在“审阅”选项卡的“批注”组中单击“删除”按钮即可。②选定单元格后，右击，在弹出的快捷菜单中选择“删除批注”命令。

（二）编辑数据

1. 数据的清除

在 Excel 中，数据清除和删除是两个不同的概念。

（1）删除的操作对象是单元格、行或列，即删除工作表中的单元格、行或列。选定的单元格、行或列连同里面的数据，在删除后都从工作表中消失。

（2）数据清除指的是清除单元格中的内容及格式、批注、超链接等，单元格本身并不受影响。

单击“开始”选项卡“编辑”组中的“清除”按钮，打开“清除”下拉列表，如图 4-12 所示。

注意：

① 选择“清除格式”“清除内容”“清除批注”命令将分别只清除单元格的格式、内容或批注，如果只清除单元格的内容，输入新内容后仍应用原来设置的格式。

② 选择“全部清除”命令则将单元格的格式、内容、批注等全部清除，数据清除后单元格本身仍保留在原位置不变。

③ 选定单元格或单元格区域后按 Delete 键，相当于选择“清除内容”命令。

2. 数据复制和移动

Excel 数据的复制和移动可以利用剪贴板，也可以用鼠标拖放操作。

（1）使用鼠标复制和移动单元格区域最快捷。可选择需要复制的单元格区域，将鼠标指针移动到所选区域的边框线上，鼠标指针变成移动指针形状。按 Ctrl 键，当鼠标指针右上角出现“+”，变成“带加号的箭头”形状时，拖动到目标区域，即将所选区域复制到新的位置。

如果需要移动单元格区域，拖动鼠标时不按 Ctrl 键，即可实现单元格区域移动操作。

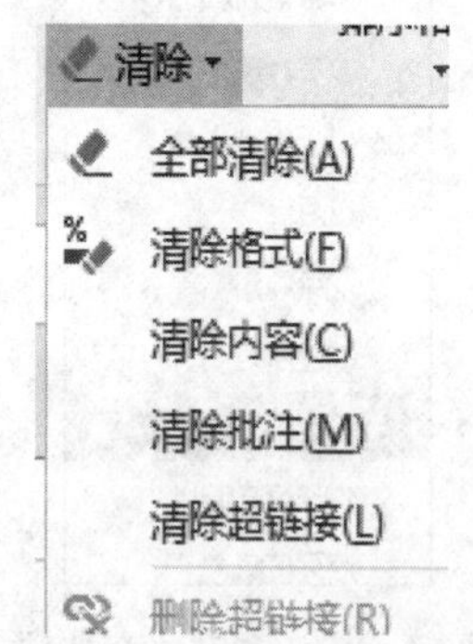

图 4-12 “清除”级联菜单

（2）用剪贴板复制和移动数据与 Word 中的操作相似，不同的是在源区域执行复制或剪切命令后，选定区域周围会出现闪烁的虚线。如果只需粘贴一次，在目标区域直接按 Enter 键即可。

选择目标区域时，可选择目标区域的第一个单元格或起始的部分单元格，或选择与源区域一样大小。当然，选择区域也可以与源区域不一样大。源区域与目标区域无论是否一样大，都会从目标区域的左上角的单元格开始粘贴。

3. 选择性粘贴

选择性粘贴是一个很强大的工具，一个单元格含有多种特性，如内容、格式、批注等，使用选择性粘贴可以有选择地复制选定单元格的部分特性。

先将单元格数据复制到剪贴板，再选定目标区域，在“开始”选项卡的“剪贴板”组中单击“粘贴”下拉按钮，在下拉列表中选择“选择性粘贴”命令，弹出如图 4－13 所示的对话框。选择相应选项后，单击“确定”按钮即可完成选择性粘贴。

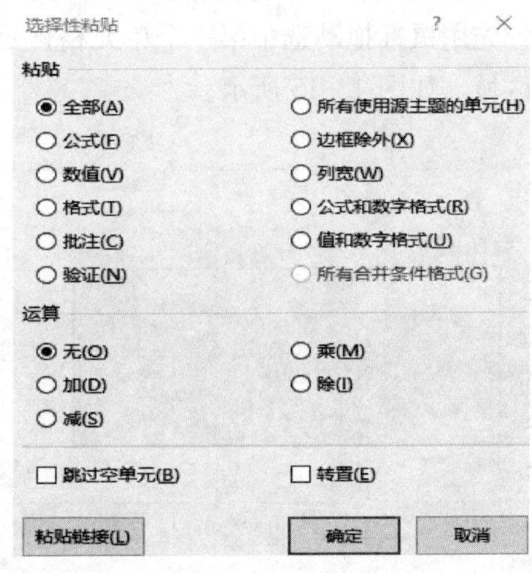

图 4－13 “选择性粘贴”对话框

(1) 在对话框的“粘贴”选项组可选择只粘贴源数据的格式、批注、数据有效性规则、除边框外的所有内容和格式等。如果源数据是根据公式计算出的结果，选中“数值”单选按钮将只复制其计算结果。

(2) 对话框的“运算”选项组有“加、减、乘、除”运算，可以让源单元格的数据和目标单元格中的数据进行加、减、乘、除的运算，目标单元格中显示的将是运算结果。

(3) 选中对话框中的“转置”复选框，能够将被复制数据的行变成列，列变成行。

4. 查找与替换

利用 Excel 的查找和替换功能，可快速定位满足查找条件的单元格，并能有选择地将单元格中的数据替换为其他的内容。在 Excel 2016 中，可以在一个或多个工作表中进行查找和替换。

(1) 在“开始”选项卡的“编辑”组中，单击“查找和选择”按钮，在打开的下拉列表中选择“查找”或“替换”命令。

(2) 按“Ctrl+F”组合键，都能弹出“查找与替换”对话框。

注意：

Excel 2016 查找和替换的使用方法同 Word 2016 类似。在进行操作前，应该先选定一个搜索区域。如果只选定一个单元格，则仅在当前单元格内进行搜索；如果选定一个单元格区域，则只在该区域进行搜索；如果选定多个工作表，则在多个工作表内进行搜索。

二、单元格的选定

Excel 操作遵循“先选定，后操作”的原则，即在做任何一个操作之前必须先选定操作的对象，再执行下一步的操作。

1. 选定一个单元格

工作表中被选定的单元格称为“活动单元格”或“当前单元格”，被一个粗线框框起来。启动 Excel 时，A1 单元格为活动单元格。要选定一个单元格，在该单元格上单击即可。

2. 选定一个矩形区域

单击该区域左上角的单元格，按住鼠标左键拖动到右下角单元格，放开鼠标即可，如图 4 - 14 所示。

3. 选定多个不相邻的单元格区域

先用鼠标拖动选中第一个单元格区域，再按 Ctrl 键，同时用鼠标拖动选中其他的单元格区域，如图 4 - 15 所示。

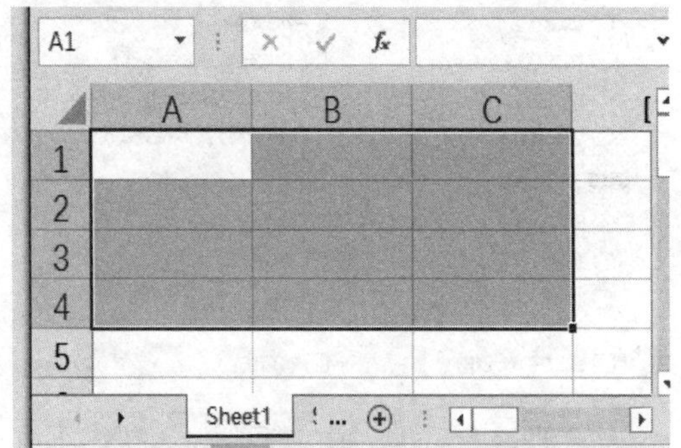

图 4 - 14　选择相邻的单元格区域

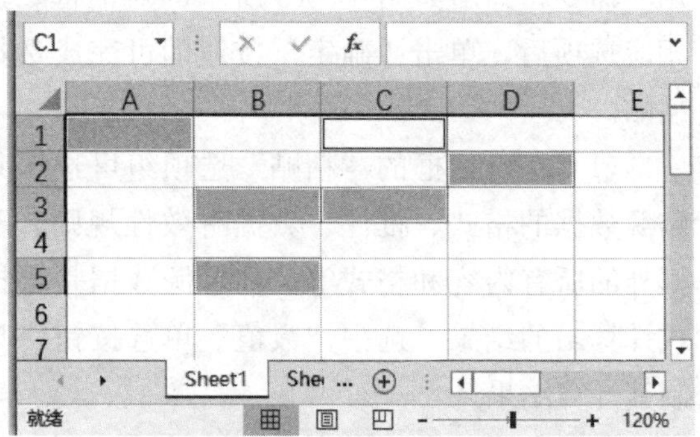

图 4 - 15　选择不相邻的多个单元格

4. 选定整行、整列

在行号或列标上单击，即可以选定整行或整列。按住鼠标左键拖动可选定连续的若干行或列。

5. 选定整个工作表

在行号和列标的交叉处即工作表的左上角有一个按钮，称为“全选按钮”，单击它可以选定整个工作表。

三、插入和删除单元格、行或列

在编辑完成后，如果需要添加新内容，可以根据需要对工作表进行调整，如插入单元格、行、列，以便添加新的数据。对于多余的行或列，也可将其删除。

对于暂时不用的数据，还可将其隐藏。

1. 插入单元格、行或列

(1) 利用快捷菜单插入。选中要插入行（列或单元格）的位置，右击，在弹出的快捷菜单中选择“插入”命令，就会在选定行的上方（选定列的左侧）插入新行（列）。插入单元格时，会弹出“插入”对话框，如图 4 - 16 所示。该对话框中有 4 个单选按钮。

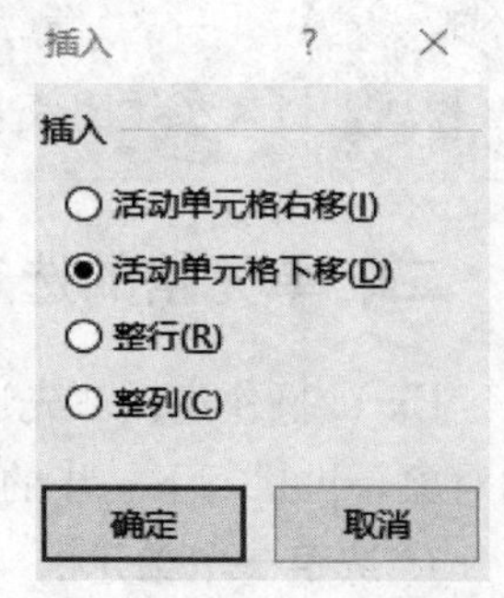

图 4 - 16　“插入”对话框

· 活动单元格右移。将在当前单元格的左侧插入新单元格。

· 活动单元格下移。将在当前单元格的上方插入新单元格。

· 整行。在当前单元格的上方插入新行。

· 整列。在当前单元格的左侧插入新列。

（2）利用功能区命令按钮插入。选定插入位置后，单击“开始”选项卡“单元格”组中的“插入”下拉按钮，在打开的下拉列表中选择相应的命令，如图 4－17 所示。

注意：

如果需要插入多行、多列或多个单元格，则首先同时选中多行、多列或多个单元格，再进行操作即可。

2. 删除单元格、行或列

操作步骤如下：①选中要删除的行、列或单元格，右击，在弹出的快捷菜单中选择“删除”命令；②单击“开始”选项卡“单元格”组中的“删除”下拉按钮，在打开的下拉列表中选择对应的命令。

删除单元格时，同样会弹出“删除”对话框，如图 4－18 所示。

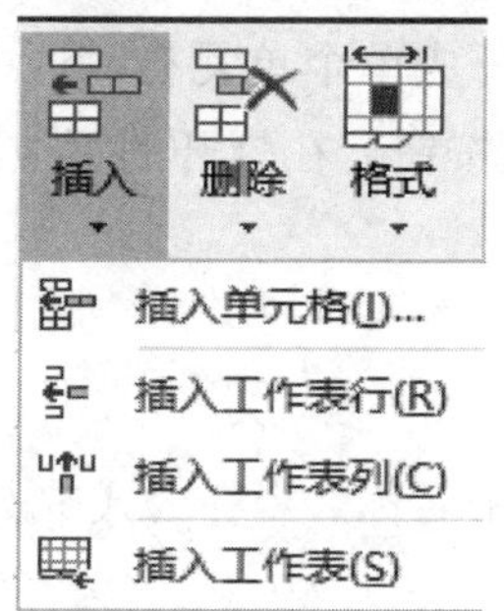

图 4－17　“插入”下拉列表

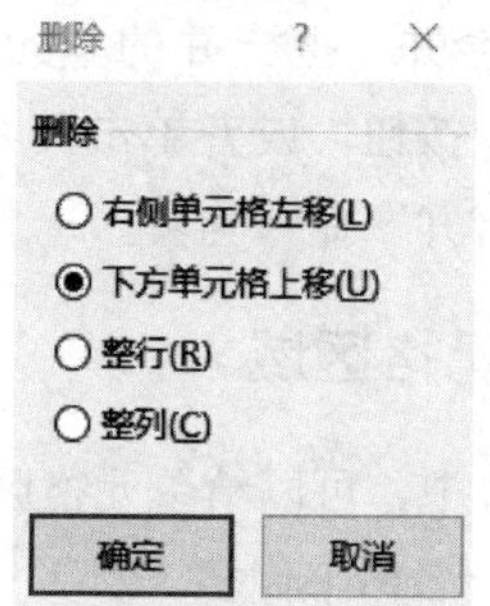

图 4－18　“删除”下拉列表

3. 隐藏行或列

（1）行或列的隐藏。行或列隐藏之后，行号或列标不再连续。若隐藏了第 2 行和第 3 行，行号 1 下面的就是行号 4。隐藏了 C 列，则 B 列右边就是 D 列。

操作步骤如下：①选中要隐藏的行或列，右击，选择“隐藏”命令，选定的行或列在工作表中消失。②按“Ctrl＋9”组合键隐藏选中的行，按“Ctrl＋0”组合键隐藏选中的列。③在“开始”选项卡“单元格”组中的“格式”下拉按钮的下拉列表中鼠标指针划到“隐藏和取消隐藏”命令，选择“隐藏行”或“隐藏列”。

（2）取消隐藏。

操作步骤如下：①选中被隐藏行上下的两行（或被隐藏列左右的两列），右击，在弹出的快捷菜单中选择“取消隐藏”命令。②在“开始”选项卡的“单元格”命令组中，单击“格式”下拉按钮，在打开的下拉列表中鼠标指针划到“隐藏和取消隐藏”命令，选择“取消隐藏行”或“取消隐藏列”。

四、合并单元格

在工作表的制作过程中，为了实现标题相对于表格内容的居中，需要合并单元格。

选中单元格区域“开始”选项卡“对齐方式”组中的“合并后居中”下拉按钮，选择合并方式，如图 4－19 所示。单元格合并后将使用原始区域左上角的单元格的地址来表示合并后的单元格地址。

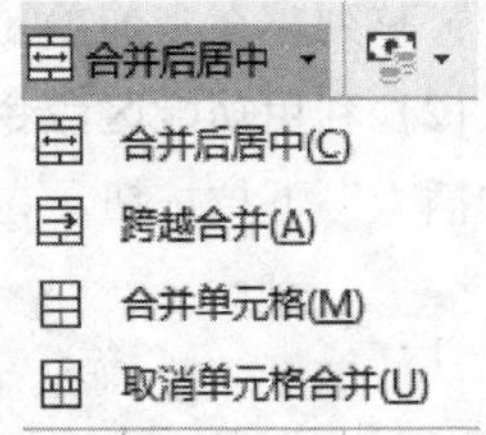

图 4－19　选择“合并后居中”

对单元格进行合并操作时，有“合并后居中”“跨越合并”“合并单元格”及“取消单元格合并”等方式。各方式的作用如下：

① 合并后居中。将选中的多个单元格合并成一个单元格，且原数据在合并后的单元格中居中对齐。通常用于创建跨列标题。

② 跨越合并。将所选单元格区域的每一行合并成一个单元格。例如，选定 A2:C4 这个 3 行 3 列的单元格区域，选择“跨越合并”命令后将变成 3 行 1 列，3 个新单元格分别为 A2、A3、A4。

③ 合并单元格。将选择的多个单元格合并成一个较大的单元格。例如，选定 A2:C4 这个 3 行 3 列的单元格区域，选择“合并单元格”命令后将变成 1 个新单元格 A2。

④ 取消单元格合并。把合并的单元格重新拆分成单个单元格，选中合并后的单元格，单击“合并后居中”按钮，或者单击其右侧的下拉按钮，在打开的下拉列表中（图 4－21）选择“取消单元格合并”命令均可。

五、命名单元格区域

在 Excel 工作簿中，可以给单元格区域定义一个名称。当在公式中引用这个单元格区域时，就可以使用这个名称来代替。

(1) 在名称框中命名。可以利用编辑栏中的名称框定义名称。具体方法是：选择需要命名的单元格区域，如“成绩单”工作表中 F1:F8 区域，在名称框中输入需要定义的名称，如“英语成绩”，然后按 Enter 键即可，如图 4－20 所示。

(2) 使用“新建名称”对话框命名。可以利用“新建名称”对话框定义名称。具体方法是：选择单元格区域，如“成绩单”工作表中 F1:F8 区域中“公式”选项卡“定义的名称”组中的“定义名称”按钮，弹出“新建名称”对话框，如图 4－21 所示，在“名称”文本框中输入“英语成绩”，“范围”默认为“工作簿”，“引用位置”默认为已选择的区域，单击“确定”按钮即可。

计算机成绩　×　✓　fx　计算机

	A	B	C	D	E	F
1	学号	姓名	出生日期	性别	高数	计算机
2	2021010101	王惠	1997-3-18	女	89	76
3	2021010102	李明	1998-7-21	男	78	88
4	2021010103	高海波	1997-4-11	男	89	63
5	2021010104	李晓明	1997-5-24	女	82	90
6	2021010105	李慧	1999-9-10	女	67	84
7	2021010106	王小刚	1997-3-20	男	69	45
8	2021010107	单蕾	1998-6-16	女	92	90

图 4－20　利用名称框定义名称

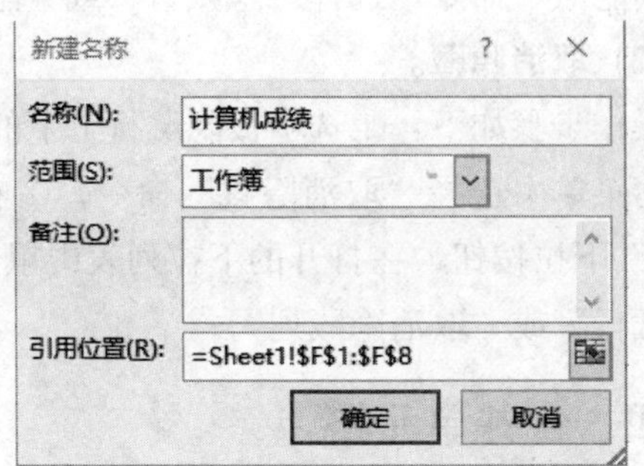

图 4－21“新建名称”对话框

（3）根据所选内容创建。根据所选内容创建是指在选定单元格区域中选择某一单元格中的数据作为该区域的名称，可以是首行、末行中的值，也可以是最左列、最右列中的值，一般是行标题或列标题。

选择“成绩统计表”工作簿 Sheet 1 工作表中的 E1:H8 区域中“公式”选项卡“定义的名称”组中的“根据所选内容创建”按钮，弹出“以选定区域创建名称”对话框，在“以下列选定区域的值创建名称”选项组中选择所要创建的名称所在区域的值，这里选中“首行”复选框，单击“确定”按钮。这样 F2:F8 区域的名称是“计算机”，G2:G8 区域的名称是“英语”，H2:H8 区域的名称是“政治”。

单击名称框右边的下拉按钮，可看到上述方法定义的 5 个单元格区域名称，选择“高数”名称后，该名称对应的 E2:E8 单元格区域将呈选中状态。

六、调整行高和列宽

默认情况下，Excel 中所有行的高度和所有列的宽度都是相等的。用户可以利用鼠标拖动方式和“格式”列表中的命令来调整行高和列宽。

（1）调整行高。将鼠标指针移至要调整行高的行号的下框线处，待指针变成✢形状后，按下鼠标左键上下拖动（此时在工作表中将显示出一个提示行高的信息框），到合适位置后释放鼠标左键，即可调整所选行的行高。

若要调整多行行高，可同时选中多行，然后再使用以上方法调整。此外，若要调整某列或多列单元格的宽度，只需将鼠标指针移至要调整列的列标右边线处，待指针变成“✢”形状后按下鼠标左键左右施动，到合适位置后释放鼠标左键即可。

（2）精确调整行高和列宽。可先选中要调整行高的单元格或单元格区域，如同时选中第 6 行至第 11 行，单击“开始”选项卡“单元格”组中的“格式”按钮，在展开的列表中选择“行高”选项，在对话框中设置行高值，单击“确定”按钮。

要精确调整列宽，选中要调整的单元格或单元格区域后，在“格式”按钮列表中选择“列宽”选项，然后在打开的对话框中设置。

（3）复制列宽。将某一列的列宽复制到其他列中，则首先要选定该列中的单元格，单击“开始”选项卡“剪贴板”组中的“复制”按钮，然后选定目标列，单击“剪贴板”组中的“粘贴”下拉按钮，选择“选择性粘贴”命令，在对话框中选中“列宽”单选按钮。

> **注意：**
> 不能用复制的方法来调整行高。

（4）自动调整行高、列宽。操作步骤如下：①将鼠标指针移至行号下方或列标右侧的边线上，待指针变成双向箭头✢或“✢”形状后，双击边线，系统会根据单元格中数据的高度和宽度自动调整行高和列宽。②可在选中要调整的单元格或单元格区域后，在“格式”按钮列表中选择“自动调整行高”或“自动调整列宽”项，自动调整行高和列宽。

任务实战

1. 新建Excel文件“计算机成绩表.xlsx”，在Sheet 1工作表中，按图4-1所示输入计算机成绩表。

2. 打开“实训素材\项目4\任务2\2021物流管理成绩统计表（任务实战）.xlsx”，完成以下操作：在“2021物流管理成绩统计表（任务实战）”工作簿的Sheet 1中输入标题“2021物流管理1班期末成绩统计表”，在A1:I1合并后居中。设置行高20。

3. 给“计算机”列的最高分添加批注“计算机成绩最高分”。

4. 隐藏“物流配送成绩”所在的列，“姓名”和“学号”两列以行标题命名。

5. 在Sheet 2工作表中使用自动填充功能生成任意一个等差数列和一个自定义序列。

6.（1）将Sheet 1中的数据复制到Sheet 3中。

（2）将Sheet 1中的C列“出生日期”删除。

（3）将Sheet 1中的第二个姓名为“李明”的行删除。

（4）在Sheet 1中插入一行作为第二个记录行，内容为“2021010109，张峰，2001-2-3，88，90，75，70，81”。

（5）在Sheet 3中隐藏“英语”与“计算机”两列。

（6）将Sheet 3中“计算机”列取消隐藏。

（7）查找Sheet 3中的“90”，替换为“80”并红色显示。

任务三　使用公式和函数

学习任务

利用公式和函数对考试成绩进行分析统计（计算总分、平均分及名次等）。

相关知识

Excel强大的计算功能主要依赖于其公式和函数，利用它们可以对表格中的数据进行各种计算和处理。下面通过计算成绩统计表中各学生的总分、平均分和名次，来学习公式和函数的使用方法。

一、公式的输入

Excel公式必须以等号“＝”开头，后面紧接着运算数和运算符，运算数可以是常数、单元格或区域的引用、单元格名称和函数等。

例如，在“成绩统计表”中计算总分，输入步骤如下：

①单击将要在其中输入公式的单元格，如“总分”所在的I3单元格。②先输入一个等号“＝”。③再输入公式内容“D3＋E3＋F3＋G3＋H3”后，按Enter键或单击编辑栏中的“输入”按钮。I3单元格将显示出公式的计算结果“398”，可以在编辑栏里查看公式的

内容。

注意：公式中使用的是单元格地址而不是单元格中的数值，因为与公式有关的单元格数据有变化时，公式中的计算结果会自动更新。

公式可以在单元格中或在编辑栏中输入。如果公式中的操作数是单元格，可以使用鼠标输入。上例的公式可以这样输入：在目的单元格中输入等号“＝”，再用鼠标选择操作数所在的单元格“D3”，此时该单元格呈闪烁虚线显示，再输入运算符“＋”，按此顺序直到选完最后一个操作数单元格后，按 Enter 键结束。

如果需要修改公式，可以单击公式所在的单元格，在编辑栏中修改；也可以双击该单元格，直接在单元格中修改。

二、公式中的运算符

在输入的公式中，各个参与运算的数字和单元格引用都由代表各种运算方式的符号连接而成，这些符号称为运算符。常用的运算符有 4 种类型：算术运算符、比较运算符、文本运算符和引用运算符。

1. 算术运算符

算术运算符包含加号（＋）、减号（－）、乘号（*）、除号（/）、求余（%）和乘方（^），这些运算符除“－”运算符作为负数时是单目运算符外，其他算术运算符都是双目运算符，要求运算符前后位置的数据类型是数值型。

2. 比较运算符

比较运算符包含等号（＝）、大于号（＞）、小于号（＜）、大于等于（＞＝）、小于等于（＜＝）和不等于（＜＞）。比较运算符可以比较两个数值的大小，运算结果是逻辑值 True 或 False。例如，在单元格中输入“＝2＜6”，运算结果为 True；在单元格中输入“＝3＞＝9”，结果为 False。

3. 文本运算符

文本运算符为连接符（&），用于将两个或多个字符串连接起来。其操作数可以是带英文双引号的文字，也可以是单元格引用。例如，A3 单元格中是“李”，B5 单元格中是“玲”，要使 B6 单元格中得到“李玲”，可以输入＝A3&B5、＝“李”&B5、＝“李”&“玲”。

4. 引用运算符

将多个单元格引用地址或区域引用地址进行合并计算，包含区域运算符（:）、联合运算符（,）和交叉运算符（　）。

区域运算符：将两个单元格地址引用转换为一个区域引用地址。例如，A3:F4 是对单元格 A3 至 F4 之间（包括 A3 和 F4）的所有单元格的引用。

联合运算符：将多个引用合并为一个引用。例如，SUM（A1:B12，C3:D7）是对 A1:B12 区域的数据和 C3:D7 区域的数据进行求和运算。

交叉运算符：计算出两个区域共同部分的区域引用。例如，B3:D8 C5:F10 产生的区域地址是“C5:D8”。

各种运算符在公式表达中可能会同时存在，运算优先级相同的则按从左到右的顺序计算。运算优先级不同的则按照运算符优先级从高到低的顺序如下：

逗号（,）、冒号（:）、空格→%（求余）→^（乘方）→乘（*）、除（/）→加号（+）、减号（-）→文本连接符（&）→=、＜、＞、＜=、＞=、＜＞。

三、单元格的引用

单元格的引用就是对单元格地址的引用，包括相对引用、绝对引用、混合引用和三维引用。

1. 相对引用

相对引用是指单元格的引用会随公式所在单元格的位置的变更而改变。当复制公式时，被粘贴公式中的引用将被更新，并指向与当前公式位置相对应的单元格。默认情况下，Excel公式使用的是相对引用。例如，单元格 B3 中的公式是 C3+E3+F3，将单元格 B3 中的公式复制到单元格 B4，单元格 B5 的公式则会变成=C5+E5+F5。

2. 绝对引用

绝对引用是指公式中的单元格地址不会因公式位置的改变而发生改变。在行号和列标之前加上符号“$”就构成了单元格的绝对引用，例如，单元格 H6 的公式为“=$A$3+$E$7”，然后拖动填充柄将该公式复制到单元格 H9 时，公式仍然为“=$A$3+$E$7”。

3. 混合引用

混合引用是指相对引用与绝对引用同时存在于一个单元格的地址引用中。如果公式所在单元格的位置改变，相对引用部分会改变，而绝对引用部分不变。例如，F3 中的公式是=$C3+D$3+B3，将 F3 公式复制到 F4 单元格，F4 的公式=$C4+D$3+B4。

4. 三维引用

一个工作表可以引用同一个工作簿中其他工作表的数据，引用格式为“工作表名！单元格地址”。其中“!”是工作表和单元格地址的分隔符。还可以引用不同工作簿的数据，用中括号作为工作簿分隔符，引用格式为“[工作簿] 工作表名！单元格地址”。例如，在工作簿 2 中引用工作簿 3 的 Sheet 5 工作表的 B7 单元格，可表示为“[工作簿 3] Sheet 5!B7”。

四、函数的使用

Excel 2016 中的函数和公式一样，都可以快速计算数据。公式是由用户自行设计的表达式，而函数则是已经定义好的公式。

1. 函数的组成

一个函数包括两个部分：函数名和参数，其结构为“=函数名（参数 1，参数 2，…）”。

函数名代表该函数具有的功能。例如，求和函数 SUM（），平均值函数 AVERAGE（）。

参数是函数用来执行操作或计算的值，参数可以是数字、文本、逻辑值（真或假）、数组、单元格地址、公式、函数等。不同的函数要求的参数个数、类型不同，文本必须用英文双引号括起。例如：LEN（“这句话几个字”）是求文本字符串中的字符个数，函数的运算结果为 6。

2. 函数的输入

Excel 2016 中的大多数函数的操作都是在“公式”选项卡的“函数库”功能组中完成的，如图 4－22 所示。

图 4－22　“函数库”功能组

(1) 手动输入。在单元格或编辑栏首先输入“＝”，例如，计算图 4－23 中的总分，可在 I3 中输入“＝SUM（E3:H3)”，再按 Enter 键得到结果。

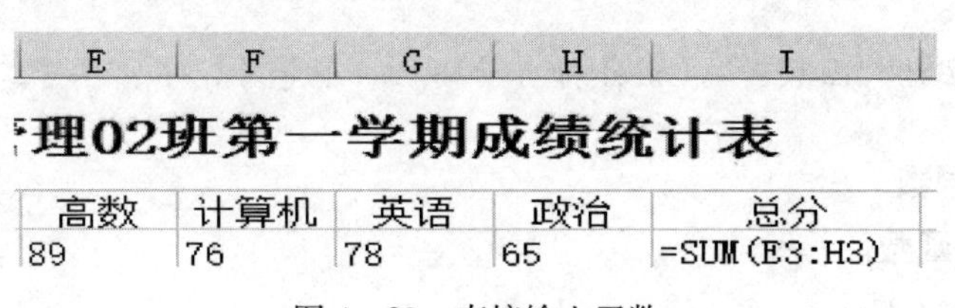

E	F	G	H	I
理02班第一学期成绩统计表				
高数	计算机	英语	政治	总分
89	76	78	65	=SUM(E3:H3)

图 4－23　直接输入函数

手动输入函数只适用于一些单变量的函数，或者一些简单的函数。对于参数较多或者比较复杂的函数，最好使用插入函数来输入。

(2) 使用“插入函数”按钮。操作步骤如下：①选中要输入函数的单元格后，单击“公式”选项卡“函数库”组中的“插入函数”按钮，或者单击编辑栏左侧的“插入函数”按钮，弹出“插入函数”对话框，如图 4－24 所示。②在对话框的“或选择类别”下拉列表中选择“常用函数”或“全部”或“数学和三角函数”命令，在“选择函数”列表框中选择“SUM”函数，单击“确定”按钮，同样弹出图 4－25 所示“函数参数”对话框。

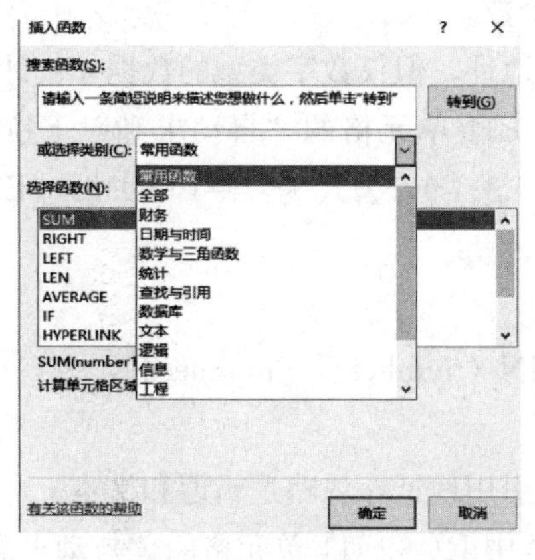

图 4－24　“插入函数”对话框

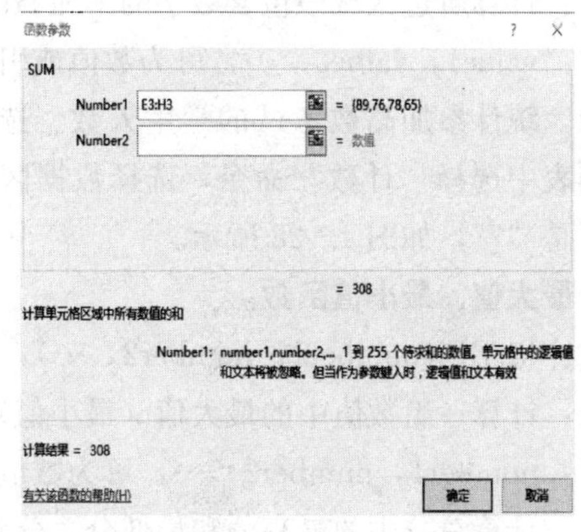

图 4－25　SUM“函数参数”对话框

观察“Number 1”文本框中的求和区域引用是否正确，如果区域正确则直接单击“确定”按钮；如果错误，可直接输入正确的区域引用，也可单击右侧的折叠按钮，返回工作表界面，选中准备求和的单元格区域，再单击“函数参数”对话框中的展开按钮返回“函数参数”对话框，单击“确定”按钮，I3 单元格中显示求和结果。

（3）使用“数学和三角函数”下拉按钮。同理选择“公式”选项卡“函数库”组中的“数学和三角函数”按钮，在下拉列表中，选择“SUM”函数。

（4）使用“自动求和”按钮。如果要对一个区域中各行（或各列）数据求和，选中该区域以及它右侧一列（或下方一行）的单元格，单击“公式”选项卡“函数库”组中的“自动求和”按钮 $\sum$（或“开始”选项卡“编辑”组中的“自动求和”按钮 $\sum$），那么所选区域的各行（或各列）的数据之和就会分别显示在其右侧一列（或下方一行）的单元格中。

> **注意：**
> 用后 3 种方法插入函数时，Excel 将自动插入一个等号，不需要手工输入。

3. Excel 常用函数

（1）求平均值函数。

格式：AVERAGE（number1，number2，…）

功能：计算出各个参数的算数平均值。

参数：number1，number2，…，可为数值或含有数值的单元格地址、区域。如果参数中有文字、逻辑值或空单元格，则忽略其值；如果单元格包含零值，则计算在内。

例如，求“成绩统计表”中高数成绩的平均值：选中 E10 单元格“自动求和”下拉按钮，在下拉列表中选择“平均值”命令，选择数据区域 E3:E9，公式为“＝AVERAGE（E3:E9）”，运算结果如图 4－28 所示。

（2）计数函数。

格式：COUNT（value1，value2，…）

功能：计算所选区域中包含数字的单元格的个数。

参数：value1，value2，…，可为数值或引用地址，但仅数字类型的数据才被计算在内。

例如，统计参加高数考试的学生人数。选中 E11 单元格的“自动求和”下拉按钮中，在下拉列表中选择“计数”命令，选择数据区域 E3:E9，公式为“＝COUNT（E3:E9）”，运算结果是“7”，如图 4－28 所示。

（3）最大值、最小值函数。

格式：MAX（number1，number2，…），MIN（number1，[number2]，…）

功能：计算一组数值中的最大值（最小值）。

参数：number1，number2，…，可为数值或引用地址，忽略逻辑值和文本。

例如，计算总分中的最高分和最低分。分别选中 I10 和 I11 单元格的“自动求和”下拉按钮，在下拉列表中选择“最大值”或“最小值”命令，选择数据区域 I3:I9，公式为“MAX（I3:I9）”“＝MIN（I3:I9）”，运算结果如图 4－28 所示。

（4）条件函数。

格式：IF（logical _ test，value _ if _ true，value _ if _ false）

功能：判断是否满足某个条件，如果满足返回一个值，如果不满足则返回另一个值。

参数：logical _ test 是任何可能被计算为 TURE 或 FLASE 的数值或表达式。

value _ if _ true 是 logical _ test 为 TURE 时的返回值，如果忽略，则返回 TURE。IF 函数最多可嵌套 7 层。

value _ if _ false 是当 logical _ test 为 FLASE 时的返回值。如果忽略，则返回 FLASE。

例如，①对学生成绩进行总评，总分大于等于 320 的为优秀，其余为良好，可在 L3 单元格中输入公式“＝IF（I3＞＝320,"优秀","良好"）”。

② 如果总分大于等于 320 的为优秀，290～320 为良好，290 以下为一般，可在 L3 单元格中输入嵌套公式“＝IF（I3＞＝320,"优秀"，IF（I3＜290,"一般","良好"））”，或者选择“公式”选项卡“函数库”组中“逻辑”命令中的“IF”函数，弹出如图 4－26 所示的“函数参数”对话框，输入对应参数。

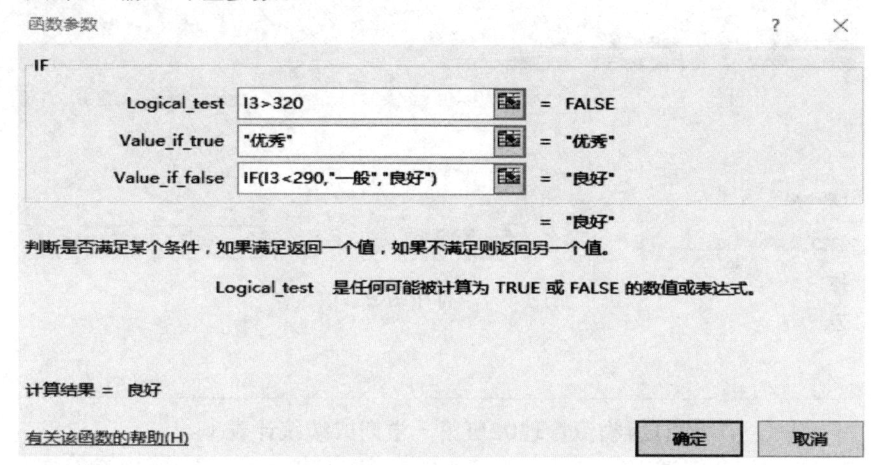

图 4－26　IF 函数参数对话框

（5）条件计数函数。

格式：COUNTIF（range，criteria）

功能：计算某个区域中满足给定条件的单元格数目。

参数：range 表示计算其中非空单元格数目的区域，criteria 表示设定的条件，其形式可以为数字、文本、表达式或单元格引用。

例如，统计各科考试的成绩不及格人数。在 E12 单元格输入公式“＝COUNTIF（E3:H9,"＜60"）”或依次选择“公式”选项卡“函数库”组中的“其他函数”→“统计”→“COUNTIF”函数，弹出“函数参数”对话框，输入对应参数，运算结果是“2”，如图 4－28 所示。

注意：

函数参数中，任何文本条件或任何含有逻辑或数学符号的条件都必须使用双引号引起来。如果条件为数字，则无须使用双引号。

（6）排序函数。

格式：RANK（number，ref，order）

功能：返回某数字在一列数字中相对于其他数值的大小排名。

参数：number 是要查找排名的数字，ref 是一组数或对一个数据列表的引用，非数字值将被忽略，order 是在列表中排名的数字，如果为 0 或省略，降序；非零值，升序。

例如，要对学生总分进行降序排序计算名次，在 K3 单元格中输入公式“＝RANK（I3，＄I＄3:＄I＄9，0）”，如图 4－27 所示，求出第一个学生的名次后，拖动填充柄，求出所有学生的名次，结果如图 4－28 所示。

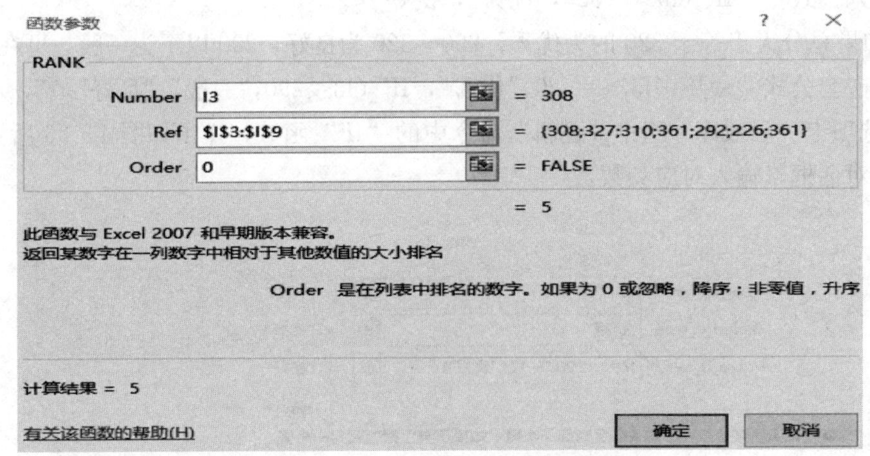

图 4－27 排序函数参数

	A	B	C	D	E	F	G	H	I	J	K	L
1	**2021级物流管理02班第一学期成绩统计表**											
2	学号	姓名	出生日期	性别	高数	计算机	英语	政治	总分	平均分	名次	总评
3	2021010101	王惠	2001-3-18	女	89	76	78	65	308	77	5	良好
4	2021010102	李明	1999-7-21	男	78	88	97	64	327	82	3	优秀
5	2021010103	高海波	2000-5-24	男	89	63	83	75	310	78	4	良好
6	2021010104	李晓明	1999-9-10	女	82	90	93	96	361	90	1	优秀
7	2021010105	李慧	1999-9-11	女	67	84	75	50	276	69	6	一般
8	2021010106	王小刚	2000-3-20	男	69	45	62	66	242	61	7	一般
9	2021010107	单蕾	2001-6-16	女	92	90	90	89	361	90	1	优秀
10			高数平均分		81			最高总分	361			
11			高数考试人数		7			最低总分	242			
12			不及格人数		2							

图 4－28 函数运算结果

（7）取子字符串函数。

格式：LEFT（text，num _ chars）、RIGHT（text，num _ chars）、MID（text，start _ num，num _ chars）

功能：LEFT、RIGHT、MID 都是字符串提取函数。前两个格式一样，只是提取的方向相反，LEFT 是从第一个字符由左向右取，RIGHT 是从最后一个字符由右向左取。MID 函数也是从左向右提取，但不一定是从第一个起，可以从中间开始。

参数：①LEFT（text，num _ chars）、RIGHT（text，num _ chars）中的 text 是要提取字符的字符串，可以是一个字符，或一个单元格引用。num _ chars 是要提取的字符数。

例如，“＝LEFT（A1，2）”表示在 A1 单元格的文本里，从左边第一位开始，向右提取 2 位，如果 A1 是“山东职业院校”，则得到的结果是“山东”；“＝RIGHT（A1，2）”是从右边第一位开始，向左提取两位，得到的结果是“院校”。

②MID（text，start _ num，num _ chars）中 text 准备从中提取字符的文本字符串，start _ num 从中提取的第一个字符的位置，num _ chars 指定所要提取的字符串长度。例如，“＝MID（A1，3，2）”得到的结果是“职业”。

任务实战

一、打开“成绩统计表 . xlsx”，在“源数据表”工作表中进行如下操作：

1. 在“总分”列，计算每位同学的总分，在“平均分”列，计算每位同学的平均分。

2. 在 C10、C11、C12 单元格分别输入“最高分”“最低分”“平均分”；用函数分别统计每门课程的最高分、最低分和平均分，放在对应的单元格中，其中平均分保留两位小数。

3. 在 C13 单元格输入“不及格人数”，在 D13 单元格中统计考试成绩不及格（小于 60 分）的人数。

4. 在 K2 单元格输入“名次”，用函数统计考试名次。

5. 在 L2 单元格输入“总评”，用函数统计总评结果，其中总分大于 320 的为优秀，290～320分为良好，290 分以下为一般。

二、打开“员工工资管理表 . xlsx”，在“Sheet 1”工作表中进行如下操作：

1. 应发工资＝基本工资＋薪级工资＋津贴。

2. 初算应税工资＝应发工资－（养老保险＋医疗保险＋公积金）－5 000。注：5 000 元为我国税法规定的个人所得税起征点。

3. 计算实际应税工资时，应税工资不应有小于 0 反而返税的情况，故应用 IF 函数来实现：若初算应税工资大于 0，则实际应税工资为初算应税工资；若初算应税工资小于等于 0，则实际应税工资为 0 元。

4. 个人所得税＝实际应税工资×5％。

5. 应扣工资＝养老保险＋医疗保险＋公积金＋个人所得税。

6. 实发工资＝应发工资－应扣工资。

任务四　工作表的美化

学习任务

美化工作表就是根据需要对工作表的单元格数据设置不同的格式，为工作表添加对象，添加边框和底纹效果等，达到布局合理、结构规范。要实现上述任务，必须做好以下工作：

熟练掌握设置单元格数据格式的方法，熟练掌握设置行高和列宽的方法，熟练套用单元格样式和工作表样式，熟练掌握设置条件格式的方法。

成绩统计表中的数据已经正确输入，请对工作表进行美化。如修饰标题、设置单元格对齐方式、添加边框和底纹、设置工作表样式等，使工作表更美观、实用，效果如图 4－29 所示。

	A	B	C	D	E	F	G	H	I	J	K
1	2021级物流管理02班第一学期成绩统计表										
2	学号	姓名	出生日期	性别	高数	计算机	英语	政治	总分	平均分	名次
3	2021010101	王惠	2001-3-18	女	89	76	78	65			
4	2021010102	李明	1999-7-21	男	78	88	97	64			
5	2021010103	高海波	2000-5-24	男	89	63	83	75			
6	2021010104	李晓明	1999-9-10	女	82	90	93	96			
7	2021010105	李慧	1999-9-11	女	67	84	75	50			
8	2021010106	王小刚	2000-3-20	男	69	45	62	66			
9	2021010107	单蕾	2001-6-16	女	92	90	90	89			

图 4－29　美化后的工作表

相关知识

一、数据格式化

单元格数据的格式化，必须先选择要进行格式化的单元格或单元格区域，才能进行相应的操作。数据格式化包括 6 部分：数字、对齐、字体、边框、填充和保护。格式化操作可通过以下方法来实现：

1. 使用“开始”选项卡按钮

选中“开始”选项卡“字体”组、“对齐方式”功能组、“数字”功能组、“样式”功能组中的相关按钮可实现对应的设置，操作方法与 Word 相同。

2. 使用“设置单元格格式”对话框

选中“开始”选项卡，单击“字体”（或“对齐方式”“数字”）功能组右下角的按钮，弹出“设置单元格格式”对话框，如图 4－30 所示，用户可选择相应选项卡，实现各种操作。

（1）“数字”选项卡。对数值进行各种格式的设置，左边“分类”列表框列出数字格式的 12 种类型，右边显示该类型的格式。表 4－1 列出了不同数据类型的作用及其设置项。

（2）“对齐”选项卡。可以设置数据的水平方向和垂直方向的对齐方式，也可以设置自动换行、缩小字体填充和合并单元格、文字方向等。

（3）“字体”选项卡。可以实现字体、字形、字号、颜色、下划线、删除线等设置。

（4）“边框”选项卡。可以给所选单元格区域加上各种线形、各种颜色的边框，边框类型有四周、内部、上、下、左、右、斜线等共 11 种，设置时最好先选好线条的样式和颜色，再选择边框类型。

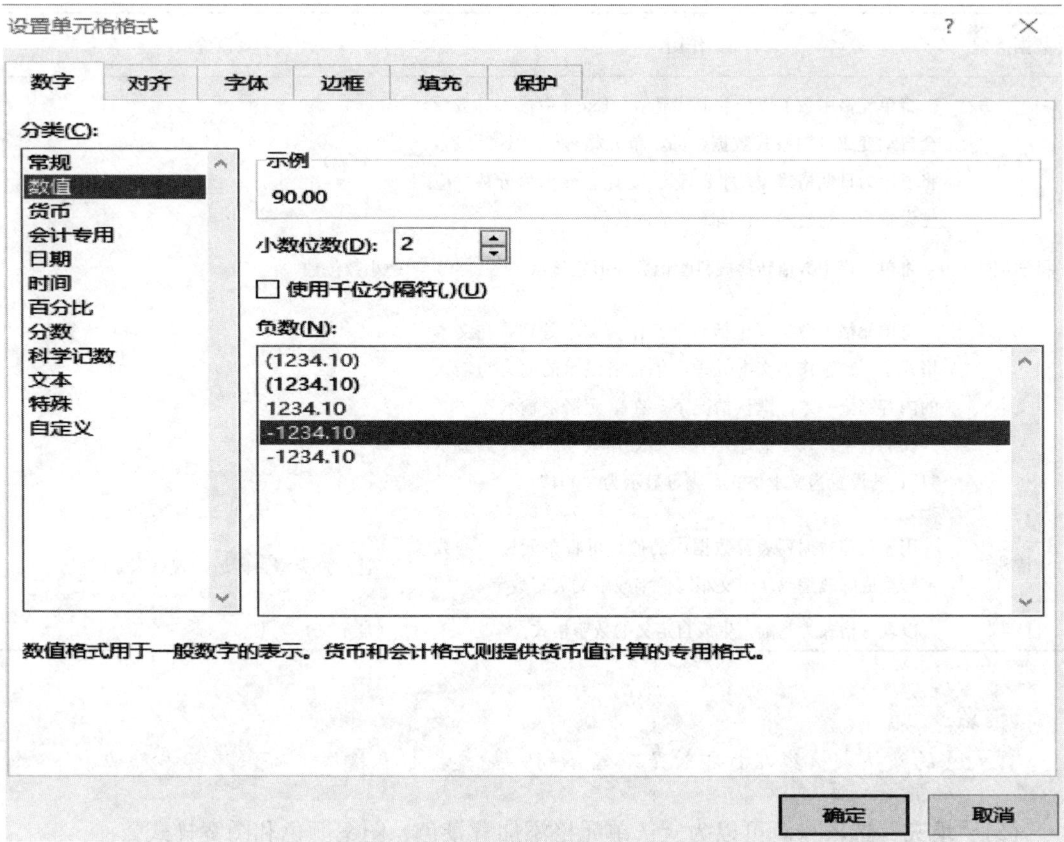

设置单元格格式

数字　对齐　字体　边框　填充　保护

分类(C):

常规
数值
货币
会计专用
日期
时间
百分比
分数
科学记数
文本
特殊
自定义

示例
90.00

小数位数(D): 2

使用千位分隔符(,)(U)

负数(N):

(1234.10)
(1234.10)
1234.10
-1234.10
-1234.10

数值格式用于一般数字的表示。货币和会计格式则提供货币值计算的专用格式。

确定　取消

图 4-30　“设置单元格格式”对话框

表 4-1　不同数据类型的作用及其设置项

数据类型	作用	设置项
常规	不包含任何特定的数字格式	—
数值	用于一般数字的表示。当表示金额时，可用千位分隔符表示	小数位数，是否使用千位分隔符，负数格式
货币	用于表示一般货币数值	小数位数，货币符号（国家/地区），负数格式
会计专用	可对一列数值中的货币符号和小数点对齐	小数位数，货币符号（国家/地区）
日期	将日期和时间系列数值显示为日期值	（日期格式）类型，区域设置（国家/地区）
时间	将日期和时间系列数值显示为时间值	（时间格式）类型，区域设置（国家/地区）
百分比	将单元格中数值乘以 100，并以百分数形式显示。先设置单元格的格式为百分比，系统会自动地在输入的数字末尾加上“%”	小数位数

（续）

数据类型	作用	设置项
分数	将单元格中数值以分数形式显示。Excel 中输入分数后会自动变成日期格式数据，如，单元格输入“1/2”后，将显示为日期格式“1月2日”。要让它显示为分数，应先设置为分数格式，再输入相应的数值	（分数）类型
科学记数	将单元格中数值转换成科学记数法形式显示	小数位数
文本	将单元格中数据（包括数字）作为文本处理。在文本格式中，数字作为文本处理，单元格显示的内容与输入的内容完全一致。默认情况下，在单元格中输入以“0”开头的数字，“0”忽略不计，如果输入“001”，只显示“1”；若设置为文本格式，则可显示为“001”	—
特殊	用于跟踪数据列表及数据库的值。可将单元格中的数字转换成邮政编码、中文小写数字或中文大写数字	（特殊）类型，区域设置（国家/地区）
自定义	以现有格式为基础，生成自定义的数字格式	（自定义）类型

注意：

Excel 的默认表格线在打印时是不显示的，如要打印表格线，可以为其添加边框。

（5）“填充”选项卡。可以为所选单元格添加背景色、图案颜色和图案样式。

（6）“保护”选项卡。单元格的保护包括“锁定”和“隐藏”，只有在工作表被保护时，锁定或隐藏才有效。

3. 通过浮动工具栏设置

选中需要设置格式的单元格或单元格区域，右击，将显示浮动工具栏，在其中单击相应按钮可设置相应的格式，如图 4－31 所示。

图 4－31　浮动工具栏

二、套用表格格式

根据不同的主题颜色和边框样式，Excel 2016 提供了浅色、中等深浅与深色 3 种类型共 60 种表格格式，用户可以直接套用这些预设的表格格式，快速应用于所选的单元格区域。

选择单元格区域“开始”选项卡“样式”命令组中的“套用表格格式”按钮，在下拉列表中选择一种即可。例如对成绩统计表使用“套用表格格式”中的“表样式中等深浅 7”，格式化。

要取消表格套用格式，选定套用表格“表格工具”的“设计”选项卡，单击“工具”组

中的“转换为区域”按钮，在弹出的对话框中单击“是”按钮，可以把此表转换为普通的单元格区域，单击“开始”选项卡“编辑”组中的“清除”按钮，在下拉列表中选择“清除格式”命令。

三、使用“条件格式”

在工作表中，可以设置单元格的条件格式，用于突出显示满足设定条件的数据。可以预置的单元格格式包括数字格式、字体颜色、边框、底纹等。举例如下：

(1) 在“成绩统计表”中，给分数大于 80 分的设置为“浅红填充色深红色文本”。

操作步骤如下：①选中所有的成绩数据，单击“开始”选项卡“样式”组中的“条件格式”按钮，在下拉列表中选择“突出显示单元格规则”命令，在级联菜单中选择“大于”命令。②在弹出的如图 4－32 所示的“大于”对话框左侧文本框中输入“80”，在右侧的“设置为”下拉列表中选择“绿填充色深绿色文本”命令，单击“确定”按钮。如果对列表中的格式不满意，还可以选择“自定义格式”命令，将弹出“设置单元格格式”对话框，可重新设置格式。

(2) 在“成绩统计表”中找出分数最高的前 3 项，并设置为“浅红色填充”。

在“条件格式”下拉列表中选择“项目选取规则”命令，在级联菜单中选择“前 10 项”命令，弹出图 4－33 所示的“前 10 项”对话框，左侧数字框设置为“3”，在右侧的“设置为”下拉列表中选泽“浅红色填充”命令，单击“确定”按钮。

在 Excel 2016 中，使用条件格式不仅可以突出显示数据，还可以用数据条、色阶、图标的方式显示数据，让数据一目了然。

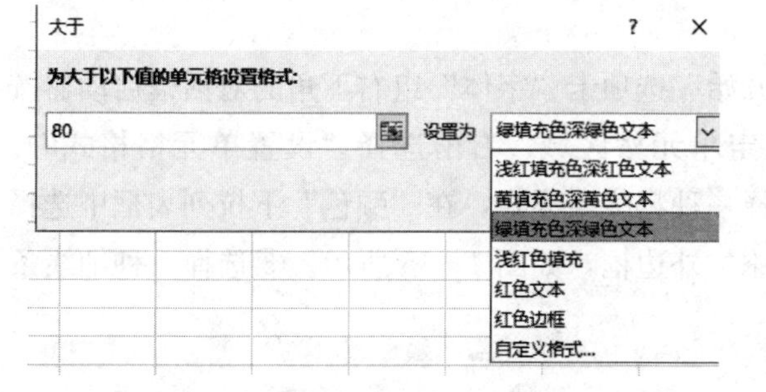

图 4－32　“大于”对话框

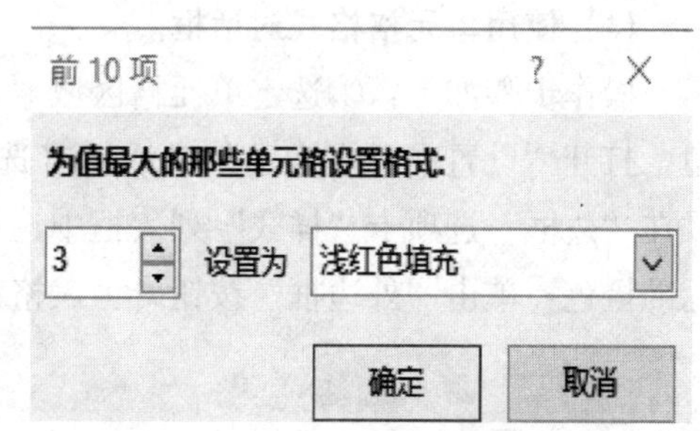

图 4－33　“10 个最大的项”对话框

要对设置的条件规则进行清除或编辑，可选择“条件格式”→“清除规则”或“管理规则”命令。

四、单元格样式

要在一个工作表中应用几种格式，并确保各个单元格格式一致，可以套用单元格样式。单元格样式是一组已定义的格式特征，如字体和字号、数字格式、单元格边框和单元格底纹。

选择单元格区域“开始”选项卡“样式”组中的“单元格样式”按钮，在下拉列表中选择一种即可，如图 4－34 所示。

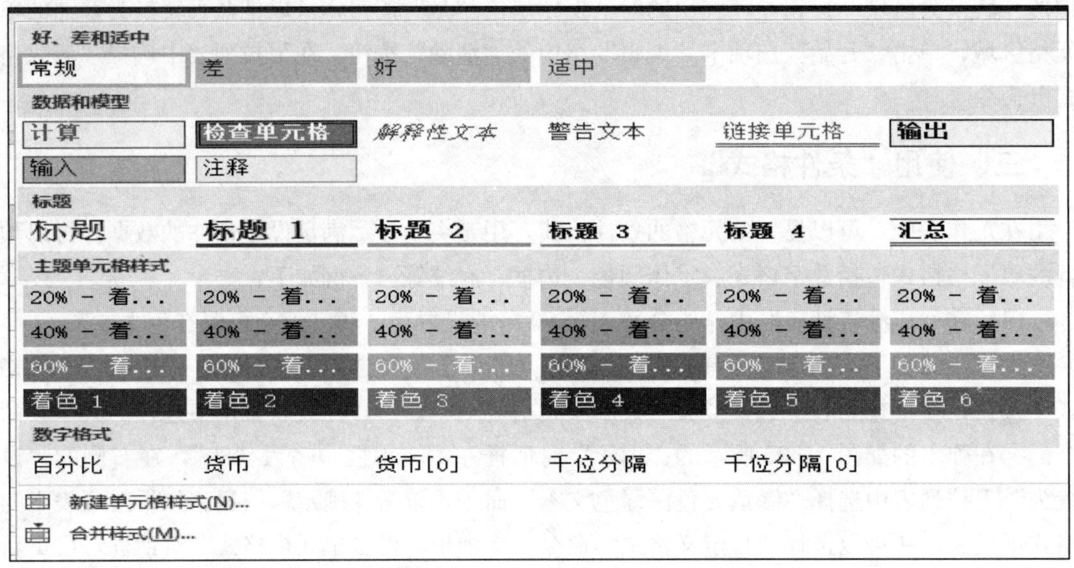

图 4－34　单元格样式

五、设置边框和底纹

默认情况下，Excel 2016 并没有给单元格设置边框，工作表中的框线在打印时并不显示，但当用户在打印工作表或要突出显示某些单元格时，都需要手动添加一些边框，以使工作表更易阅读。此外，通过为某些单元格添加底纹，可以衬托或强调这些单元格中的数据，使表格显得更美观。具体操作如下：

(1) 使用单元格格式对话框。

操作步骤如下：①选定单元格区域“开始”选项卡“字体”组右下角的对话框启动器按钮，打开“设置单元格格式”对话框（选定单元格区域，右击选择“设置单元格格式”）。②在“边框”选项卡“样式”列表框中选择一种粗线条样式，在“颜色”下拉列表框中选择标准橙色，单击“外边框”按钮，为表格添加外边框，如图 4－35 所示。③选择一种细线条

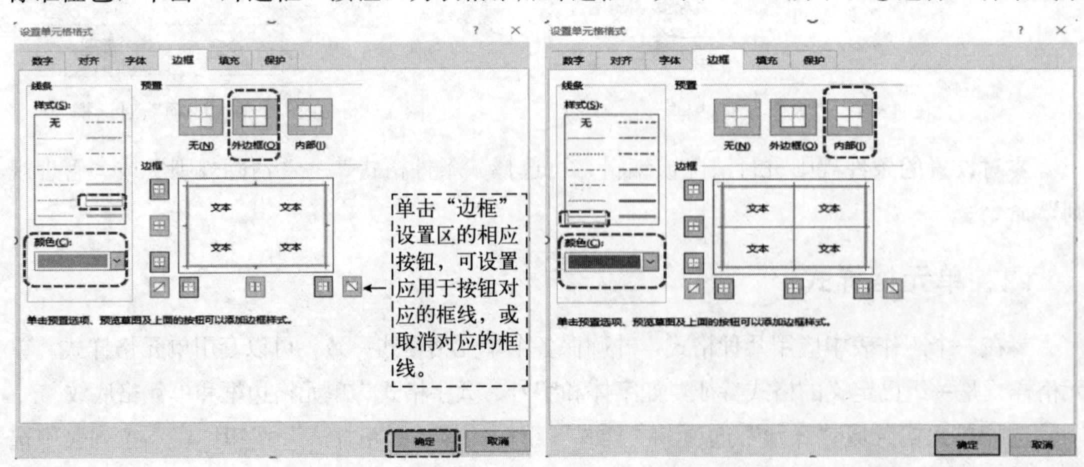

图 4－35　为表格设置外边框、内边框

样式、标准浅蓝色，单击“内部”按钮，为表格添加内边框，如图 4-35 所示，最后单击“确定”按钮。

（2）使用“开始”选项卡“字体”组中的“边框”按钮。选中单元格区域“开始”选项卡“字体”组中“边框”按钮右侧的三角按钮，在下拉列表中选择相应选项，可为选中的单元格区域指定系统预设的简单边框线。

（3）使用“开始”选项卡“字体”组中的“底纹”按钮设置底纹。同时选中“A2:K2”，“A3:B9”单元格区域，单击“开始”选项卡“字体”组中“填充颜色”按钮右侧的三角按钮，在下拉列表中选择“橄榄色，个性 3，淡色 80%”，得到图 4-36 添加边框和底纹后的工作表效果。

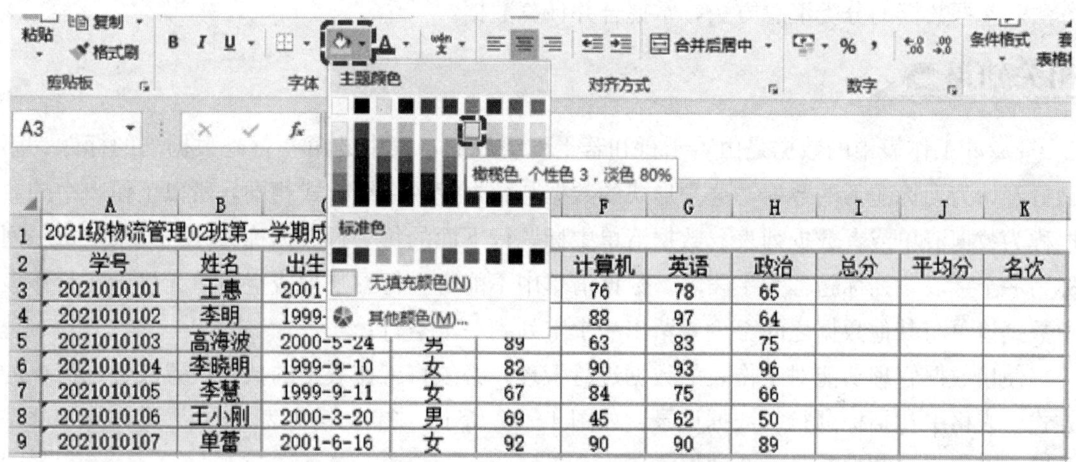

图 4-36　为所选单元格添加边框和填充底纹的效果

注意：

利用“设置单元格格式”对话框“填充”选项卡可为所选单元格区域设置更多的底纹效果，如渐变背景、图案背景等。

任务实战

打开“成绩统计表.xlsx”，完成以下操作。

1. 将工作表的标题“2021 级物流管理 02 班第一学期成绩统计表”设置为宋体（正文），字号为 20，字体颜色为红色，个性 2，淡色 40%，将 A1:K1 合并居中，添加任意浅色底纹。

2. 设置第 1 行行高为 30，第 2～13 行行高为 22。

3. 设置 A、B 两列列宽为 12，其他列的列宽为 9。

4. 所有文本居中对齐，数值右对齐。

5. 给 A2：K9 单元格区域添加所有框线，外框为标准蓝色双实线，内框线为橙色，个性色 6，淡色 60%的单实线。

6. 给所有分数设置条件格式：90 分以上的设为“浅红填充深红色文本”，70～80 分的设为“绿填充色深绿色文本”。

7. 列标题应用单元格格式为主题单元格样式中的“20%-着色 5”。

任务五　管理销售表数据

学习任务

通过处理和分析空调销售表中的数据，熟练掌握数据的排序方法，熟练掌握数据的筛选方法，掌握数据的分类汇总方法，掌握合并计算数据。

相关知识

Excel 工作表中的数据是由若干行和若干列组成的，表中的第一行是数据列的标题，第二行开始为列标题下的数据，这种形式的数据与数据库的组织方式相同，所以工作表中的数据称为数据清单或者数据列表。数据清单中标题行下面的每一行数据称为一个记录，每一列称为一个字段，列标题称为字段名。数据清单中不能有空行、空列或空白单元格，在工作表中数据清单与其他数据之间至少要留出一个空列和一个空行。

使用数据管理功能对工作表的数据进行管理，必须将工作表中的数据设置成数据清单的方式。表格中包括标题行、数据记录。如图 4－37 所示，“空调销售表 . xlsx”工作簿中“一季度”工作表的数据就是一个数据清单。

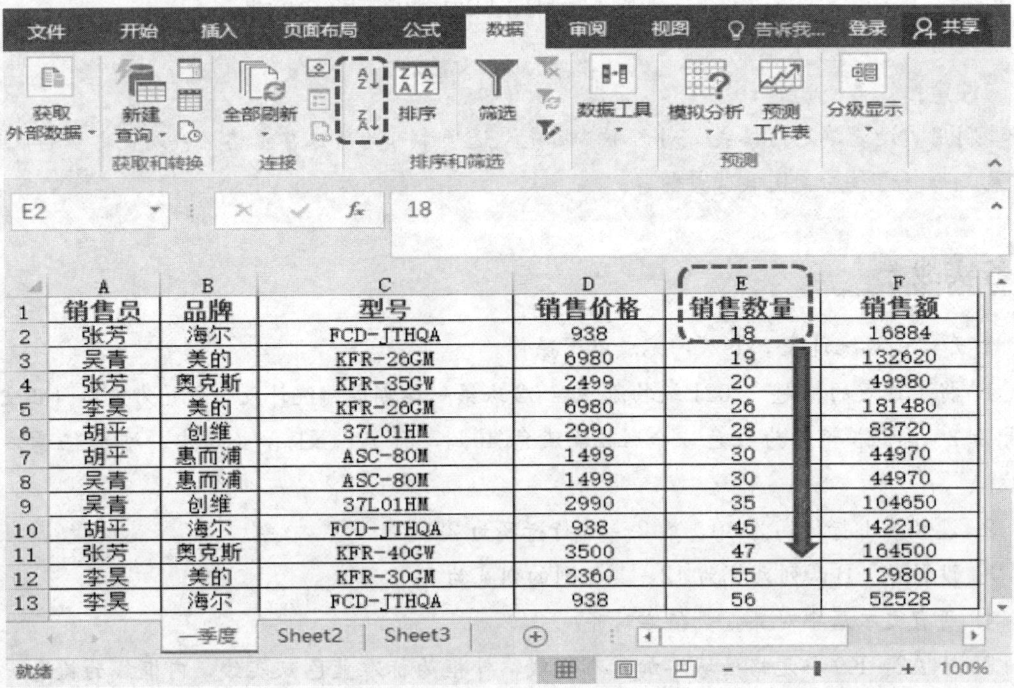
文件 开始 插入 页面布局 公式 数据 审阅 视图 告诉我... 登录 共享
获取外部数据 新建查询 全部刷新 排序 筛选 数据工具 模拟分析 预测工作表 分级显示
获取和转换 连接 排序和筛选 预测
E2 18
A B C D E F
1 销售员 品牌 型号 销售价格 销售数量 销售额
2 张芳 海尔 FCD-JTHQA 938 18 16884
3 吴青 美的 KFR-26GM 6980 19 132620
4 张芳 奥克斯 KFR-35GW 2499 20 49980
5 李昊 美的 KFR-26GM 6980 26 181480
6 胡平 创维 37L01HM 2990 28 83720
7 胡平 惠而浦 ASC-80M 1499 30 44970
8 吴青 惠而浦 ASC-80M 1499 30 44970
9 吴青 创维 37L01HM 2990 35 104650
10 胡平 海尔 FCD-JTHQA 938 45 42210
11 张芳 奥克斯 KFR-40GW 3500 47 164500
12 李昊 美的 KFR-30GM 2360 55 129800
13 李昊 海尔 FCD-JTHQA 938 56 52528
一季度 Sheet2 Sheet3
就绪 100%

图 4－37　对“销售数量”列进行升序排序

一、数据排序

排序，是数据列表中的数据按照指定的字段、指定的排序方式进行重新调整，这里指定的字段称为排序关键字。如指定的字段不是一个字段，而是多个字段，则第一个指定字段为主要关键字，其他指定字段为次要关键字。

指定的排序方式有升序和降序两种。升序，是指按照关键字从小到大、从低到高进行排序；降序，是指按照关键字从大到小、从高到低进行排序。

根据排序关键字的数量划分成两种排序：简单排序和多条件排序。

1. 简单排序

简单排序，是按照一个排序关键字进行的数据排序。

选中排序关键字列中的任意一个单元格，单击“数据”选项卡“排序和筛选”组中“升序”按钮或“降序”按钮，也可选择“开始”选项卡“编辑”组中的“排序和筛选”按钮，在下拉列表中选择“升序”或“降序”选项。工作表中按照销售数量从小到大排序后的结果如图 4－37 所示。此时，同一行其他单元格的位置也将随之变化。

在简单排序过程中，如果选中排序关键字的一列数据，则会出现“排序提醒”对话框，如图 4－38 所示，在“排序提醒”对话框中可以选择“扩展选定区域”选项或“以当前选定区域排序”选项，这两个选项分别表示两种数据调整的范围：

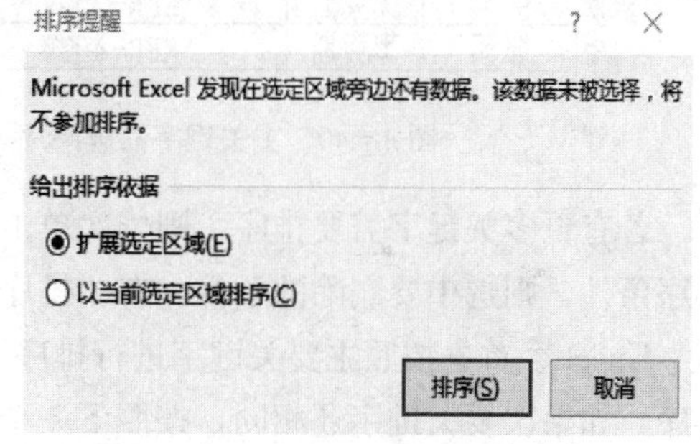

图 4－38　“排序提醒”对话框

（1）“扩展选定区域”选项，表示对整张数据列表中的所有数据按关键字进行排序。

（2）“以当前选定区域排序”选项，表示只对选定区域（关键字字段区域）的数据进行排序，同一行其他单元格的位置不发生变化。因为此选项将破坏整个数据列表的结构，一般情况下，应选取“扩展选定区域”选项。

2. 多条件排序

多条件排序是指对选定的数据区域按照两个及以上的关键字进行数据排序。

例如，在“空调销售表”工作表中先按品牌降序排列，品牌相同的按照销售数量升序排列，具体步骤如下：

（1）在需要排序的数据清单中，单击任一单元格。

（2）单击“数据”选项卡“排序和筛选”组中的“排序”按钮，弹出“排序”对话框，如图 4－39 所示。

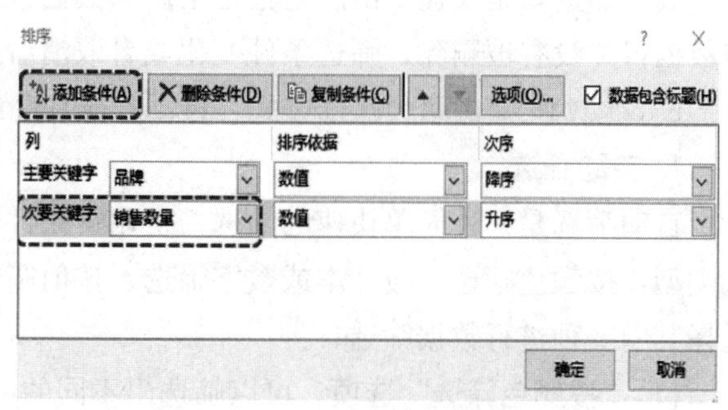

图 4－39　“排序”对话框

（3）在“主要关键字”下拉列表中

选择需要排序的主要列，如“品牌”，在“排序依据”下拉列表中选择排序依据，如“数值”，在“次序”下拉列表中选择该列的排列次序，如“降序”。

（4）设置好主要关键字后，单击对话框中的“添加条件”按钮，对话框中显示“次要关键字”，依次在“次要关键字”“排序依据”“次序”下拉列表中选择“销售数量”“数值”“升序”，结果如图 4－40 所示。

	A	B	C	D	E	F
1	销售员	品牌	型号	销售价格	销售数量	销售额
2	吴青	美的	KFR-26GM	6980	19	132620
3	李昊	美的	KFR-26GM	6980	26	181480
4	李昊	美的	KFR-30GM	2360	55	129800
5	胡平	惠而浦	ASC-80M	1499	30	44970
6	吴青	惠而浦	ASC-80M	1499	30	44970
7	张芳	海尔	FCD-JTHQA	938	18	16884
8	胡平	海尔	FCD-JTHQA	938	45	42210
9	李昊	海尔	FCD-JTHQA	938	56	52528
10	胡平	创维	37L01HM	2990	28	83720
11	吴青	创维	37L01HM	2990	35	104650
12	张芳	奥克斯	KFR-35GW	2499	20	49980
13	张芳	奥克斯	KFR-40GW	3500	47	164500

图 4－40　主关键字品牌降序、次要关键字销售数量升序排序结果

若有更多关键字需要排序，则依次单击“添加条件”按钮，并进行相应设置。若要删除排序条件，则选中要删除的条件，在“排序”对话框中单击“删除条件”按钮。

Excel 会首先按照主要关键字进行排序，如果主要关键字相同，则按照次要关键字进行排序，如果次要关键字还相同，按照下一个次要关键字排序。

注意：

如果数据清单的第一行包含列标题，对话框中“数据包含标题”复选框默认被选中，将该行排除在排序之外。

二、数据筛选

数据筛选，是仅显示出满足指定条件的数据行，隐藏不满足指定条件的数据行。被隐藏的数据行并没有被删除，筛选条件变化或者取消后，被隐藏的数据行会重新出现。

Excel 2016 提供两种筛选方式：自动筛选和高级筛选。

1. 自动筛选

自动筛选是一种简单快速的筛选，常用于条件较为简单的筛选操作。自动筛选有 3 种筛选类型：按颜色筛选、按文本或数字筛选、按值筛选。这 3 种筛选类型是互斥的，用户只能选择其中一种进行数据筛选。

（1）“按颜色筛选”选项。可以筛选出不同的字体颜色、单元格底纹颜色。

（2）“文本/数字筛选”选项。

操作步骤如下：

① 打开“空调销售表”工作簿，单击有数据的任意单元格，或单击要参与数据筛选的单元格区域 A1:F13“数据”选项卡“排序和筛选”组中的“筛选”按钮，此时标题行单元格的右侧将出现三角筛选按钮，如图 4－41 所示。

	A	B	C	D	E	F
1	销售员	品牌	型号	销售价格	销售数量	销售额
2	张芳	奥克斯	KFR-35GW	2499	20	49980
3	张芳	奥克斯	KFR-40GW	3500	47	164500
4	胡平	创维	37L01HM	2990	28	83720
5	吴青	创维	37L01HM	2990	35	104650
6	张芳	海尔	FCD-JTHQA	938	18	16884
7	胡平	海尔	FCD-JTHQA	938	45	42210
8	李昊	海尔	FCD-JTHQA	938	56	52528
9	胡平	惠而浦	ASC-80M	1499	30	44970
10	吴青	惠而浦	ASC-80M	1499	30	44970
11	吴青	美的	KFR-26GM	6980	19	132620
12	李昊	美的	KFR-26GM	6980	26	181480
13	李昊	美的	KFR-30GM	2360	55	129800

图 4－41　单击“筛选”按钮进行自动筛选

② 按品牌升序排序。单击“销售额”列标题右侧的三角筛选按钮，在展开的列表中选择“数字筛选”，在展开的子列表中选择一种筛选条件，如“大于或等于”项，在打开的“自定义自动筛选方式”对话框中输入 100 000，然后单击“确定”按钮，如图 4－42 所示。此时，销售额小于 100 000 的数据将被隐藏（“自定义自动筛选方式”对话框中第一个下拉列表中选择比较运算符，第二个下拉列表中选择或输入数字、文本、单元格引用。“与”选项

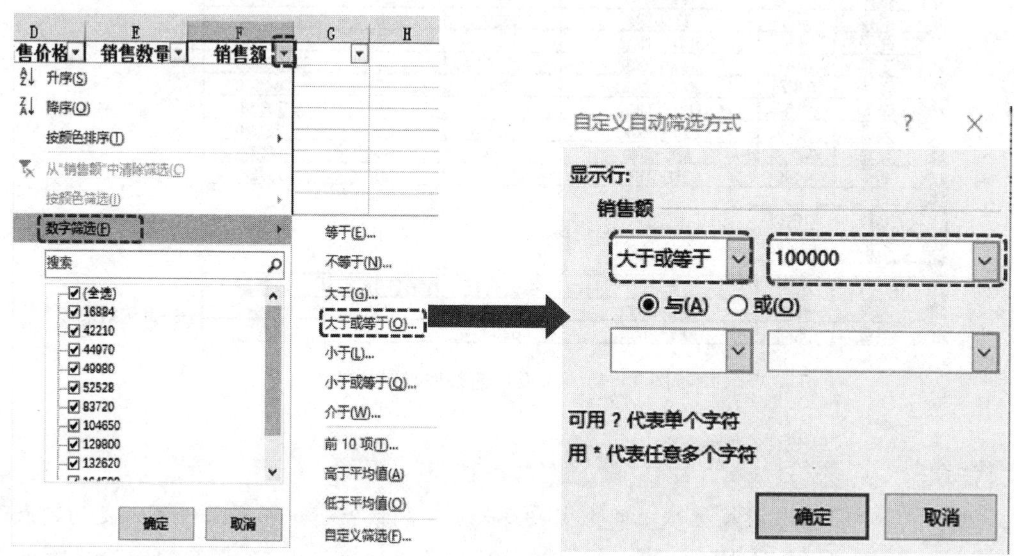

图 4－42　按条件进行筛选

表示两个条件同时满足，“或”选项表示任意其中条件满足。筛选完成后，“筛选箭头”由倒三角箭头变成已有筛选项图标，表示该列已存在筛选内容）。

③ 将工作簿另存为“空调销售表（自动筛选）”。

(3)“按值筛选”选项。通过选择列中的值进行筛选。数据列的所有值显示在“按值筛选”列表中。列表中第一个复选框是“全选”复选框，其他值复选框按值的升序显示。筛选数据时，可以选择值的复选框来筛选对应的数据。

如果要取消对某一列进行的筛选：单击该列标签的筛选按钮，在展开的列表中选中“全选”复选框，单击“确定”按钮。

要取消对所有列进行的筛选：单击“数据”选项卡“排序和筛选”组中的“清除”按钮。如果要删除数据表中的三角筛选按钮，可单击“数据”选项卡“排序和筛选”组中的“筛选”按钮。

2. 高级筛选

高级筛选可以将条件复杂、不同列中的条件存在逻辑或关系的筛选一次完成。

在使用高级筛选功能前，应先建立条件区域。条件区域用来指定筛选的数据需要满足的条件，例如：筛选出品牌是美的，且销售额大于 130 000 的记录。条件区域和数据清单之间要间隔一个以上的空行或空列。

（1）打开“空调销售表”工作簿，在“一季度”工作表 A15:B16 中输入列标题和对应的筛选条件，单击数据区域中任一单元格，也可先选中要进行高级筛选的数据区域“数据”选项卡“排序和筛选”组中的“高级”按钮，此时如果出现提示对话框，单击“确定”按钮，打开“高级筛选”对话框，进行高级筛选，如图 4－43 所示。

	A	B	C	D	E	F
1	销售员	品牌	型号	销售价格	销售数量	销售额
2	张芳	海尔	FCD-JTHQA	938	18	16884
3	李昊	美的	KFR-26GM	6980	26	181480
4	胡平	惠而浦	ASC-80M	1499	30	44970
5	张芳	奥克斯	KFR-35GW	2499	20	49980
6	吴青	创维	37L01HM	2990	35	104650
7	胡平	海尔	FCD-JTHQA	938	45	42210
8	李昊	美的	KFR-30GM	2360	55	129800
9	张芳	奥克斯	KFR-40GW	3500	47	164500
10	李昊	海尔	FCD-JTHQA	938	56	52528
11	吴青	美的	KFR-26GM	6980	19	132620
12	吴青	惠而浦	ASC-80M	1499	30	44970
13	胡平	创维	37L01HM	2990	28	83720
14						
15	品牌	销售额				
16	美的	>130000				
17						
18	销售员	品牌	型号	销售价格	销售数量	销售额
19	李昊	美的	KFR-26GM	6980	26	181480
20	吴青	美的	KFR-26GM	6980	19	132620

图 4－43　高级筛选条件与结果

注意：

注意：条件区域与数据区域之间至少要有一个空列或空行，而且条件可以是两列或两列以上，也可以是单列中的多个条件。高级筛选的条件区域至少有两行，第一行是列标题

名，下面的行设置筛选条件，这里的列标题名一定要与数据清单中的列标题名完全一致；在条件区域的筛选条件设置中，同一行上的条件是逻辑“与”关系，不同行上的条件是逻辑“或”关系。

（2）在“高级筛选”对话框中确认“列表区域”（即数据区域）中显示的单元格区域是否正确（若不正确，可单击其右侧的按钮，然后在工作表中重新选择要进行筛选操作的单元格区域），设置筛选结果的显示方式，如图 4－44 所示。

（3）单击“高级筛选”对话框“条件区域”右侧的按钮，打开“高级筛选-条件区域”对话框，在工作表中拖动鼠标选择设置的条件区域 A15:B16，单击对话框中的按钮，返回“高级筛选”对话框。

（4）筛选结果默认显示在原有区域，如果在“高级筛选”对话框中选中“将筛选结果复制到其他位置”单选按钮，单击“复制到”右侧的按钮，打开“高级筛选-复制到”对话框，在工作表中单击单元格 A18，将其设置为筛选结果放置区左上角的单元格，单击“高级筛选-复制到”对话框中的按钮，返回“高级筛选”对话框，如图 4－44 所示。

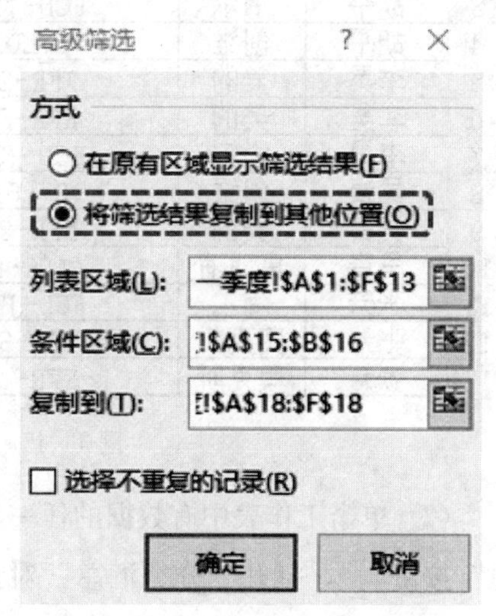

图 4－44　“高级筛选”对话框

（5）单击“确定”按钮，系统将根据指定的条件对工作表进行筛选，并将筛选结果放置到指定区域，如图 4－43 所示，最后将工作簿另存为“空调销售表（高级筛选）”。

三、分类汇总

分类汇总是对数据清单进行数据分析的一种方法。它对数据清单中指定的字段进行分类，然后统计同一类记录的信息。统计内容可以由用户指定，它可统计记录的条数或求和、求平均值等。

Excel 2016 可自动计算数据清单中的分类汇总和总计值。当插入自动分类汇总时，Excel 2016 将分级显示数据清单，以便为每个分类汇总显示和隐藏明细数据行。单击分级显示符号可以隐藏明细数据而只显示汇总的数据，这样就形成了汇总报表。

分类汇总前，数据列表区域必须满足以下条件：

① 数据列表区域中包含两个以上单元格。

② 数据列表的列标题必须有标签名称，不能为空白。

③ 数据列表区域内不包含空行或者空列。

④ 汇总前，数据列表的数据必须按分类字段进行排序。

1. 简单分类汇总

简单分类汇总是指以数据表中的某列作为分类字段进行汇总。下面在“空调销售表”中以“销售员”作为分类字段，对“销售额”进行求和分类汇总。

（1）打开“空调销售表”工作簿，对“销售员”列数据进行升序排列，效果如图 4－45 所示。

	A	B	C	D	E	F
1	销售员	品牌	型号	销售价格	销售数量	销售额
2	胡平	惠而浦	ASC-80M	1499	30	44970
3	胡平	海尔	FCD-JTHQA	938	45	42210
4	胡平	创维	37L01HM	2990	28	83720
5	李昊	美的	KFR-26GM	6980	26	181480
6	李昊	美的	KFR-30GM	2360	55	129800
7	李昊	海尔	FCD-JTHQA	938	56	52528
8	吴青	创维	37L01HM	2990	35	104650
9	吴青	美的	KFR-26GM	6980	19	132620
10	吴青	惠而浦	ASC-80M	1499	30	44970
11	张芳	海尔	FCD-JTHQA	938	18	16884
12	张芳	奥克斯	KFR-35GW	2499	20	49980
13	张芳	奥克斯	KFR-40GW	3500	47	164500

图 4－45　按销售员对数据进行升序排序

（2）单击工作表中有数据的任一单元格“数据”选项卡“分级显示”组中的“分类汇总”按钮，打开“分类汇总”对话框，在“分类字段”下拉列表中选择要分类的字段“销售员”，在“汇总方式”下拉列表中选择汇总方式“求和”，在“选定汇总项”列表中选择要汇总的项目“销售额”（可以选择多个汇总项），如图 4－46 所示。

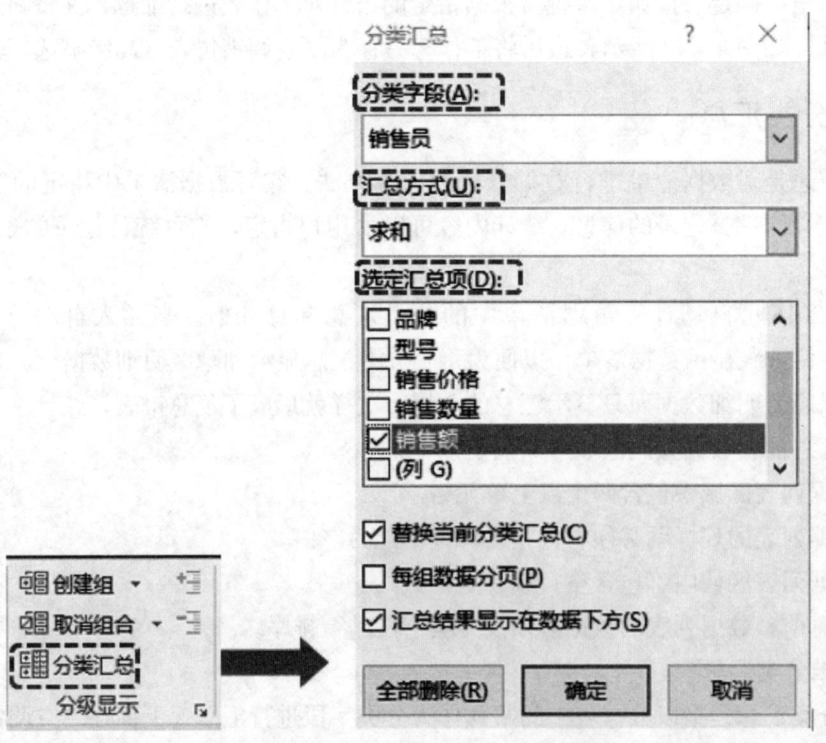

图 4－46　设置简单分类汇总的参数

(3) 单击“确定”按钮，即可将工作表中的数据按销售员对销售额进行汇总，如图 4 - 47 所示，最后另存工作簿为“空调销售表（按销售员分类汇总）”。

	A	B	C	D	E	F
1	销售员	品牌	型号	销售价格	销售数量	销售额
2	胡平	惠而浦	ASC-80M	1499	30	44970
3	胡平	海尔	FCD-JTHQA	938	45	42210
4	胡平	创维	37L01HM	2990	28	83720
5	胡平 汇总					170900
6	李昊	美的	KFR-26GM	6980	26	181480
7	李昊	美的	KFR-30GM	2360	55	129800
8	李昊	海尔	FCD-JTHQA	938	56	52528
9	李昊 汇总					363808
10	吴青	创维	37L01HM	2990	35	104650
11	吴青	美的	KFR-26GM	6980	19	132620
12	吴青	惠而浦	ASC-80M	1499	30	44970
13	吴青 汇总					282240
14	张芳	海尔	FCD-JTHQA	938	18	16884
15	张芳	奥克斯	KFR-35GW	2499	20	49980
16	张芳	奥克斯	KFR-40GW	3500	47	164500
17	张芳 汇总					231364
18	总计					1048312

一季度　Sheet2　Sheet3　就绪　100%

图 4 - 47　简单分类汇总的结果

若希望对该表继续以“销售员”作为分类字段，选择其他“汇总方式”“汇总项”进行分类汇总，可再次打开“分类汇总”对话框，在“汇总方式”下拉列表中选择其他汇总方式，如“计数”，在“选定汇总项”下拉列表中选择“型号”，取消选择“替换当前分类汇总”复选框，单击“确定”按钮，该方式也被称为多重分类汇总。

2. 嵌套分类汇总

嵌套分类汇总用于对多个分类字段进行汇总。例如，若希望在“空调销售表”中分别以“销售员”和“品牌”作为分类字段，对“销售额”进行求和汇总，其操作步骤如下：

(1) 打开“空调销售表”，进行多关键字排序。其中，主要关键字为“销售员”，按升序排列；次要关键字为“品牌”，按降序排列。

(2) 参考简单分类汇总的操作，以“销售员”作为分类字段，对“空调销售表”进行第一次分类汇总（参数设置与前面的操作相同）。

(3) 再次打开“分类汇总”对话框，设置“分类字段”为“品牌”，“汇总方式”为“求和”，“选定汇总项”为“销售额”，并取消“替换当前分类汇总”复选框，单击“确定”按钮，如图 4 - 48 所示。

3. 分级显示数据

从图 4 - 48 可以看出，对工作表中的数据执行分类汇总后，在工作表的左侧将显示一些符号，如1234、−等，通过单击这些符号可对分类汇总的结果进行分级显示，从而显示或隐藏工作表中的明细数据。

(1) 分级显示明细数据。单击分级显示符号1234可显示相应级别的数字，较低级别的明细数据会隐藏起来。

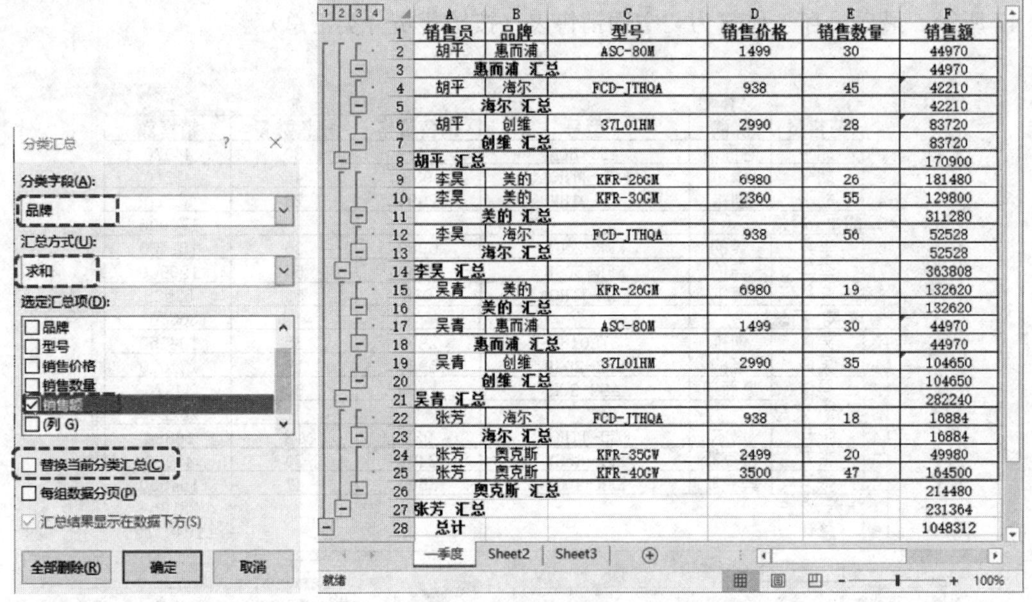

图 4-48　第二次分类汇总的参数和嵌套分类汇总的结果

(2) 隐藏与显示明细数据。单击工作表左侧的折叠按钮⊟可以隐藏对应汇总项的原始数据，此时该按钮变为⊞，单击该按钮将显示原始数据。

(3) 清除分级显示。不需要分级显示时，可以根据需要将其部分或全部删除。

要取消部分分级显示，可先选择要取消分级显示的行，单击“数据”选项卡上“分级显示”组中的“取消组合”→“清除分级显示”项。

要取消全部分级显示，可单击分类汇总工作表中的任意单元格，选择“清除分级显示”项。

4. 取消分类汇总

要取消分类汇总，可打开“分类汇总”对话框，单击“全部删除”按钮。删除分类汇总的同时，Excel 会删除与分类汇总一起插入到列表中的分级显示。

四、合并计算数据

合并计算功能可以汇总或者合并多个数据源区域中的数据，合并计算的数据源区域可以是同一个工作表中的不同单元格区域，也可以在同一个工作簿的不同工作表或不同工作簿中的工作表。

进行合并计算前，先选中一个单元格，作为合并计算后结果的存放开始位置，然后打开合并计算对话框完成合并计算过程。具体方法有两种：一是按类别合并计算，二是按位置合并计算。

1. 按类别合并计算

将“家电销售表”中的 A3:C7 与 E3:G7 数据合并计算，结果放在 A9 开始的单元格中。过程如下：

单击 A9 单元格“数据”选项卡中“数据工具”组中的“合并计算”，弹出“合并计算”对话框，激活“引用位置”编辑框，选择 A3:C7 单元格区域，单击“添加”按钮，再激活“引用位置”编辑框，选择 E3:G7 单元格区域，单击“添加”按钮，勾选标签位置的“首行”“最左列”复选框，如图 4－49 所示，然后单击“确定”按钮，即可生成合并计算结果，如图 4－50 所示的 A9:C13 单元格区域。

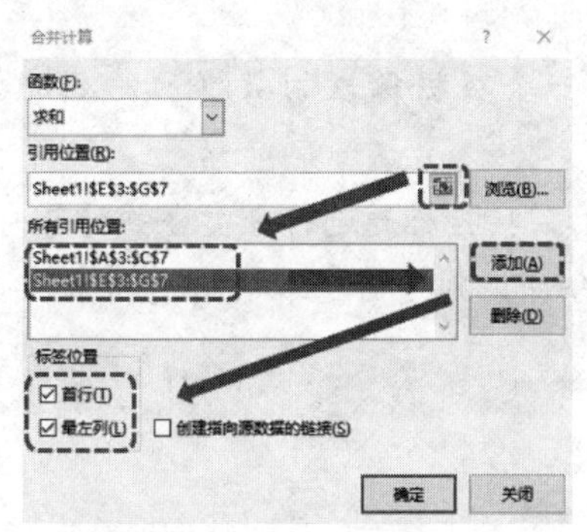

图 4－49　合并计算参数设置

	A	B	C	D	E	F	G
1	家电销售表1				家电销售表2		
2							
3	商品名称	数量	总额		商品名称	数量	总额
4	冰箱	15	85050		电视机	30	189000
5	洗衣机	18	67500		热水器	25	40500
6	电视机	21	94500		冰箱	30	170100
7	热水器	30	54000		洗衣机	15	54000
8							
9		数量	总额				
10	冰箱	45	255150				
11	洗衣机	33	121500		按类别合并计算		
12	电视机	51	283500				
13	热水器	55	94500				

图 4－50　合并计算数据与结果

2. 按位置合并计算

按数据表的数据位置进行合并计算是在按类别合并计算的步骤中不勾选标签位置的“首行”“最左列”复选框，合并结果放在 E9 开始的单元格中如图 4－51 所示。

按位置合并不用关心多个数据源表的行/列的标题是否相同，而是将相同位置上的数据进行简单的合并计算。这种合并要求合并数据结构相同，否则合并结果可能没意义。

	A	B	C	D	E	F	G
1	家电销售表1				家电销售表2		
2							
3	商品名称	数量	总额		商品名称	数量	总额
4	冰箱	15	85050		电视机	30	189000
5	洗衣机	18	67500		热水器	25	40500
6	电视机	21	94500		冰箱	30	170100
7	热水器	30	54000		洗衣机	15	54000
8		按位置合并计算					
9		数量	总额				
10	冰箱	45	255150			45	274050
11	洗衣机	33	121500			43	108000
12	电视机	51	283500			51	264600
13	热水器	55	94500			45	108000

图 4－51　比较类别合并计算与位置合并计算结果

注意：

（1）合并计算默认是求和，也可以选择求平均、计数等其他计算方式。

（2）在使用按类别合并的功能时，数据源列表必须包含行或列标题，并且在“合并计算”对话框的“标签位置”组合框中勾选相应的复选框。

(3) 使用按类别合并的功能时，不同的行或列的数据根据标题进行分类合并。相同标题的数据合并成一条记录，不同标题的数据则形成多条记录。最后的合并结果包含数据源表中的所有行标题或列标题。

(4) 合并的结果表中包含行/列标题，但在同时选中“首行”和“最左列”复选项时，所生成的合并结果表会缺失第一列的列标题。

(5) 合并后，结果表的数据项的排列顺序是按第一个数据源表的数据项的顺序排列的。

(6) 按列标题进行分类合并计算时，则选取“首行”；按行标题进行分类合并计算时，则选取“最左列”；若同时按行标题和列标题进行分类合并，则同时选取“首行”和“最左列”。

任务实战

打开素材“图书销售表.xlsx”，把 Sheet 1 的数据复制到 Sheet 2、Sheet 3、Sheet 4、Sheet 5 中，然后完成下列任务。

1. 在工作表 Sheet 1 中的“出版社”数据列按笔画降序排列。

2. 在工作表 Sheet 2 中按第一关键字“销售数量”降序、第二关键字“总销售额”降序排序。

3. 在工作表 Sheet 3 中建立自动筛选，筛选出“图书系列”为“VC”“销售数量”大于等于 18 的记录。

4. 在工作表 Sheet 4 中建立高级筛选，筛选出“图书系列”为“VB”“销售数量”大于等于 18 的记录。

5. 在工作表 Sheet 5 中求出“总销售额”列的值，分类字段按“出版社”升序，汇总方式选择“求和”，对字段“总销售额”分类汇总。

任务六　制作销售图表和数据透视表

学习任务

为了使数据更加直观，可以将数据以图表的形式展示出来，因为利用图表可以很容易发现数据间的对比或联系。Excel 2016 另一个分析数据的利器就是数据透视图表，它具有很强的交互性，可以把输入的数据进行不同的搭配，获得不同的显示以及统计结果。要实现上述任务，必须做好以下工作：

(1) 创建图表。

(2) 编辑与美化图表。

(3) 创建数据透视表。

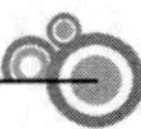

（4）创建数据透视图。

相关知识

一、认识图表

图表是数据直观的表现形式，以图形的方式来显示工作表中的数据，可以更清晰地显示数据的差异和走势，以及数据之间的关系，具有良好的视觉效果，帮助用户进行数据分析、辅助决策。图表由多种元素构成，以柱形图为例，它主要由图表区、标题、绘图区、坐标轴、图例、数据系列等组成，如图 4－52 所示。

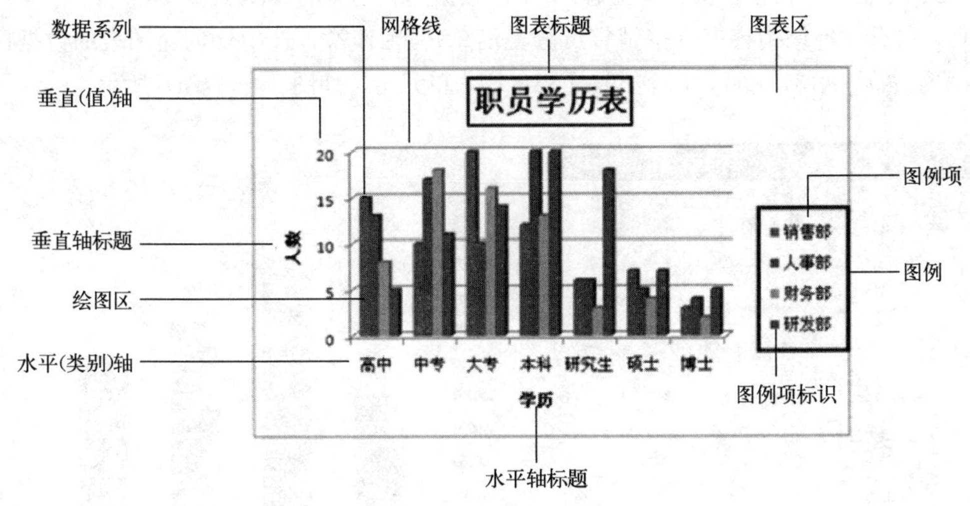

图 4－52　图表组成元素

（1）图表区。图表边框内的区域，包含整个图表的全部元素。

（2）绘图区。绘制图表数据呈现的具体区域，包含所有数据系列、数据标签、坐标轴、坐标轴标题、背景墙等元素，不包括图表标题、图例等元素。

（3）背景墙。绘图区的背景区域。

（4）坐标轴。用于显示分类或者数值的坐标，一般包括横向坐标和纵向坐标。部分图表（如饼图）不显示坐标轴。

（5）数据系列。图表的重要组成部分，表现一组数据的呈现，缺少数据系列就构不成图表。

（6）数据标签。显示数据系列所表示数据的值和数据的类别等信息。

（7）主要横网格线。显示刻度单位的横向网格线，还有主要纵网格线。

（8）坐标轴标题。坐标轴的名称。

（9）图例。显示数据系列名称、图案或颜色，用于区别不同的数据系列。

图表是基于工作表中的数据建立的。创建图表后，图表和创建图表的工作表数据之间就建立了一种动态链接关系，当工作表中的数据发生变化时，图表中对应的数据系列也会随之自动更新。根据创建图表的位置，可以把图表分为两种，一种是在当前工作表内建立的嵌入式图表；另一种是占用一个单独工作表的独立图表。

Excel 2016 支持创建各种类型的图表，如柱形图、折线图、饼图、条形图、面积图、散点图等，可以用多种方式表示工作表中的数据，如图 4－53 所示。例如，可以用柱形图比较数据间的多少关系，用折线图反映数据的变化趋势，用饼图表现数据间的比例分配关系。

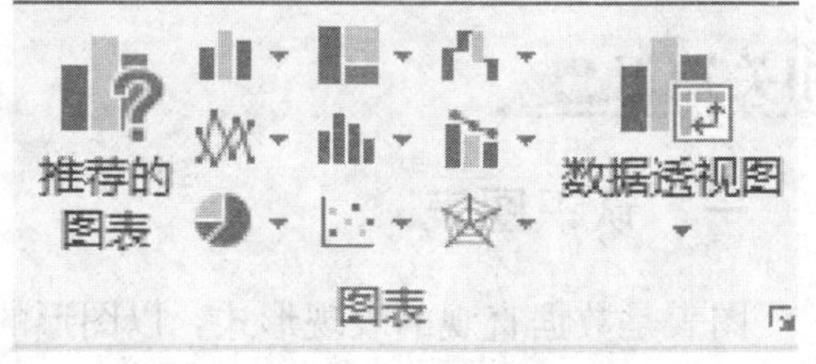

图 4－53　图表类型

二、创建与编辑图表

“空调销售表（按销售员分类汇总）”中的数据图表创建的具体步骤如下：

（1）打开“空调销售表（按销售员分类汇总）”工作簿，选中要创建图表的数据区域，选择 A5，A9，A13，A17，F5，F9，F13，F17 单元格，如图 4－54（a）所示。

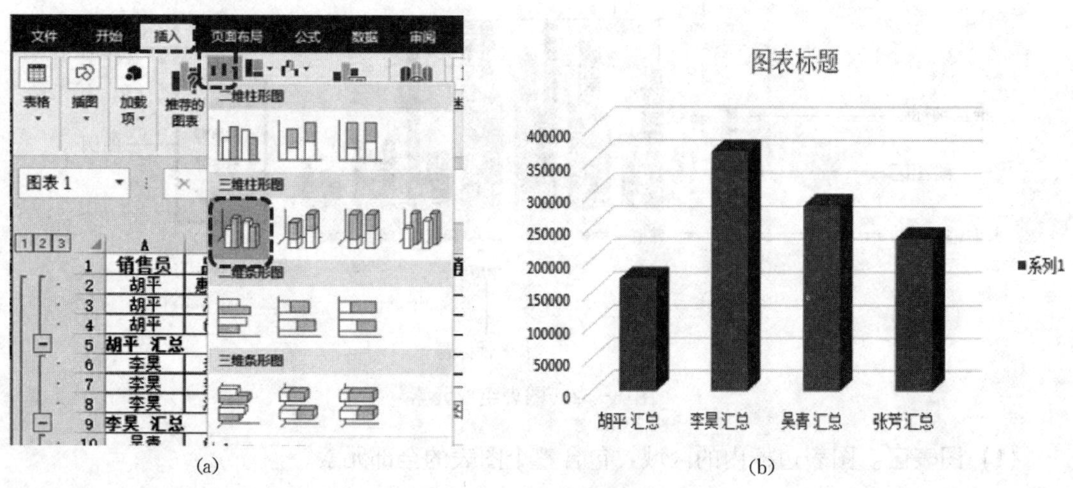

(a)　　(b)

图 4－54　创建图表

（2）单击“插入”选项卡“图表”组中的“柱形图”按钮，在展开的列表中选择“三维簇状柱形图”，系统将在工作表中插入一张嵌入式三维簇状柱形图，效果如图 4－54（b）所示。

图表创建后将自动被选中，此时在 Excel 2016 的功能区将出现“图表工具”选项卡，其包括两个子选项卡：设计和格式。用户可以利用这两个子选项卡对创建的图表进行编辑和美化。“图表工具”→“设计”选项卡主要用来添加或取消图表的组成元素。操作步骤如下：

① 单击图表将其激活，单击“图表工具”→“设计”选项卡的“图标布局”组中的“添加图表元素”下拉按钮，在展开的列表中选择“图表标题”，选择“图表上方”，可以修改图表标题，如将图表标题设为“一季度空调销售表”。

② 单击“图表工具”→“设计”选项卡“图标布局”组中的“添加图表元素”下拉按钮，在展开的列表中单击“轴标题”按钮，选择“主要横坐标轴”，可在图表中输入坐标轴标题名称“销售员”。

③ 在“添加图表元素”下拉按钮中单击“轴标题”按钮，选择“主要纵坐标轴”，可在图表中输入标题“销售额”；也可以将“图例”项关闭，以及添加“数据标签”，可以采用拖动方式适当调整标题位置。

如果要快速设置图表布局，可在“图表工具”→“设计”选项卡“图表布局”组“快速布局”中选择一种系统内置的布局样式。

三、美化图表

利用“图表工具”→“格式”选项卡可分别对图表的图表区、绘图区、标题、坐标轴、图例项、数据系列等组成元素进行格式设置，如使用系统提供的形状样式快速设置，或单独设置填充颜色、边框颜色和字体等，从而美化图表。

操作步骤如下：切换到“图表工具”→“格式”选项卡，将鼠标指针移到图表空白处，待显示“图表区”时单击，选中图表区（或在“当前所选内容”功能组中“图表元素”下拉列表中选择“图表区”），如图 4－55 所示。在对图表的各组成元素进行设置时，都需要选中要设置的元素，用户可参考选择图表区的方法来选择图表的其他组成元素。

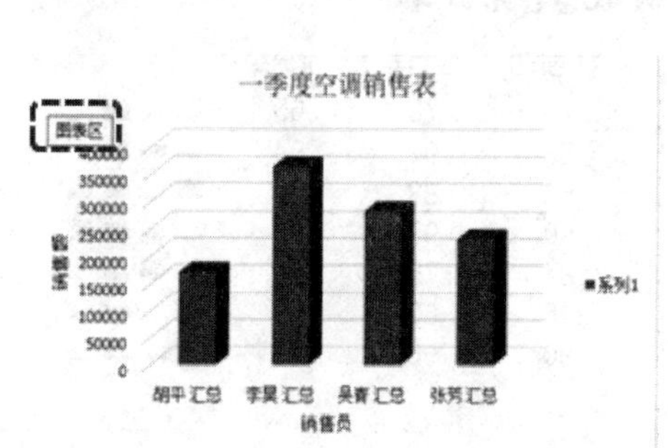

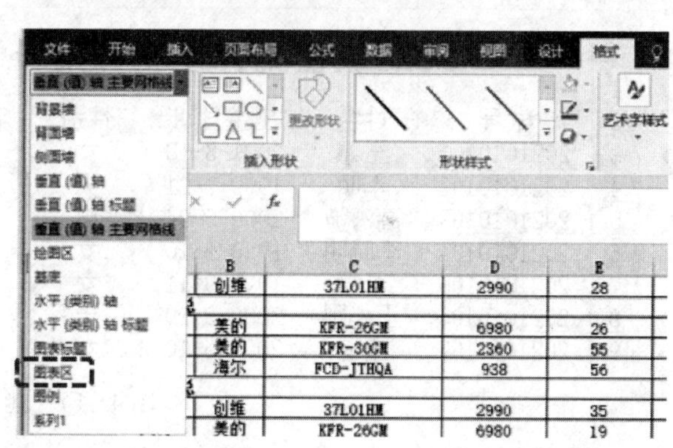

图 4－55　选择图表元素“图表区”

如果要快速美化图表，可在“图表工具”→“设计”选项卡的“图表样式”组中选择一种系统内置的图表样式。利用该选项卡还可以移动图表（可将图表单独放在一个工作表中），转换图表类型，更改图表的数据源等。

四、创建迷你图

在 Excel 2016 中，有一种在单元格内显示的微型图表，称为“迷你图”。它可以使用户快速地识别数据随时间变化的趋势。迷你图小巧玲珑，其操作方法也简便。迷你图分为折线图、柱形图和盈亏图 3 种形式。

1. 创建迷你图

以“成绩统计表 . xlsx”为例，先选择创建迷你图的单元格区域，如 E3:H9 区域，单击“插入”选项卡“迷你图”组中的“柱形图”按钮，弹出“创建迷你图”对话框，如图 4－56 所示。

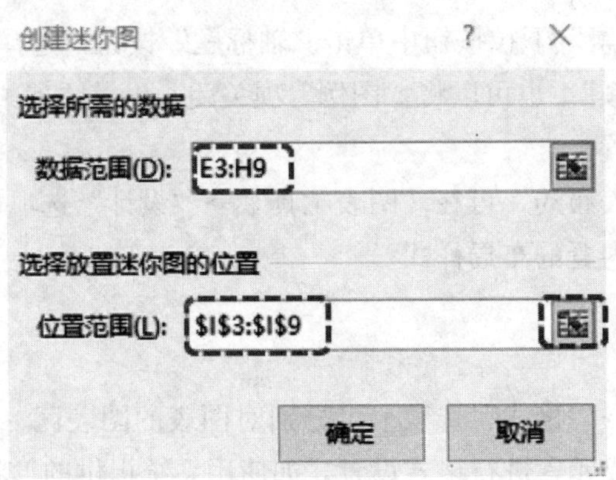

图 4－56 “创建迷你图”对话框

对话框的“数据范围”文本框中已显示了选取的区域，单击“位置范围”文本框右侧的折叠按钮，在工作表中选取迷你图的放置位置，如$I$3:$I$9区域，单击“确定”按钮，在工作表中可以看到迷你图的效果，如图 4－57 所示。

	A	B	C	D	E	F	G	H	I
1	2021级物流管理02班第一学期成绩统计表								
2	学号	姓名	出生日期	性别	高数	计算机	英语	政治	
3	2021010101	王惠	2001-3-18	女	89	76	78	65	
4	2021010102	李明	1999-7-21	男	78	88	97	64	
5	2021010103	高海波	2000-5-24	男	89	63	83	75	
6	2021010104	李晓明	1999-9-10	女	82	90	93	96	
7	2021010105	李慧	1999-9-11	女	67	84	75	66	
8	2021010106	王小刚	2000-3-20	男	69	45	62	50	
9	2021010107	单蕾	2001-6-16	女	92	90	90	89	

图 4－57 迷你图

2. 编辑迷你图

选中包含迷你图的单元格区域，出现“迷你图工具”→“设计”选项卡。在该选项卡中，可以对迷你图的类型、显示和样式进行编辑。如，选中迷你图区域 I3:I9，在“类型”功能组中改为折线图类型，显示标记后的效果如图 4－58 所示。

	A	B	C	D	E	F	G	H	I
1	2021级物流管理02班第一学期成绩统计表								
2	学号	姓名	出生日期	性别	高数	计算机	英语	政治	
3	2021010101	王惠	2001-3-18	女	89	76	78	65	
4	2021010102	李明	1999-7-21	男	78	88	97	64	
5	2021010103	高海波	2000-5-24	男	89	63	83	75	
6	2021010104	李晓明	1999-9-10	女	82	90	93	96	
7	2021010105	李慧	1999-9-11	女	67	84	75	66	
8	2021010106	王小刚	2000-3-20	男	69	45	62	50	
9	2021010107	单蕾	2001-6-16	女	92	90	90	89	

图 4－58 编辑迷你图

3. 删除迷你图

如果不再使用迷你图，可以选择将其清除。单击迷你图单元格，“迷你图工具”→“设计”选项卡“分组”组中的“清除”按钮，即可删除迷你图。

五、认识并创建数据透视表

数据透视表是一种功能强大的交互式表格，能够对大量数据快速汇总和建立交叉列表。通过数据透视表能够将数据筛选、排序和分类汇总等操作依次完成（不需要使用公式和函数），并生成汇总表格，这是 Excel 强大数据处理能力的具体体现，灵活使用，可大大提高工作效率。

为确保数据可用于数据透视表，在创建数据源时需要做到以下几方面：

- 删除所有空行或空列。
- 删除所有自动小计。
- 确保第一行包含列标签。
- 确保各列只包含一种类型的数据，而不能是文本与数字的混合。

创建数据透视表的操作很简单，重点掌握的是如何利用它筛选和分类汇总数据，以对数据进行立体化的分析。

(1) 打开“空调销售表（透视表素材）”工作簿，为了更好地说明数据透视表的应用，在原“空调销售表”中添加了“销售部”列，如图 4-59 (a) 所示。

(2) 选择任意非空单元格，单击“插入”选项卡“表格”组中的“数据透视表”按钮，在展开的列表中选择“数据透视表”选项。

(3) 在打开对话框的“表/区域”编辑框中自动显示了工作表名称和单元格区域的引用，如图 4-59 (b) 所示。如果显示的单元格区域引用不正确，可以单击其右侧的压缩对话框按钮，在工作表中重新选择，确认选中“新工作表”单选钮（表示将数据透视表放在新工作表中），单击“确定”按钮。

(4) 创建一个新工作表并在其中添加一个空的数据透视表。此时，Excel 2016 的功能区自动显示“数据透视表工具”选项卡，包括两个子选项卡，工作表编辑区的右侧将显示出“数据透视表字段列表”窗格，以便用户添加字段、创建布局和自定义数据透视表。

注意：

默认情况下，“数据透视表字段列表”窗格显示两部分：上方的字段列表区是源数据表中包含的字段（列标签），将其拖入下方字段布局区域中的“报表筛选”“列标签”“行标签”和“数值”等列表框中，即可在报表区域（工作表编辑区）显示相应的字段和汇总结果。“数据透视表字段列表”窗格下方各选项的含义如下：

数值：用于显示需要汇总数值数据。

行标签：用于将字段显示为报表侧面的行。

列标签：用于将字段显示为报表顶部的列。

报表筛选：用于筛选整个报表。

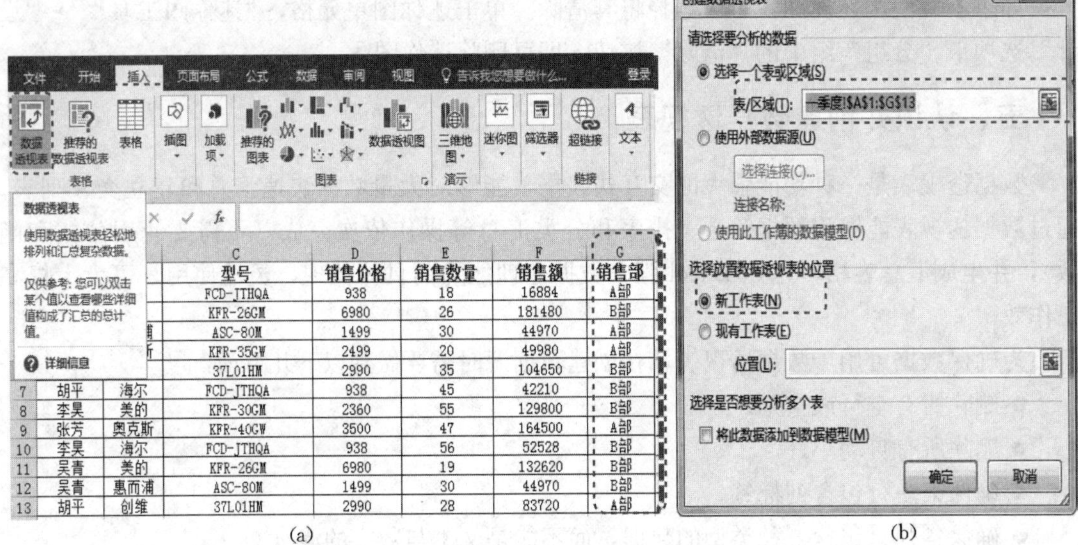

(a) (b)

图 4-59 选择“数据透视表”项打开“创建数据透视表”对话框

（5）在“数据透视表字段列表”窗格中将所需字段拖到字段布局区域的相应位置。例如，将“销售员”字段拖到“行”区域，“品牌”字段拖到“列”区域，“销售数量”字段拖到“值”区域，如图 4-60 所示，在数据透视表外单击，就完成了数据透视表的创建。

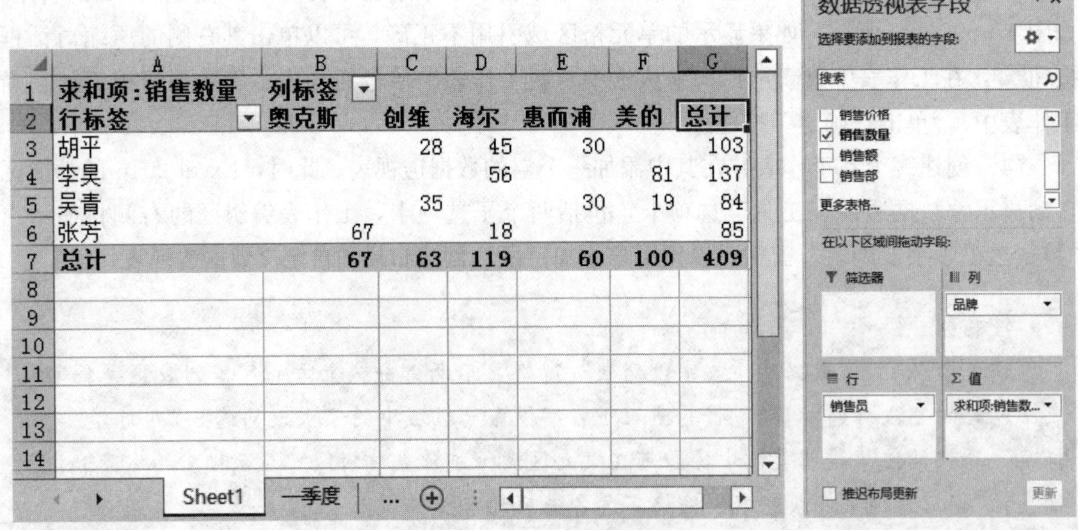

图 4-60 对数据透视表进行布局

（6）要分别查看各销售部门的汇总数据，将“销售部”字段拖到“筛选器”区域，单击“销售部”右侧的筛选按钮，在下拉列表中选择要查看的部门，如“A 部”，单击“确定”按钮，如图 4-61 所示。

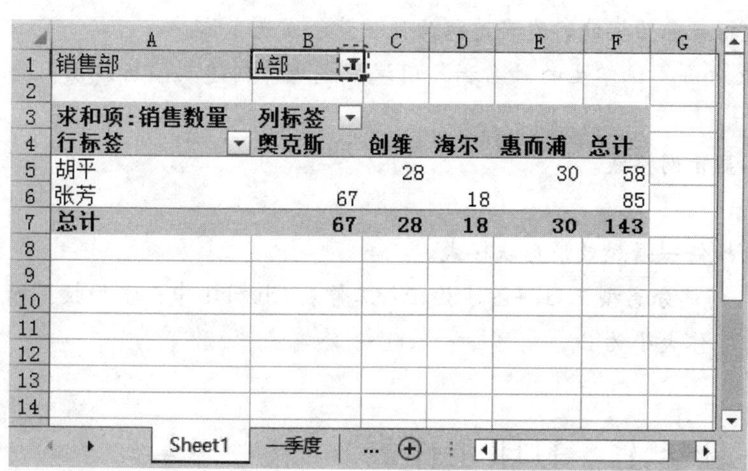

	A	B	C	D	E	F	G
1	销售部	A部					
2							
3	求和项:销售数量	列标签					
4	行标签	奥克斯	创维	海尔	惠而浦	总计	
5	胡平		28		30	58	
6	张芳	67		18		85	
7	总计	67	28	18	30	143	

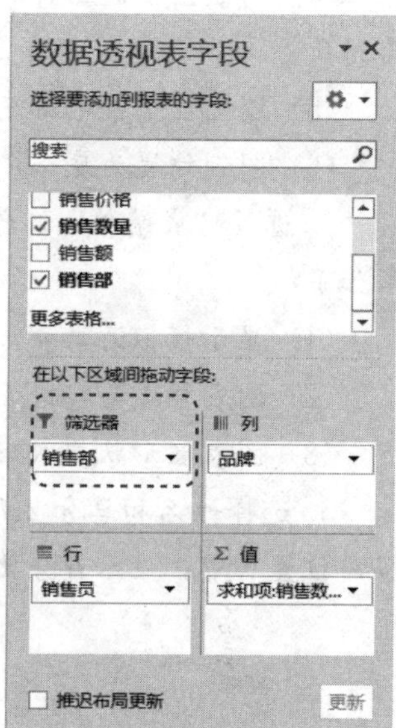

图 4-61　筛选需要汇总的数据

（7）还可分别单击“行标签”或“列标签”右侧的筛选按钮，在弹出的列表中选择或取消选择需要单独汇总的记录。

注意：

创建了数据透视表后，单击透视表区域任一单元格，将显示“数据透视表字段列表”窗格，用户可在其中更改字段。其中，在字段布局区单击添加的字段，从弹出的列表中选择“删除字段”项可删除字段；对于添加到“数值”列表中的字段，还可选择“值字段设置”选项，在打开的对话框中重新设置字段的汇总方式，如将“求和”改为“平均值”。

创建数据透视表后，还可利用“数据透视表工具”→“选项”选项卡更改数据透视表的数据源，添加数据透视图等。例如，选中数据透视表中的数据单击“数据透视表工具”→“分析”选项卡“工具”组中的“数据透视图”按钮，打开“插入图表”对话框，选择一种图表类型，单击“确定”按钮即可插入数据透视图。

任务实战

打开“成绩统计表.xlsx”，进行如下操作，最终另存为“图表—成绩统计表.xlsx”。

1. 选择“成绩单”工作表中姓名和各门课程成绩共 5 列，创建三维簇状条形图，要求如下：

（1）切换行列，应用图表布局。

（2）图表标题为“成绩表”，楷体，字号 20；水平轴标题为“分数”，主要刻度单位为 10；垂直轴标题为“课程名称”，文字方向为竖排。

（3）设置图表的高度为 12 厘米，宽度为 14 厘米。

(4) 图表区任选一种渐变色填充，添加任一外部阴影效果，边框宽度为1磅，边框样式为圆角。

(5) 绘图区用茶色填充。

(6) 图例位置为底部，边框颜色为实线，发光边缘为任一紫色发光变体。

2. 选择“成绩单”工作表中前4位学生的姓名和各门课程成绩，创建二维折线图，要求如下：

(1) 显示模拟运算表，不显示网格线。

(2) 图表样式为样式12。

(3) 图表区形状样式中选择任一强烈效果形状样式。

3. 选择姓名和总分2列，创建分离型三维饼图，放在新工作表Chart 1中；添加数据标签，位置居中，显示百分比，字体大小为20。

任务七 打印工作表

学习任务

Excel工作表在制作完成后可以打印出来。为了达到满意的输出效果，打印前需要进行页面设置，如设置页边距、添加页眉页脚等。如果只需要打印工作表的部分内容，还要设置打印区域。设置好后通过打印预览，查看打印效果。如果对预览效果不满意，可以重新调整各项设置，最终将工作表按要求打印出来。

相关知识

一、页面设置

页面设置包括设置工作表的打印方向、缩放比例、纸张大小、页边距、页眉、页脚等。

1. 利用功能区按钮设置

在“页面布局”选项卡中，可以通过“页面设置”“调整为合适大小”“工作表选项”3个命令组的相关按钮进行设置，如图4-62所示。

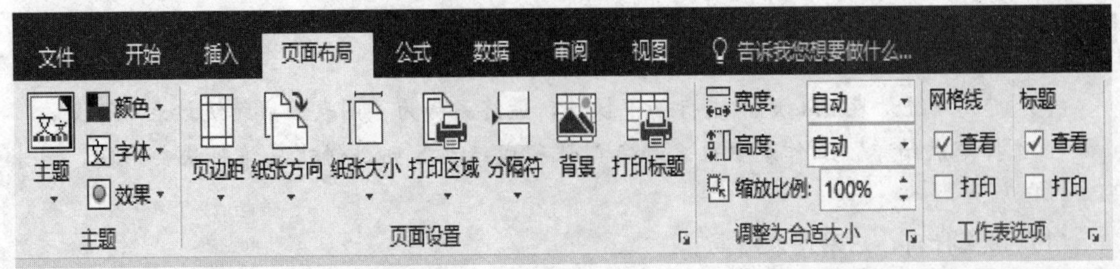

图4-62 “页面布局”选项卡

(1) 在“页面设置”命令组中的7个按钮可以进行页面设置。方法如下：

①“页边距”按钮。在打开的下拉列表中选择一种内置的页面布局方式。

②“纸张方向”按钮。通过设置打印纸张的方向，可以切换页面的纵向或横向布局。

③“纸张大小”按钮。可以选择打印纸张的页面大小。

④“打印区域”按钮。默认状态下，Excel 会自动选择有内容的单元格区域作为打印区域。通过在工作表上设置打印区域，可以只打印所选区域中的数据。

设置方法：选定要打印的区域，单击“打印区域”按钮，在下拉列表中选择“设置打印区域”命令，在选定区域的边框上出现单实线时，表示打印区域已设置好。

如果还有其他打印区域，选定区域后，在下拉列表中将出现“添加到打印区域”命令，选择该命令将添加区域。当工作表被保存后再次打开时，所设的打印区域仍然有效。

如想改变打印区域，需要取消原先设定的打印区域再重新设置。单击“打印区域”按钮，在下拉列表中选择“取消打印区域”命令，原打印区域四周的实线消失。

⑤“分隔符”按钮。用于插入、删除分页符。工作表是一个二维表格，不同于 Word 文件，它可以在横向和纵向两个方向扩展，所以能进行水平和垂直两个方向的分页。

Excel 具有自动分页的功能，根据纸张的大小、页边距的设置、缩放选项等插入自动分页符。分页符是为了便于打印，将一张工作表分隔为多页的分隔符，在工作表中显示为虚线。用户可以根据需要在工作表中手工插入分页符。分页符有水平分页符和垂直分页符两种。

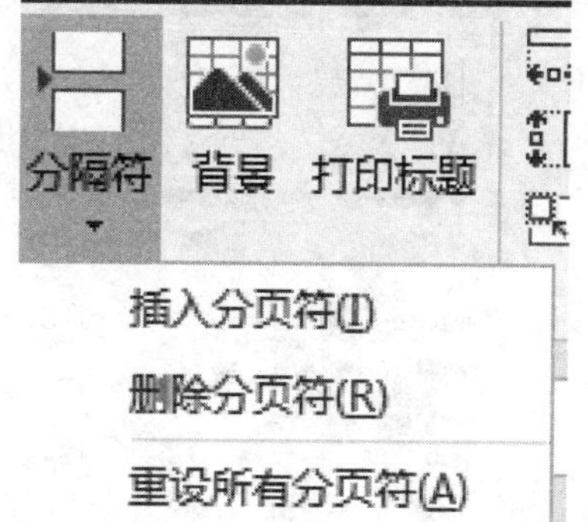

图 4-63　“分隔符”下拉列表

a. 选中行号或这一行最左侧单元格，单击“分隔符”按钮，在下拉列表中选择“插入分页符”命令，将在该行上方插入水平分页符，如图 4-63 所示。

b. 选择列标或这一列最上方单元格，选择“插入分页符”命令，将在该列左侧插入垂直分页符。

c. 单击工作表中任意一个单元格，选择该命令，将在活动单元格的上方和左侧添加水平和垂直两条分页符。

d. 如果要删除分页符，选定单元格，选择“分隔符”下拉列表中的“删除分页符”命令，将删除该单元格左侧和上方的分页符。选中整个工作表，选择“分隔符”下拉列表中的“重设所有分页符”命令，可删除工作表中的所有手工分页符，但 Excel 2016 中的自动分页符不会被删除。

⑥“背景”按钮。可以选择一张图片作为工作表的背景。

⑦“打印标题”按钮。可以指定在每个打印页重复出现的行和列，单击将弹出“页面设置”对话框，可在“工作表”选项卡进行选择标题行或标题列区域。

(2) 在“调整为合适大小”功能组中的“缩放比例”文本框中选择所需的百分比，可以按实际大小的百分比扩大或缩小打印工作表。

(3)“工作表选项”组可以设置是否显示或打印工作表中的网格线和行号列标。“网格线”下方的“查看”复选框默认是选中状态，工作表中显示单元格框线；如果选中“打印”复选框，打印时将自动打印网格线；“标题”下方的“查看”复选框默认是选中状态，工作表中显示行号列标；如果选中“打印”复选框，打印时将自动打印行号、列标。

2. 利用“页面设置”对话框进行设置

单击“页面布局”选项卡“页面设置”组右下角的按钮，弹出“页面设置”对话框，如图 4－64 所示，在对话框中能够进行更加详细的参数设置。该对话框有“页面”“页边距”“页眉/页脚”和“工作表”4 个选项卡。

(1)“页面”选项卡。可以设置打印纸张的方向、缩放比例、纸张大小和起始页码等。“起始页码”文本框中可输入首页页码，后续页码自动递增。

(2)“页边距”选项卡。用于设置打印时纸张打印内容的边界与纸张上下左右边沿之间的距离；设置页眉、页脚距纸张上下两边沿的距离（该距离应小于上下边距，否则页眉页脚将与正文重合）；设置打印数据在纸张上的居中方式，默认为靠上靠左对齐，如图 4－65 所示。

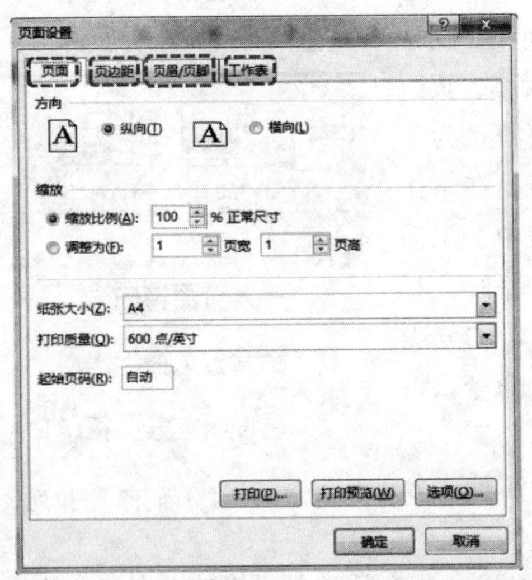

图 4－64 “页面设置”对话框

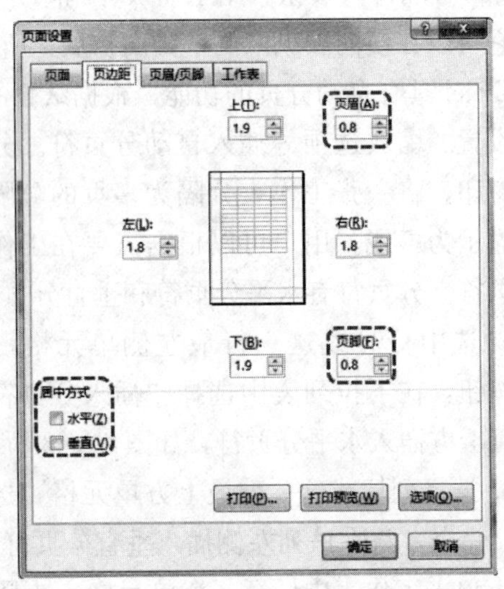

图 4－65 “页边距”选项卡

(3)“页眉/页脚”选项卡。设置页眉/页脚有两种方式，第一种方式直接从选项卡的“页眉”或“页脚”下拉列表中选择预定义的格式，如，页眉选择“成绩统计表 . xlsx”，页脚选择“第 1 页，共? 页”。第二种方式是自定义页眉页脚，单击选项卡上的“自定义页眉”或“自定义页脚”按钮，弹出“页眉”或“页脚”对话框，如图 4－66 所示，在“页眉”对话框中，有左对齐、居中、右对齐 3 种页眉，可以直接输入内容或单击文本框上方的按钮来插入内容。上方 10 个按钮自左至右分别用于文本格式、插入页码、插入页数、插入日期、插入时间、插入文件路径、插入文件名、插入数据表名称、插入图片和设置图片格式。

(4)“工作表”选项卡。在“工作表”选项卡中可以设置打印区域、打印标题及其他打印选项，如图 4－67 所示。

打印区域：单击“打印区域”右侧的折叠按钮，返回工作表界面，选择需要打印的部分区域，按 Ctrl 键可同时选定多个打印区域。

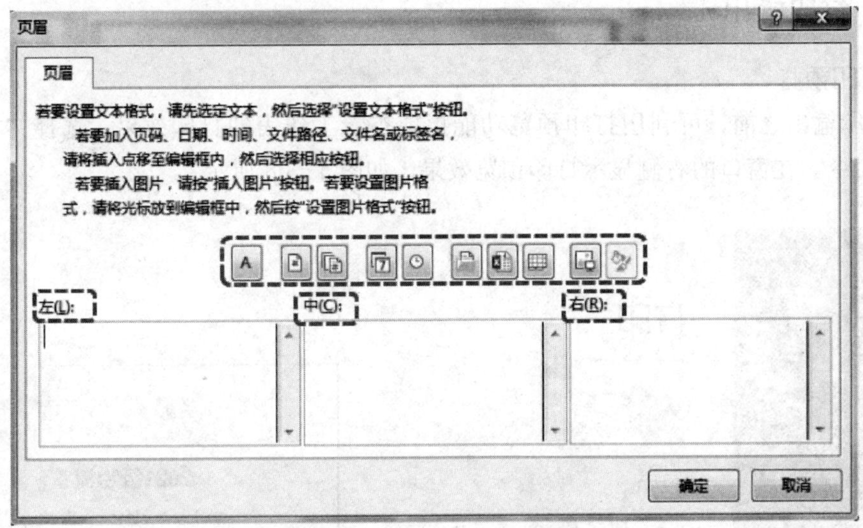

图 4-66　“页眉”对话框

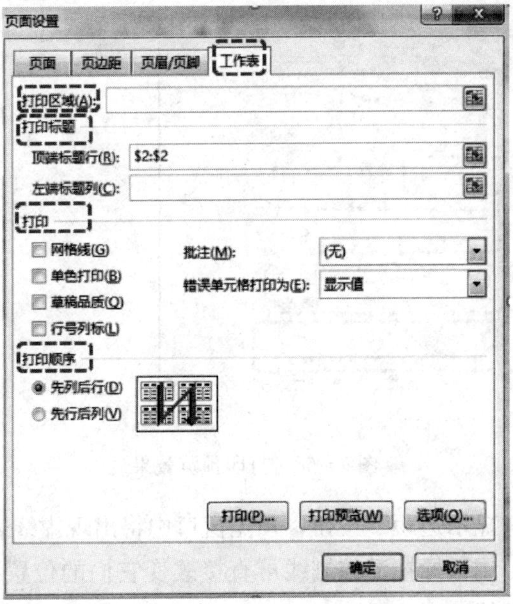

图 4-67　“工作表”选项卡

打印标题：当工作表有多页时，部分打印页中看不到行标题或列标题，单击“顶端标题行”或“左端标题列”右侧的折叠按钮，返回工作表界面，选择需要打印的行标题与列标题区域。打印时各页上方和左侧将出现指定的行标题与列标题，便于对照数据。

打印：Excel 默认的打印方式是指输出工作表数据而不输出网格线和行号列号，选中“网格线”复选框可输出网格线，选中“行号列标”复选框可输出行号列标。

打印顺序：当工作表超出一页宽和一页高时，默认的“先列后行”方式规定先打印完垂直方向分页，再打印水平方向分页；“先行后列”与之相反。

二、打印输出

1. 打印预览

在打印输出之前，可利用打印预览功能提前查看工作表的打印效果。选择“文件”→“打印”命令，在窗口的右侧显示打印预览效果，如图 4－68 所示。

图 4－68 打印预览效果

单击窗口右下角的“显示边距”按钮，预览窗口中将出现虚线表示的页边距、页眉、页脚和各列列宽的控制线，用鼠标拖动控制线可直接改变它们的位置，比页面设置更为直观。再次单击将取消显示控制线。

单击窗口右下角的“缩放到页面”按钮，可以在打印区域的总体预览和放大状态之间切换。

2. 打印工作表

在打印之前还需要进行打印选项的设置。在窗口中间的设置区域设置打印的份数，选择连接的打印机，设置打印的范围和页码范围，可以重新设置打印的方向、纸张、页边距和缩放比例等。

(1) 设置打印的范围。单击“打印活动工作表”右侧的下拉按钮，可选择更多打印范围，如图 4－69 所示。

在该下拉列表中，默认选择打印当前活动工作表，选择“打印整个工作簿”将按顺序打印工作簿中的全部工作表；选择“选定区域”将打印事先在工作表中选定的区域，该选定是一次性的，它不同于页面设置中的“设置打印区域”。

（2）设置缩放。Excel 2010 默认情况下，按实际大小打印工作表（即无缩放），若想实现缩放打印，可在设置区域中，单击“无缩放”右侧的下拉按钮，在打开的下拉列表中根据需要选择合适的缩放方式。

所有参数设置完毕后，工作表即可以正式打印。

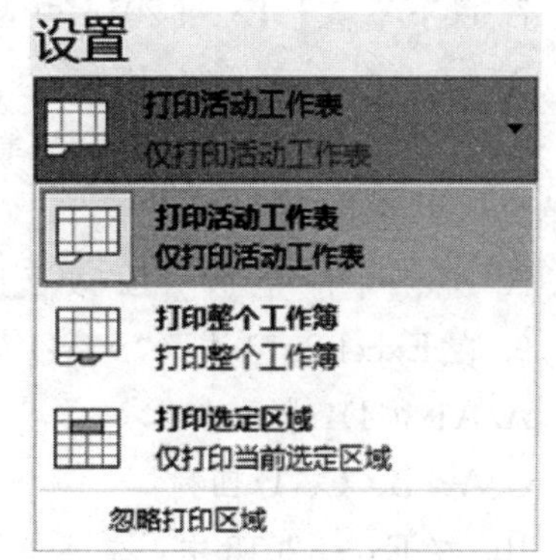

图 4－69　“打印活动工作表”下拉列表

任务实战

打开“成绩统计表 . xlsx”，在工作表“成绩统计表”中进行如下操作：

1. 设置打印区域为所有成绩数据，并建立三维簇状柱形图打印出来。
2. 在成绩数据和三维簇状条形图之间插入分页符。
3. 设置纸张大小为 B5，横向，页边距为上下左右各 2 厘米，水平居中。
4. 设置页眉为“会电 15－1 成绩单”，楷体，居中，大小为 14；页脚为“制表人：王刚”，居中。
5. 观察打印预览效果，然后再设置打印区域为 B2:F8，观察打印预览效果。

练 习 与 思 考

一、单选题

1. Excel 2016 中的工作表是由行和列组成的二维表格，表中的每一格称为（　　）。

A. 窗口格　　B. 格子　　C. 表格　　D. 单元格

2. Excel 2016 中行标题用数字表示，列标题用字母表示，那么第 3 行第 2 列的单元格地址表示为（　　）。

A. B2　　B. B3　　C. C3　　D. C2

3. 在 Excel 2016 中，下列不属于单元格引用符的是（　　）。

A. ：　　B. 空格　　C. ，　　D. ；

4. Excel 2016 的工作表最多有（　　）列。

A. 16 384　　B. 255　　C. 16　　D. 1 024

5. 下列选项不属于“设置单元格格式”对话框“数字”选项卡的是（　　）。

A. 日期　　B. 自定义　　C. 字体　　D. 货币

6. 如果要对单元格进行绝对引用，需要在单元格的列标和行号前加上（　　）符号。

A. !　　B. ?　　C. $　　D. ^

7. 以下不属于 Excel 2016 中的算术运算符的是（　　）。

A. /　　　　B. <>　　　　C. %　　　　D. ^

8. 在 Excel 2016 中，若在某单元格插入函数 AVERAGE（$D$2：D4），则该函数中对单元格的引用属于（　　）。

A. 混合引用　　　　B. 交叉引用　　　　C. 相对引用　　　　D. 绝对引用

9. 在 Excel 2016 中，“A1:D4”表示（　　）。

A. A1 和 D4 单元格　　　　B. 1、2、3、4、四行

C. A、B、C、D 四列　　　　D. 左上角为 A1、右下角为 D4 的单元格区域

10. 在 Excel 2016 中，单元格输入数值型数据时，默认的对齐方式为（　　）。

A. 右对齐　　　　B. 随机　　　　C. 居中　　　　D. 左对齐

11. 在使用单条件排序的过程中，用户可以自己设置排序的依据。在 Excel 2016 中，以下（　　）不能作为排序的依据。

A. 数值　　　　B. 单元格颜色　　　　C. 公式　　　　D. 字体颜色

12. 在 Excel 2016 中，下列关于日期的说法错误的是（　　）。

A. 输入“9-8”或“9/8”，回车后，单元格显示是 9 月 8 日

B. 要输入 2021 年 3 月 9 日，输入“11/3/2021”也可

C. Excel 2016 中，在单元格中插入当前系统日期，可以按 Ctrl+；(分号）组合键

D. 要输入 2021 年 3 月 9 日，输入“2021-3-9”或“2021/3 /9”均可

13. 在 Excel 2016 中，若某一工作表的某一单元格出现错误值“#NAME?”，可能的原因是（　　）。

A. 公式被零除

B. 单元格所含有的数字、日期或时间比单元格宽，或者单元格的日期时间公式产生了一个负值

C. 用了错误的参数或运算对象类型，或者公式自动更正功能不能更正公式

D. 公式里使用了 Excel 2016 不能识别的文本

14. 在 Excel 2016 中，若一个单元格区域表示为 D4:F8，则该单元格区域包含（　　）个单元格。

A. 15　　　　B. 8　　　　C. 32　　　　D. 4

15. 在 Excel 2016 中，如果输入一串数字 362578，不把它看作数字型，而是文字型，则下列说法中正确的是（　　）。

A. 直接输入“362578”

B. 先输入一个单引号“'”，然后输入“362578”

C. 先输入一个双引号“"”，然后输入“362578”

D. 输入一个双引号“"”，然后输入一个单引号“'”和“362578”，再输入一个双引号“"”

16. 在创建折线迷你图后，为了更好地反映数据的趋势，可以通过选中“标记颜色”命令中的（　　），使所有数据以节点形式突出显示。

A. 低点　　　　B. 标记　　　　C. 负点　　　　D. 高点

17. 在 Excel 2016 中，若需要将工作表按某列上的值进行排序，则单击“数据”选项卡“排序和筛选”组中的（　　）。

A. “筛选”　　B. “重新应用”　　C. “排序”　　D. “高级”

18. 在 Excel 2016 中，下列关于对工作簿的说法错误的是（　　）。

A. 默认情况下，一个新工作簿包含 1 个工作表

B. 可以根据自己的需要更改新工作簿的工作表数目

C. 可以根据需要删除工作表

D. 工作簿的个数由系统决定

19. Excel 2016 的工作表最多有（　　）行。

A. 1 048 576　　B. 32　　C. 16　　D. 1 024

20. 在 Excel 2016 中，如果要选取若干个不连续的单元格，应（　　）。

A. 按 Tab 键依次单击要选的单元格　　B. 按 Shift 键依次单击要选的单元格

C. 按 Alt 键依次单击要选的单元格　　D. 按 Ctrl 键依次单击要选的单元格

二、填空题

1. Excel 2016 提供了（　　）和（　　）两种筛选命令。

2. Excel 2016 文档以文件形式存放于磁盘中，其文件默认扩展名为（　　）。

3. 在 Excel 中的某个单元格中输入“l/5”，按回车后显示（　　）。

4. 用拖动的方法移动单元格的数据时，应拖动单元格的（　　）；自动填充数据时，应拖动单元格的（　　）。

5. 如果要全屏显示工作簿，可以执行（　　）选项卡下的“全屏显示”命令。

6. 要冻结 1～6 行，应先选定第（　　）行，然后选择“视图”选项卡“窗口”组中的“冻结窗格”命令。

7. 快速复制数据格式，可以使用（　　）工具。

8. 在 Excel 2016 中，若存在一个二维表，其第 6 列是学生奖学金，第 7 列是学生成绩。已知第 5～20 行为学生数据，现要将奖学金总数填入第 21 行第 6 列，则在该单元格中需填入（　　）。

9.（　　）是在 Excel 2016 中根据实际需要对一些复杂的公式或者某些特殊单元格中的数据添加相应的注释。

10. 在 Excel 2016 中输入数据时，如果输入的数据具有某种内在规律，则可以利用它的（　　）功能。

项目五

演示文稿制作软件 PowerPoint 2016

项目导读

PowerPoint 简称 PPT，是微软公司 Office 办公软件中的一个组件，用于演示文稿的制作和展示。通过 PPT，可以制作出图文并茂、色彩丰富、生动形象并且具有极强表现力和感染力的演示文稿。PPT 广泛应用于工作总结、会议报告、培训教学、宣传推广、项目竞标、职场演说、产品发布等领域。

本项目课程主要通过一个实例“个人应聘简历 PPT”的制作，一起学习 PowerPoint 2016 演示文稿的相关操作。

学习目标

1. 理解 PowerPoint 2016 中的常用术语，了解演示文稿的工作界面。
2. 熟练掌握 PowerPoint 2016 的基本操作方法。
3. 熟练掌握 PowerPoint 2016 的幻灯片制作、编辑和修饰操作。
4. 熟练掌握 PowerPoint 2016 幻灯片中对象动画设计、超链接技术和应用设计模板。
5. 熟练掌握演示文稿的放映设置、打包。

任务一　PowerPoint 2016 基础

学习任务

初步认识 PowerPoint 2016，了解 PPT 的主要功能、演示文稿的组成、制作原则和 PPT 的工作界面组成，熟练掌握演示文稿的新建、保存、打开、关闭等基本操作。

相关知识

一、PowerPoint 2016 的主要功能

PowerPoint 2016 的主要功能是制作集文字、图形、声音以及视频剪辑等多媒体元素于一

体的演示文稿，把自己所要表达的信息组织在一组图文并茂的画面中，用于演示公司简介、工作总结、会议报告、产品介绍、培训计划和教学课件等。演示文稿文件，默认扩展名为 .pptx。

二、PowerPoint 2016 的工作界面

1. PowerPoint 2016 的窗口界面

PowerPoint 2016 的窗口界面主要由快速访问工具栏、标题栏、功能区、幻灯片编辑区、备注窗格和状态栏等部分组成，如图 5－1 所示。

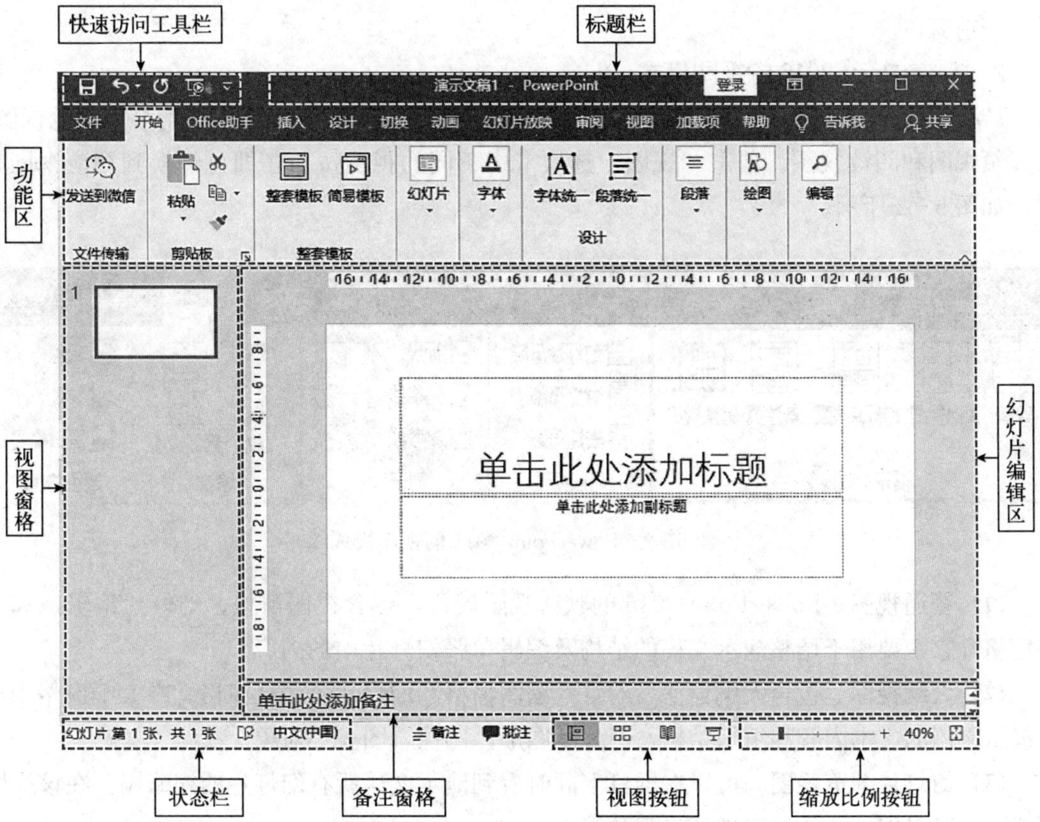

图 5－1　PowerPoint 2016 的窗口界面

（1）快速访问工具栏。位于程序窗口左上角，用于显示常用工具按钮。默认情况下，快速访问工具栏包含“保存”“撤销”“恢复”和“从头开始”4 个快捷按钮，单击某个按钮即可实现相应功能。用户也可以根据需要在快速访问工具栏中添加快捷按钮。

（2）标题栏。位于窗口顶部，“快速访问工具栏”右侧，主要由标题和窗口控制按钮组成。标题用于显示当前编辑的演示文稿名称。控制按钮由“最小化”“最大化/向下还原”和“关闭”按钮组成，用于实现窗口的最小化、最大化、还原及关闭。

（3）功能区。位于“快速访问工具栏”和“标题栏”下方，由“开始”“插入”“设计”和“切换”等多个选项卡组成，每个选项卡中包含了不同的工具按钮，单击各个选项卡名，即可切换到相应的选项卡。

（4）幻灯片编辑区。位于窗口中间的最大区域，是演示文稿的核心部分，主要用于显示和编辑当前幻灯片。

（5）视图窗格。位于幻灯片编辑区左侧，用于显示演示文稿的幻灯片数量及位置。视图窗格默认显示“幻灯片”选项，以缩略图形式显示当前演示文稿的所有幻灯片。

（6）备注窗格。位于幻灯片编辑区下方，通常用于为幻灯片添加注释说明。

（7）状态栏。位于窗口底端左侧，用于显示当前幻灯片的页面信息。

（8）视图按钮。位于状态栏右端，用于切换不同的视图模式。

（9）缩放比例按钮。位于窗口底端右侧，用于调节幻灯片显示比例和使幻灯片大小自动适应当前窗口。

2. PowerPoint 2016 的视图模式

PowerPoint 2016 提供了 5 种视图模式，分别为普通视图、大纲视图、幻灯片浏览视图、备注页视图和阅读视图。单击“视图”选项卡中不同的视图按钮，即可切换到相应视图模式，如图 5-2 所示。

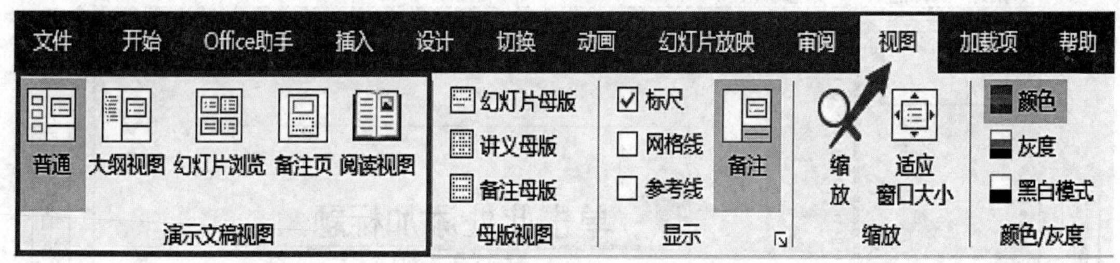

图 5-2　PowerPoint 2016 的视图模式

（1）普通视图。PowerPoint 2016 的默认视图模式，包含视图窗格、幻灯片编辑区和备注窗格，它主要用于调整演示文稿的结构及编辑单张幻灯片中的内容。

（2）大纲视图。包含大纲窗格、幻灯片缩图窗格和幻灯片备注页窗格。在大纲窗格中显示演示文稿的文本内容和组织结构，不显示图形、图像、图表等对象。

（3）幻灯片浏览视图。可以在屏幕上同时看到演示文稿所有幻灯片的缩略图。在该视图模式下一般对幻灯片的顺序进行排列和管理。

（4）备注页视图。主要用于为演示文稿中的幻灯片添加备注内容或对备注内容进行编辑修改，在该视图模式下无法对幻灯片的内容进行编辑。

（5）阅读视图。利用该视图可以在制作过程中随时审阅查看演示文稿的效果，从而对不满意的地方进行及时修改，退出此视图需要按 Esc 键。

三、演示文稿的组成

演示文稿由一张或若干张幻灯片组成，通常分为四部分：封面、目录、内容、结尾。

封面：第一张幻灯片，主要显示演示文稿的主标题。

目录：显示演示文稿的子标题目录。

内容：一般包括用来表明主题的幻灯片标题及用来论述主题的若干文本条目和对于论述

主题有帮助的图片、图形、艺术字、视频、图表、表格等。

结尾：最后一张幻灯片，样式一般和封面首尾呼应，显示“感谢观看”或“提出宝贵意见”之类的内容。

四、演示文稿的制作原则

制作演示文稿时一般应遵循重点突出、简洁明了、形象直观的原则。在演示文稿中应尽量避免大量文字的应用，可以使用更直观简洁的表达方式，如表格、图表、图示、音视频等，也可以适当添加动画，来加强演示文稿的表达效果。

五、演示文稿的基本操作

1. 新建演示文稿

(1) 新建演示文稿方法。

① 在“开始”菜单中选择“PowerPoint 2016 程序”。

② 在电脑桌面空白处鼠标右键单击，在快捷菜单中选择“新建”→“Microsoft PowerPoint 演示文稿”。

③ 启动 PowerPoint 2016 程序后，选择“文件”→“新建”命令。

(2) 新建演示文稿的类型。

① 创建空白演示文稿。在 PowerPoint 启动界面依次选择“新建”→“空白演示文稿”。

② 利用联机模板和主题新建演示文稿。PowerPoint 2016 提供了一些在线模板和主题，用户可根据需要创建带有内容、色彩搭配和布局的演示文稿。

在启动界面选择“新建”，选择相应模板或主题，或者在搜索框中输入特定模板或主题类型进行搜索，如图 5－3 所示，选择所需模板或主题，等待下载完成，单击“创建”按钮即可。

图 5－3　利用联机模板或主题新建演示文稿

2. 保存演示文稿

(1) 保存新建演示文稿。

① 选择“文件”→“保存”命令。

② 单击快速访问工具栏中的“保存”按钮。

③ 按“Ctrl+S”组合快捷键进行保存。

在弹出的“另存为”对话框中设置保存位置并输入文件名，单击“保存”按钮。

(2) 保存已有演示文稿。操作方法与“保存新建演示文稿”相同，只是不再出现“另存为”对话框，直接将当前文档所做修改进行保存，保存位置不变。

(3) 另存演示文稿。选择“文件”→“另存为”命令，弹出“另存为”对话框，设置保存位置并输入文件名，单击“保存”按钮，即可保存当前演示文稿的备份文件。

(4) 自动保存演示文稿。依次选择“文件”→“选项”→“保存”命令，在“保存演示文稿”选项中设置保存自动恢复信息时间间隔，单击“确定”按钮完成设置，如图 5-4 所示。

图 5-4　设置自动保存

3. 打开演示文稿

(1) 打开演示文稿所在文件夹，双击需要打开的演示文稿。

(2) 启动 PowerPoint 2016，选择“文件”→“最近”，在最近使用过的文件列表中单击所需的演示文稿。

（3）启动 PowerPoint 2016，选择“文件”→“打开”→“浏览”，在“打开”对话框中，选择所需的演示文稿，单击“打开”按钮。

4. 关闭演示文稿

（1）双击程序窗口左上角空白位置，或单击窗口左上角空白位置，在弹出的菜单中选择“关闭”命令，将关闭演示文稿并退出程序，如图 5-5 所示。

（2）单击程序窗口右上角的“关闭”按钮，关闭演示文稿并退出程序。

（3）选择“文件”选项卡，单击左侧“关闭”命令，关闭当前演示文稿。

（4）右键单击标题栏，在弹出的菜单中选择“关闭”命令，关闭演示文稿并退出程序，如图 5-6 所示。

（5）按“Ctrl＋W”组合快捷键，关闭当前演示文稿。

（6）按“Alt＋F4”组合快捷键，关闭演示文稿并退出程序。

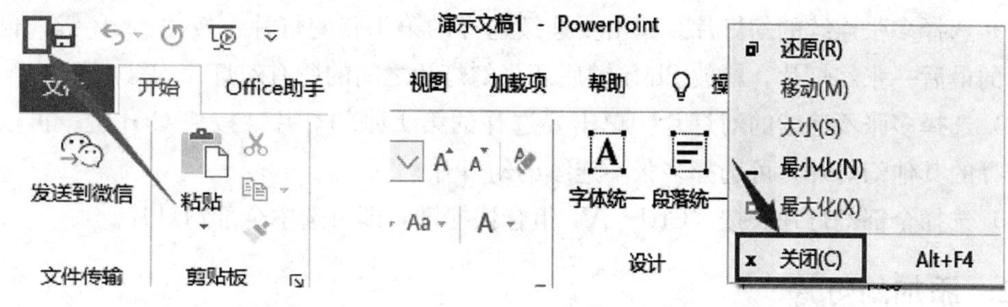

图 5-5　窗口左上角关闭按钮　　　　图 5-6　关闭演示文稿

任务实战

1. 了解 PPT 的主要功能、演示文稿的组成、制作原则和 PPT 的工作界面组成，对照课本用多种方法练习演示文稿的新建、保存、打开、关闭等基本操作。

2. 选择以下任意一种方式新建一个演示文稿，保存为“个人应聘简历 .pptx”。

✓ 创建一个空白演示文稿，样式版面自由设计。

✓ 通过联机模板或主题创建一个演示文稿。

✓ 从网上下载一些优秀的个人应聘 PPT 模板，后期在此基础上进行修改，增加自己个性的内容。

3. 对演示文稿内容进行构思。

一般个人简历需要展示的内容有：个人基本信息、求职意向、应聘优势、教育背景、工作经历、荣誉奖励、各种技能以及其他一些相关信息，也可以根据自己情况进行添加和修改。

简历内容要强调针对性，根据应聘职位定制信息，避免一份简历打天下；在简历中也要具有突出性，与应聘职位相关的独特经历一定要重点展示。

4. 把构思内容形成 Word 电子版，每张幻灯片内容都设为一个自然段，保存为“个人应聘简历 .docx”，方便后期制作演示文稿时快速调用相关内容。

任务二　幻灯片的基本操作

学习任务

熟练掌握幻灯片的选择、添加、删除、移动和复制以及幻灯片版式编辑等基本操作。

相关知识

一、选择幻灯片

在窗口左侧的视图窗格或幻灯片浏览视图中，进行选择幻灯片的操作。

（1）选择单张幻灯片。单击幻灯片缩略图，可选择单张幻灯片。

（2）选择多张连续的幻灯片。单击要连续选择的第 1 张幻灯片，按住 Shift 键，再单击需选择的最后一张幻灯片，释放 Shift 键后两张幻灯片之间的所有幻灯片均被选择。

（3）选择多张不连续的幻灯片。单击要选择的第 1 张幻灯片，按住 Ctrl 键，再依次单击需选择的其他幻灯片，可选择多张不连续的幻灯片。

（4）选择全部幻灯片。按“Ctrl＋A”组合快捷键，即可选中全部幻灯片。

二、添加幻灯片

1. 添加空白幻灯片

（1）按“Ctrl＋M”组合快捷键，在当前幻灯片之后快速添加一张空白幻灯片。

（2）在普通视图下，将鼠标指针定位在左侧的窗格中，按 Enter 键，可在当前幻灯片之后快速添加一张空白幻灯片。

2. 添加指定版式幻灯片

依次单击“开始”选项卡“幻灯片”组中的“新建幻灯片”按钮，在下拉列表中选择所需版式，可以新增一张指定版式幻灯片，如图 5－7 所示。

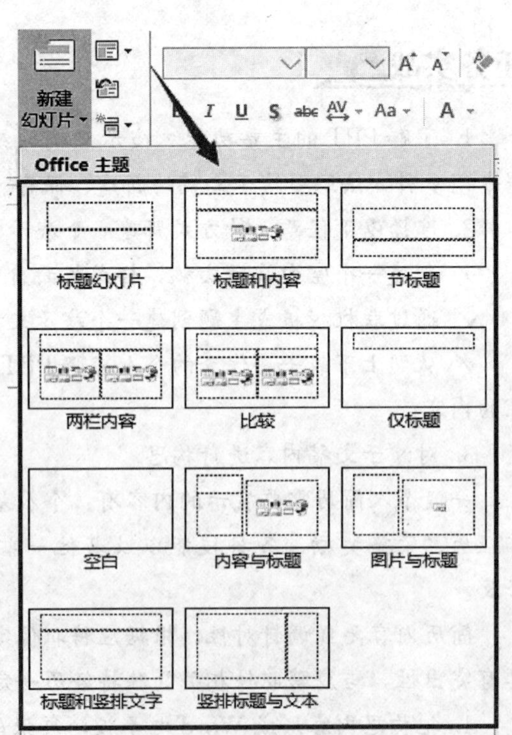

图 5－7　选择新建幻灯片版式

3. 用大纲导入的方式添加幻灯片

在制作演示文稿的过程中，可以把事先确定好大纲层次级别的其他格式文件（如 Word 或 Excel）中的大纲批量添加到当前演示文稿。

依次单击“开始”选项卡“幻灯片”组中的“新建幻灯片”按钮，在弹出的下拉菜

单中选择“幻灯片（从大纲）”命令，在“插入大纲”对话框中选择要插入的大纲文件，单击“插入”按钮。

4. 用重用幻灯片的方式添加幻灯片

如果要在当前演示文稿中重复应用其他演示文稿的某些幻灯片，可依次单击“开始”选项卡“幻灯片”组中的“新建幻灯片”按钮，在弹出的下拉菜单中选择“重用幻灯片”命令，在“重用幻灯片”对话框中单击“浏览”，选择包含重用幻灯片的演示文稿，在右侧出现的重用幻灯片缩微图列表中单击所需重复使用的幻灯片，幻灯片就插入当前演示文稿中。

三、删除幻灯片

在窗口左侧的视图窗格或幻灯片浏览视图中，进行删除幻灯片的操作。

（1）选择需删除的幻灯片，按 Delete 键。

（2）右键单击需要删除的幻灯片，在快捷菜单中选择“删除幻灯片”命令。

四、移动和复制幻灯片

在窗口左侧的视图窗格或幻灯片浏览视图中，进行移动或复制幻灯片操作。

1. 利用鼠标拖动的方法移动和复制幻灯片

选择幻灯片，按住鼠标左键，拖动到目标位置后释放鼠标，完成幻灯片移动操作；选择幻灯片，按 Ctrl 键的同时拖动到目标位置后释放鼠标可实现幻灯片复制操作。

2. 利用菜单命令移动和复制幻灯片

选择幻灯片，右键单击，在快捷菜单中选择“剪切”或“复制”命令，将鼠标指针定位到目标位置，再次右键单击，在快捷菜单中选择“粘贴”命令，完成移动或复制幻灯片操作。

3. 利用命令按钮

选择幻灯片，依次单击“开始”选项卡“剪贴板”组中的“剪切”按钮，再将鼠标指针定位到目标位置，单击“剪贴板”组中的“粘贴”按钮，在下拉菜单中选择相应粘贴选项，如图 5-8 所示，完成移动操作。

选择幻灯片，依次单击“开始”选项卡“剪贴板”组中的“复制”按钮或下拉列表中的“复制（C）”命令，如图 5-9 所示，再将鼠标指针定位到目标位置，单击“粘贴”按钮，在下拉菜单中选择相应粘贴选项，完成复制操作。复制按钮下拉列表中的“复制（I）”命令是直接完成复制，不用再执行粘贴操作。

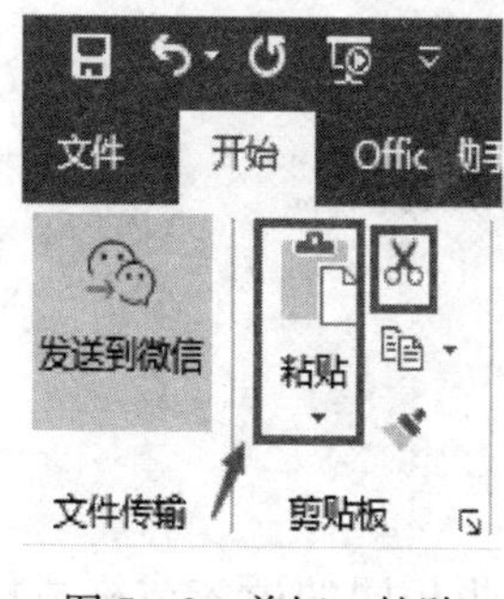

图 5-8　剪切、粘贴

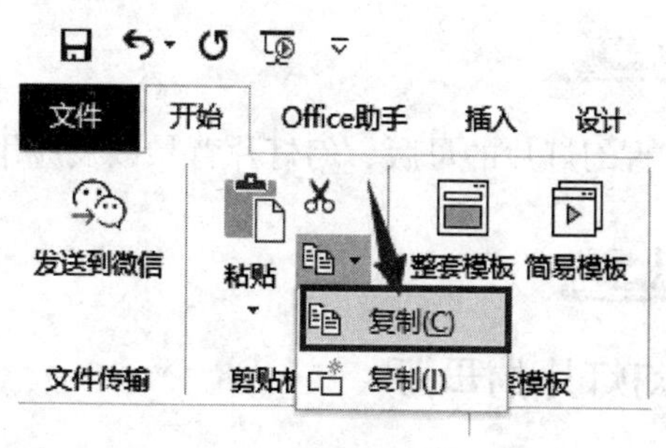

图 5-9　复制命令

4. 利用快捷键

选择需移动或复制的幻灯片，按“Ctrl＋X”（剪切）或“Ctrl＋C”（复制）组合键，将鼠标指针定位到目标位置，按“Ctrl＋V”组合键，完成移动或复制幻灯片操作。

五、编辑幻灯片版式

幻灯片版式是 PowerPoint 中的一种常规排版格式，它主要由幻灯片占位符和一些修饰元素构成。占位符是用来提示如何在幻灯片中添加内容的符号，最大特点是只在编辑状态下才显示，在幻灯片放映模式下看不到。通过幻灯片版式的应用可以完成对文字、图片等更加合理简洁的布局。

PowerPoint 2016 中内置了许多常用幻灯片版式，如标题幻灯片、图片与标题幻灯片、内容与标题幻灯片等，当然也可选择空白幻灯片。新建演示文稿的第一张幻灯片默认就是标题幻灯片版式，如图 5－10 所示，由标题和副标题占位符组成，单击占位符，可以输入内容。

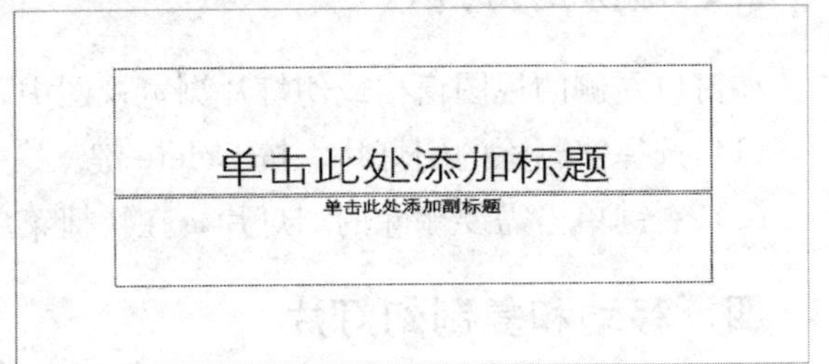

图 5－10　标题幻灯片版式

若需更改当前幻灯片版式，在幻灯片空白处右键单击，在快捷菜单中选择“版式”命令，在下拉列表中选择所需版式即可。

任务实战

1. 新建或从网上下载一个演示文稿，对照课本用多种方法练习幻灯片的选择、添加、删除、移动、复制以及幻灯片版式编辑等基本操作。

2. 打开之前保存的“个人应聘简历 .pptx”，按演讲思路编排每页幻灯片的内容，也可通过单击“开始”选项卡“幻灯片”组中的“新建幻灯片”按钮，在打开的下拉列表中选择“幻灯片（从大纲）”选项，选择从之前保存的“个人应聘简历 .docx”中导入内容，简化文本录入操作。

3. 适当调整每张幻灯片中文本字体大小和位置，保存演示文稿。

任务三　幻灯片的整体设计

学习任务

熟练掌握幻灯片的母版、幻灯片背景以及应用主题的相关操作。

相关知识

一、幻灯片的母版

在制作幻灯片时，通常需要为每张幻灯片都设置一些相同的内容或格式以使演示文

稿主题统一。例如，在每张幻灯片中都加入公司的 Logo，且每张幻灯片标题占位符和文本占位符的字符格式和段落格式都一致，此时可在 PowerPoint 的母版中设置这些内容。

所谓幻灯片的母版，是存储有关应用设计模板信息的幻灯片，包括字形、占位符大小或位置、背景设计和配色方案等。使用母版可以统一控制整个演示文稿的某些文字设置、图形外观及风格等。

在 PowerPoint 中有 3 种母版：幻灯片母版、标题母版、备注母版。选择“视图”选项卡，在“母版视图”组中可选择母版类型，如图 5－11 所示，切换到对应母版选项卡进行母版编辑，单击“关闭母版视图”按钮，退出母版编辑状态，如图 5－12 所示。

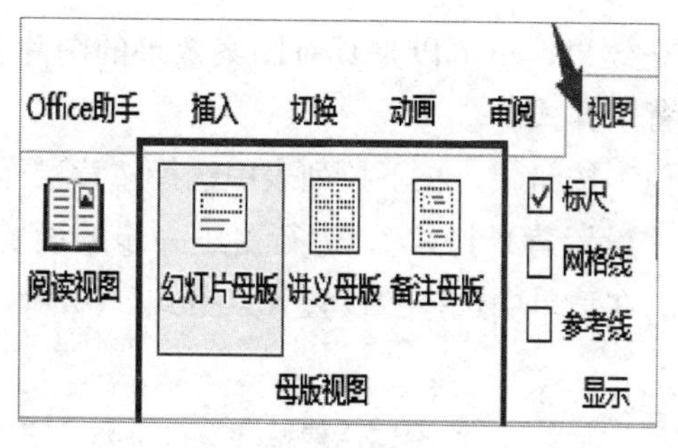

图 5－11　母版视图

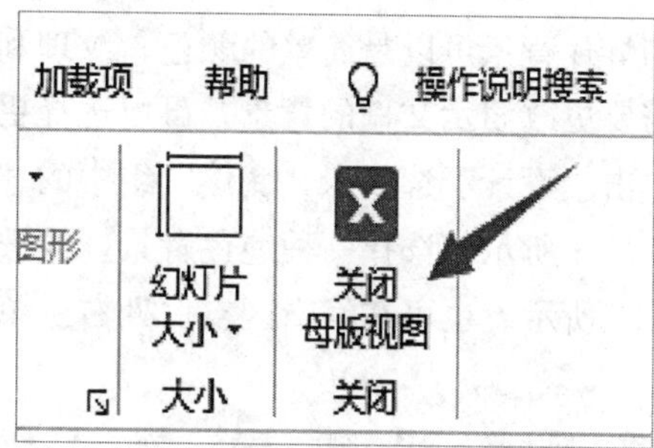

图 5－12　关闭母版视图

1. 幻灯片母版

PowerPoint 2016 默认有 12 张幻灯片母版页面。第 1 张为所有母版页面的基础页，在第 1 张做了更改，将会反映到所有母版页面；要想单独设置幻灯片封面页，可以在第 2 张母版页面（标题幻灯片版式）中进行编辑；在其他母版页所做的设置，将会作用到应用这些母版页的幻灯片中。

在幻灯片母版视图，切换到“幻灯片母版”选项卡，可以进行编辑母版的操作，像插入母版、插入占位符、编辑母版主题或设置背景等，如图 5－13 所示。

在幻灯片母版视图，切换到“插入”选项卡，可以像编辑幻灯片一样对母版进行各类对象的插入操作，如插入表格、图片、图表、页眉和页脚等。

在幻灯片母版视图，切换到“动画”选项卡，可以对母版中的对象进行动画效果的设置。

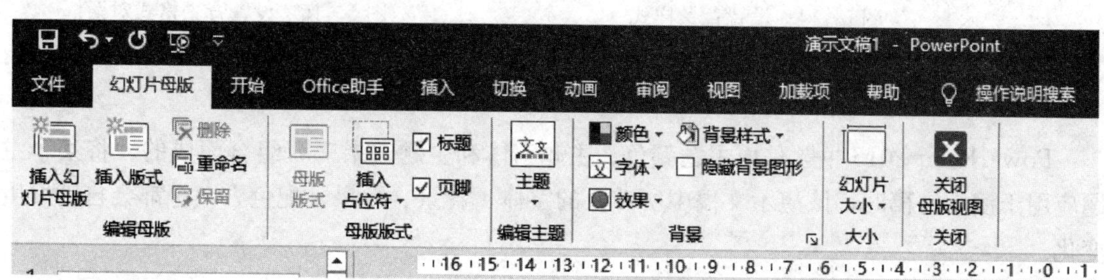

图 5－13　编辑幻灯片母版

2. 讲义母版

讲义母版主要用于制作课件及培训类演示文稿，讲义母版的设置对幻灯片本身没有明显的影响，但可以决定讲义视图下幻灯片显示出来的风格。讲义母版一般是用来打印的，它可以在每页中打印多张幻灯片，并且打印出幻灯片数量、排列方式以及页面和页脚等信息。

3. 备注母版

在演示并讲解幻灯片的时候，一般要参考一些备注来进行，而备注的格式可以通过备注母版来进行设置。备注内容主要面对的是演讲者本身，因此要求备注母版设置要简洁、可读性强，而对视觉效果没有很高的要求。

二、设置幻灯片背景

幻灯片背景可以是简单的颜色、纹理和填充效果，也可以是具有图案效果的图片文件。如果需要更改演示文稿的背景，可以选择更改背景样式。

单击“设计”选项卡“变体”组中的“其他”按钮，在下拉列表中选择“背景样式”，如图 5 - 14 所示，选择一种纯色背景，或选择“设置背景格式”，进行更进一步的设置，如图 5 - 15 所示。也可在编辑区空白处右键单击，在菜单中选择“设置背景格式”。

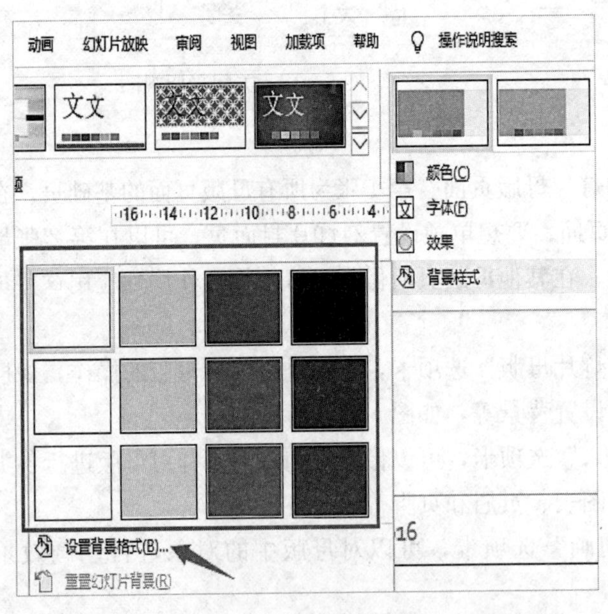

图 5 - 14　设置背景样式

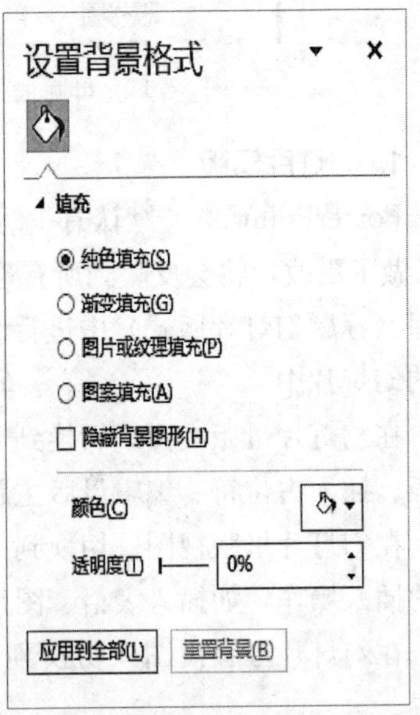

图 5 - 15　设置背景格式对话框

三、应用主题

PowerPoint 2016 主题是由主题颜色、主题字体和主题效果三者组合而成的，将某个主题应用于演示文稿时，该演示文稿中所涉及的字体、背景、效果、配色方案等都会自动发生变化。

1. 应用预设的主题样式

单击“设计”选项卡“主题”组中的“其他”按钮，在展开的样式库中选择所需样

式，即可将全部幻灯片应用该主题样式；选择一张或多张幻灯片，在主题样式上右击，在快捷菜单中选择“应用于选定幻灯片”命令，将所选主题样式应用于选定幻灯片，如图 5－16 所示。

2. 设置主题颜色

对幻灯片应用主题后，单击“设计”选项卡“变体”组中的“其他”按钮→选择“颜色”选项，在颜色下拉列表中选择所需预设颜色方案。

在颜色下拉列表中选择“自定义颜色”选项，在打开的“新建主题颜色”对话框中进行自定义主题颜色设置，在“名称”文本框中输入当前自定义颜色方案的名称，如图 5－17 所示，单击“保存”按钮，该颜色方案将保存在“主题”组的“颜色”列表中。

在颜色方案上右击，在快捷菜单中选择“应用于选定幻灯片”命令，将颜色方案应用于选定幻灯片，默认是应用于全部幻灯片。

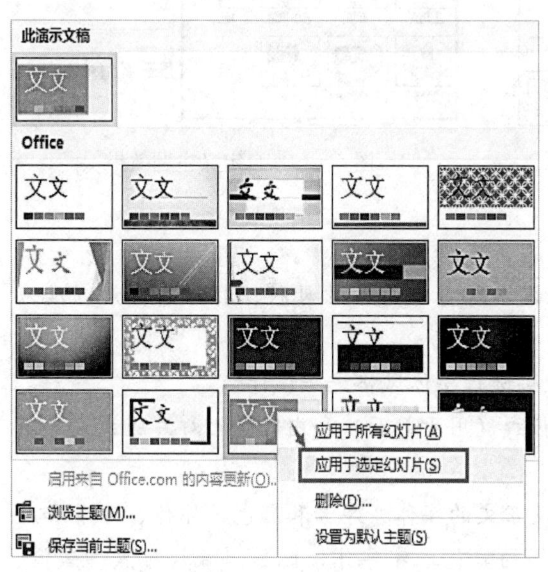

图 5－16　将主题样式应用于选定幻灯片

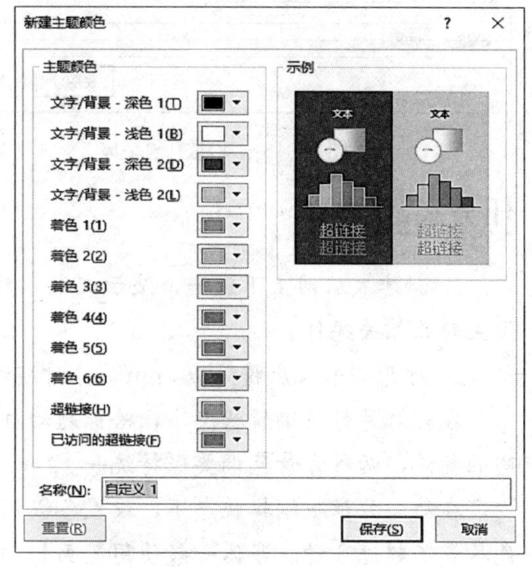

图 5－17　自定义主题颜色

3. 设置主题字体

主题字体主要是定义两种字体，即幻灯片中的标题字体和正文字体。

对幻灯片应用主题后，单击“设计”选项卡“变体”组中的“其他”按钮选择“字体”选项，在下拉列表中单击选择所需字体方案，即可将该字体方案应用到演示文稿中。

单击“设计”选项卡“变体”组中的“其他”按钮，选择“字体”选项→“自定义字体”，打开“新建主题字体”对话框，分别设置用于标题的字体和用于正文的字体，在“名称”文本框中输入字体方案的名称，如图 5－18 所示，完成设置后单击“保存”按钮，在字体下拉列表的“自定义”栏中将出现自定义的字体方案。

4. 设置主题效果

单击“设计”选项卡“变体”组中的“其他”按钮，选择“效果”选项，在打开的下拉列表中选择所需效果，如图 5－19 所示。

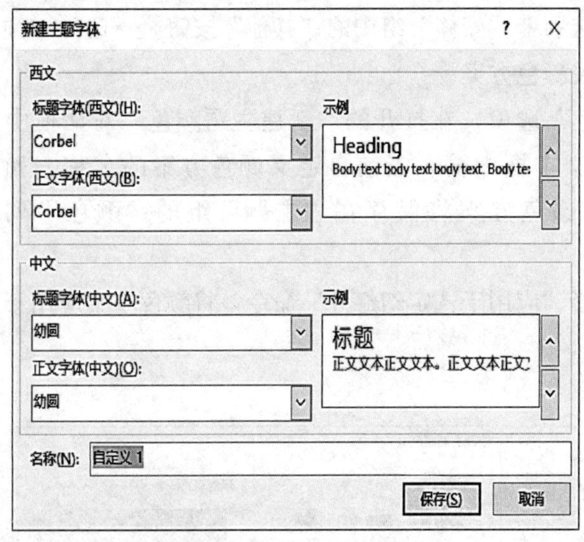

图 5－18　新建主题字体

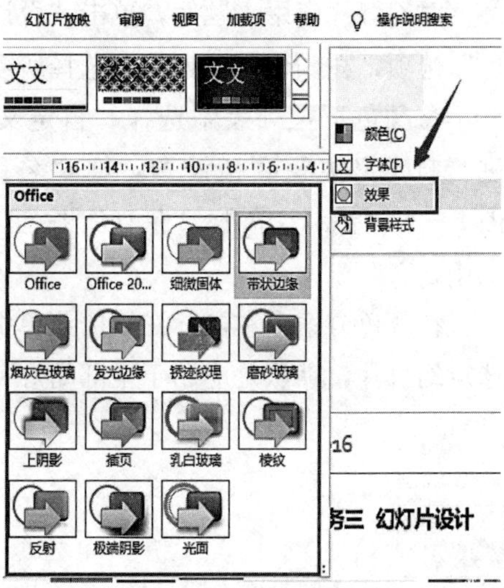

图 5－19　自定义主题效果

任务实战

1. 新建或从网上下载一个演示文稿，对照课本练习幻灯片的母版、幻灯片背景以及应用主题的相关操作。

2. 打开“个人应聘简历 .pptx”，对演示文稿进行整体风格统一设计。

在幻灯片母版编辑状态下，给标题幻灯片版式（用于封面）和内容页幻灯片版式设置不同的背景，两种背景色调要保持统一。

在幻灯片母版编辑状态下，设置各级标题及正文的字体、字号和颜色，字体、字号和颜色尽量不超过 3 种。字体一般使用笔画粗细一样的非艺术字字体，比如，微软雅黑、黑体、幼园等；字号的设置以观众能看清的最小字号为设置标准；颜色要使用和背景色相协调的色系。

在幻灯片母版编辑状态下，在相应幻灯片版式的合适位置插入共有元素（如 logo 或页眉页脚等），封面页一般在标题幻灯片版式中单独设计。

3. 放映幻灯片观看效果，保存演示文稿。

任务四　编辑幻灯片的内容

学习任务

熟练掌握输入与编辑文本，表格、图表、图形与图像的编辑和插入媒体剪辑等操作。

相关知识

一、输入与编辑文本内容

1. 文字的编辑

(1) 使用文字占位符。 占位符是一种含有虚线边缘的框，在其中可以放置标题及正文、图表、表格和图片等对象。用户选择的幻灯片版式其实就是预置了占位符的位置。

启动 PowerPoint 2016 后，默认的幻灯片中带有标题和副标题两个文字占位符，如图 5-20 所示。在占位符虚线框内单击，出现插入点光标时，即可输入所需文字。在其他版式中通过文字占位符输入文字也是同样的操作。

(2) 使用文本框。 用户可以根据自己的需要在幻灯片任意位置绘制文本框，并设置文本格式，从而灵活地创建各种形式的文字。幻灯片中的占位符其实就是一个特殊文本框。

选择需要插入文本框的幻灯片，依次单击“插入”选项卡“文本”组中的“文本框”按钮，根据需要选择下拉列表中的“绘制横排文本框”或“竖排文本框”，如图 5-21 所示，在幻灯片合适位置拖动鼠标绘制文本框并输入文字。

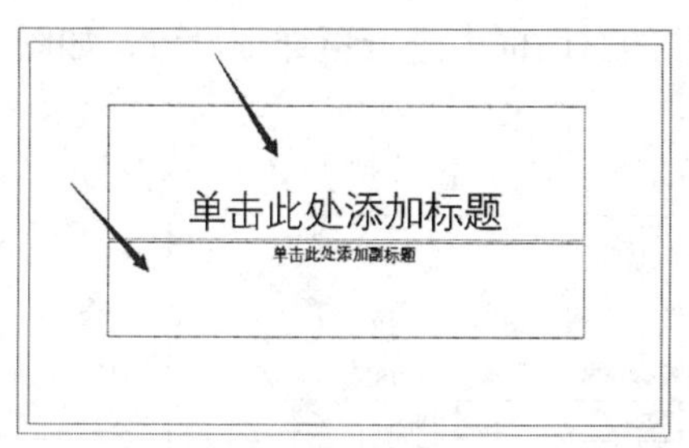

图 5-20　标题与副标题文字占位符

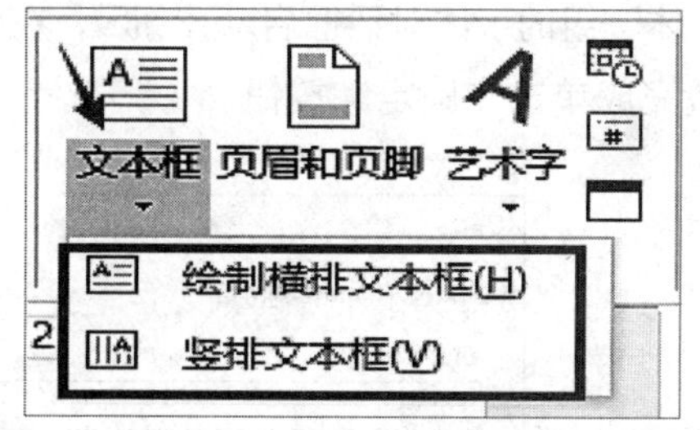

图 5-21　插入文本框

(3) 使用大纲视图。 使用 PowerPoint 2016 的大纲视图能在幻灯片中很方便地输入具有层次结构或带有项目符号的目录文字。

切换至“大纲视图”，在“大纲”窗格幻灯片图标后面单击，出现光标后输入文字内容，如“个人基本信息”；按 Enter 键插入一张新幻灯片，继续输入文字，如“求职意向”；依次类推，完成所有幻灯片一级标题的输入。

在“大纲”窗格中将光标定位到需要创建子目录的幻灯片一级标题末尾，按 Enter 键创建一张新幻灯片，按 Tab 键将其转换为下级标题，同时输入文字。多次按 Enter 键继续完成全部同级标题输入，如图 5-22 所示。

根据需要，按同样的方法创建其他层级标题文字。

(4) 从外部导入文本。 单击“插入”选项卡“文本”组中的“对象”按钮，如图 5-23 所示，在弹出的“插入对象”对话框中选择“由文件创建”，单击“浏览”按钮，选择所需文件，单击“确定”按钮，外部文件中的文本内容就导入到当前演示文稿中。

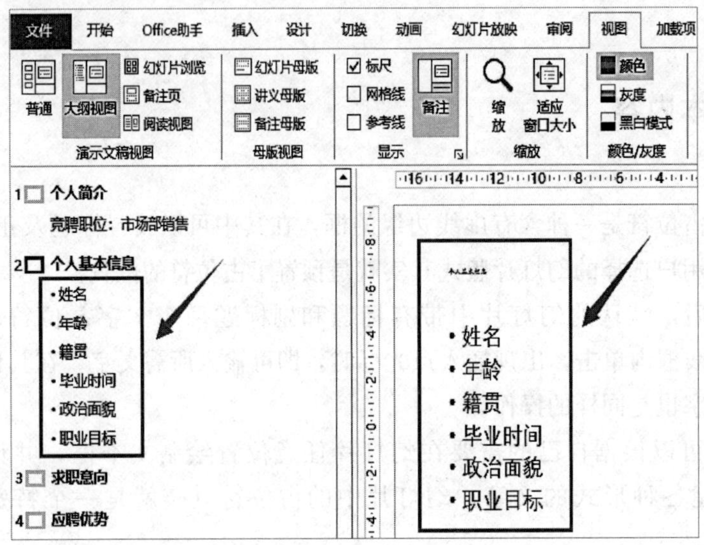

图 5－22　在大纲视图中输入各级标题文字

图 5－23　文本组对象按钮

2. 文字的格式化

文字的格式化就是对文字的基本属性，如字体、字号、文字颜色、字符间距等进行设置。

选中文字，单击“开始”选项卡“字体”组中的相应按钮进行设置；也可单击“开始”选项卡“字体”组的字体对话框启动按钮，在弹出的对话框中进行更详细设置，如图 5－24 所示，设置完成单击“确定”按钮。

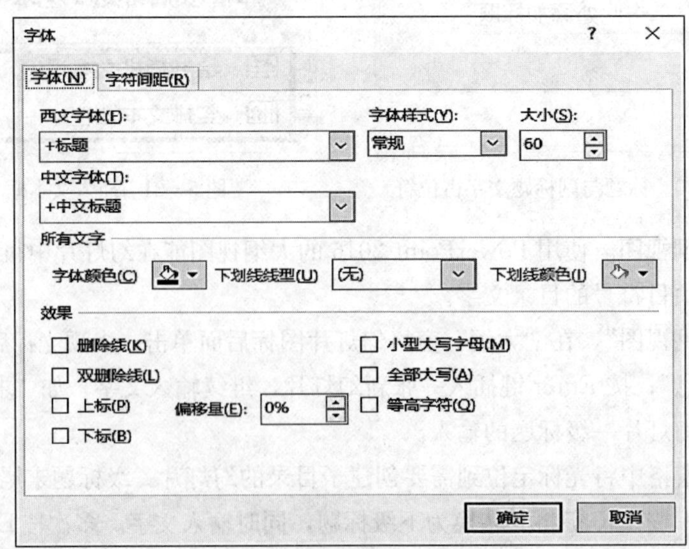

图 5－24　“字体”对话框

3. 段落的格式化

常见文本段落格式有“文本对齐”“文本段落缩进”“间距”“文本方向”等。

选中段落，单击“开始”选项卡“段落”组中的相应按钮进行设置；也可单击“段落”

组的段落对话框启动按钮，在对话框中进行更详细设置，如图 5－25 所示，设置完成单击“确定”按钮。

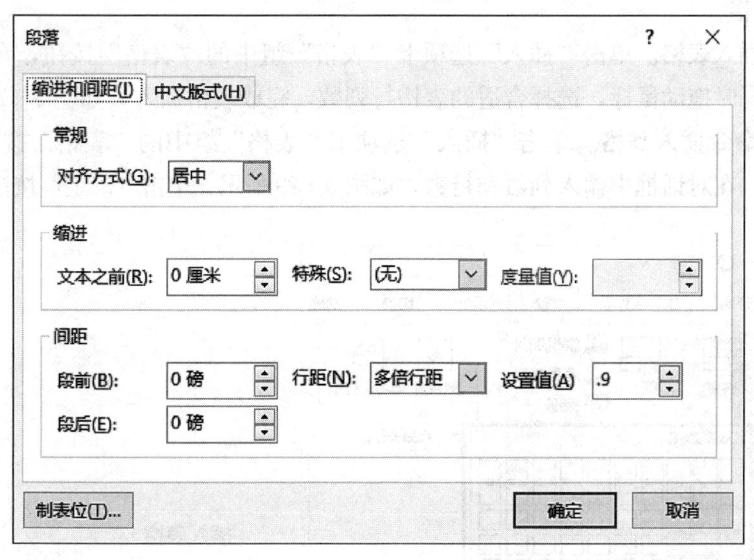

图 5－25　“段落”对话框

4. 项目符号和编号

如果幻灯片中包含多层次并列内容的段落，可以为段落添加项目符号或编号，使内容更清晰，层次更分明。

(1) 添加项目符号。选中需添加项目符号的段落文本，单击“开始”选项卡“段落”组中的“项目符号”按钮，如图 5－26 所示，在下拉列表中，选择一种预制的符号。

选择项目符号下拉列表中的“项目符号和编号”，在打开的对话框中，单击右侧“图片”或“自定义”按钮，选择想要设置为项目符号的图片或符号。

(2) 添加编号。选中想要添加编号的段落文本，单击“开始”选项卡“段落”组中的“编号”按钮，如图 5－27 所示，在下拉列表中，选择一种预制的编号。

选择编号下拉列表中最下方的“项目符号和编号”，在打开的对话框中，可对编号的字高、颜色、起始编号等进行更进一步的设置。

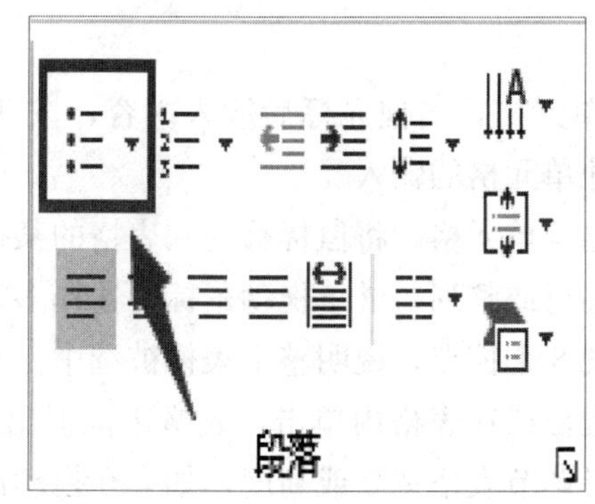

图 5－26　项目符号按钮

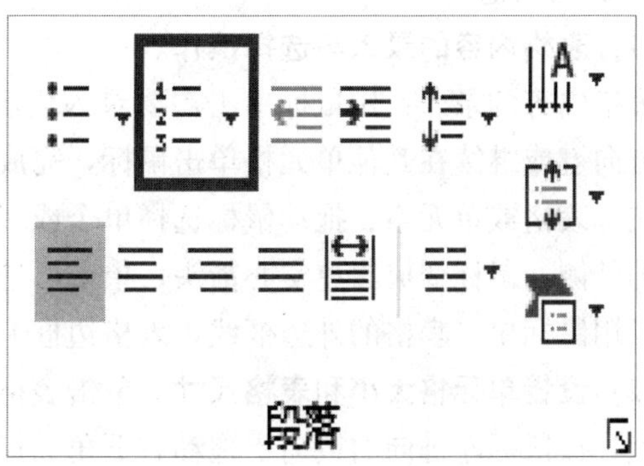

图 5－27　编号按钮

二、表格的编辑

1. 插入表格

（1）手动插入表格。单击“插入”选项卡“表格”组中的“表格”按钮，在下拉菜单中，按鼠标左键的同时拖动鼠标，选择合适的表格行列数，完成表格插入，如图 5-28 所示。

（2）使用命令插入表格。单击“插入”选项卡“表格”组中的“表格”按钮，选择“插入表格”命令，在对话框中输入列数和行数，如图 5-29 所示，单击“确定”按钮即完成插入。

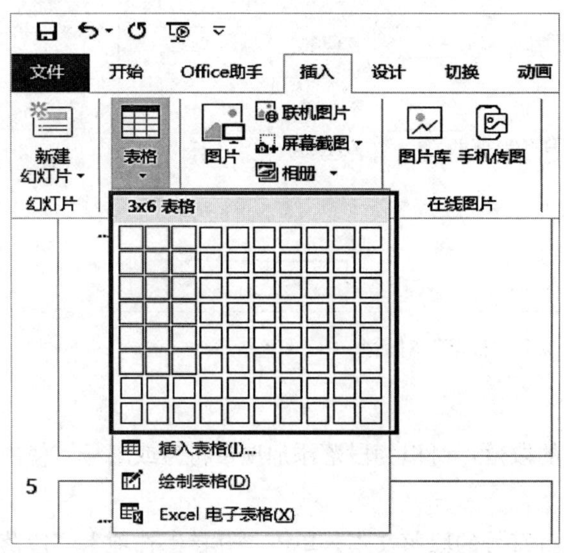

图 5-28　手动插入表格

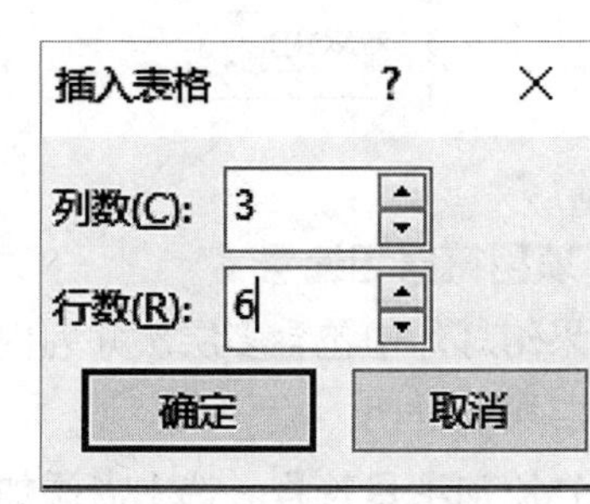

图 5-29　使用命令插入表格

（3）手动绘制表格。单击“插入”选项卡“表格”组中的“表格”按钮，选择“绘制表格”命令，光标变成笔状，用鼠标在幻灯片上拖出一个矩形，绘制表格外框，在“表格工具”的“设计”选项卡中，单击“绘制表格”按钮，在绘制的表格外框内拖动鼠标绘制横线、竖线和斜线。

（4）插入 Excel 表格。单击“插入”选项卡“表格”组中的“Excel 电子表格”按钮，出现 Excel 工作界面，编辑表格内容后，在幻灯片空白处单击完成 Excel 表格插入。

2. 编辑表格

（1）表格内容的录入与选择操作。

表格内容的录入：用鼠标单击需要录入内容的单元格，出现光标后输入内容，按 TAB 键、方向键或继续在其他单元格单击鼠标，完成其他单元格的输入。

选择表格或单元格：拖动鼠标选择单个或多个连续单元格，将鼠标移动到表格的某行或某列的外侧，鼠标变成黑色实心箭头，单击可选择整行或整列，继续拖动鼠标可选择多行或多列；用鼠标单击表格的外边框线，表格边框上出现 8 个控点，说明整个表格被选中。

（2）设置单元格大小和表格尺寸。单击表格外边框或在表格内单击，表格边框上出现 8 个控点，按鼠标左键向右或向下拖动右下角的控点可调节表格宽度或高度，如果在拖动鼠标的同时按 Shift 键，可等比例放大或缩小表格。通过“表格工具”选项卡的“布局”选项的

“单元格大小”和“表格尺寸”组的相关设置，可对单元格和表格大小进行更精确设置，如图 5-30 所示。

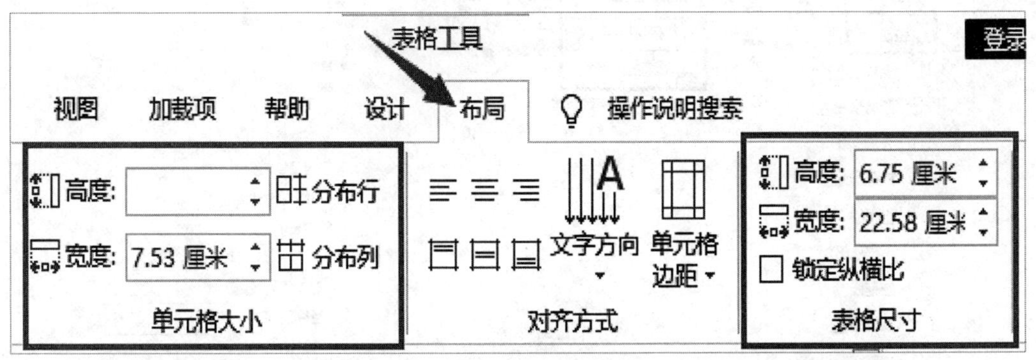

图 5-30　利用“布局”选项卡对单元格大小和表格尺寸进行精确设置

(3) 设置表格样式。选中表格或在表格内单击，选择“表格工具”选项卡的“设计”选项，在“表格样式”组中，选择样式效果或单击“其他”按钮，选择更多表格样式设置，如图 5-31 所示。

(4) 设置底纹。选择“表格样式”组中的“底纹”按钮，在弹出的下拉列表中选择不同的底纹效果。

(5) 设置表格效果。选择“表格样式”组的“效果”按钮，在弹出的下拉菜单中进行“单元格凹凸效果”“阴影”及“映像”的设置，如图 5-32 所示。

(6) 设置表格内容对齐方式。选择表格内容，选择“表格工具”选项卡的“布局”选项，在“对齐方式”组中选择所需对齐方式。

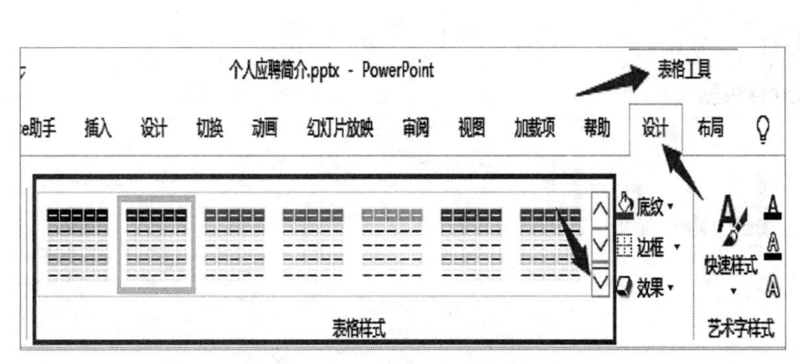

图 5-31　设置表格样式

图 5-32　设置表格效果

(7) 设置表格边框。选择某个单元格、单元格区域或整个表格，设置“绘制边框”组中的线型、粗细、颜色等，再选择“表格样式”组中的“边框”命令，进行边框类型的选择，如图 5-33 所示。

(8) 设置表格形状格式。鼠标右键单击表格，在弹出的快捷菜单中选择“设置形状格式”，在右侧对话框中可对表格进行详细设置，如图 5-34 所示。

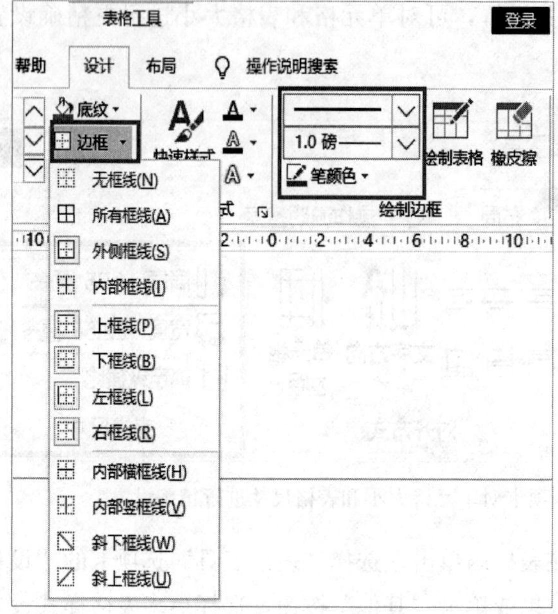

图 5－33　设置表格边框

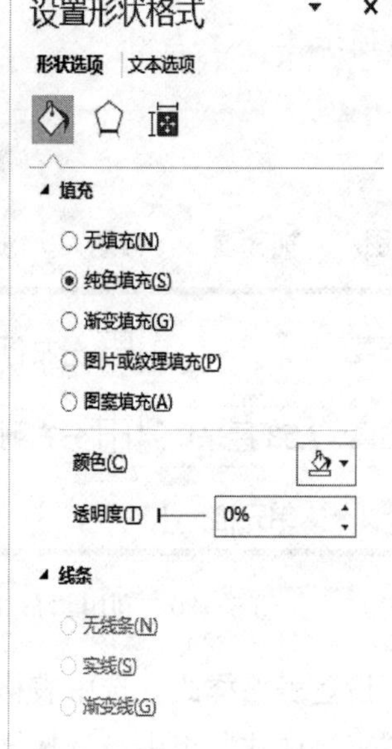

图 5－34　设置形状格式

三、图表的编辑

1. 插入图表

单击“插入”选项卡“插图”组中的“图表”按钮，在弹出的“插入图表”对话框中选择图表类型，如图 5－35 所示。

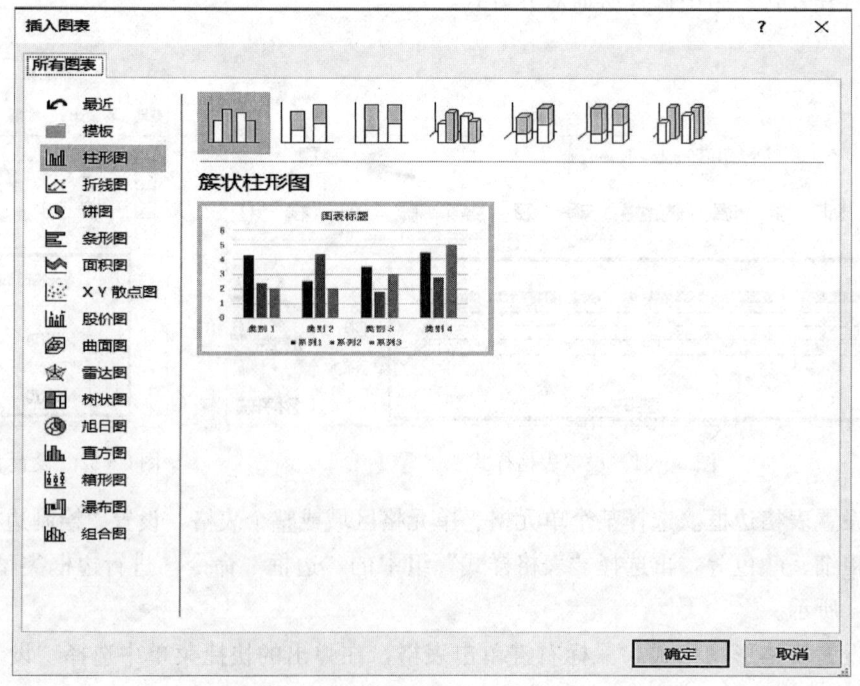

图 5－35　插入图表

2. 编辑图表

插入图表后，当前窗口会显示两部分内容，上为图表，下为 Excel 表格。在 Excel 表格中编辑数据，图表也会根据数据的变化而变化。编辑完数据，单击 Excel 窗口的关闭按钮。

选择图表，依次选择“图表工具”选项卡的“设计”选项“数据”组中的“编辑数据”按钮，选择“编辑数据”命令，或选择“在 Excel 中编辑数据”，即可重新编辑数据。

3. 图表的格式化

选择图表，在“图表工具”的“设计”选项中，可进行“图表布局”“图表样式”以及“更改图表类型”等设置。

选择图表，单击“图表工具”的“格式”选项，可进行“形状样式” “图表大小”等设置。

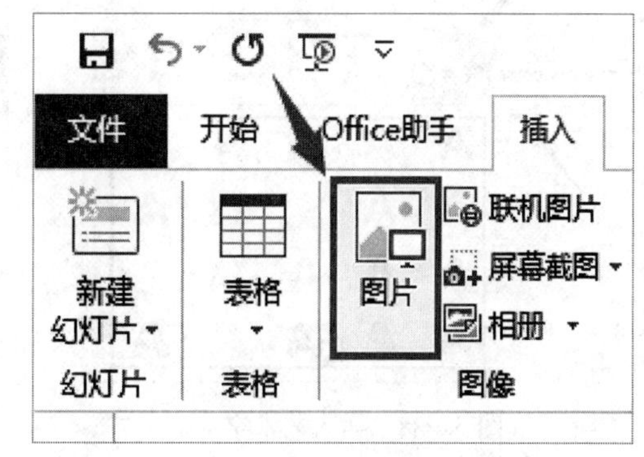

图 5－36　插入图片

四、图形与图像的编辑

1. 编辑图片

(1) 单击“插入”选项卡“图像”组中的“图片”按钮，如图 5－36 所示，弹出“插入图片”对话框，选择要插入的图片，单击“插入”，可将图片插入幻灯片中。

(2) 单击选中图片，在“图片工具”选项卡的各组中进行图片样式、层级排列、大小等设置操作。

2. 编辑形状

(1) 单击“插入”选项卡“插图”组中的“形状”按钮，在弹出的下拉列表中选择所需图形，如图 5－37 所示，在幻灯片合适位置拖动鼠标，即可绘制所选图形。

(2) 选中插入的图形，在“绘图工具”选项卡的各个组中对插入的形状进行相应格式设置，或在图形上右键单击，在弹出的菜单中选择“设置形状格式”，进行更进一步的设置。

3. 编辑艺术字

(1) 单击“插入”选项卡“文本”组中的“艺术字”按钮，选择一种艺术字样式，如图 5－38 所示，在幻灯片中就会出现一个包括艺术字样式的文本框，单击文本框，输入所需文字即可。

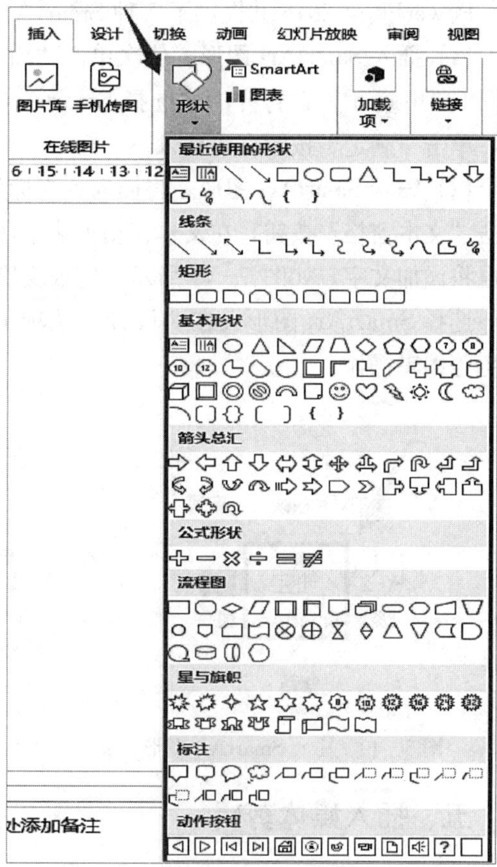

图 5－37　插入形状

（2）选中艺术字，在“绘图工具”选项卡的各个组中对艺术字进行相应格式设置，或在艺术字上右键单击，选择“设置形状格式”进行设置。

4. 插入屏幕截图

依次单击“插入”选项卡“图像”组中的“屏幕截图”按钮，如图 5－39 所示，在下拉菜单的“可用的视窗”选项中选择某个正在打开的程序窗口作为截图插入到幻灯片中，或选择“屏幕剪辑”，截取部分屏幕内容进行插入。

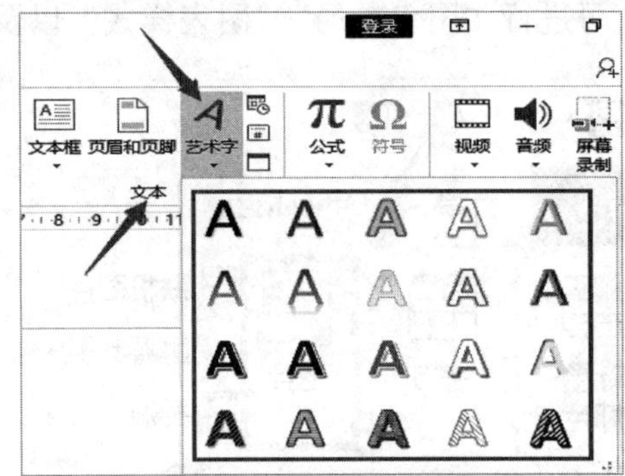

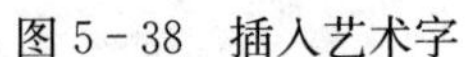
图 5－38　插入艺术字

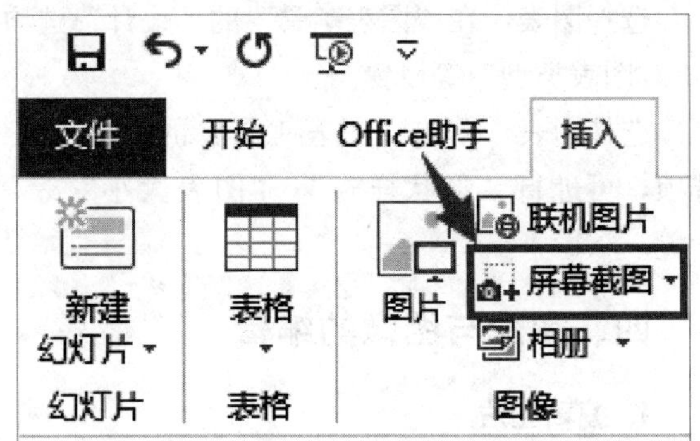

图 5－39　插入屏幕截图

5. SmartArt 图形的编辑

PowerPoint 2016 共提供了 7 种 SmartArt 图形，操作方式大同小异。

（1）插入 SmartArt 图形。 依次单击“插入”选项卡“插图”组中的“SmartArt”按钮，如图 5－40 所示，在打开的“选择 SmartArt 图形”对话框中选择需要使用的 SmartArt 图形，单击“确定”按钮完成插入。

（2）编辑 SmartArt 图形。 将插入点光标放置在 SmartArt 图形文本框中输入文字，或者单击“文本窗格”按钮，在文本窗格列表选项输入文字，这时 SmartArt 图形对应的文本框中也将添加文字，如图 5－41 所示。完成文字输入后单击文本窗格右上角“关闭”按钮。

选择 SmartArt 图形，在“设计”选项卡的各组中可进行 SmartArt 图形版式、样式、颜色等编辑操作。

图 5－40　插入 SmartArt 图形

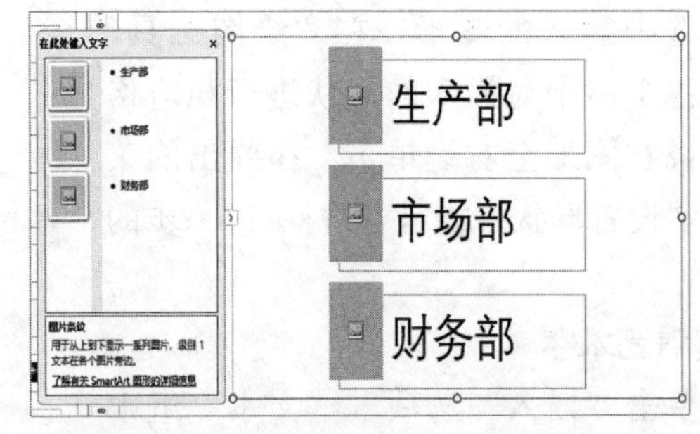

图 5－41　编辑 SmartArt 图形内容

五、插入媒体剪辑

在幻灯片中加入一些多媒体对象，如视频片段、声音特效等，可以让演示文稿更加生动

活泼、丰富多彩。

1. 音频编辑

(1) 插入音频。依次单击“插入”选项卡“媒体”组中的“音频”按钮，在下拉菜单中根据需要进行选择。选择“PC上的音频”，如图5-42所示，选择电脑上的音频文件，单击“插入”按钮，幻灯片中就会显示一个带播放按钮的声音图标；选择“录制音频”，则需提前设置好麦克风。

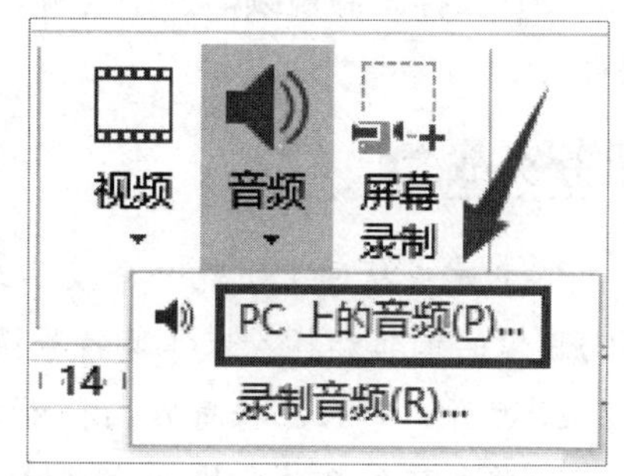

图5-42　插入PC上的音频

(2) 编辑音频。选中幻灯片中音频图标，在“音频工具”选项卡的“格式”选项中，可设置声音图标颜色和样式，在“音频工具”选项卡的“播放”选项中，可设置该音频播放时的一些效果。

2. 视频编辑

(1) 插入视频。依次单击“插入”选项卡“媒体”组中的“视频”按钮，在弹出的菜单中根据需要进行选择。选择“PC上的视频”，如图5-43所示，选择电脑上的视频文件，单击“插入”按钮，幻灯片中就会出现带播放按钮的视频画面，单击播放按钮可播放视频。

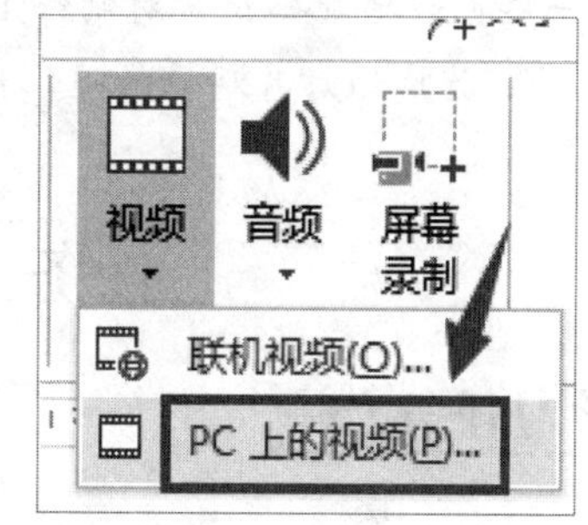

图5-43　插入PC上的视频

(2) 编辑视频。选中视频，用鼠标拖动视频边缘的8个控制点可调整视频窗口的大小；选中视频，在“视频工具”选项卡的“格式”选项中，可设置视频样式、视频大小等，在“视频工具”选项卡的“播放”选项中，可设置该视频播放时的一些效果。

3. 屏幕录制

(1) 插入屏幕录制。依次单击“插入”选项卡“媒体”组中的“屏幕录制”按钮，如图5-44所示，进入屏幕录制界面，单击录制控制区的“选择区域”，在屏幕中拖动鼠标指定录制区域范围，单击“录制”按钮或使用快捷键“Win+Shift+A”，开始录制，如图5-45所示。录制完成后，按快捷键“Win+Shift+Q”结束录制，录制的视频会自动插入当前幻灯片中。

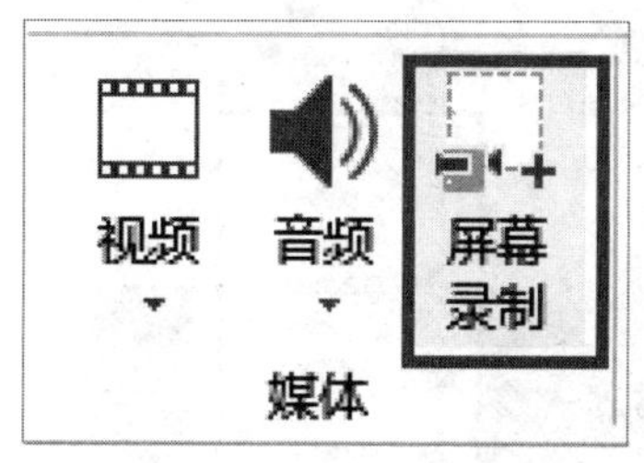

图5-44　插入屏幕录制

图5-45　开始屏幕录制

(2) 编辑录制视频。同插入视频编辑相同，不再赘述。

(3) 保存录制视频。选中视频，右键菜单选择“将媒体另存为”，将当前屏幕录制进行保存。

任务实战

1. 新建或从网上下载一个演示文稿，对照课本练习输入与编辑文本，表格、图表、图形与图像的编辑和插入媒体剪辑等操作。

2. 打开“个人应聘简历 . pptx”，在大纲视图对每张幻灯片添加一级标题。

3. 将每张幻灯片要展示的素材插入到相应的幻灯片中。

4. 对每张幻灯片进行细节设计，包括每页关键词和重点要点提炼、每页版式和美工设计，展示形式要简洁明了，重点突出，切忌不要长篇大论，面面俱到。

细节设计是个细功夫，也最能体现设计和审美能力，平时多看一些优秀的艺术作品，学习一些色彩搭配知识，对制作 PPT 将会大有帮助。

5. 放映幻灯片观看效果，保存演示文稿。

任务五　演示文稿的动画设置

学习任务

熟练掌握设置幻灯片切换、对象的动画效果、超链接和动作按钮等操作。

相关知识

一、动画效果设置

幻灯片中对象的动画效果分为三类：对象出现时的进入动画、对象在展示过程中的强调动画和对象退出幻灯片时的退出动画。

1. 添加动画效果

选中幻灯片中的某个对象，如文本、图片等，单击“动画”选项卡“动画”组中的“其他”按钮，在展开的动画效果库中选择进入、强调或退出选项中的动画效果，再单击“效果”按钮，选择动画效果的方向，如图 5－46 所示。在“动画”选项卡的“预览”组中单击“预览”按钮，可以看到设置的动画效果。如果想对刚才的对象继续添加其他效果，可以单击“高级动画”组中的“添加动画”按钮进行设置，如图 5－47 所示，与首次添加动画效果操作相同。

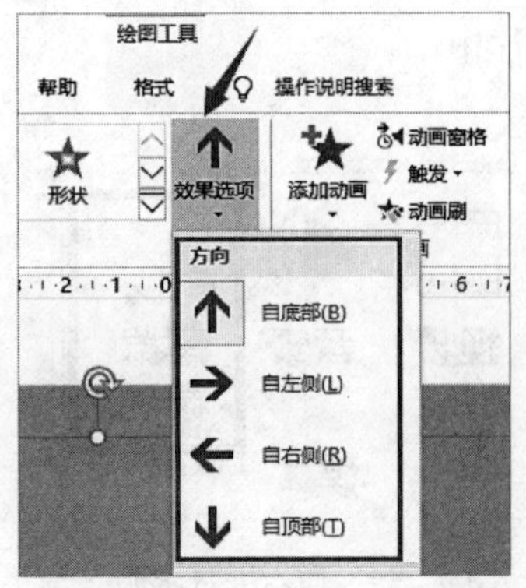

图 5－46　设置动画效果方向

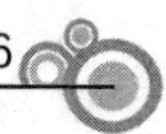

2. 利用动画窗格设置动画效果

利用“动画窗格”功能可以调整动画的播放顺序、控制动画的播放方式、播放时间等。单击“动画”选项卡“高级动画”组中的“动画窗格”按钮，在动画窗格中按照动画播放顺序列出了当前幻灯片中的所有动画效果。

图 5－47　对同一对象再次添加动画效果

(1) 单击动画窗格中的“全部播放”按钮，将按顺序播放当前幻灯片中的所有对象动画；在动画窗格中选择某个对象动画，然后单击“播放自”按钮，将播放所选对象及后面对象的动画效果，如图 5－48 所示。

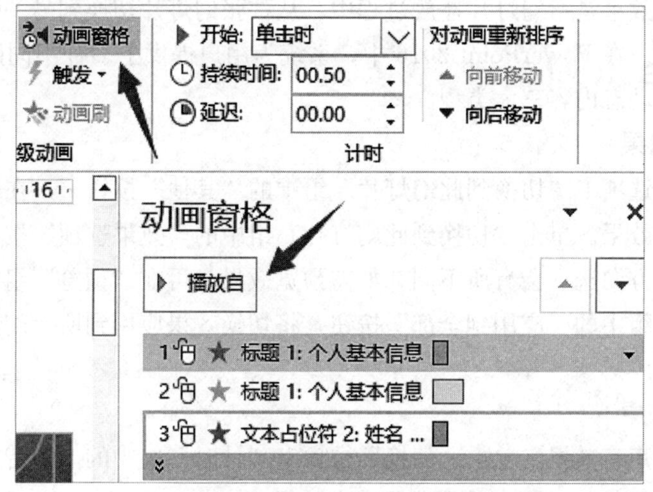

图 5－48　播放幻灯片中的动画

(2) 对象上出现的带有编号的动画图标，表示动画播放的先后顺序。在动画窗格中按住鼠标拖动某个动画选项，能够改变动画播放的顺序；在“动画”选项卡“计时”组中的“对动画重新排序”选项中，单击“向前移动”或“向后移动”按钮，也可对动画的播放顺序进行调整，如图 5－49 所示。

(3) 使用鼠标拖动时间条左右两侧的边框改变时间条的长度，即可改变动画播放时长，如图 5－50 所示；将鼠标放到时间条上，会显示动画开始和结束的时间，在时间条中间位置拖动将改变动画开始的延迟时间。

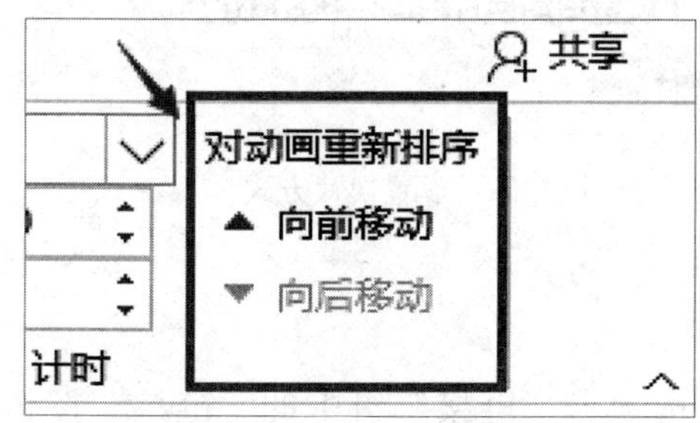

图 5－49　对动画重新排序

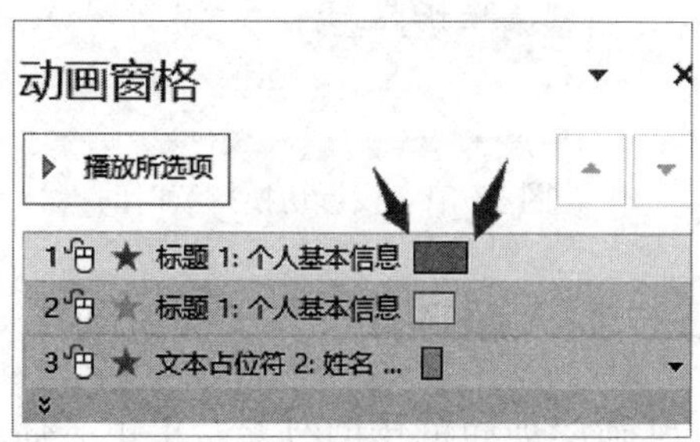

图 5－50　改变动画播放时长

（4）单击某个动画选项右侧的下三角按钮，在下拉列表中选择“效果选项”或“计时”，在打开的对话框中对动画效果或动画计时进行更详细设置。

3. 利用动画刷设置动画效果

选择添加了动画效果的对象，单击“动画”选项卡“高级动画”组中的“动画刷”按钮，再单击幻灯片中的另一个对象，动画效果就复制给该对象。若双击“动画刷”按钮，可以连续多次向其他对象复制该动画效果。完成所有对象的动画效果复制后，再次单击“动画刷”按钮结束复制。

二、设置幻灯片切换效果

幻灯片的切换效果是指幻灯片播放过程中，从一张幻灯片切换到另一张幻灯片的时间效果、速度及声音等。在 PowerPoint 2016 中，系统为用户提供了多种不同的切换效果，包括细微型、华丽型、动态内容三大类型。

1. 添加切换效果

单击“切换”选项卡“切换到此幻灯片”组中的“其他”按钮，在展开的切换效果库中选择所需的一种效果。单击“切换到此幻灯片”组中的“效果选项”按钮，选择切换效果方向，每种效果的方向选项会有所不同。如需预览效果，可在“预览”组中单击“预览”按钮。单击“计时”组中的“应用到全部”按钮，将切换效果应用到所有幻灯片，默认为应用到当前幻灯片。

2. 编辑切换效果

（1）设置切换声音效果。单击“切换”选项卡“计时”组中的“声音”选项右侧的下三角按钮，在展开的下拉列表中选择所需声音效果。

（2）设置切换持续时间。单击“计时”组中“持续时间”右侧的微调按钮，设置幻灯片切换的速度，如图 5－51 所示。

（3）设置换片方式。在“计时”组中的“换片方式”选项中，可选择单击鼠标时换片或设置自动换片时间，如图 5－52 所示。

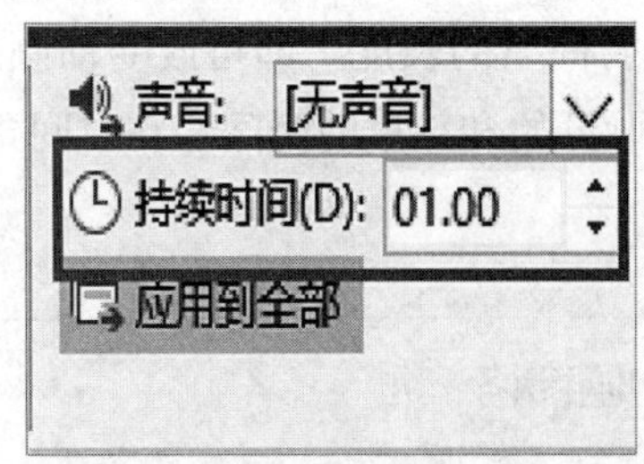

图 5－51　设置切换持续时间

图 5－52　设置换片方式

三、插入超链接

选中需添加超链接的对象，单击“插入”选项卡“链接”组中的“链接”按钮，如图 5－53 所示，打开“插入超链接”对话框。

1. 链接同一演示文稿中的幻灯片

单击“链接到”列表框中的“本文档中的位置”，选择需链接的幻灯片，单击“确定”按钮。

2. 链接到其他文件或网页

单击“链接到”列表框中的“现有文件或网页”，如图 5－54 所示，选择需链接的文件或在地址框中直接输入需要链接的网址，单击“确定”按钮。

3. 链接到新建文档

单击“链接到”列表框中的“新建文档”，设置新建文档的位置和名称，名称如果不输入扩展名，默认为新建 PPT 文件，勾选“开始编辑新文档”，单击“确定”按钮，进入新文档的编辑界面，编辑完保存即可。

4. 链接到电子邮件

单击“链接到”列表框中的“电子邮件地址”，输入邮件的地址和主题文本，单击“确定”按钮，实现此功能需提前在电脑上安装邮件收发软件。

图 5－53　插入超链接

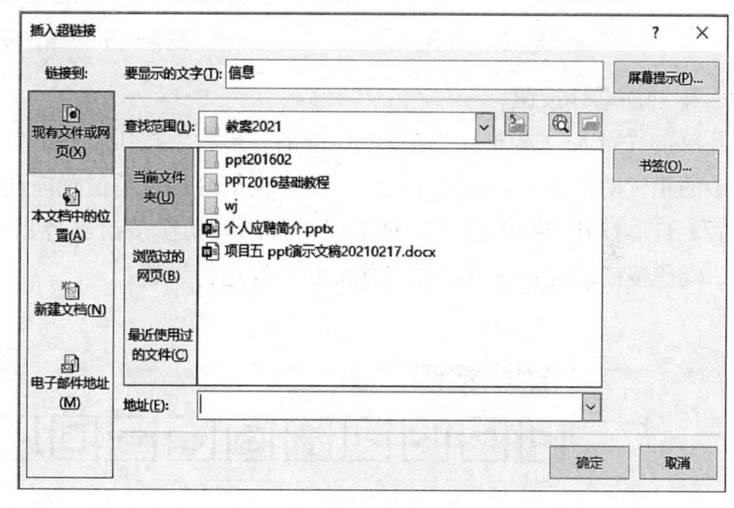

图 5－54　“插入超链接”对话框

四、插入动作与动作按钮

PPT 中动作和超链接有着异曲同工之妙。用户可以通过为对象添加动作或直接添加形状中的动作按钮，对幻灯片的播放过程进行控制。

1. 添加动作

选中需要添加动作的对象，单击“插入”选项卡“链接”组中的“动作”按钮，如图 5－55 所示，打开动作“操作设置”对话框，对单击鼠标和悬停鼠标时的动作进行设置，如图 5－56 所示。

“超链接到”：链接到某张幻灯片、网页、其他文件等；

“运行程序”：打开一个程序；

“播放声音”：将所选声音作为动作的提示音。

完成设置后，单击“确定”按钮。

图 5－55 插入动作

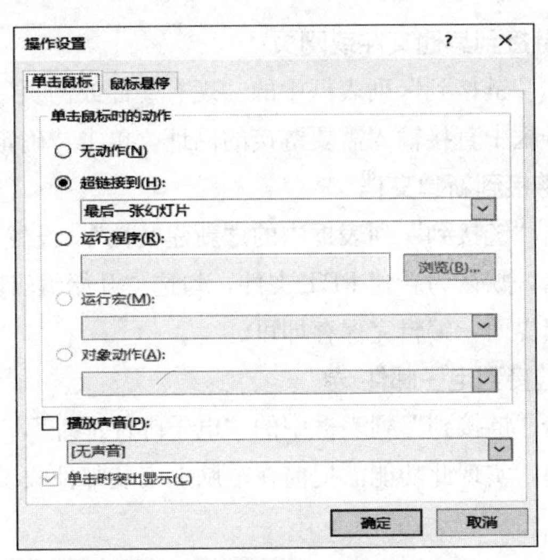

图 5－56 “操作设置”对话框

2. 添加动作按钮

单击“插入”选项卡“插图”组中的“形状”按钮，在下拉列表中选择“动作按钮”选项中的相应动作按钮，如图 5－57 所示，在幻灯片合适位置拖动鼠标绘制动作按钮，绘制完成后，自动打开“操作设置”对话框，可以对动作按钮进行相关设置，与添加动作操作相同。动作按钮的样式也可以像其他形状一样进行设置。

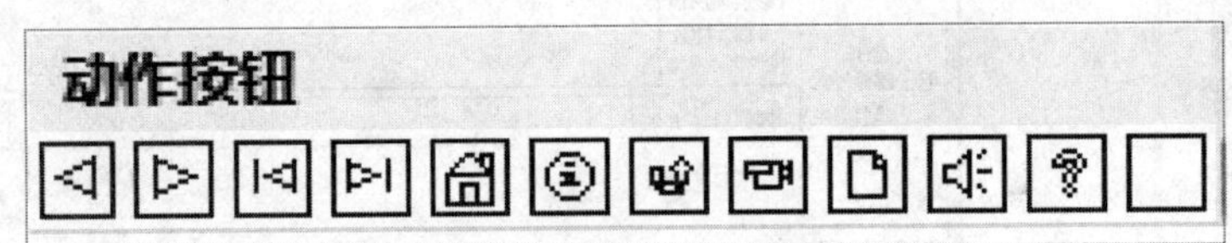

图 5－57 插入动作按钮

任务实战

1. 新建或打开一个从网上下载的演示文稿，对照课本练习设置幻灯片切换、幻灯片中对象的动画效果、超链接和动作按钮等操作。

2. 打开“个人应聘简历.pptx”，选择一种切换效果，设置幻灯片的切换方式为单击鼠标时换片，并应用到全部幻灯片。

3. 给幻灯片中的某些对象适当添加动画效果。

4. 在幻灯片母版视图下统一给每张幻灯片（封面页除外）添加一个“返回”动作按钮，设置动作为单击时返回封面页。

5. 放映幻灯片观看效果，保存演示文稿。

任务六 演示文稿的放映与输出

学习任务

熟练掌握设置幻灯片放映方式、放映演示文稿、控制放映过程、设置幻灯片放映时间、演示文稿的打包等操作，了解演示文稿的输出、打印及共享等其他一些功能。

相关知识

一、设置放映方式

单击“幻灯片放映”选项卡“设置”组中的“设置幻灯片放映”按钮，如图 5－58 所示，打开“设置放映方式”对话框，如图 5－59 所示，对放映方式进行相关设置。

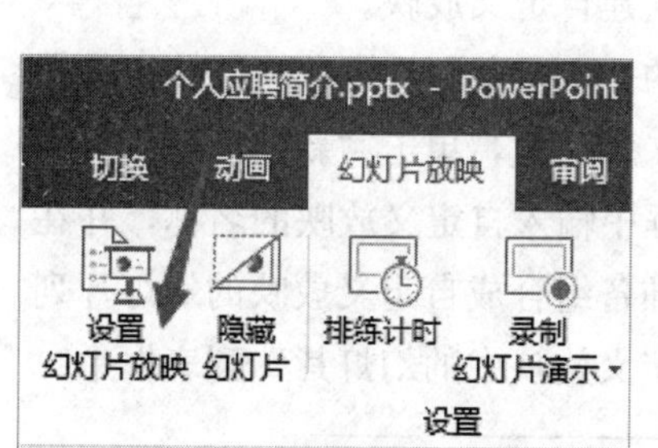

图 5－58 设置幻灯片放映

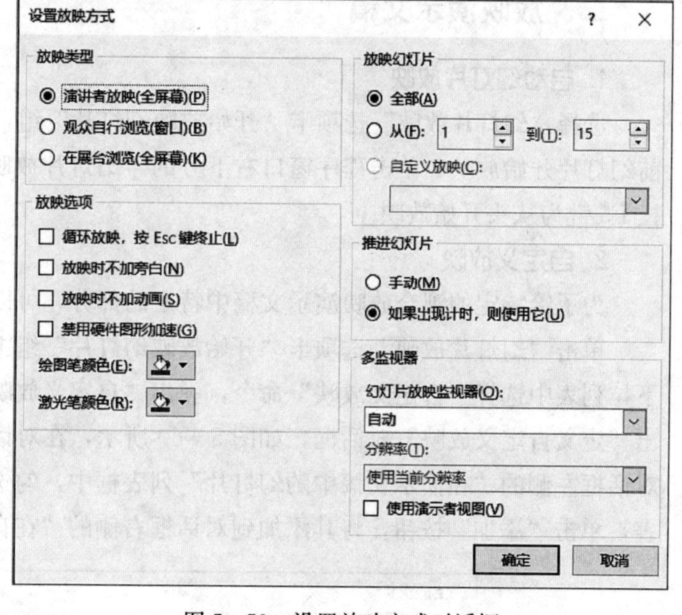

图 5－59 设置放映方式对话框

1. 设置放映类型

在“放映类型”选项中根据需要选择相应放映类型。

演讲者放映：是默认放映类型，放映时幻灯片呈全屏显示，适合在演讲或讲解的场合下放映，演讲者具有全部控制权。

观众自行浏览：是一种让观众自行观看幻灯片的放映类型，在标准窗口中显示幻灯片的放映情况，适合在展厅展示的场合下进行。

在展台浏览：与演讲者放映类型下显示的界面相同，但不需要演讲者操作，适合多人观看但没有演讲者的场合下进行，按 Esc 键终止放映。

2. 设置放映选项

在“放映选项”中根据需要选择“循环放映，按 Esc 键终止”“放映时不加旁白”“放映时不加动画”“禁用硬件图形加速”以及设置绘图笔和激光笔颜色。

3. 设置放映范围

在“放映幻灯片”选项中根据需要选择全部放映、从第几页到第几页放映或自定义放映。

4. 设置推进幻灯片方式

在“推进幻灯片”选项中根据需要选择手动或按排练计时放映。

5. 设置多监视器

在“多监视器”选项中根据需要选择幻灯片放映监视器（有多台监视器时设置）、分辨率以及是否使用演示者视图。

如演示者想在放映时能在自己放映的电脑上看到幻灯片备注内容，而观众在同步演示的其他监视器上看不到，就可勾选“使用演示者视图”进行放映。

二、放映演示文稿

1. 启动幻灯片放映

选择“幻灯片放映”选项卡“开始放映幻灯片”组，根据需要选择从头开始放映或从当前幻灯片开始放映；单击程序窗口右下方的“幻灯片放映”按钮，从当前幻灯片放映；按 F5 键为从头开始放映。

2. 自定义放映

为了给特定的观众放映演示文稿中特定的部分，可以创建自定义放映。

单击“幻灯片放映”选项卡“开始放映幻灯片”组中的“自定义幻灯片放映”按钮，在下拉列表中选择“自定义放映”命令，弹出“自定义放映”对话框，单击“新建”命令，弹出“定义自定义放映”对话框，如图 5－60 所示，在对话框中输入自定义放映的名称，并在对话框左侧的“在演示文稿中的幻灯片”列表框中，勾选准备组合成自定义放映的幻灯片列表，单击“添加”按钮，将其添加到对话框右侧的“在自定义放映中的幻灯片”列表框中。

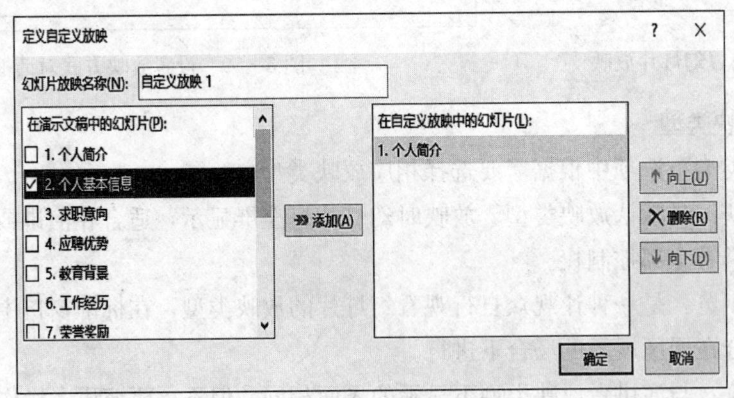

图 5－60　定义自定义放映对话框

选择右侧列表框中的幻灯片列表，单击“删除”按钮，可以将已经添加的自定义幻灯片删除。编辑完成，单击“确定”按钮。

单击“幻灯片放映”选项卡“开始放映幻灯片”组中的“自定义幻灯片放映”按钮，在下拉菜单中选择设置的自定义放映标题，如图 5－61 所示，即可进行自定义放映。

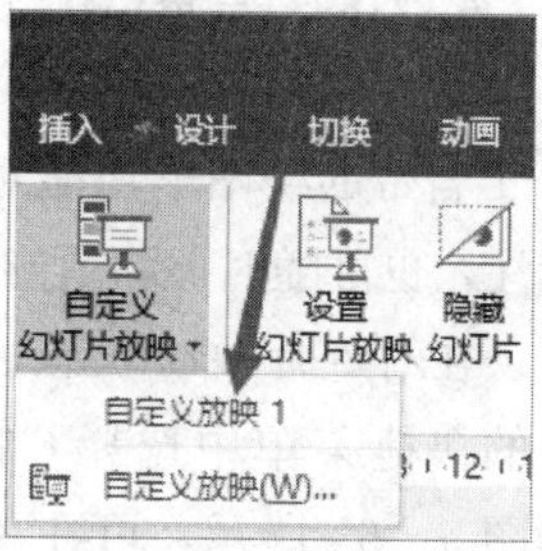

图 5－61　进行自定义放映

三、控制放映过程

1. 控制幻灯片放映

在幻灯片放映过程中，可以利用鼠标或键盘控制幻灯片放映。

单击鼠标左键，切换到下一页，或右键单击，在快捷菜单中选择放映选项。

按 Home 键切换到第 1 张幻灯片，按 End 键切换到最后一张幻灯片，按 Enter 键可以顺序放映，按方向键可以前进或后退放映，按 Esc 键结束幻灯片放映。

2. 录制语音旁白

通过录制语音旁白，可以在幻灯片放映时播放语音讲解说明。

在普通视图或幻灯片浏览视图中，单击“幻灯片放映”选项卡“设置”命令组中的“录制幻灯片演示”按钮，在下拉列表中选择“从当前幻灯片开始录制”或“从头开始录制”，如图 5－62 所示，弹出“录制幻灯片演示”对话框，单击“开始录制”按钮，进入幻灯片放映状态，这时可对着话筒讲出旁白的内容，同时在弹出的“录制”对话框中会显示时间，单击幻灯片或按 Enter 键切换到下一张幻灯片继续录制。对需要录制旁白的每张幻灯片重复执行此过程，按 Esc 键退出录制。切换到幻灯片浏览视图，可看到录制旁白的幻灯片右下方会出现一个声音图标。

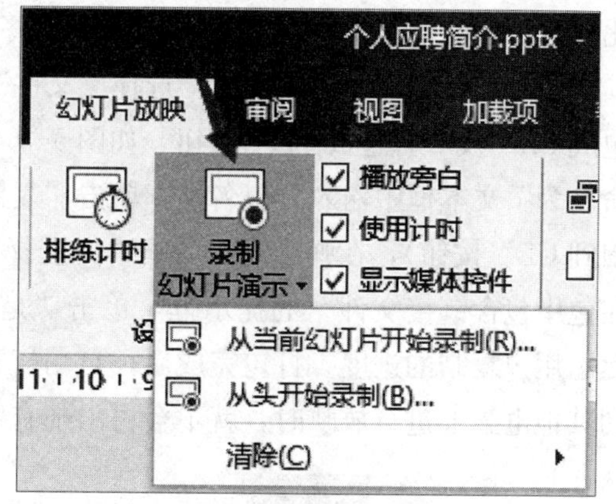

图 5－62　录制语音旁白

3. 排练计时

使用排练计时，可以将每张幻灯片放映所使用的时间记录下来，并保存这些计时，用于自动放映。

单击“幻灯片放映”选项卡“设置”组中的“排练计时”按钮，将会自动进入放映排练状态，可单击录制控制区的相应按钮控制录制的过程。在放映幻灯片中单击，排练下一个动画效果或下一张幻灯片出现的时间。排练结束后将显示提示对话框，询问是否保留排练时间，如果单击“是”，切换到幻灯片浏览视图，在每张幻灯片缩略图右下角会显示之前排练的每张幻灯片的放映时间。

4. 对幻灯片进行标注

在幻灯片放映过程中，演讲者可以用PPT自带的绘图笔功能对幻灯片内容进行标注，也可随时擦除笔迹。

在幻灯片放映状态，右键单击，在弹出的快捷菜单中选择“指针选项”命令，如图5-63所示，可在“箭头选项”下设置箭头是否隐藏，也可选择笔形、颜色，对当前正在演示的幻灯片进行标注，当前幻灯片标注完成后，继续播放后面的幻灯片，结束放映时，会弹出对话框，提示是否放弃或保留标注内容。

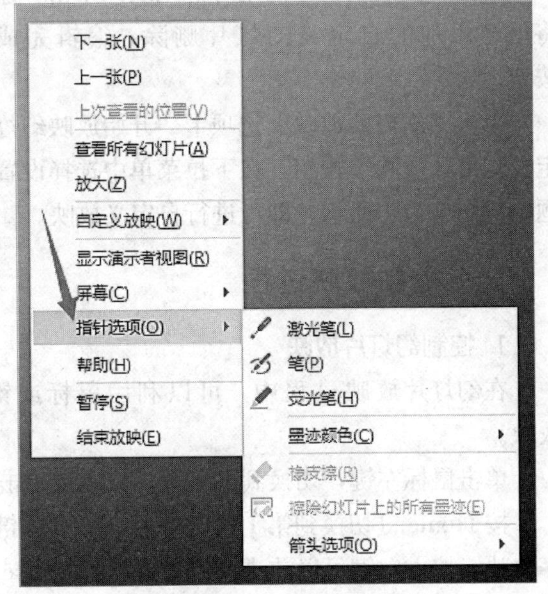

图5-63 设置标注指针选项

四、演示文稿的打包

当把一个链接有音频、视频等多媒体对象的演示文稿放到其他电脑上放映时，经常会出现有些对象不能正常播放的情况，一般是因为演示文稿中链接对象的路径发生了变化或是演示电脑上没有安装PowerPoint程序，这些问题都可以通过将演示文稿打包来解决。

打开需要打包的演示文稿，选择“文件”选项卡的“导出”选项，单击“将演示文稿打包成CD”及“打包成CD”按钮，如图5-64所示，弹出“打包成CD”对话框，在“将CD命名为”文本框中输入打包名称，单击“复制到文件夹”按钮（若想刻录到CD，单击“复制到CD”按钮），在弹出的对话框中，选择保存路径，单击“确定”按钮，出现“是否要在包中包含链接文件”的提示框，单击“是”，弹出“正在将文件复制到文件夹”对话框，提示用户复制的进度。打包完成后，自动打开打包文件所在文件夹。将整个打包文件夹拷贝到其他电脑上进行放映时，就不会再出现有些链接对象不能正常播放的情况。

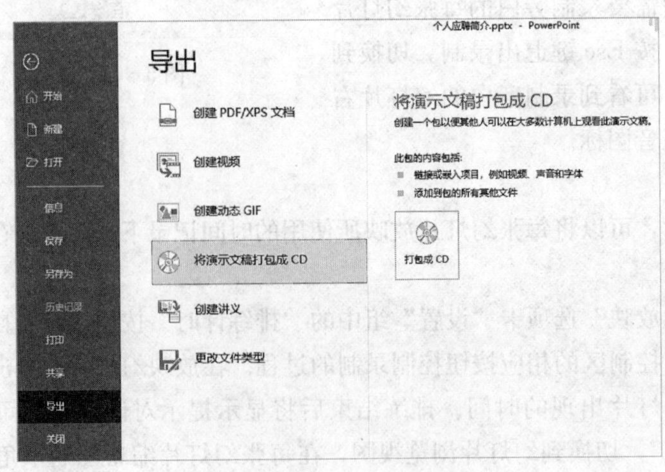

图5-64 打包演示文稿

五、演示文稿的其他功能

1. 将演示文稿转换为自动放映格式

将演示文稿转换为自动放映格式后，双击自动放映文件，就可自动进入幻灯片放映状态而无须启动 PPT 程序。自动放映格式演示文稿扩展名为“.ppsx”。

（1）打开演示文稿，单击“文件”→“导出”→“更改文件类型”，双击“PowerPoint 放映（*.ppsx）”选项，打开“另存为”对话框，设置文件保存路径和文件名，单击“保存”按钮。

（2）打开演示文稿，单击“文件”→“另存为”→“浏览”，打开“另存为”对话框，设置文件保存路径和文件名，在“保存类型”下拉列表中选择“PowerPoint 放映（*.ppsx）”，单击“保存”按钮。

2. 将演示文稿发布为视频格式

打开演示文稿，单击“文件”→“导出”→“创建视频”，选择视频分辨率、是否使用录制的计时和旁白或手动设置放映每张幻灯片的秒数，单击“创建视频”按钮，在弹出的“另存为”对话框中设置保存路径和视频文件名，单击“保存”按钮，返回演示文稿界面，在底部的状态栏中会显示制作视频的进度。完成视频创建后，在保存位置双击视频文件，即可播放。

3. 将演示文稿发布为 PDF/XPS 文档

将演示文稿发布为 PDF/XPS 文档，可以更准确地保存演示文稿中原有的格式，而且不易被编辑。

打开演示文稿，单击“文件”→“导出”→“创建 PDF/XPS 文档”，单击“创建 PDF/XPS”按钮，在“发布为 PDF 或 XPS”对话框中设置保存路径和文档名称，在保存类型选择 pdf 或 xps 文档，单击“选项”按钮，在弹出的“选项”对话框中进行发布的一些相关设置，设置完成单击“确定”按钮，返回到“发布为 PDF 或 XPS”对话框，再单击“发布”按钮，系统将用默认的 PDF 阅读器或 XPS 查看器自动打开创建好的文档。

4. 演示文稿的打印

（1）幻灯片大小设置。在默认情况下，演示文稿的尺寸是和投影仪相匹配的。如果需要将幻灯片打印到纸张上，则需要根据纸张的大小来设置幻灯片的页面。

打开演示文稿，单击“设计”选项卡“自定义”组中的“幻灯片大小”按钮，在打开的列表中选择“自定义幻灯片大小”选项，此时将打开“幻灯片大小”对话框，如图 5－65 所示，完成设置后单击“确定”按钮关闭对话框。

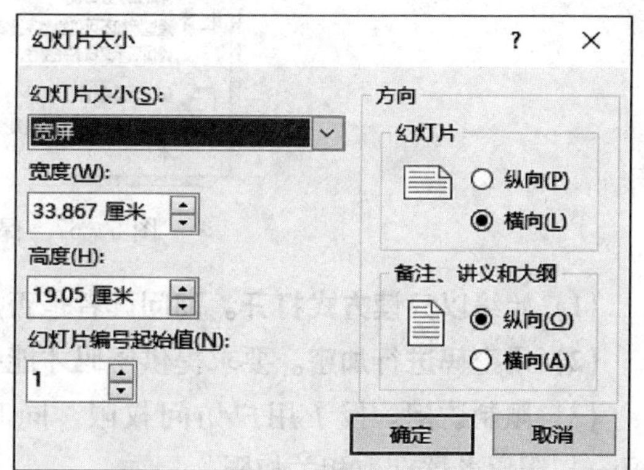

图 5－65　设置幻灯片大小

如需打印演示文稿，最好在创建演示文稿时就先设置好页面大小，以方便设计版面，避免打印时重新调整。

（2）设置打印效果。 打开演示文稿，单击“文件”→“打印”，在中间打印窗格列表中设置打印份数、打印机选择、打印范围、打印版式、单双面打印以及打印颜色设置等，如图 5－66 所示，在右侧的窗格中可以预览幻灯片打印效果。

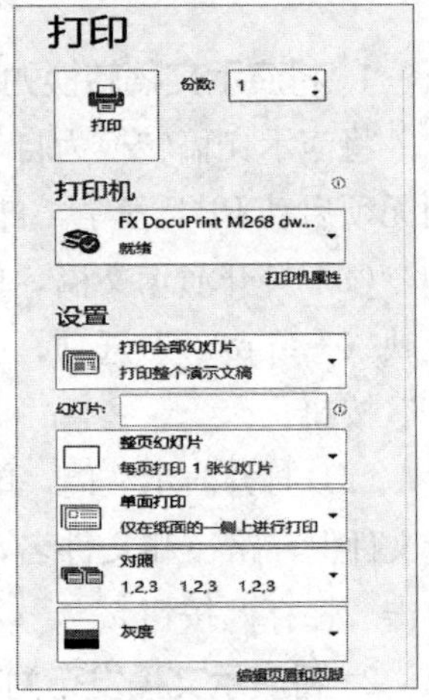

图 5－66　打印窗格

单击中间打印窗格中的“打印机属性”链接，在打开的“打印机属性”对话框中，对打印选项进行更详细的设置，设置完成单击“确定”按钮。

单击中间打印窗格底部的“编辑页眉和页脚”链接，打开“页眉和页脚”对话框，设置需要打印的页眉和页脚的内容，单击“全部应用”按钮关闭对话框。

全部设置好以后，单击中间打印窗格上部的“打印”按钮进行打印。

5. 保护演示文稿

如果创建的演示文稿不希望被他人随意查看、编辑或修改，可以对演示文稿设置保护权限。

打开演示文稿，单击“文件”→“信息”→“保护演示文稿”，在下拉列表中根据需要选择相应保护选项，如图 5－67 所示。

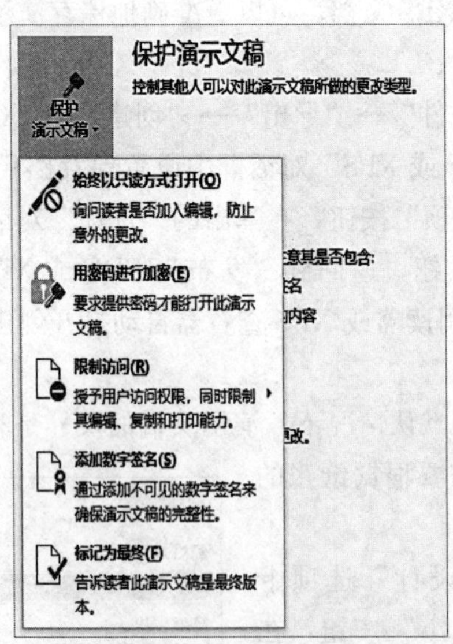

图 5－67　保护演示文稿

（1）始终以只读方式打开。 询问读者是否加入编辑，防止意外更改。

（2）用密码进行加密。 要求提供密码才能打开演示文稿。

（3）限制访问。 授予用户访问权限，同时限制其编辑、复制和打印能力，需要连接 Office权限服务器获取相关权限。

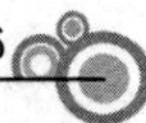

(4) 添加数字签名。通过添加不可见的数字签名来确保演示文稿的完整性。要创建数字签名，需要具有用于证实身份的签名证书。

(5) 标记为最终。标记演示文稿是最终版本，可以防止编辑。

6. 检查演示文稿

打开演示文稿，单击“文件”→“信息”→“检查问题”，在下拉列表中根据需要选择相应检查选项，如图 5－68 所示。

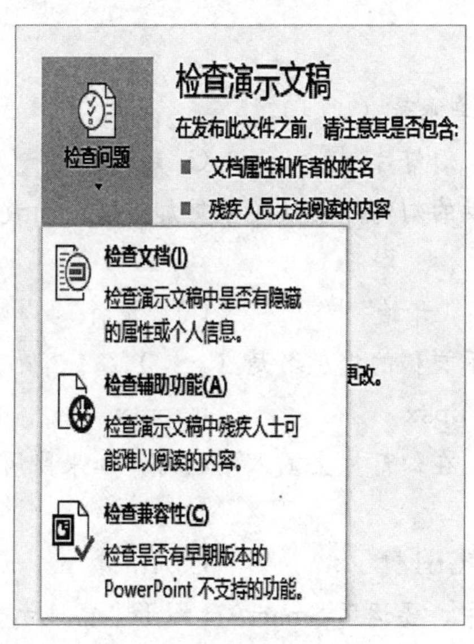

图 5－68　检查演示文稿

(1) 检查文档。检查演示文稿中是否有隐藏的属性或个人信息。

(2) 检查辅助功能。检查演示文稿中残疾人士可能难以阅读的内容。

(3) 检查兼容性。检查是否有早期版本的 PowerPoint 程序不支持的功能。

任务实战

1. 新建或从网上下载一个演示文稿，对照课本练习设置幻灯片放映方式、放映演示文稿、控制放映过程、设置幻灯片放映时间、演示文稿的打包等操作，了解 PPT 输出、打印及共享等其他一些功能。

2. 打开“个人应聘简历 .pptx”，为演示文稿录制语音旁白，设置排练计时，完成后执行打包操作。如果应聘时不需要去现场演示，提前把录制好语音旁白的图文声并茂的个人应聘简历演示文稿发给招聘单位，也是不错的选择。

3. 总结制作演示文稿的一般步骤。

✓ 收集优秀的演示文稿进行浏览学习。

✓ 对演示文稿内容进行构思。

✓ 按演讲思路编排好每页幻灯片的内容。

✓ 利用母版、背景和主题样式等对演示文稿进行整体风格统一设计。

✓ 对每张幻灯片进行细节设计。

✓ 给演示文稿适当添加动画和切换效果。

✓ 设置放映方式，打包输出。

练 习 与 思 考

一、单选题

1. 演示文稿的基本组成单元是（　　）。

A. 图形　　B. 幻灯片　　C. 超连点　　D. 文本

2. PowerPoint 2016 提供的幻灯片切换效果更加细腻、精致，下列（　　）选项卡可以帮助设置幻灯片的切换效果。

A. “切换”　　B. “开始”　　C. “设计”　　D. “动画”

3. PowerPoint 2016 演示文稿的扩展名是（　　）。

A. psdx　　B. ppsx　　C. pptx　　D. ppsx

4. PowerPoint 2016 中，在幻灯片上插入形状时，如果要用椭圆工具画出的图形为正圆形，应按（　　）。

A. Shift 键　　B. Ctrl 键　　C. Alt 键　　D. Tab 键

5. 在 PowerPoint 2016 中，要运用 SmartArt 图形丰富演示文稿构成，应该选择（　　）选项卡。

A. “设计”　　B. “幻灯片放映”　　C. “插入”　　D. “动画”

6. 当选中插入 PowerPoint 2016 中的形状时，立刻会增加（　　）选项卡。

A. “画图工具”→“格式”　　B. “图片工具”→“格式”

C. “绘图工具”→“格式”　　D. “格式”

7. PowerPoint 2016 中，添加新幻灯片的快捷键是（　　）。

A. Ctrl＋H　　B. Ctrl＋N　　C. Ctrl＋M　　D. Ctrl＋O

8. PowerPoint 2016 中，播放演示文稿的快捷键是（　　）。

A. Enter　　B. F5　　C. Alt＋Enter　　D. F7

9. 下列不属于 PowerPoint 2016 中“插入”选项卡所包含的组是（　　）。

A. 表格　　B. 图像　　C. 符号　　D. 主题

10. 在 PowerPoint 2016 中，要选取多张不连续的幻灯片，可在单击这些幻灯片时按（　　）。

A. Shift 键　　B. Alt 键　　C. Ctrl 键　　D. Shift 键和 Alt 键

11. 演示文稿中的每张幻灯片都是基于某种（　　）创建的，它预定义了新建幻灯片的各种占位符布局情况。

A. 版式　　B. 模板　　C. 母版　　D. 幻灯片

12. 要调整 PowerPoint 2016 的分辨率，则使用（　　）选项卡。

A. “文件” B. “设计” C. “视图” D. “幻灯片放映”

13. 演示文稿中的每一张演示的单页称为（ ），它是演示文稿的核心。

A. 版式 B. 模板 C. 母版 D. 幻灯片

14. 在 PowerPoint 2016 中，“28”号字体比“11”号字体（ ）。

A. 大 B. 小 C. 有时大，有时小 D. 一样

15. 可以为一种对象设置（ ）动画效果。

A. 一种 B. 不多于两种 C. 多种 D. 以上都不对

二、填空题

1. PowerPoint 2016 演示文稿文件的扩展名是（ ），自动放映文件的扩展名是（ ）。

2. 在 PowerPoint 2016 中，为了在切换幻灯片时添加声音，可以使用“切换”选项卡“（ ）”组中的“声音”命令。

3. 如要在幻灯片浏览视图中选择多张幻灯片，应先按（ ）键，再分别单击各张幻灯片。

4. 在 PowerPoint 2016 中提供了左对齐、右对齐、居中对齐、（ ）、（ ）五种对齐方式。

5. 在 PowerPoint 2016 中，完成了演示文稿的制作后，应该把演示文稿提前进行（ ）操作，以方便在没有安装 PowerPoint 的机器上演示。

6. 母版是一张特殊的幻灯片，在其中可以定义整个演示文稿幻灯片的（ ），控制演示文稿的（ ）。

7. 如果想在一个演示文稿的所有幻灯片的右上角加上一个公司徽标，可以在（ ）中插入。

8. 自定义动画时，可以为幻灯片添加进入、退出、（ ）与（ ）动画效果。

9. 要设置幻灯片放映时的切换效果，应使用（ ）选项卡中的命令。

10. 新建一个演示文稿时第一张幻灯片的默认版式是（ ）。

三、项目实施

根据所学 PowerPoint 2016 的相关知识，学习优秀案例，完成以下演示文稿的制作，要求简洁、实用、个性、美观，适当运用动画和切换效果。

1. 毕业论文答辩 PPT。

2. 与专业相关的研究小课题展示 PPT。

3. 工作学习总结 PPT。

制作 PPT 没有唯一标准，具体情况具体分析，只要把握住实用二字，多学多用，就一定能制作出优秀的 PPT。同学们，加油吧！

项目六

计算机网络应用与信息检索

项目导读

计算机网络是计算机技术与通信技术高度发展、紧密结合的产物。它的诞生和发展推动了信息传播方式，改变了人们的工作、生活和思维方式，使人们可以不受时间和空间限制地工作、学习、交流和娱乐。计算机网络在当今社会中起着非常重要的作用，已经成为人们社会生活的一个重要组成部分，对人类社会的进步做出了巨大的贡献。

本项目使大家逐步认识计算机网络，学会使用浏览器浏览信息和信息检索的方法，了解HTML常用标记，学会使用电子邮箱收发、管理邮件等网络应用。

学习目标

1. 了解计算机网络的发展、基本概念、功能、组成和分类。
2. 了解计算机网络体系结构、硬件设备和软件协议。
3. 了解Internet基础知识，掌握Internet接入的方法。
4. 掌握Edge浏览器的使用方法，常见Internet应用的使用。
5. 掌握信息检索的方法，养成信息检索素养。
6. 掌握HTML标记语言的常用标记。

任务一　了解计算机网络基础

学习任务

了解网络的发展史和基本功能，了解计算机网络的组成、分类和计算机网络的拓扑结构以及各自的优缺点。

相关知识

计算机网络从20世纪60年代发展起步至今，经历了50年的发展历程。在这一发展过

程中，计算机技术与通信技术紧密结合，相互促进，共同发展，最终产生了计算机网络。

一、计算机网络的发展

计算机网络从产生到发展大体可以分为以下 4 个阶段。

1. 面向终端的计算机通信网络

20 世纪 50 年代，为了共享计算机主机资源，进行信息的综合处理，人们利用公用电话网将计算机主机通过线路控制器与多个远程终端相连接，达到多个终端远程共享一台计算机主机的目的，构成了面向终端的计算机通信网络。

2. 远程分组交换的计算机网络

20 世纪 60 年代末到 20 世纪 70 年代初，美国国防部高级研究计划署（ARPA）建立的 ARPANet 网投入使用，第一次实现了无限分组交换网与卫星通信网相结合构成的计算机网络系统，是现代计算机网络诞生的标志。第二代计算机网络是以分组交换网为中心的计算机网络，它与第一代计算机网络的区别：一是网络中通信双方都是具有自主处理能力的计算机，而不是终端机；二是计算机网络功能以资源共享为主，而不是以数据通信为主。

3. 体系结构标准化的计算机网络

1980 年 2 月，IEEE（美国电气和电子工程师学会）下属的 802 局域网络标准委员会宣告成立，并相继提出 IEEE 801.5～802.6 等局域网络标准草案。作为局域网络的国际标准，它标志着局域网协议及其标准化的确定，为局域网的进一步发展奠定了基础。1981 年国际标准化组织（ISO）在计算机通信网络的基础上，完成了网络体系结构与协议的研究，提出了开放系统互联参考模型 OSI/RM（open system interconnection/reference model），简称 OSI。

4. 以 Internet 为核心的宽带综合业务数字网

20 世纪 90 年代以后，计算机网络的发展更加迅速，新一代计算机网络在技术上最主要的特点是高速化和综合化。高速化是采用高宽带提高网络的传输速率。另外，虚拟网络 FDDI 及 ATM 技术的应用，使网络技术蓬勃发展并迅速走向市场，走进平民百姓的生活。

二、计算机网络的定义与功能

1. 计算机网络的定义

计算机网络是将地理位置不同的具有独立功能的多台计算机及其外部设备，通过通信线路连接起来，在网络操作系统、网络管理软件及网络通信协议的管理和协调下，实现资源共享和信息传递的计算机系统。所有网络都应包含以下 3 个要素：计算机系统、数据通信系统、网络软件及协议。

（1）计算机系统。为网络用户提供共享资源和服务的计算机。

（2）数据通信系统。连接网络基本模块的桥梁，提供各种连接技术和信息交换技术。

（3）网络软件及协议。网络的组织者和管理者，在网络协议的支持下，为网络用户提供各种服务。

2. 计算机网络功能

计算机网络使计算机的作用范围超越了地理位置的限制，实现了资源共享和数据通信，大大加强了计算机本身的信息处理能力。其主要功能如下：

（1）资源共享。资源共享是计算机网络的主要功能。“资源”主要指计算机软件、硬件和数据资源。“共享”指的是网络中的用户都能够部分或全部地享受这些资源，如共享巨型计算机、小型机、大容量磁盘、打印机等。软件资源和数据资源的共享可以充分利用已有的信息资源，减少软件的重复开发，避免大型数据库的重复建设。

（2）数据通信。数据通信是指计算机与计算机、计算机与终端之间，可以快速、可靠地进行数据、程序或文件等资源的传输。这是实现其他功能的基础，也是计算机网络最基本的功能。典型应用有电子邮件、传真、电子商务、远程数据交换、话音信箱、可视图文及遥测遥控等。

（3）提高系统的可靠性。当计算机联网后，各计算机可以在网络中互为后备，一旦某台计算机出现故障，则立刻切换至备份计算机，由备份计算机继续参与系统工作，完成数据处理。从而避免因单点失效对用户产生的影响，提高系统可靠性。由于数据和信息资源存放于不同的地点，还可防止操作失误或系统故障导致数据丢失，降低灾害对数据的破坏。

（4）均衡负荷和分布式处理。均衡负荷是指工作被均匀地分配给网络上的各台计算机。网络控制中心负责分配和检测。分布式处理是指通过网络将一件较大的工作分配给网络上多台计算机去共同完成。对解决复杂问题来讲，多台计算机联合使用并构成高性能的计算机体系。

三、计算机网络的组成与分类

1. 计算机网络的组成

计算机网络系统由网络硬件和网络软件两部分组成。

（1）网络硬件。网络硬件是计算机网络系统的物质基础。计算机网络硬件系统是由主机设备、网络互联设备和传输介质组成的。

① 主机设备。主机设备是网络中用户使用的主体设备，一般可分为服务器和客户机两类。服务器是提供计算服务、管理共享资源的设备。客户机又称工作站，用户通过它与网络交换信息，获取服务器所提供的各种服务和资源。客户机与服务器不同之处在于，服务器是为网络用户提供服务的，而客户机仅对操作该客户机的用户提供服务。

② 网络互联设备。网络互联就是将一个个的网络通过一定的网络互联设备连接在一起，以实现更大范围内的资源共享。常用的网络互联设备主要包括网卡、中继器、集线器、网桥、交换机和路由器。

网卡也称网络适配器，它是计算机与网络缆线之间的物理接口。服务器和客户机均需安装网卡。

中继器是一种放大模拟或数字信号的网络连接设备。

集线器的英文称为“HUB”，HUB 是一个多端口的转发器，主要作用是对接收到的数据信号进行整形再生，提供信号的扩大和中转功能，用以增加网络传输长度，扩大网络传输

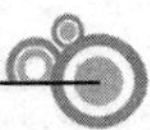

范围。

网桥也称桥接器，是连接两个局域网的一种存储/转发设备，起到数据接收、地址过滤与数据转发的作用，用来实现多个网络系统之间的数据交换。

交换机是一种用于电（光）信号转发的网络设备，它可以为接入交换机的任意两个网络结点提供独享的电信号通路，可以把一个网络从逻辑上划分成几个较小的段。

路由器又称网关设备，它能够连接多个不同的网络或网段，从而构成一个更大的网络，以实现更大范围内的信息传输。如图 6-1 所示为网络互联设备。

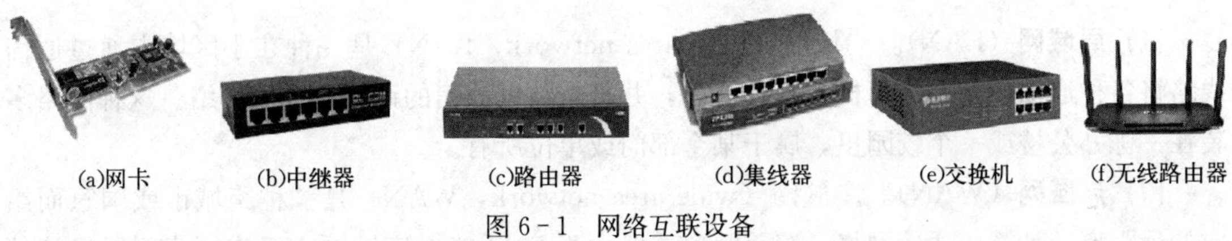

图 6-1　网络互联设备

③ 传输介质。网络传输介质是网络中传输信息的载体，常用的传输介质分为有线传输介质和无线传输介质两大类。

有线传输介质是在通信设备之间的连接介质，是导线或光纤等实际的物理介质，它能将信号从一方传输到另一方。常用的有线传输介质主要有双绞线、同轴电缆和光纤。双绞线和同轴电缆传输电信号，光纤传输光信号。传输介质如图 6-2 所示。

无线传输介质是指负责网络传输的传输介质，是各种波长的电磁波。电磁波根据频谱可将其分为无线电波、微波、红外线、激光、卫星微波等。

(2) 网络软件。网络软件是实现网络功能所不可缺少的软件环境。网络软件通常包括网络操作系统（network operating system，NOS)、通信软件和通信协议。

网络操作系统能够让服务器和客户机共享文件和打印功能，它们也提供其他的服务，如通信、安全性和用户管理。

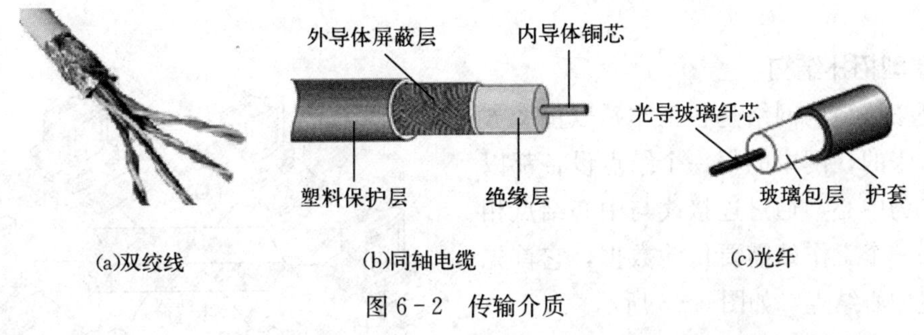

图 6-2　传输介质

通信软件是用以监督和控制通信工作的软件。它除了作为计算机网络软件的基础组成部分外，还可用作计算机与自带终端或附属计算机之间实现通信的软件。

网络通信协议是管理网络如何通信的规则。协议按网络所采用的协议层次模型组织而成，为网络设备之间的通信指定了标准。没有协议，设备不能解释由其他设备发送来的信号，数据也不能传输到任何地方。主要的网络协议组有 TCP/IP、IPX/SPX、NetBIOS 和 AppleTalk。

2. 计算机网络的分类

计算机网络可以从不同的角度对网络进行不同的分类，按传输介质划分可分为有线网、光纤网、无线网；按交换方式可分为电路交换网、报文交换网、分组交换网；按通信方式划分可分为广播式传输网络、点到点式传输网络；按服务方式划分可分为客户机/服务器网络、对等网。最常见的是按地理覆盖范围分类，可以分为局域网、广域网、城域网和国际互联网。

(1) 局域网（LAN）。局域网（local area network，LAN）是一种在小区域内通过通信线路将各种通信设备及计算机互联在一起，并进行数据通信的计算机通信网络。这种网络多装在一栋办公楼或一个校园里，属于某个部门或单位所有。

(2) 广域网（WAN）。广域网（wide area network，WAN）是一种跨城市或国家而组成的远距离的计算机通信网络，覆盖距离一般大于 50 千米。广域网广泛应用于国民经济的许多方面，如银行、邮电、铁路系统及大型网络会议系统。

(3) 城域网（MAN）。城域网（metropolitan area network，MAN）覆盖范围介于局域网和广域网之间，如整座城市。其覆盖距离介于 10～50 千米之间，往往由一个城市的电信部门或大公司控制。

(4) 国际互联网（Internet）。Internet 即通常所说的因特网，是一种连接世界各地的计算机网络的集合，也称为国际互联网，是全球最大的开放式计算机网络。通过 Internet 获取所需信息，现在已经成为一种方便、快捷、有效的手段，已经逐渐被社会大众普遍接受，Internet 的普及是现代信息社会的主要标志之一。

四、计算机网络的拓扑结构

计算机网络拓扑结构是通过网络中结点、结点与通信线路之间的连线来表示网络结构，反映网络中各实体的结构关系。常见的网络拓扑结构有星型、树型、总线型、环型、网状。

1. 星型拓扑结构

星型拓扑结构网络是各工作站以星型方式连接起来的，网中的每一个结点设备都以中间结点为中心，通过连接线与中心结点相连，如果一个工作站需要传输数据，它首先必须通过中心结点，如图 6-3 所示。

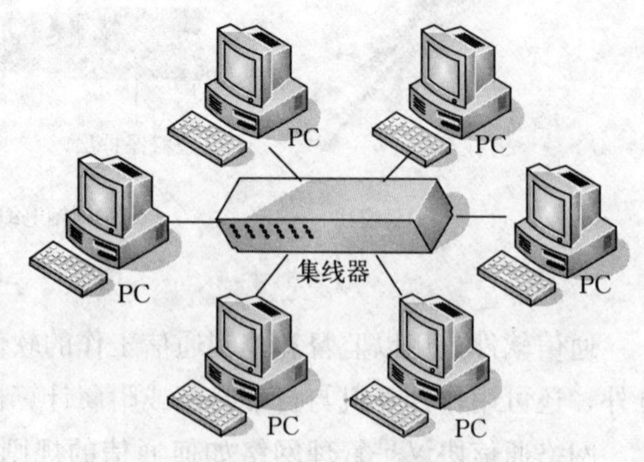

图 6-3 星型拓扑结构

2. 总线型拓扑结构

总线型拓扑结构网络是将各个结点设备和一根总线相连，网络中所有的结点工作站都是通过总线进行信息传输的，如图 6-4 所示。

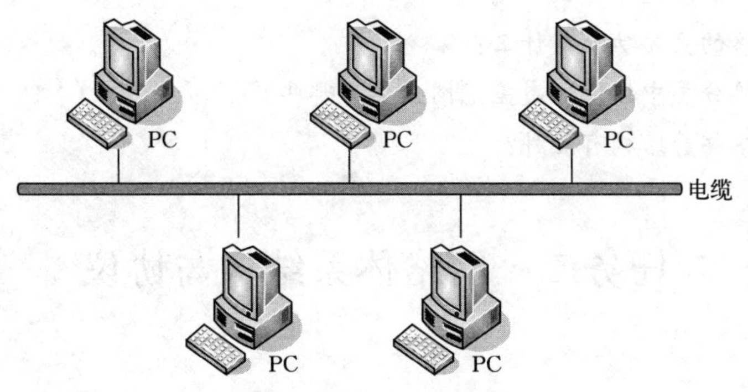

图 6－4　总线型拓扑结构

3. 环型拓扑结构

环型拓扑结构是网络中各结点通过一条首尾相连的通信链路连接起来的一个闭合环型结构网，如图 6－5 所示。最著名的环型拓扑结构网络是令牌环网（token ring）。

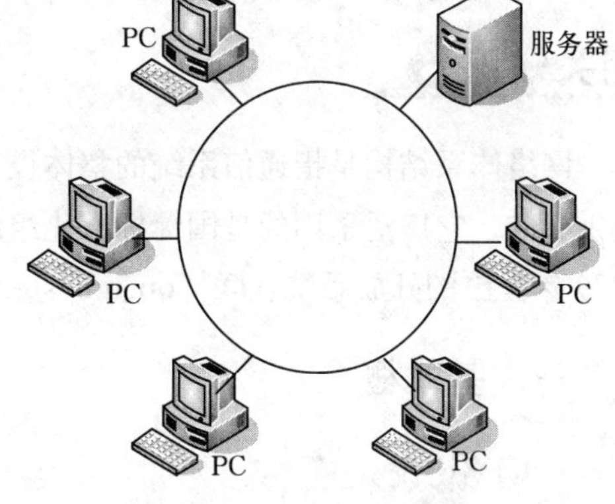

图 6－5　环型拓扑结构

4. 树型拓扑结构

树型拓扑结构实际上是星型拓扑结构的一种变种，它将原来的用单独链路直接连接的结点通过多级处理主机分级连接，又被称为分级的集中式网络。树型拓扑结构如图 6－6 所示。

5. 网状拓扑结构

计算机由一条或几条的直接线路连接的结构称为网状拓扑结构，如图 6－7 所示。在网状网络中，如果一个计算机或一段线缆发生故障，网络的其他部分依然可以运行。

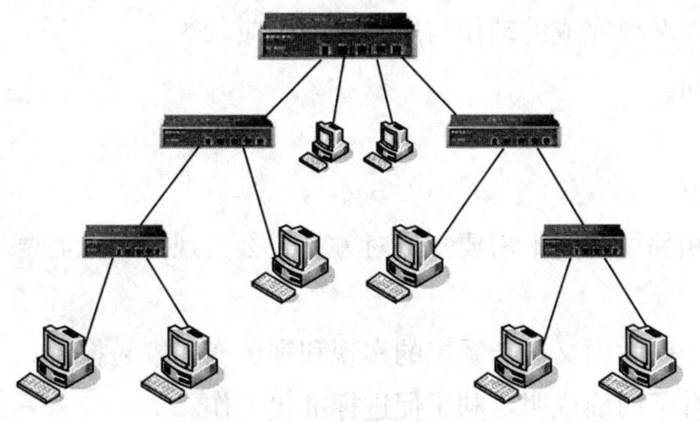
图 6－6　树型拓扑结构

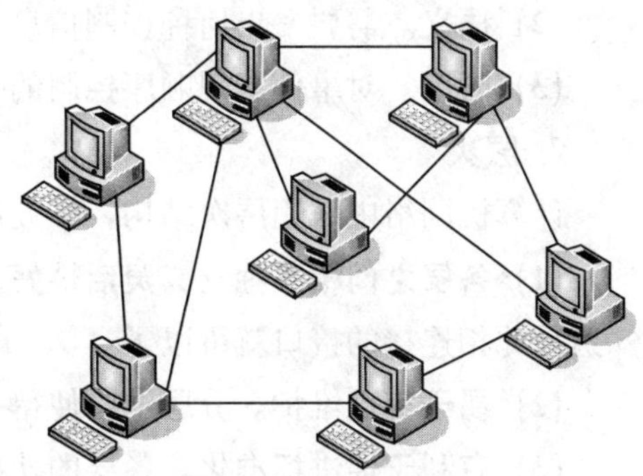
图 6－7　网状拓扑结构

任务实战

1. 计算机网络从产生到发展分为哪几个阶段？

2. 计算机网络的定义是什么？

3. 计算机网络的主要功能是什么？

4. 计算机网络分类中按地理覆盖范围分类有哪些？

5. 计算机网络拓扑结构有几种？

任务二　网络体系结构与协议

学习任务

了解网络体系结构与网络协议，了解 OSI 参考模型各层的功能，了解 TCP/IP 参考模型和 OSI 参考模型的对应关系。

相关知识

网络体系结构是指通信系统的整体设计，它为网络硬件、软件、协议、存取控制和拓扑提供标准。它广泛采用的是国际标准化组织（international standards organization，ISO）在 1979 年提出的开放系统互联（open system interconnection，OSI）的参考模型。

一、基本概念

1. 网络协议

协议（protocol）是一种通信约定。好像两个人之间说话交流，必须使用同一种语言一样，必须遵循相同的语法、语义等规则。

网络协议就是为实现网络中的数据交换建立的规则、标准或约定的集合，它主要由语法、语义和时序 3 部分组成，即协议的三要素。

（1）语法。 用户数据与控制信息的结构与格式。

（2）语义。 需要发出何种控制信息，以及要完成的动作与应做出的响应。

（3）时序。 对事件实现顺序控制的时间。

2. 层次

计算机网络中采用层次结构，好处如下：

（1）各层之间相互独立，灵活性好。 相邻层之间不需要知道对方是怎么实现的，只需要知道彼此相连接的接口就可以了。

（2）易于实现维护。 分层结构使得一个庞大而又复杂系统的实现和维护变得容易控制。

（3）有利于促进标准化。 各层的功能有了明确说明，利于促进标准化工作。

3. 接口

接口是结点内相邻层之间交换信息的连接点。同一结点的相邻层之间存在着明确规定的接口，低层次向高层次通过接口提供服务，完成高层次分配的任务。如日常计算机使用 USB 接口就是计算机主机与 USB 设备之间规定的接口。

4. 网络体系结构

网络体系结构是指计算机网络及其部件所应完成功能的一组抽象定义，是描述计算机网络通信方法的抽象模型结构，一般是指计算机之间相互通信的层次，以及各层中的协议和层次之间接口的集合。

二、OSI 参考模型

1974 年，IBM 公司提出了世界上第一个网络体系结构，称为系统网络体系结构（SNA）。1983 年，ISO 提出了 OSI 参考模型，它将计算机网络的各个方面分成互相独立的 7 层，描述了网络硬件和软件如何以层的方式协同工作，进行网络通信。

1. OSI 的分层结构

OSI 模型定义了不同计算机互联标准的框架结构，在 OSI 模型中，下一层为上一层提供服务，而各层内部的工作与相邻层无关，如图 6－8 所示。ISO 将整个通信功能划分为 7 个层次，分别为物理层、数据链路层、网络层、传输层、会话层、表示层和应用层。

应用层
表示层
会话层
传输层
网络层
数据链路层
物理层

图 6－8　OSI 的分层结构

2. OSI 模型各层的主要功能

OSI 模型的每层包含了不同的网络活动，各层之间相对独立，又存在一定的关系。

（1）物理层。OSI 模型的最底层，也是 OSI 分层结构体系中最重要和最基础的一层。该层建立在通信介质基础之上，实现设备之间的物理接口。

（2）数据链路层。OSI 模型的第二层，它控制网络层与物理层之间的通信。它的主要功能是如何在不可靠的物理线路上进行数据的可靠传递。为了保证传输，从网络层接收到的数据被分割成特定的可被物理层传输的帧。

（3）网络层。该层负责信息寻址及将逻辑地址和名字转换为物理地址，决定从源计算机到目的计算机之间的路由，并根据物理情况、服务的优先级和其他因素等确定数据应该经过的通道。

（4）传输层。该层通过一个唯一的地址指明计算机网络上的每个结点，并管理结点之间的连接；同时将大的信息分成小块信息，分别传送到接收结点并在接收结点将信息重新组合起来。传输层提供数据流控制和错误处理，以及与报文传输和接收有关的故障处理。

（5）会话层。该层允许不同计算机上的两个应用程序建立、使用和结束会话连接，并执行名字识别及安全性等功能，允许两个应用程序跨网络通信。

（6）表示层。该层确定计算机之间交换数据的格式，可以称其为网络转换器。它负责把网络上传输的数据从一种陈述类型转换到另一种类型，也能在数据传输前将其顺序打乱，并在接收端恢复。

（7）应用层。OSI 的最高层，是应用程序访问网络服务的窗口。本层服务直接支持用户的应用程序，如 HTTP（超文本传输）、FTP（文件传输）、WAP（无线应用）和 SMTP（简单邮件传输）等。

3. OSI 模型中的数据传输过程

当两个使用OSI参考模型的系统A和B相互进行通信时，其数据的传输过程如图6-9所示。

（1）当系统A的应用进程的数据传送到应用层时，应用层数据加上本层控制报头后，组织成应用层的数据服务单元，然后传输到表示层。

（2）表示层接收到这个数据单元后，加上本层控制报头，组成表示层的数据服务单元，再传送到会话层。依此类推，数据传送到传输层。

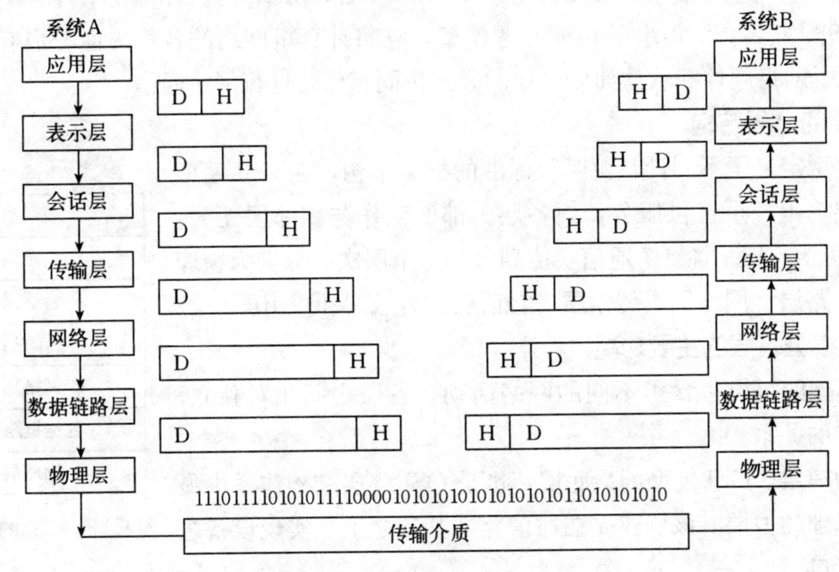

图6-9　两个系统间的数据传输

（3）传输层接收到这个数据单元后，加上本层的控制报头，构成传输层服务数据单元，称为报文。

（4）传输层的报文传送到网络层时，由于网络数据单元的长度有限，传输层长报文将被分成多个较短的数据字段，加上网络层的控制报头，构成网络层的数据服务单元，称为报文分组。

（5）网络层的分组传送到数据链路层时，加上数据链路层的控制信息，构成数据链路层的数据服务单元，称为帧。

（6）数据链路层的帧传送到物理层后，物理层将以比特流的方式通过传输介质传输出去。当比特流到达目的结点系统B时，再从物理层上传，每层对其本层的控制报头进行处理后，将用户数据上交高层，最后将系统A的应用数据传送给系统B的应用。

尽管系统A的数据在OSI环境中经过复杂的处理过程才能送到另一个系统B，但对于每台计算机的应用进程来说，这个处理过程是透明的，A的应用进程数据好像是直接传送给B的应用进程，这就是开放系统在网络通信过程中本质的作用。

三、TCP/IP 参考模型

传输控制协议/网际协议（transmission control protocol/internetwork protocol，TCP/IP）是

一组工业标准协议。

1. TCP/IP 的体系结构

TCP/IP 是一个 4 层的模型结构，自上而下依次为应用层、传输层、网络层和网络接口层。TCP/IP 参考模型与 OSI 参考模型的对应关系如图 6－10 所示。

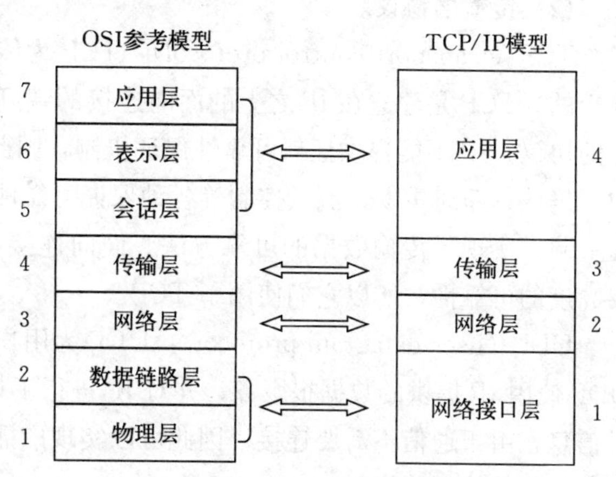

图 6－10　TCP/IP 模型

应用层：大致对应于 OSI 模型的应用层、表示层和会话层。应用层提供了一组常用的应用程序给用户。应用程序借助于协议（如 Winsock API 等）通过该层来利用网络。每个应用程序都有自己的数据形式，它可以是一系列的报文或字节流，但不管采用哪种形式，都要将数据传送给传输层以便交换。

传输层：对应于 OSI 模型的传输层，包括传输控制协议（TCP）及用户数据报协议（UDP），这些协议负责提供流控制、错误校验和排序服务。

网络层：对应于 OSI 模型的网络层，包括网际协议（IP）、网际控制报文协议（ICMP）、网际组报文协议（IGMP）及地址解析协议（ARP）。这些协议处理信息的路由以及主机地址解析。

网络接口层：大致对应于 OSI 模型的数据链路层和物理层。该层处理数据的格式化以及将数据传输到网络电缆。这一层的协议非常多，包括逻辑链路控制协议和媒体访问控制协议。

2. TCP/IP 各层中的协议

TCP/IP 是由一系列协议组成的，它是一套分层的通信协议。TCP/IP 组成的网络体系结构如图 6－11 所示。

应用层	Telnet、FTP、SMTP、DNS、HTTP 以及其他应用协议
传输层	TCP、UDP
网络层	IP、ARP、RARP、ICMP
网络接口	各种通信网络接口(以太网等)(物理网络)

图 6－11　TCP/IP 组成的网络体系结构

(1) 应用层协议。

Telnet：Telnet 为远程通信协议，用户的终端能够很容易地通过这个协议接入远程系统。

FTP（file transfer protocol）：FTP 为文件传输协议，协议用于主机之间文件的交换。

SMTP（simple mail transfer protocol）：SMTP 为简单邮件传输协议，实现主机之间电子邮件的传送。

DNS（domain name system）：DNS 为域名系统，实现主机名和 IP 地址的映射。

DHCP（dynamic host configuration protocol）：DHCP 为动态主机配置协议，实现对主机地址的分配和配置。

RIP（routing information protocol）：RIP 为路由信息协议，实现网络设备之间交换路由信息。

HTTP（hyper text transfer protocol）：HTTP 为超文本传输协议，实现 Internet 中客户机与 WWW 服务器之间的数据传输。

（2）传输层协议。

TCP（transport control protocol）：TCP 为传输控制协议，它是最主要的协议，是面向连接的。TCP 是建立在 IP 之上的面向连接的端到端的通信协议。由于 IP 是无连接的不可靠的协议，IP 不能提供任何可靠性保证机制，因此 TCP 的可靠性完全由自身实现。TCP 采取了确认、超时重发、流量控制等各种保证可靠性的技术和措施。TCP 和 IP 两种协议结合在一起，实现了传输数据的可靠方法。面向连接的服务（如 Telnet、FTP、SMTP 等）需要高度的可靠性，所以它们使用了 TCP。

UDP（user datagram protocol）：UDP 为用户数据报协议，是面向无连接的通信协议，UDP 使用 IP 提供的数据报服务，并对 IP 进行了扩充。UDP 数据包括目的端口号和源端口号信息，由于通信不需要连接，因此可以实现广播发送。

（3）网络层协议。

IP（Internet protocol）：IP 为网际协议，是最重要的一个网络层协议。IP 是 TCP/IP 协议簇的核心协议之一。IP 提供了无连接数据报传输和网际网路由服务。IP 的基本任务是通过互联网传输数据包，各个 IP 数据包之间是互相独立的。

ICMP（Internet control message protocol）：ICMP 为网际控制报文协议，是网络层的补充，可以回送报文，为 IP 提供差错报告，用来检测网络是否通畅。Ping 命令就是发送 ICMP 的 echo 包，通过回送的 echo relay 进行网络测试。

ARP（address resolution protocol）：ARP 为地址解析协议，它是正向地址解析协议，通过已知的 IP，寻找对应主机的 MAC 地址。

RARP（reverse address resolution protocol）：RARP 是反向地址解析协议，通过 MAC 地址确定 IP 地址。

3. TCP/IP 的特点

（1）开放的协议标准，可以免费使用，并且独立于特定的计算机硬件与操作系统，是目前异种网络之间通信使用的唯一协议体系。

（2）独立于特定的网络硬件，可以运行在局域网、广域网，更适用于互联网中。

（3）统一的网络地址分配方案，使得整个 TCP/IP 设备在网中都具有唯一的地址。

（4）标准化的高层协议，可以提供多种可靠的用户服务。

任务实战

1. 什么是网络协议？网络协议的三要素是什么？

2. ISO 将整个通信功能划分为哪几个层次？

3. TCP/IP 是分层模型结构，自上而下依次分为哪些层？

4. TCP/IP 各层中的协议中应用层协议有哪些？传输层协议有哪些？

任务三　Internet 基础与应用

学习任务

1. 了解 Internet 的概念和服务，掌握 TCP/IP 和配置；通过 LAN 的方式接入 Internet，并使用 IE 浏览器访问网络资源。

2. 学会浏览器的使用技巧，了解 Internet 提供主要应用。

相关知识

Internet 是全世界最大的国际计算机互联网络，是一个建立在计算机网络之上的网络。Internet 作为全球最大的计算机网络，是人类社会所共有的巨大财富。它提供的信息资源包罗万象、服务项目五花八门，其发展速度之快、影响之广是任何人都未曾预料到的。

一、Internet 概述

1. Internet 的概念

Internet 又称因特网，它是将全世界所有的计算机和各种计算机网络连接在一起，形成一个全球性网络，使得彼此互相通信、共享资源。目前，Internet 已成为世界上信息资源最丰富的计算机公共网络，它被认为是未来全球信息高速公路的雏形。

2. Internet 服务

使用 Internet 就是使用 Internet 所提供的各种服务。通过这些服务可以获得分布于 Internet 上的各种资源，包括自然科学、社会科学等各个领域。同时，也可以通过 Internet 提供的服务发布自己的信息，这些发布的信息自然也就成为网上资源。Internet 提供的服务主要有电子邮件、World Wide Web、远程登录、文件传输、电子公告牌及网络新闻资源等。

（1）电子邮件（E－mail）。电子邮件是 Internet 最重要的服务功能之一。Internet 用户可以向 Internet 上的任何人发送和接收任何类型的信息，发送的电子邮件可以在几秒到几分钟内送往分布在世界各地的邮件服务器中，那些拥有电子信箱的收件人可以随时取阅。

（2）World Wide Web（WWW，万维网）。WWW 是融和信息检索技术与超文本技术而形成的使用简单、功能强大的全球信息系统。它将文本、图像、文件和其他资源以超文本的形式提供给访问者，是 Internet 上最方便和最受欢迎的信息浏览方式。

（3）远程登录（Telnet）。它用来将一台计算机连接到远程计算机上，使之相当于远程计算机的一个终端。例如，将一台 Core 计算机登录到远程的超级计算机上，则在本地机上需要花长时间完成的计算工作在远程机上可以很快完成。

（4）文件传输（FTP）。文件传输可以在两台远程计算机之间传输文件。网络上存在着大量的共享文件，获得这些文件的主要方式是 FTP。

（5）Internet 新闻组。Internet 新闻组有自己的主题，新闻组的成员向组内发送一条新闻后，组中的每个成员都会收到这一新闻。其他成员可以针对这一新闻发表赞同或反对观点，或者提出新的话题。

二、TCP/IP 的配置

IP 地址和子网掩码是 TCP/IP 网络中的重要概念，它们的共同作用是标识网络中的计算机并且能够识别计算机正在使用的网络。

1. IP 地址

基于 TCP/IP 的网络，Internet 中的每一台计算机都必须以某种方式唯一地标识自己；否则网络不知道如何传递消息，不能确定消息的接收者。

IP 地址是 TCP/IP 网络及 Internet 中用于区分不同计算机的数字标识。作为统一的地址格式，它由 32 位二进制数组成。在实际应用中，将这 32 位二进制数分成 4 段，每段包含 8 位二进制数。为了便于应用，采用“点分十进制”方式表示 IP 地址。即将每段二进制都转换为十进制数，段与段之间用“.”号隔开。例如，192.168.3.133 和 202.201.110.1 都是 IP 地址。

IP 地址采用两级结构，网络地址和主机地址。网络地址用于表示主机所属的网络，每个网络区域都有唯一的网络地址；主机地址用于代表某台主机，同一个网络区域内的每一台主机都必须有唯一的主机地址。IP 地址的结构使我们可以在 Internet 上很方便地进行寻址，这就是：先按 IP 地址中的网络地址把网络找到，再按主机地址把主机找到。因此，利用 IP 地址可以指出连接到某网络上的某计算机。

为了便于对 IP 地址进行管理，IP 地址被分为 A、B、C、D、E 五大类，其中 A、B、C 类是可供 Internet 网络上的主机使用的 IP 地址，而 D、E 类是供特殊用途使用的 IP 地址，地址保留，不作为 IP 地址编号使用。用户可以根据需要申请不同类型的 Internet 地址。不同类型 IP 地址的设计如图 6-12 所示。

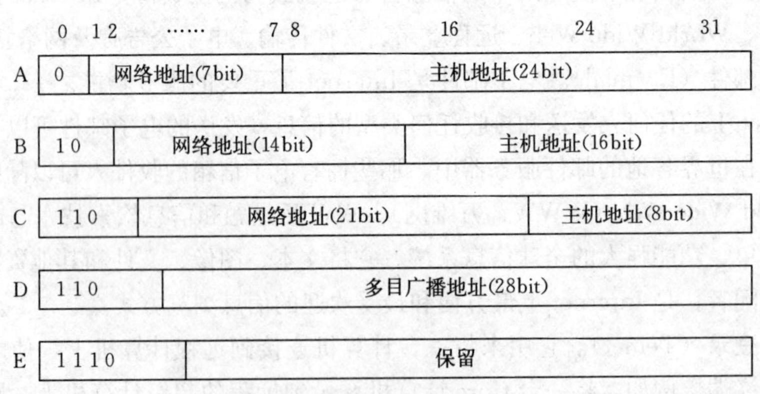

图 6-12　IP 地址分类

A～E 类 IP 地址的具体含义如下：

(1) A 类。 A 类 IP 地址第一个字节的第一位是 0，第一个字节的后 7 位为网络地址，所以网络地址的范围是 0～127；之后的 24 位是主机地址，一个 A 类网络允许有 160 万个主机地址。通常 A 类地址分配给拥有大量主机的网络，特别是由众多子网所构成的网络。

（2）B 类。 B 类 IP 地址第一个字节的第一位是 1，第二位是 0，其后 14 位为网络地址，最后的 16 位是主机地址。B 类地址通常用于表示大的网络，如国际性的大公司和政府机构网。B 类地址共可表示 16 384 个网络，每个网络最多可以有 65 534 台主机。

（3）C 类。 C 类 IP 地址第一个字节的前两位是 1，第三位是 0。其后 21 位为网络地址，最后 8 位是主机地址。C 类地址主要分配给局域网。C 类地址允许有 2 097 152 个网络，每个网络支持 254 台主机。

（4）D 类。 D 类地址不标识网络，用于特殊的用途，基本的用途是多点广播。

（5）E 类。 E 类地址暂时保留，仅作为 Internet 的实验开发之用。

在 IP 地址中，有一些地址包含着特殊的含义，主要的特殊地址有：主机地址全 0 表示为一个网络地址；主机地址全 1 表示为对应网络的广播地址；全 0 的 IP 地址 0.0.0.0，表示本机地址，只在启动过程时有效；全 1 的 IP 地址 255.255.255.255，表示本地广播。127.0.0.0 网络是回环网络 Loopback，用于本机测试。例如，Ping 127.0.0.1 是测试本机网卡是否工作正常。

目前，世界上大多数是 B 类和 C 类网络，通过 IP 地址的第一个十进制数可以识别网络所属的类别，由此可以得出主机所在网络的规模大小见表 6-1。

表 6-1　IP 地址区间

地址类型	地址区间	网络数	主机数
A类	1.0.0.1～126.255.255.254	$2^7-2=126$	$2^{24}-2=16\,777\,214$
B类	128.0.0.1～191.255.255.254	$2^{14}-2=16\,382$	$2^{16}-2=65\,534$
C类	192.0.0.1～223.255.255.254	$2^{21}-2=2\,097\,150$	$2^8-2=254$
D类	224.0.0.1～239.255.255.255	$2^{28}=268\,435\,456$	0
E类	240.0.0.1～255.255.255.255	$2^{28}=268\,435\,456$	0

2. 子网掩码

为了快速确定出 IP 地址的网络号及主机号，以判断两个 IP 地址是否属于同一网络，就产生了子网掩码的概念。子网掩码也是 32 位，按 IP 地址的格式给出。A、B、C 类 IP 地址的默认子网掩码见表 6-2。

表 6-2　子网掩码区间

级别	二进制数	子网掩码
A类	11111111000000000000000000000000	255.0.0.0
B类	11111111111111110000000000000000	255.255.0.0
C类	11111111111111111111111100000000	255.255.255.0

掩码中为 1 的位表示 IP 地址中相应的位为网络地址，为 0 的位则表示 IP 地址中相应的位为主机地址，用子网掩码和 IP 地址进行“与”运算可得出对应的网络地址。用此方法可判断两个 IP 地址是否属于同一子网。子网掩码的作用就是和 IP 地址结合，识别计算机正在

使用的网络。

例如，10.68.89.9 是 A 类 IP 地址，默认的子网掩码为 255.0.0.0，分别转化为二进制执行“与”运算后，得出网络号为 10，而不是 10.68 或其他；205.30.151.8 和 202.30.152.90 为 C 类 IP 地址。默认的子网掩码为 255.255.255.0，执行“与”运算后得出两者网络号不相同，说明两台主机不在同一网络中。

3. IP 路由

在网络中要实现 IP 路由必须使用路由器，路由器可以是专门的硬件设备，也可以将一台计算机设置为路由器。

不论用何种方式实现，路由器都是靠路由表来确定数据报的流向的。IP 路由表中保存了网络 IP 地址与路由器端口的对应关系。当路由器接收到一个数据报时，便查询路由表，判断目的地址是否在路由表中，如果是，则直接送交该网络，否则转交其他网络，直到最后到达目的地。在 TCP/IP 网络中，IP 路由器又称 IP 网关，从一个网络向另一个网络发送信息，也必须经过一道“关口”，这道关口就是网关。在 TCP/IP 中配置了网关地址后，就可以和其他网段的用户进行通信了。

4. DNS（domain name system）

IP 地址由 4 部分数字构成，不容易记忆。人们更喜欢使用有一定含义的字符串来表示网上的每一台主机。Internet 允许每个用户为自己的计算机命名，允许用户输入计算机名来替代十进制方式的 IP 地址。这就是 Internet 的域名系统（DNS）。Internet 提供将主机名字翻译成 IP 地址的自动转换服务。

Internet 的域名系统采用层次结构，如图 6－13 所示，按地理域或机构域进行分层。

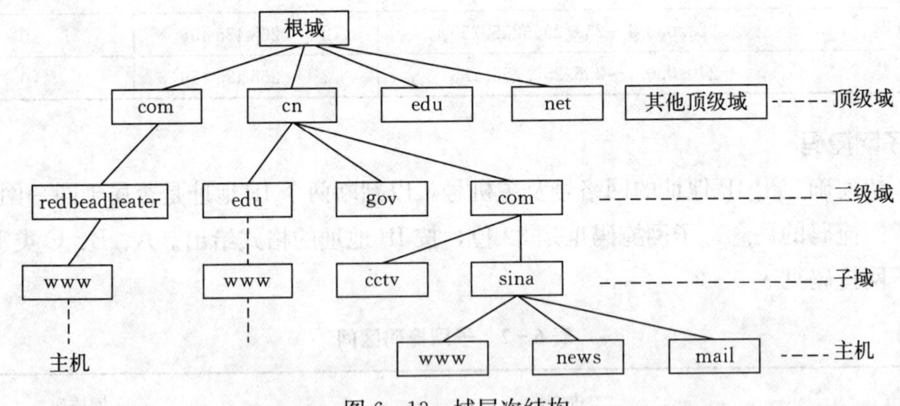

图 6－13　域层次结构

字符串的书写采用圆点将各个层次域隔开，分成层次字段。从右到左依次为顶级域名、二级域名等，最左的一个字段为主机名。Internet 主机域名的一般格式为：

主机域名．三级域名．二级域名．顶级域名

例如，www.sina.com.cn 表示新浪公司的一台 Web 服务器，其中 www 为 Web 服务器名，sina 为新浪公司域名，com 为商业实体域名，顶级域 cn 为中国国家域名。顶级域名分为两大类：机构性域名和地理性域名。常用的机构性域名，如表 6－3 所示。

表 6-3 常用的机构性域名

域名	含义	域名	含义
com	盈利性的商业实体	org	非盈利性组织机构
edu	教育机构或设施	firm	商业或公司
gov	非军事性政府或组织	store	商场
int	国际性机构	arts	文化娱乐
mil	军事机构或设施	arc	消遣性娱乐
net	网络资源或组织	infu	信息服务

地理性域名指明了该域名源自的国家或地区，几乎都是两个字母的国家代码。常用的地理性域名如表 6-4 所示。对于美国以外的主机，其顶级域名基本上都是按地理域命名的。

表 6-4 常用的地理性域名

域名	国家或地区	域名	国家或地区	域名	国家或地区
cn	中国	hk	中国香港	ch	瑞士
jp	日本	tw	中国台湾	nl	荷兰
de	德国	au	澳大利亚	ru	俄罗斯
ca	加拿大	fr	法国	es	西班牙
in	印度	it	意大利	se	瑞典
gh	英国	us	美国	dk	丹麦

那么，这些域名是怎样解释成对应的 IP 地址的呢？在因特网中，每个域都有各自的域名服务器，由它们负责注册该域内的所有主机，即建立本域中的主机名与 IP 地址对照表。当该服务器收到域名请求时，将域名解释为对应的 IP 地址，对于本域内未知的域名则回复没有找到相应域名项信息；而对于不属于本域的域名则转发给上级域名服务器去查找对应的 IP 地址。

我国的顶级域名由中国互联网信息中心（CNNIC）管理。它将 cn 域划分为多个二级域，将二级域的管理权授给不同的组织，而这些组织又可将其子域分给其他的组织来管理。例如，CNNIC 将我国教育机构的二级域（edu 域）的管理权授予中国教育科研网（CERNET）网络中心，CERNET 网络中心又将 edu 域划分为多个三级域，将三级域名分配给各个大学与教育机构，各大学网络管理中心又将三级域划分为多个四级域，将四级域名分配给下属部门或主机。

例如，主机域名 cs. tsinghua. edu. cn 表示中国清华大学计算机系的主机，如图 6-14 所示。

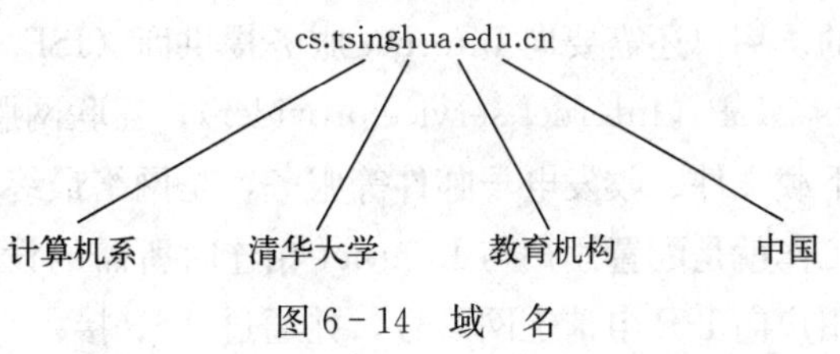

图 6-14 域 名

这种层次结构的优点：各个组织在它们的内部可以自由选择域名，只要保证组织内的唯一性，不用担心与其他组织内的域名冲突。

三、Internet 接入

1. Internet 的接入方式

Internet 的世界丰富多彩，然而要想享受 Internet 提供的服务，则必须将计算机或整个局域网接入 Internet。国内常见的接入方式主要有以下几种：

(1) PSTN（公用交换电话网络）**。**PSTN 接入方式是早期最常用的一种接入方式，利用电话网络并通过调制解调器拨号的方式实现用户的接入。最高的速率为 56Kb/s。随着宽带的发展和普及，这种接入方式已被淘汰。

(2) ISDN（综合业务数字网）**。**ISDN 接入技术俗称“一线通”，它采用数字传输和数字交换技术，将电话、传真、数据、图像等多种业务综合在一个统一的数字网络中进行传输和处理。用户利用一条 ISDN 用户线路，可以在上网的同时拨打电话、收发传真，就像两条电话线一样，最高速率为 128 Kb/s。

(3) ADSL（非对称数字用户环路）**。**ADSL 是一种能够通过普通电话线提供宽带数据业务的技术。ADSL 方案的最大特点是不需要改造信号传输线路，利用普通铜质电话线作为传输介质，配上专用的 Modem 即可实现数据高速传输。ADSL 支持上行速率 640～1 Mb/s，下行速率 1～8 Mb/s，其有效的传输距离在 3～5 km 范围内。

(4) 光纤接入。光纤接入是指用光纤作为主要的传输媒质，实现接入网的信息传送功能。通过光纤线路终端（OLT）与业务结点相连，通过光纤网络单元（ONU）与用户连接。光纤通信具有通信容量大、质量高、性能稳定、防电磁干扰、保密性强等优点。在干线通信中，光纤扮演着重要角色，在一些城市兴建高速城域网，主干网速率可达几十 Gb/s，并且推广宽带接入。光纤可以铺设到用户的路边或者大楼，可以以 100 Mb/s 以上的速率接入。在接入网中，光纤接入也将成为发展的重点。光纤接入网是发展宽带接入的长远解决方案。

(5) 无线接入。由于铺设光纤的费用很高，对于需要宽带接入的用户，一些城市提供无线接入。用户通过高频天线和 ISP 连接，距离在 20 千米左右，带宽为 2～11 Mb/s，费用低廉，性价比很高。但是受地形和距离的限制，适合城市里距离 ISP 不远的用户。

(6) Cable Modem 接入。Cable Modem（线缆调制解调器）利用现有的有线电视（CATV）网进行数据传输，速率可以达到 10 Mb/s 以上。

2. 接入 Internet 的计算机的上网设置

个人用户计算机接入 Internet 一般要进行虚拟拨号或本地连接的设置。

(1) 虚拟拨号（PPPoE 技术）**设置。**如果个人用户拥有了计算机、调制解调器和传输介质，那么就可以立即连接进入 Internet，并获取 Internet 上网服务吗？答案当然是否定的。用户还需要向 Internet 服务提供商（ISP）提出入网申请。

ISP（Internet service provider），互联网服务提供商，能提供拨号上网服务、网上浏览、下载文件、收发电子邮件等服务，是网络最终用户进入 Internet 的入口和桥梁。ISP 的主要工作就是配置用户与 Internet 相连时所需的设备，并建立通信连接，为用户提供信息服务。用户向 ISP 申请上网账号，并通过 TSP 接入 Internet。使用 Windows 10 的用户不需要再安

装任何其他 PPPoE 软件，直接使用 Windows 10 的连接向导就可以轻而易举的建立自己的虚拟拨号上网连接。

(2) 局域网连接上网设置。随着网络的快速发展，ISP 逐渐提供局域网接入上网。在局域网环境中，通过 LAN 方式接入 Internet 是比较方便的方法。用 LAN 方式接入 Internet 需要对“本地连接”进行配置，具体操作如下：

① 打开“网络和共享中心”窗口，单击窗口左上角的“更改适配器设置”。

② 右击“本地连接”，在弹出的快捷菜单中选择“属性”命令。在新窗口中选择“Internet 协议版本 4（TCP/IPv4)”，单击“确定”按钮，如图 6-15 所示。

③ 在“Internet 协议版本 4（TCP/IPv4）属性”对话框中，选中“使用下面的 IP 地址”单选按钮，输入 IP 地址、子网掩码、默认的网关；选中“使用下面的 DNS 服务器地址”单选按钮，输入首选 DNS 服务器、备用 DNS 服务器的 IP 地址等相关信息，如图 6-16 所示。选择输入完毕后，单击“确定”按钮，即可完成 TCP/IP 的设置。其中主机 IP 地址、网关地址、子网掩码、DNS 服务器 IP 地址均由 ISP 或局域网管理部门提供。

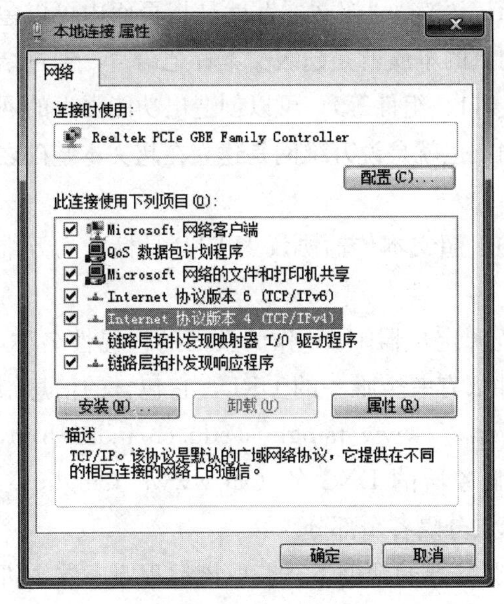

图 6-15　选择 IPv4

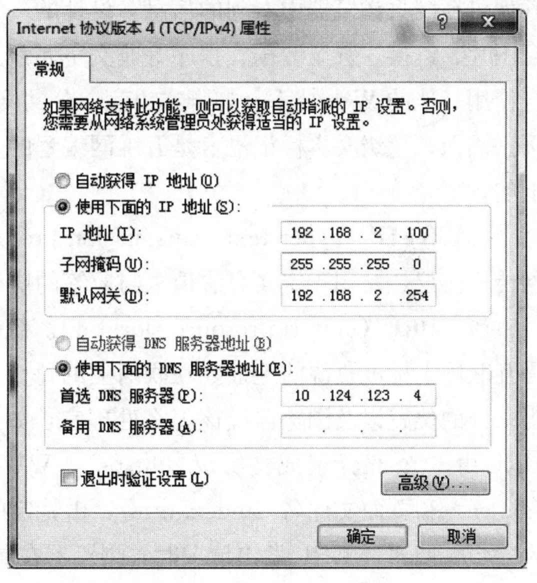

图 6-16　配置 IP 信息

四、浏览器的使用

1. WWW 概述

WWW（world wide web）是环球信息网的缩写，中文名字为“万维网”，常简称为 Web，分为 Web 客户端和 Web 服务器程序，是一个由许多互相链接的超文本组成的系统。

2. WWW 的常用术语

(1) WWW 服务器。万维网信息服务是采用客户机/服务器模式进行的，这是因特网上很多网络服务所采用的工作模式。WWW 服务器主要采用超文本链路来链接信息页，负责存放和管理大量的网页文件信息，并负责监听和查看是否有客户端过来的连接。在进行

Web 网页浏览时，客户机与远程的 WWW 服务器建立连接，并向该服务器发出申请，请求发送过来一个网页文件，最后服务器把信息发送给提出请求的客户机。

（2）浏览器（browser）。用户通过一个称为浏览器的程序来阅读页面文件。浏览器获取 Internet 上信息资源的应用程序，并解释它所包含的格式化命令，然后显示在屏幕上。浏览器是最经常使用到的客户端程序，国内常见的网页浏览器有 360 浏览器、谷歌双核浏览器、Firefox、搜狗浏览器、QQ 浏览器等。

（3）主页（homepage）**与页面**（page）。万维网中的文件信息被称为页面。每一个 WWW 服务器上均存放着大量的页面文件信息，其中输入一个网址后在浏览器中出现的第一个页面文件称为主页。

（4）超链接（hyperlink）。包含在每一个页面中能够连到万维网上其他页面的链接信息。用户可以单击这个链接，跳转到它所指向的页面上。通过它可以浏览相互链接的页面。

（5）HTML（hyper text markup language）。超级文本标记语言是标准通用标记语言下的一个应用，也是一种规范，一种标准。超级文本标记语言（HTML）是为“网页创建和其他可在网页浏览器中看到的信息”设计的一种标记语言。“超文本”就是指页面内可以包含图片、链接，甚至音乐、程序等非文字元素。网页的本质就是超级文本标记语言，通过结合使用其他的 Web 技术（如脚本语言、公共网关接口、组件等），可以创造出功能强大的网页。因而，超级文本标记语言是万维网编程的基础，也就是说万维网是建立在超文本基础之上的。

（6）HTTP（hyper text transmission protocol）。超文本传输协议 HTTP 是标准的万维网传输协议，是用于定义合法请求与应答的协议。

（7）URL（uniform resource locator）。统一资源定位器 URL 作为页面的世界性名称，是互联网上标准资源的地址。互联网上的每个文件都有一个唯一的 URL，它包含的信息指出文件的位置以及浏览器应该怎么处理它，如 https：//www. tsinghua. edu. cn/index. htm，URL 由 3 个部分组成：协议（https）、WWW 服务器的 DNS 名（如 www. tsinghua. edu. cn）和页面文件名（index. htm），由特定的标点分隔各个部分。

当人们通过 URL 发出请求时，浏览器在域名服务器的帮助下，获取该远程服务器主机的 IP 地址，然后建立一条到该主机的连接。在此次连接上，远程服务器使用指定的协议发送网页文件，最后，指定页面信息出现在本地机浏览器窗口中。

这种 URL 机制不仅在包含 HTTP 协议的意义上是开放的，实际上还定义了用于其他各种不同的常见协议的 URL，并且许多浏览器都能理解这些 URL，如表 6－5 所示。

表 6－5　常用的 URL

URL 类型	URL 地址
超文本 URL	https：//www. pku. edu. cn
文件传输（FTP）URL	ftp：//ftp. pku. edu. cn
远程登录（Telnet）URL	telnet：//bbs. pku. edu. cn

3. Edge 浏览器的使用

Microsoft edge 浏览器是微软方面提供的新版浏览器，这款浏览器能够帮助用户们更好的上网，我们可以按以下步骤使用 edge 浏览器。

（1）可以在“开始”菜单中打开“Microsoft edge”，或者在搜索框中搜索“edge”也能打开 Microsoft edge 浏览器软件。

（2）进入浏览器后，单击右上角的“三个点”，即可打开菜单界面，如图 6－17 所示。

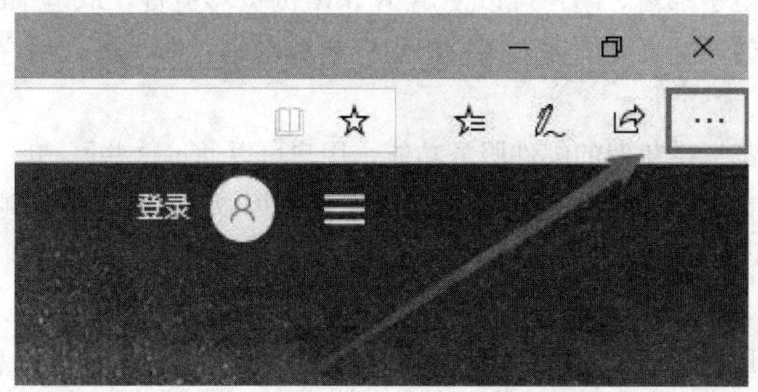

图 6－17　打开 Microsoft edge 菜单界面

（3）打开菜单后，有很多功能可以用，如历史记录、扩展、朗读、打印、设置等。

（4）可以单击“扩展”进入到扩展页面。在这里查看到各种浏览器插件，我们单击“获取”即可进行插件的安装。

（5）如果单击“设置”的话，即可进行浏览器的主页设置。如果浏览器主页被篡改，可以在这里进行设置。

（6）如果我们想让网页其中的内容可以朗读给我听的话，可以单击“朗读此页内容”。

（7）然后页面内容就会进行播放，可以在右上角的菜单下进行语音的快进、暂停、关闭等。

五、Internet 应用

1. 电子邮件服务

电子邮件服务（又称 E－mail 服务）是目前因特网上使用最频繁的服务之一，它为因特网用户之间发送和接收消息提供了一种快捷、廉价的现代化通信手段。

（1）电子邮件的功能。

电子邮件的功能：①邮件的制作与编辑；②邮件的发送；③邮件通知；④邮件阅读与检索；⑤邮件回复与转发；⑥邮件处理。

（2）电子邮件地址的格式。Internet 的电子邮箱地址格式为：用户名@电子邮件服务器名，它表示以用户名命名的邮箱是建立在符号“@”（读作 at）后面说明的电子邮件服务器上的，该服务器就是向用户提供电子邮政服务的“邮局”机。

（3）邮件协议。在目前的电子邮件系统中，常用的邮件协议是 SMTP 和 POP3。

SMTP 即简单邮件传输协议，属于 TCP/IP 协议簇，帮助计算机在发送或中转邮件时找到下一个目的地。POP3 即邮局协议的第三个版本，规定了怎样将个人计算机连接到互联网的邮件服务器和如何下载电子邮件的协议。

发送电子邮件时，发送方使用 SMTP 通过 Internet 先把邮件发送到发送方电子邮箱所在的发信服务器（SMTP），发信服务器再使用 SMTP 通过 Internet 把邮件发送到接收方所在的收信服务器，接收电子邮件时，用户使用 POP3 通过 Internet 从收信服务器接收邮件。

如果电子邮件的接收方计算机未处于上网状态，发送的邮件将存放在邮件服务器上。

（4）获取免费电子邮箱。用户可以使用 WWW 浏览器免费获取电子邮箱，访问电子邮件服务。在电子邮件系统页面上输入用户的用户名和密码，即可进入用户的电子邮件信箱，然后处理电子邮件。

目前许多网站都提供免费的邮件服务功能，用户可以通过这些网站收发电子邮件。免费电子邮箱服务大多在 Web 站点的主页上提供，申请者可以在此申请邮箱地址。

2. 文件传输协议（FTP）

FTP 是 Internet 的常用服务之一，也采用客户机/服务器工作模式。在 Internet 上，通过 FTP 协议及 FTP 程序（服务器程序和客户端程序），用户计算机和远程服务器之间可以进行文件传输。

FTP 的工作原理如下：首先用户从客户端启动一个 FTP 应用程序，与 Internet 中的 FTP 服务器建立连接，然后使用 FTP 命令，将服务器中的文件传输到本地计算机中（下载）。在权限允许的情况下，还可以将本地计算机中的文件传送到 FTP 服务器中（上传）。

匿名 FTP：匿名 FTP 服务器为普通用户建立了一个通用的账号名，即“anonymous”，在口令栏内输入用户的电子邮件地址，就可以连接到远程主机。

3. 远程登录

Telnet 是最早的 Internet 活动之一，用户可以通过一台计算机登录到另一台计算机上，运行其中的程序并访问其中的服务。当登录上远程计算机后，可以用自己的计算机直接操纵远程计算机。

同 FTP 一样，使用 Telnet 需要有 Telnet 软件。Windows 操作系统就提供了内置的 Telnet 工具。当用 Telnet 登录进入远程计算机系统时，事实上启动了两个程序：一个称 Telnet 客户程序，它运行在本地机上；另一个称 Telnet 服务器程序，它运行在登录的远程计算机上。

4. 即时通信

（1）网上聊天。网上聊天就是在 Internet 上专门指定一个场所，为大家提供实时语音和视频交流，目前常用的聊天软件有 YY、UC 等。

（2）“网上寻呼”。“网上寻呼”即 ICQ（I Seck You），它采用客户机/服务器工作模式。在安装即时消息软件时，它会自动和服务器联系，然后给用户分配一个全球唯一的识别号码。ICQ 可自动探测用户的上网状态并可实时交流信息。其中，腾讯公司的 QQ 软件和微软公司的 MSN Messenger 软件的应用规模最大。

（3）IP 电话。IP 电话（Iphone）也称网络电话，是通过 TCP/IP 实现的一种电话应用。

它利用 Internet 作为传输载体，实现计算机与计算机、普通电话与普通电话、计算机与普通电话之间的语音通信。

IP 电话能更有效地利用网络带宽，占用资源少，成本很低。但通过 Internet 传输声音的速率会受到网络工作状态的影响。

5. 网络音乐和网络视频

(1) 网络音乐。 MIDI、MP3、Real Audio 和 WAV 等是歌曲的几种格式，其中前 3 种是现在网络上比较流行的网络音乐格式。由于 MP3 体积小，音质高，采用免费的开放标准，使得它几乎成为网上音乐的代名词。

MP3 是 ISO 下属的 MPEG 开发的一种以高保真为前提实现的高效音频压缩技术，它采用了特殊的数据压缩算法对原先的音频信号进行处理，可以按 12∶1 的比例压缩 CD 音乐，以减小数码音频文件的大小。而音乐的质量却没有什么变化，几乎接近于 CD 唱盘的质量。

(2) 视频点播 (VOD)。VOD 是 Video On Demand 的缩写，即交互式多媒体视频点播业务，是集动态影视图像、静态图片、声音、文字等信息于一体，为用户提供实时、高质量、按需点播服务的系统。它是一种以图像压缩技术、宽带通信网技术、计算机技术等现代通信手段为基础发展起来的多媒体通信业务。

VOD 是一种可以按用户需要点播节目的交互式视频系统，或者更广义一点讲，它可以为用户提供各种交互式信息服务，可以根据用户需要任意选择信息，并对信息进行相应的控制，如在播出过程中留言、发表评论等，从而加强交互性，增加了用户与节目之间的交流。

6. 流媒体

流媒体（streaming media）指在数据网络上按时间先后次序传输和播放的连续音/视频数据流。流媒体在播放前并不下载整个文件，只将部分内容缓存，使流媒体数据流边传送边播放，这样就节省了下载等待时间和存储空间。

流媒体数据流具有 3 个特点：连续性、实时性、时序性（其数据流具有严格的前后时序关系）。目前基于流媒体的应用非常多，发展非常快，其应用主要有视频点播（VOD）、视频广播、视频监视、视频会议、远程教学、交互式游戏等。

任务实战

1. Internet 提供的主要服务是什么？
2. 简述 IP 地址组成与配置过程。
3. 接入互联网的主要方法有哪些？
4. Internet 的主要应用有哪些？
5. 使用浏览器访问百度网址，搜索学习的相关内容。
6. 探讨使用 Outlook 2016 邮件客户端收发电子邮件。
7. 使用网页给同学和自己发送一封电子邮件，并添加一首歌曲作为附件。

任务四 信息检索

学习任务

1. 理解信息检索的基本概念，了解信息检索的基本流程。

2. 掌握常用搜索引擎自定义搜索（如布尔逻辑检索、截词检索、位置检索、限制检索等）方法。

3. 掌握通过网页、社交媒体等不同信息平台进行信息检索的方法。

4. 掌握通过期刊、论文、专利、商标、数字信息资源平台等专用平台进行信息检索的方法。

相关知识

信息检索是人们进行信息查询和获取的主要方式，是查找信息的方法和手段。掌握网络信息的高效检索方法，是现代信息社会对高素质技术技能人才的基本要求。本部分任务包含信息检索基础知识、搜索引擎使用技巧、专用平台信息检索等内容。

一、信息检索概念与流程

信息检索是指将信息按一定的方式组织和存储起来，形成各种“信息库”，并根据用户的需要，按照一定的程序从“信息库”中找出符合用户需要的信息的过程。因此，广义的信息检索包括信息的存储与检索两个过程。广义的信息检索流程如图 6－18 所示。

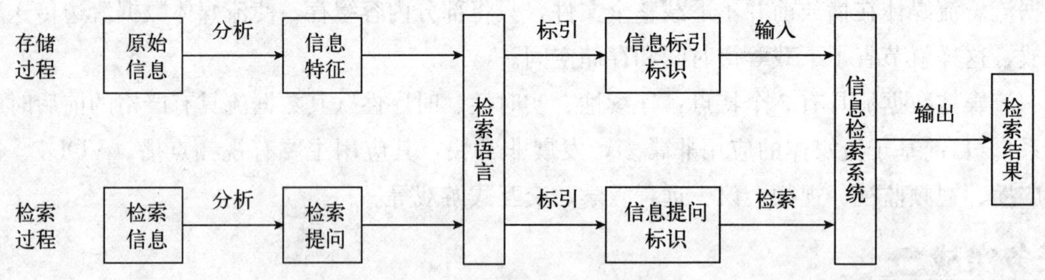

图 6－18 信息检索流程示意

信息存储（标引）过程就是解决如何建立检索系统，编制、标引检索工具或数据库，这主要由专业信息标引人员、图书情报部门的专职人员依据检索语言进行编制、标引。一般图书情报部门都把这部分编制、标引出的“信息库”，放在图书馆的服务器中。

信息检索（检出）过程则是根据已知的检索工具和数据库，按照一定的检索规则（检索语言）将所需的文献资料查找出来的过程。

根据上面介绍，狭义的信息检索则仅指信息的检出过程。

二、网络搜索引擎

Internet诞生不久便面临着查询难的问题，随着联网计算机数量的增加，网络信息量也在不断增加。信息的增加意味着查询越来越困难，于是就有了Internet初期的查询工具Archie（为FTP站点建立的索引）、WABS（广域网信息服务）和Gopher（一种菜单式检索系统），而真正具有搜索引擎意义的检索工具则是随着万维网的出现而诞生并迅速发展起来的，从1994年到2009年搜索引擎经历了飞跃性的发展。

1. 搜索引擎概述

搜索引擎（search engine），是利用软件自动搜索网上的所有信息，组建成自己的索引数据库，供人们检索网上信息的检索系统。每一个搜索引擎也是一个万维网网站，与普通网站不同的是，搜索引擎网站的主要资源是它的索引数据库，而非它的网页信息，因此它的主要功能是为人们搜索Internet上信息并提供获得所需信息的途径。简单地说，搜索引擎就像图书馆的目录卡片，它能告诉你图书馆里共有多少馆藏，有多少种文献类型，你要的文献在图书馆的什么位置。搜索引擎的索引数据库搜索的信息资源以万维网资源为主，是人们通向Internet世界的大门。因此，在我国最开始的几个综合性搜索引擎也被称为门户网站，如搜狐、新浪等。一个完整的搜索引擎主要包括4个部分。

（1）搜索引擎的搜索程序。搜索程序又称“采集器”和“搜索器”，用于搜索和寻找网站和网页。搜索引擎网站采用两种方式进行数据收集：人工方式是由专门的工作人员跟踪和选择有用的Web站点和网页，根据站点内容对其进行规范化的分类标引，建立索引数据库；自动收集数据的方式是搜索引擎网站使用机器人（也称爬虫或者蜘蛛程序）自动跟踪索引搜索程序，沿着万维网的超文本链接，在网上搜索新的网页信息，分析新的链接点，并建立、维护和更新索引数据库，从而保证了对网络资源的跟踪与检索的有效性和及时性。

（2）标引程序。标引程序用于标引数据库中的内容，实际上标引程序并不是一个单独的程序，而是机器人的一部分功能，机器人在执行完收集任务后会根据分析结果，对采集到的信息进行自动标引。机器人对网页进行标引的方法是根据网页中的词频高低进行选词，即在略去只起语法作用的共用词后，一个词在文献中出现的频率越高，说明它代表该文件主题的程度越高，从而作为标引词的准确性也越高。机器人进行标引时，还利用网页的HTML标签中的词如网页名称标签＜title＞＜/title＞，标题标签＜head＞＜/head＞，链接点标签＜a＞/a＞，网页中开始的几段文字（位于＜body＞＜/body＞内），机器人会根据这些标签中的词来帮助选词，确定标引词。机器人对网页内容进行全文标引，分析整个网页所有词汇，依据其在网页中出现的位置和频率来确定权重。

（3）索引数据库。搜索引擎对信息的组织，是利用数据库管理系统（DBMS）对所采集标引的网页信息进行组织，从中抽取出索引项，形成索引数据库。数据库中的索引项基本上对应一个网页，一般包括关键词、标题、摘要、URL、更新时间等信息。由于各个搜索引擎的标引方式不同，针对同一网页，索引记录的内容可能相差很大。如我们分别在百度和Google检索“北京大学”所得到的检索结果中的第一条都是北京大学主页的链接，但记录的内容却相差很大。数据库靠信息搜集模块和信息标引模块共同进行动态维护，网络处于多变的环境下，网页内容会不断地更新，网页地址会发生变化。所以，机器人程序要对索引数据库进行及时更新、添加和删除，以保证索引数据库的准确性。

(4) 检索程序。检索程序是指接到提问要求后从索引、数据库中检索资料的算法和相关程序。搜索引擎的检索程序部分一般都包括检索界面子模块、检索策略子模块、检索执行子模块和检索结果子模块。用户通过检索界面将检索提问式输入给计算机，然后检索策略模块将用户的请求编织成规范化的检索式，执行模块利用检索式检索索引数据库，最后由检索结果组织模块将与检索提问式相匹配的信息进行整理组织，并反馈给用户。

因特网搜索引擎经过几年的发展，现在已有数千个，很多网站都发展成了综合性网站，提供的检索内容也越来越丰富，检索功能也越来越与专业文献检索系统相近，搜索引擎从基于关键词检索技术发展到基于超链分析技术已经从根本上提高了搜索引擎的功能，也为用户提供了更准确的检索结果，从而节省了用户的时间。

2. 百度

百度搜索引擎是目前全球最大的中文搜索引擎。它使用了高性能的“网络蜘蛛”程序自动在 Internet 中搜索信息。可定制、高扩展性的调度算法使得搜索器能在极短的时间内收集到最大数量的互联网信息。百度在中国各地和美国均设有服务器，搜索范围涵盖了中国大陆、中国香港、中国台湾、中国澳门、新加坡等华语地区以及北美、欧洲的部分站点。百度搜索引擎拥有目前世界上最大的中文信息库，总量超过 20 亿页以上，并且还在以每天几十万页的速度快速增长。百度采用的超链分析技术就是通过分析链接网站的多少来评价被链接的网站质量，这保证了用户在百度搜索时，越受用户欢迎的内容排名越靠前。百度目前提供网页搜索、MP3 搜索、图片搜索、新闻搜索、百度贴吧、百度知道、搜索风云榜、硬盘搜索、百度百科等主要产品和服务，同时也提供多项满足用户更加细分需求的搜索服务，如地图搜索、地区搜索、国学搜索、黄页搜索、文档搜索、邮编搜索、政府网站搜索、教育网站搜索、邮件新闻订阅、WAP 贴吧等服务。百度还在个人服务领域提供了包括百度影视、百度传情、手机娱乐等服务。

(1) 百度提供的检索方式。百度提供简单检索和高级检索两种检索方式。百度的默认主页就是简单检索界面，如图 6-19 所示。

图 6-19 简单检索界面

百度提供的简单检索方式又包括新闻、网页、贴吧、MP3、图片、视频等多种检索页面，每种检索页面各有特点。我们可以在检索框中直接输入检索词，也可以在框中输入组合好的带有字段限定名称和算符代码的检索式进行检索。单击主角右上角的“设置”图标后的

下拉菜单中的菜单项“高级搜索”会弹出“高级搜索”小窗，如图 6－20 所示。

百度的高级检索界面提供了关键词的布尔逻辑、时间、显示结果、语言、文档格式、关键词位置和网站域名限定项。在这里特别要指出的是文件格式限定，用户可以通过此项限定，准确地查找到网上的特定类型的文件，如 doc、ppt、pdf 等格式的文件。

图 6－20　高级检索界面

（2）常用检索技巧。

①“与”运算。用于缩小搜索范围，运算符为“空格”或“＋”。在使用时可以将两个检索词（或检索式）用一个空格隔开，表示进行“与”运算，也可以使用“＋”将两个检索式连接起来进行运算，但需要注意的是用“＋”时，“＋”的前后必须留出一个半角空格，否则检索程序在运行检索式时会将“＋”作为检索词来处理。例如，要搜索关于神舟八号飞船与天宫一号对接的信息，可使用查询“神八飞船 天宫一号”。

②“非”运算。用于去除特定的不需要的资料，运算符为“－”。减号前后必须留一半角空格，语法是“A－B”。有时候，排除含有某些词语的资料有利于缩小查询范围。例如，要搜寻关于“武侠小说”，但不含“古龙”的资料可使用如下查询“武侠小说—古龙”，查到的资料就是指定检索项中不含“古龙”信息的资料。

③“或”运算（并列搜索）。运算符为“｜”。使用“A｜B”来搜索得到的检索结果或者包含关键词 A，或者包含关键词 B，或者包含 A、B 的网页。例如，要查询“图片”或“写真”相关资料，无须分两次查询，只要输入“图片｜写真”搜索即可。百度会提供跟“｜”前后任何关键词相关的网站和资料。假如你是周杰伦和陶的歌迷，现在要查找所有关于周杰伦和陶的中文网页，无须分两次查询，只需输入“周杰伦｜陶”。百度会提供跟“｜”前后任何关键词相关的网站和资料。

④ 使用双引号或书名号进行精确搜索。引号必须是英文双引号。这尤其适合输入关键字中包含空格的情况，如“古龙”，由于网站收录其作品时会在其名字中加上一个汉字的空

格，百度就会认为这是两个关键字，如“内蒙古龙首山大峡谷别有天地”“对付古墓2代恶龙的绝招”之类的信息都会出现在结果中。为了避免这种结果，不妨用英文双引号将其括起来，即“古龙”，告诉搜索引擎这是一个词而不是两个关键字，则结果会更加准确。用双引号可以进行整句话的精确搜索。

在百度检索中，中文书名号是作为检索词被查询的。加上书名号的查词，有两层特殊功能，一是书名号会出现在搜索结果中；二是被书名号括起来的内容不会被拆分。书名号在某些情况下特别有效果，例如，查名字很通俗和常用的那些电影或者小说。比如，查小说《办公室主任》，电影“手机”等，检索词前后用不用书名号，结果大不一样。

⑤ 关键词限定仅在网页标题中检索。“高级搜索”小窗中有一个限定选项为“仅网页标题中”。这是指所有搜索结果的网页标题中都要包含此关键词。在简单检索下，可以使用“出国留学 intitle：美国”达到同样检索效果。

⑥ 使用“site”搜索范围限定在特定网站中。举例：输入“操作系统" site：www.51cto.com"”，功能是仅在 www.51cto.com 网站中搜索关键词“操作系统”。

⑦ 使用“inurl”限定仅在 URL 链接中搜索。用于搜索查询出现在 URL 链接中的页面中的词。百度和 Google 都支持 inurl 指令。inurl 指令支持中文和英文，比如搜索：“inurl：电脑技术”。

(3) 特色功能。

① 百度快照。每个被合法收录的网页，在百度上都会自动生成临时缓存页面，它们被称为“百度快照”。如果无法打开某个搜索结果，或者打开速度特别慢，可使用“百度快照”功能，快速打开该网页的文本内容。百度不仅下载速度快，而且将用户查询的字串用不同颜色在网页中进行了标记。

② 相关搜索。百度的“相关搜索”可以为关键词的选择提供参考。输入一个检索词时，百度会提供与搜索很相似的一系列查询词。百度相关搜索排布在搜索结果页的下方，按搜索热门度排序。下面是对关键词“信息”的相关搜索。单击这些词，可以直接获得对它们的搜索结果。

③ 百度百科。百度百科是一部内容开放、自由的网络百科全书，旨在创造一个涵盖所有领域知识、服务所有互联网用户的中文知识性百科全书。它是由网友共同编写的，知识量较大，完全免费，并且是完全开放式（任何人都可以添加或修改）。

3. Google 浏览器

Google Chrome（https：//www.google.com/）是由 Google 开发的一款设计简单、高效的 Web 浏览工具。Google Chrome 的特点是简洁、快速。Google Chrome 支持多标签浏览，每个标签页面都在独立的“沙箱”内运行，在提高安全性的同时，一个标签页面的崩溃也不会导致其他标签页面被关闭。此外，Google Chrome 基于更强大的 JavaScript V8 引擎，这是当前 Web 浏览器所无法实现的。优点如下：

(1) 不易崩溃。Chrome 最大的亮点就是其多进程架构，保护浏览器不会因恶意网页和应用软件而崩溃。每个标签、窗口和插件都在各自的环境中运行，因此一个站点出了问题不会影响打开其他站点。通过将每个站点和应用软件限制在一个封闭的环境中这种架构，进一

步提高了系统的安全性。

(2) 速度快。WebKit 引擎简易小巧，并能有效率的运用存储器，对新开发者来说容易上手。Chrome 具有 DNS 预先截取功能，当浏览网页时，“Google Chrome”可查询或预先截取网页上所有链接的 IP 地址。Chrome 具有 GPU 硬件加速功能，当激活 GPU 硬件加速时，使用“Google Chrome”浏览那些含有大量图片之网站时可以更快渲染完成并使页面滚动时不会出现图像破裂的问题。

(3) 几乎隐身。说 Chrome 的界面简洁不足以说明其简洁程度。Chrome 几乎不像是一款应用软件，屏幕的绝大多数空间都被用于显示用户访问的站点，屏幕上不会显示 Chrome 的按钮和标志。Chrome 的设计人员表示，他们希望用户忘记自己在使用一款浏览器软件，他们的目标基本上实现了。

(4) 搜索简单。Chrome 的标志性功能之一是 Omnibox 即位于浏览器顶部的一款通用工具条。用户可以在 Omnibox 中输入网站地址或搜索关键字，或者同时输入这两者，Chrome 会自动执行用户希望的操作。Omnibox 能够了解用户的偏好，例如，如果一名用户喜欢使用 PCWorld 网站的搜索功能，一旦用户访问该站点，Chrome 会记得 PCWorld 网站有自己的搜索框，并让用户选择是否使用该站点的搜索功能。如果用户选择使用 PCWorld 网站的搜索功能，系统将自动执行搜索操作。

(5) 标签灵活。Chrome 为标签式浏览提供了新功能。用户可以“抓住”一个标签，并将它拖放到单独的窗口中。用户可以在一个窗口中整合多个标签。Chrome 在启动时可以使用用户喜欢的某个标签的配置，其他浏览器需要第三方插件才能够提供这一功能。

(6) 更加安全。黑名单（Blacklists）：Google Chrome 会定期地更新防止网络钓鱼和恶意软件的黑名单，并在用户试图浏览可能造成电脑损害的网站时予以警告。这项服务也可通过使用其他的免费自由应用程序接口（API）“GoogleSafe Browsing API”来取得。在更新维护这些黑名单的同时，Google 也会通知被列入的网站，以避免网站持有者本身不知道网站存有恶意软件。

4. 其他搜索引擎

(1) Yahoo!。Yahoo!（https://www.yahoo.com/）由斯坦福大学博士杨致远和 David Filo 于 1994 年 4 月共同创办提供一个专家筛选加工而成的主题分类索引体系，面向全世界提供给 30 多个地区，有 13 种语言版本，为全球用户提供网页、图片、音频、新闻、类目搜索、本地搜索等多种服务。

雅虎搜索是一个以分类目录、网站检索为主，附带网页全文检索的搜索引擎。雅虎有包括中文、英文在内的 10 余种语言版本，各版本的内容互不相同，每个不同的版本都是一个不同的、相对独立的搜索引擎。中文雅虎主要收录全球各地的中文网站，包括简体、繁体和图形中文网站。

Yahoo! 支持布尔逻辑检索、字段限制检索、短语检索、二次检索和雅虎统计等。其检索结果按相关度排序，并实现网页、图片、博客等多资源的整合检索。在同类搜索引擎中，雅虎界面简洁，分类目录准确、合理，数据量大，内容丰富，反应速度快，查准率高，功能齐全。

(2) 必应。必应搜索引擎（https：//cn. bing. com/）是微软公司于 2009 年 6 月推出的最新搜索引擎。必应搜索主页界面包括网页、图片、视频、地图、词典、人气榜及翻译通等功能，结果页面与谷歌布局较为接近。必应搜索深度整合了 Powers 语义搜前功能，此外，其搜索历史不仅能够永久保存至 Sky Drive 或本地文件夹，还能够通过 Windows Live Messenger、Facebook 或 E-mail 分享。精美的首页图片是必应搜索引擎的特色之一，另外，网站直通车让用户更快速地查找到所需要的信息；网页 MSN 和邮箱 Hotmail 放在首页上，更便于用户的登录和链接。

(3) 搜狗搜索。搜狗搜索（https：//www. sogou. com/）是中国领先的中文搜索引擎，致力于中文互联网信息的深度挖掘，帮助中国上亿网民加快信息获取速度，为用户创造价值。搜狗搜索的特色如下：

① 搜索功能。分类提示、网页评级、站内查询、网页快照、相关搜索、拼音查询、智能纠错、高级搜索、文档搜索。

② 实用工具。天气预报、手机号码、单词翻译、生字快认、成语查询、计算器、IP 地址。

③ 右侧提示。搜索音乐、搜索地图、股票查询、邮编查询、区号查询、楼盘查询、游戏查询、热书荐读、博客推荐。

(4) 搜搜。搜搜（https：//www. soso. com/）是腾讯旗下的搜索网站，于 2006 年 3 月正式发布并开始运营，搜搜目前主要包括网页搜索、综合搜索、图片搜索、音乐搜索、论坛搜索、搜吧等 16 项产品，通过互联网信息的及时获取和主动呈现，为广大用户提供实用和便利的搜索服务。用户既可以使用网页、音乐、图片等搜索功能寻找海量的内容信息，也可以通过搜吧、论坛等产品表达及交流思想。搜搜旗下的问问产品能为用户提供广阔的信息及知识分享平台，还可以询问在线专家。

(5) Base。Base（http：//www. base-search. net）是德国比勒费尔德（Bielefeld）大学图书馆开发的一个多学科的学术搜索引擎，提供对全球异构学术资源的集成检索服务。它整合了德国比勒费尔德大学图书馆的图书馆目录和大约 160 个开放资源（超过 200 万个文档）的数据。

三、网页、社交媒体等不同信息平台信息检索

1. 网页搜索

许多大型专业网站都提供了站内搜索支持技术。这方面例子中最典型的当属电子商务网站。图 6-21 展示了天猫电子商务网站中的搜索界面。

天猫提供的搜索支持代表了时下流行的电商网站的支持技术。从图 6-21 中看主要有两大类：一种是使用上面的搜索框让购物者使用关键词搜索（支持关键词的自动分词支持，不需要用户使用空格等特殊符号分隔各个关键词）；另一种是使用左边的多级分类目录技术，用户只需分别选取不同级别下目标子目录即可搜索到此类目下商品类型。

2. 社交媒体平台信息检索

国内的新浪微博、微信及 QQ，国外的 Twitter 和 Facebook 等都提供了 PC 版本、Web

图 6-21　天猫电子商务网站中的搜索界面

网页版本与手机 App 等多种形式的支持。这些不同的社交平台都提供了丰富的搜索支持。

现在，以国内的新浪微博为例说明有关搜索技巧。

新浪微博也提供了普通搜索与高级搜索两大类搜索支持。如图 6-22 所示是普通搜索界面。用户只需要在最上面的搜索文本框中输入搜索关键词即可搜索到感兴趣的内容。

图 6-22　新浪微博的搜索界面

在如图 6-23 所示的“微博搜索”界面的右边提供了“高级搜索”功能。单击此按钮将弹出如图 6-23 所示的“微博高级搜索”小窗口。其中提供了按类型搜索、包含搜索、日期时间范围搜索等多种定制搜索支持。

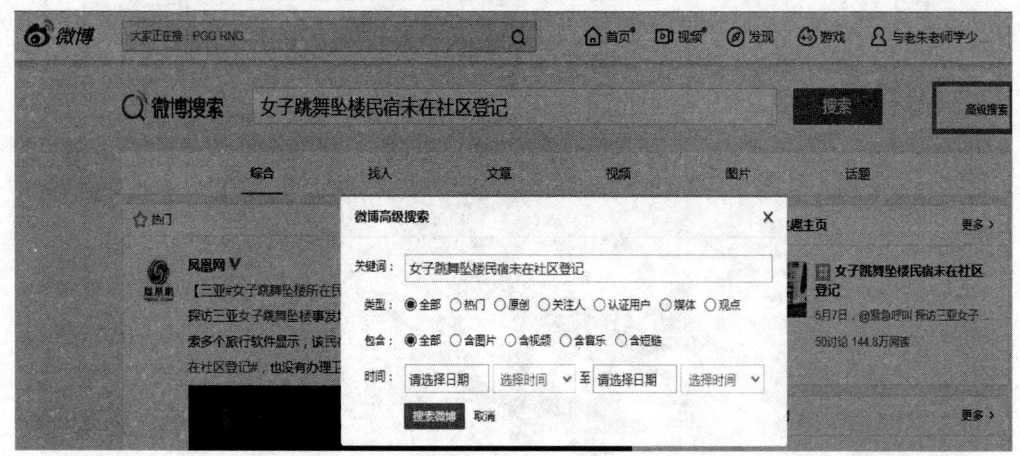

图 6－23　微博的高级搜索

四、期刊、论文、专利、商标、数字信息资源平台等专用平台检索

1. 中国知网 CNKI

(1) 数据库简介。 中国知网 CNKI（https：//cnki. net/），即中国国家知识基础设施 (China national knowledge infrastructure)，由清华同方光盘股份有限公司、中国学术期刊电子杂志社等单位，以实现全社会知识资源传播共享与增值利用为目标的信息化建设项目。1999 年 6 月正式启动，采用自主开发数字图书馆技术，建成了世界上全文信息量规模最大的"CNKI 数字图书馆"。

CNKI 资源可分为数字出版物超市、个人图书馆和机构数字图书馆 3 类。数字出版物超市构建了以总库资源超市理念为框架，以统一导航、统一元数据、统一检索方式、统一知网节为基础的资源出版平台。个人数字图书馆面向个人用户，可按需订制资源、检索平台、功能、情报服务，按需配置模板和显示方式，建设个人数字图书馆。机构数字图书馆可为机构提供按需订制数字出版物超市的资源，组织各类自建资源，订制机构相关的文献、信息、情报，并可按需选择模板和检索平台的显示方式。其主要数据库资源包括：

- 中国学术期刊网络出版总库。
- 中国博士学位论文全文数据库。
- 中国优秀硕士学位论文全文数据库。
- 中国重要会议论文全文数据库。
- 其他数据库。

(2) 检索技巧。

① 一框式检索。进入知网，直接在输入框中输入检索词进行检索，操作快捷方便。尽管一框式检索操作简单，但是检索结果可能没有那么精准。因此，可能检索出成千上万个文献，如图 6－24 所示。

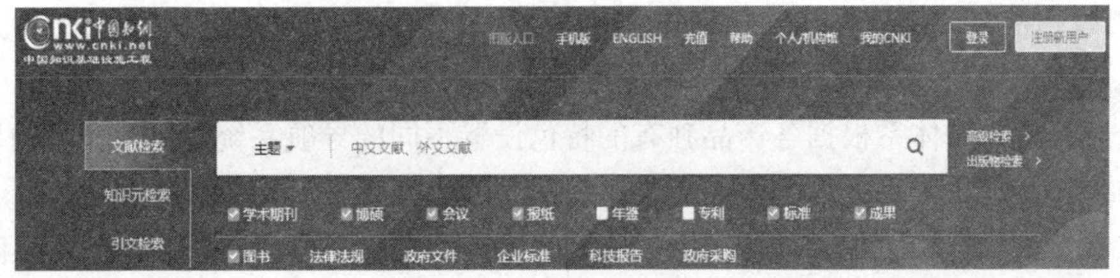

图 6-24　知网检索窗口

针对此情形，搜索者可以在检索结果里的分组浏览进行筛选，只要按照主题、发表年度、研究层次、作者、机构、基金这些分类条件，选择要查找文献所属的主题或者年限等，最后的检索结果就会越来越精简。

② 高级检索。知网的高级检索功能可谓是精确查找文献的利器，可以同时设定多个检索字段，输入多个检索词，根据布尔逻辑（“OR、AND、NOT”三种关系）在检索中对更多检索词之间进行关系限定——“或含、并含、不含”三种关系，更精准地查找想要的文献资源。所以要使用高级检索的话，先要将关键词进行拆分，对检索词的模糊词、同义词等也进行检索。除了关键词，还可以对作者、发表时间、文献来源与支持基金这些限定条件进行同一层次的筛选，确保检索结果最后符合所查找的文献。

另外，还可以从文献分类目录、跨库选择及新型出版模式 3 种大类进行筛选，可以限定更多的文献来源，从而精准找到所需的文献资源。当然，还可以从文献发表时间、来源、支持基金等维度大范围缩小检索范围。

例如要查找近两年中小企业融资发展的困境问题的研究文献，首先在主题检索词中输入“中小企业融资”和“中小企业发展”，并且篇名中输入“中小企业”和“困境”，最后在下方发表时间里选择 2017 年至 2019 年，就会得出相应的文献，如图 6-25 所示。

图 6-25　知网的高级检索

③ 出版物检索。出版物检索顾名思义是为了用户更方便直接地检索出版文献。出版物检索的出版来源导航主要包括期刊、学位授予单位、会议、报纸、年鉴和工具书的导航系统。每个产品的导航体系根据各产品独有的特色设置不同的导航系统。每个产品的导航内容基本覆盖自然科学、工程技术、农业、哲学、医学、人文社会科学等各个领域，囊括了基础研究、工程技术、行业指导、党政工作、文化生活、科学普及等各种层次，如图 6－26 所示。

图 6－26　文献检索

使用出版物检索，既可以查看近期更新刊物，还可以查看知网所有的刊物。比如想要了解更多更全面的学术辑刊、会议、报纸和工具书等的咨询，可借助出版物检索。

④ 专业检索。从知网首页右上方单击“高级检索”切换到随后的页面中即出现“专业检索”入口，如图 6－27 所示。

图 6－27　专业检索

有关专业检索的方法，在页面右边有细致的使用方法举例与说明，在此不再赘述。

⑤ 作者发文检索与句子检索。除了上面的专业检索，作者发文检索、句子检索的入口都可以从知网首页右上方的“高级检索”进入，如图 6－28 所示。

这两种检索方法没有高级检索高级，也没有专业检索专业，但是作者发文检索与句子检索的使用比较针对需要查找某一篇或者一些文章的用户，检索结果也会更有针对性，虽然这两个检索方式使用的频率会比较低，但是为了全面满足用户的需求，使知网里海量的文献资源得到更好的利用，知网也相应有各种的使用方式和技巧。例如当用户想要查找自己导师或

者某一位学者发表文献的情况，那就可以使用作者发文检索。

图 6-28 作者发文检索、句子检索

2. 重庆维普数据库

重庆维普数据库（http：//www.cqvip.com/）包括《中文科技期刊数据库》和《中文科技期刊引文数据库》，源于重庆维普资讯有限公司，包含了 1989 年至今近 9 000 种期刊刊载的 1 500 余万篇文献，引文 370 余万条。涵盖社会科学、自然科学、工程技术、农业、医药卫生、经济、教育和图书情报等学科的数据资源。

维普中文科技期刊数据库检索方法分为传统检索、高级检索、分类检索、期刊导航等。

（1）传统检索。通过单击“传统检索”，即可进入传统检索页面。

选择检索入口：《中文科技期刊数据库》提供 10 种检索入口即关键词、作者、第一作者、刊名、任意字段、机构、题名、文摘、分类号、题名或关键词，用户可根据自己的实际需求选择检索入口、输入检索式进行检索。限定检索范围：《中文科技期刊数据库》可进行学科类别限制和数据年限限制。学科类别限制：分类导航系统是参考《中国图书馆分类法》（第四版）进行分类的，每一个学科分类都可以按树形结构展开，利用导航缩小检索范围，进而提高查准率和查询速度。

（2）高级检索。通过单击“高级检索”，即可进入高级检索页面。

高级检索提供了两种方式供读者选择使用：向导式检索和直接输入检索式检索。其中，向导式检索为读者提供分栏式检索词输入方法。可选择逻辑运算、检索项、匹配度外，还可以进行相应字段扩展信息的限定，最大限度地提高了“检准率”。相对来说，直接输入检索式检索是为了让读者可在检索框中直接输入逻辑运算符、字段标识等，单击“扩展检索条件”并对相关检索条件进行限制后点“检索”按钮即可检索。检索式输入有错时检索后会返回“查询表达式语法错误”的提示，看见此提示后请使用浏览器的“后退”按钮返回检索界面重新输入正确的检索表达式。

（3）分类检索。通过单击“分类检索”，即可进入分类检索页面。

分类检索页面相当于提前对搜索结果做个限制，用户在搜索前可以对文章所属性质做个限制，比如用户选择经济分类，则用户在搜索栏中的文章都是以经济类为基础的文章。用户在选定限制分类，并输入关键词检索后，页面自动跳转到搜索结果页，后面的检索操作同简单搜索页，用户可以点击查看。特别注意：如果用户不勾选任何分类，则不能检索。

（4）期刊导航。通过单击“期刊导航”，即可进入期刊导航页面，可通过期刊学科分类导航，也可直接搜索期刊名或者按照字顺查找期刊，查找时可选择查找核心期刊或核心期刊和相关期刊。

3. 中国人民大学复印报刊资料数据库

中国人民大学复印报刊资料系列数据库（http：//ipub. exuezhe. com/index. html）由中国人民大学书报资料中心编辑出版。该系列数据库选辑公开发表的人文科学和社会科学中各学科、专业的重要论文和重要动态资料。《复印报刊资料》人文社科信息系列数据库包含以下数据库：

- 《复印报刊资料》数字期刊库。
- 精选人文社科学术文献数据库。
- 《复印报刊资料》目录索引数据库。
- 中文报刊资料摘要数据库。
- 中文报刊资料索引数据库。
- 专题研究资料数据库。

4. 万方数据资源系统

万方数据知识服务平台是在原万方数据资源系统（https：//www. wanfangdata. com. cn/index. html）的基础上，经过不断改进、创新而成，集高品质信息资源、先进检索算法技术、多元化增值服务、人性化设计等特色于一身，是国内一流的品质信息资源出版、增值服务平台。

万方数据知识服务平台整合数亿条全球优质知识资源，集成期刊、学位、会议、科技报告、专利、标准、科技成果、法规、地方志、视频等10余种知识资源类型，覆盖自然科学、工程技术、医药卫生、农业科学、哲学政法、社会科学、科教文艺等全学科领域，实现海量学术文献统一发现及分析，支持多维度组合检索，适合不同用户群研究。万方智搜致力于“感知用户学术背景，智慧你的搜索”，帮助用户精准发现、获取与沉淀知识精华。万方数据愿与合作伙伴共同打造知识服务的基石、共建学术生态。

5. 超星电子图书数据库

超星电子图书数据库（http：//www. sslibrary. com/）包含高清图像格式电子图书140万种（原超星电子书包库）和10万种超清EPUB格式电子图书（原超星书世界），目前总图书量为150万种，是全球最大的中文在线图书馆，其图书涵盖中图法22大类，各学科领域，为高校、科研机构的教学和工作提供了大量宝贵的参考资料，同时也是学习娱乐的好助手。超星电子书包库：超星数字图书馆开通于1999年，是全球最大的中文数字图书馆，目前向用户开放的电子图书140万种，该数据库具有以下特点：

（1）海量电子图书资源。它提供丰富的电子图书阅读，其中包括文学、经济、计算机等几十余大类，并且每天仍在不断的增加与更新。专门为非会员构建开放免费阅览室。为目前世界最大的中文在线数字图书馆。

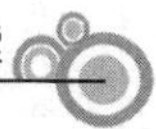

（2）阅读方便与快捷。图书不仅可以直接在线阅读，还提供下载（借阅）和打印。多种图书浏览方式、强大的检索功能与在线找书专家的共同引导，帮助您及时准确查找阅读到书籍。书签、交互式标注、全文检索等实用功能，让您充分体验到数字化阅读的乐趣。24小时在线服务永不闭馆，只要上网可随时随地进入超星数字图书馆阅读图书，不受地域和时间限制。

（3）先进的技术依托。先进、成熟的超星数字图书馆技术平台和“超星阅览器”，为您提供各种读书所需功能。专为数字图书馆设计的PDG电子图书格式，具有很好的显示效果，适合在互联网上使用等优点。“超星阅览器”是国内目前技术最为成熟、创新点最多的专业阅览器，具有电子图书阅读、资源整理、网页采集、电子图书制作等一系列功能。

（4）超星书世界。“超星书世界”是由超星公司推出的纯文本EPUB电子图书，总计有近10万种高清晰的精品畅销图书，涵盖经典名著、哲学宗教、文学艺术、生活保健等多个类别。超星书世界图书可以自适应不同尺寸的终端屏幕，阅读体验效果好；支持PC和移动终端（手机、平板等）访问，轻松实现校外阅读；支持互联网内容云同步，可以让收藏的电子图书随时随地获取，永不丢失；支持共享评论和读书笔记，读者可享受畅快的社会化阅读体验。

任务实战

1. 使用各种搜索引擎进行关键词搜索，观察他们搜索的结果的区别。
2. 在中国知网检索平台，根据期刊、作者、主题等进行检索。

任务五　使用HTML标识

学习任务

了解HTML语言标记，学会使用编辑器用标记写一个简单网页。

相关知识

一、HTML语言概述

1. HTML文件标记

Internet中的每一个HTML文件都包括文本内容和HTML标记两部分。其中，HTML标记负责控制文本显示的外观和版式，并为浏览器指定各种链接的图像、声音和其他对象的位置。多数HTML标记的书写格式如下：

＜标记名＞文本内容＜/标记名＞

标记名写在“＜＞”内。多数HTML标记同时具有起始和结束标记，但也有一些HTML标记没有结束标记，另外，HTML标记不区分大小写。某些HTML标记还具有一些属性，这些属性指定对象的特性，如背景颜色、文本字体及大小、对齐方式等。属性一般放在起始标记中，格式如下：

<标记名 属性 1=值 1 属性 2=值 2…>文本内容</标记名>

其中，标记名和属性之间用空格分隔。如果标记有多种属性，则属性之间也要用空格分隔。

2. HTML 网页的结构

（1）头部（head）。HTML 文件的头部由<head>和</head>标记定义。通常情况下，文件的标题、语言字符集信息等都放在头部信息中。最常用到的标记是<title>…</ title>，它用于定义网页文件的标题。当该网页文件被打开后，网页文件的标题将出现在浏览器的标题栏中。

（2）正文主体（body）。正文主体是 HTML 文件的核心内容，由<body>和</body>标记定义。<body>标记具有一些常用的属性，格式如下：

<body bgcolor=＃n color=＃n>…</body>

其中，bgcolor 为背景颜色，color 为文本颜色，n 为六位十六进制数。

如果网页使用背景图像，格式如下：

<body background=" 路径/图片文件名" >…</body>

HTML 对格式的要求并不严格，当 HTML 文件被浏览器扫描时，所有包含在文件中的空格、回车等均被忽略，因此，将一行写成两行或多行，在浏览器中的结果是相同的。

二、常用的 HTML 标记

1. 文本布局

（1）段落标记<p>。<p>…</p>标记指定文档中一个独立的段落。通过设置 align 属性来控制段落的对齐方式，其值可以是 left、center、right、justify，分别表示左对齐、居中、右对齐和两端对齐，默认值为左对齐。格式如下：

<p align=对齐方式>…</p>

**（2）换行标记
。**
标记可以强制文本换行。该标记只有起始标记。

（3）水平线标记<hr>。水平线标记<hr>用于在网页中插入一条水平线。

2. 文字格式

HTML 语言中用于文字格式化的标记有：

（1）标题标记<hn>。

格式如下：

<hn 属性=属性值>标题文字内容</hn>

其中，n 说明大小级别，取值范围为 1～6 的数字。把标题分为 6 级，即 h1～h6，h1 级文字最大，h6 级文字最小。

（2）字体标记<font>。字体标记用来对文字格式进行设置，主要具有以下属性：

① size 属性。用于控制文字的大小。格式如下：

<font size=n>……</font>

其中，n 的取值范围为 1～7 的数字，默认值为 3。

注：<font>标记和<hn>标记都可以控制文字的大小。一般情况下，文章的标题最好由<hn>标记控制，而其余的文字由<font>标记控制。相比较而言，<font>对字体的控制更加灵活。

② color属性。用于控制文字的颜色。格式如下：

<font color=♯n或英文表示的颜色>…</font>

其中，n是一个六位十六进制数。

③ face属性。用于指明文字使用的字体。格式如下：

<font face=字体名>…</font>

其中，字体名的选择由Windows操作系统安装的字体决定，如宋体、楷体_GB2 312、Times New Roman、Arial等。

（3）字形标记。字形标记用于设置文字的粗体、斜体、下划线、上标、下标等，如表6-6所示。

表6-6　字形标记

标记格式	字形
<b>…</b>	粗体
<i>…</i>	斜体
<u>…</u>	下划线
[…]	上标
_…	下标

3. 图片

<img>标记将图片插入网页中，用于设置图片的大小以及相邻文字的排列方式。该标记具有以下属性：

（1）src属性。用于指明图片文件所在的位置。格式如下：

<img src=URL>

其中，URL指定图片文件存放的位置。

（2）alt属性。是图片的文字说明，当鼠标指针指向图片时，该图片的说明性文字弹出。格式如下：

<img src=URL alt=说明文字>

（3）width和height属性。用于设置图片显示区域的宽度和高度。格式如下：

<img src=URL width=n1 height=n2>

其中，n1和n2为width和height属性的取值，可以是像素数或百分比。

（4）border属性。用于设置图片文件的边框。格式如下：

<img src=URL border=n>，其中，n为像素数。

（5）align属性。用于设置图片相对于文本的位置关系。格式如下：

<img src=URL align=对齐方式>

对齐方式可以是：top（顶端对齐）、middle（相对垂直居中）、bottom（相对底边对

齐）、left（左对齐）、right（右对齐）、texttop（文本上方）等。

4. 超链接

在 HTML 语言中，标记<a>和</a>用于设置网页中的超链接，href 属性指明超链接的文件地址。

格式如下：

<a href=URL>超链接文本</a>

用于表示超链接的文本一般显示为蓝色并加下划线。在浏览器中，当鼠标指针指向该文本时，箭头变为手形，并在浏览器的状态栏中显示该链接的地址。若使用图片做超链接，可用如下格式完成：

<a href=URL1> <img src=URL2></a>

5. 表格

在网页中插入一个表格，需要用到一组 HTML 标记。定义表格的有关标记如表 6-7 所示。

表 6-7 定义表格的有关标记

标记格式	含义
<table>…</table>	定义表格区域
<caption>…</caption>	定义表格标题
<th>…</th>	定义表格头
<tr>…</tr>	定义表格行
<td>…</td>	定义表格单元格

常用的标记属性中，border 属性用于设置表格边框的宽度；width、height 属性用于设置表格或单元格的宽度、高度；cellspacing 和 cellpadding 属性分别用于设置单元格之间的间隙和单元格内部的空白；align 属性用于设置表格或单元格的对齐方式；bgcolor 和 background 属性分别用于设置表格的背景颜色和背景图像。

任务实战

1. 使用 Word 编辑一个简单网页，保存为网页文件，用浏览器查看，用记事本看标记。
2. 下载一个简单网页文件，用记事本打开，查看 html 标记。

练 习 与 思 考

一、单选题

1. WWW 的全称是（ ）。

A. Website of World Wide　　B. World Wais Web

C. World Wide Wait　　D. World Wide Web

2. IPv4 表示的地址空间约有（　　）个 IP 地址。

A. 4 000 万　　B. 40 亿　　C. 5 000 万　　D. 50 亿

3. 当登录某网站注册的邮箱时，页面上的“草稿箱”文件夹一般保存着的是（　　）。

A. 包含有不合时宜想法的邮件　　B. 包含有不礼貌语句的邮件

C. 已经抛弃的邮件　　D. 已经撰写好，但是还没有发送的邮件

4. 下列（　　）不是常用的下载软件。

A. ACDSee　　B. FlashGet　　C. NetAnts　　D. 迅雷

5. 使用 IE 浏览器时，若将主页设置为空白页，则在“Internet 选项”对话框的相应位置处显示（　　）。

A. about：blank　　B. null　　C. www. blank. com　　D. 空白页

6. 通常所说的 ADSL 指的是（　　）。

A. 计算机五大部件之一　　B. 网络服务商

C. 一种宽带网络接入方式　　D. 一种网络协议

7. 某公司要通过网络向其客户传送一个大图片，最好的方法是借助（　　）。

A. BBS　　B. Telnet

C. WWW　　D. 电子邮件中的附件功能

8. 在 Internet 中，凡是以二进制数字 0 开始的 IP 地址属于（　　）网络地址。

A. A 类　　B. B 类　　C. C 类　　D. D 类

9. 下面（　　）是 ftp 服务器的地址。

A. c：\windows　　B. ftp：//192. 168. 113. 23

C. http：//192. 163. 113. 23　　D. www. sina. com. cn

10. 以下因特网信息交流工具中，需交流者同时在线的是（　　）。

A. BBS　　B. BLOG　　C. 电子邮件　　D. 聊天室

11. Internet 中，人们常用域名表示主机，但在实际处理中，必须由（　　）将域名翻译成 IP 地址。

A. BBS　　B. DNS　　C. ISP　　D. NDS

12. Internet 采用客户机/服务器模式，以下不属于客户端软件的是（　　）。

A. IE 浏览器　　B. Outlook 电子邮件系统

C. QQ 聊天软件　　D. Word

13. 211. 64. 11. 11 代表一个（　　）类 IP 地址。

A. A　　B. B　　C. C　　D. D

14. 以下有关搜索引擎的说法，不正确的是（　　）。

A. 描述符号“-”用于限制符号后面的关键字必须出现在检索结果中

B. 如用户用双引号将所需查询的关键字括起来，说明用户需要查询完全匹配的信息

C. 搜索引擎实际上是一个网站，此类网站主要作用是提供信息检索服务

D. 在 Internet 上有很多搜索引擎，如 Google、百度等

15. 在地址栏输入一个 WWW 地址后，浏览器中出现的第一页被称为（　　）。

A. 导航　　B. 网页　　C. 网站　　D. 主页

16. 下列有关 IP 地址的说法中错误的是（　　）。

A. IP 地址可以静态分配，也可以动态分配

B. IP 地址是 Internet 上主机的数字标识

C. 分配给普通用户的 IP 地址有 A、B、C、D 四类

D. 任何接入 Internet 的计算机都必须有一个 IP 地址

17. 为了方便用户，Internet 在 IP 地址的基础上提供了一种面向用户的字符型主机命名机制，称为（　　）。

A. IP 协议　　B. MAC 地址　　C. 网络地址　　D. 域名系统

18. 下列选项中，用户可以使用的合法的 IP 地址是（　　）。

A. 252.12.47.148　　B. 0.112.36.21

C. 157.24.3.257　　D. 14.2.1.3

19. 以下有关顶级域名代码的说法不正确的是（　　）。

A. cn 代表中国，ca 代表加拿大

B. com 代表商业网站，edu 代表教育机构

C. mil 代表信息机构，org 代表非营利机构

D. net 代表网络机构，gov 代表政府机构

20. 下列有关电子邮件地址 xiaoming_123@163.com 的说法，正确的是（　　）。

A. xiaoming_123 是用户名，163.com 是邮件服务器名

B. xiaoming 是用户名，123 是邮箱编号

C. 一个用户只能有一个电子邮件地址

D. 以上邮件地址说明邮件服务机构 163.com 为用户 xiaoming_123 分配了一台邮件服务器

二、填空题

1. 计算机网络的主要功能是（　　）和传递信息。

2. 通过域名“www.tsinghaua.edu.cn”可以知道这个域名属于（　　）地区，属于（　　）机构。

3. 域名服务系统的简称是（　　）。

4. World Wide Web 的中文意思是（　　）。

5. Internet 的核心是（　　）协议。

6. 关于 user@sina.com.cn 电子邮件地址，该收件人标识为（　　）。

7. 要在电子邮件中传送一个文件，可以借助电子邮件中的（　　）功能。

8. 网页中的超链接可以是（　　），也可以是图片。

9. 计算机网络系统由资源子网和（　　）子网组成。

10. 在 Internet 上，文件传输服务采用的通信协议是（　　）。

三、简答题

1. 计算机网络的功能是什么?
2. 连接 Internet 的方法有哪些?
3. 良好的信息安全习惯有哪些?

四、项目实战

1. 查看计算机的 IP 地址、子网掩码、DNS 服务器地址。
2. 给朋友发一封电子邮件。
3. 设置本机的资源共享，使得局域网上的计算机可以访问。

项目七

数据库管理系统 Access 2016

项目导读

Access 2016 是 Microsoft Office 2016 软件包中的一个重要组件，主要用于实现对数据的保存、查询、处理、统计分析等功能，且操作简单，是目前广泛使用的一种小型关系数据库管理系统。

学习目标

1. 了解数据库概念、关系数据库概念及关系运算。
2. 掌握数据库的创建。
3. 掌握表的创建、表结构的修改、表间关系的建立。
4. 掌握不同查询的创建方法。
5. 掌握 SQL 基本语句的使用。
6. 掌握窗体的创建方法、常用控件的使用方法。
7. 掌握报表的创建、报表的分组计算方法。
8. 掌握宏的创建和应用。
9. 了解非关系型数据库基本概念与应用。

任务一　Access 2016 基础

学习任务

1. 了解数据库发展历史。
2. 了解三大类数据库模型。
3. 了解常见的数据库软件。
4. 掌握 Access 2016 的启动与关闭。

相关知识

一、数据库基本概念

1. 数据库

数据库（database，DB）即数据的仓库，是以一定的格式将相关数据组织在一起，存储在计算机的存储设备上，并能被多个用户共享的数据的集合。

2. 数据库管理系统

数据库管理系统（database management system，DBMS）是用于建立、使用和维护数据库的系统软件。通过数据库管理系统对数据库进行统一的管理和控制，以保证数据库的安全性和完整性。用户通过数据库管理系统访问数据库中的数据，数据库管理员则通过数据库管理系统对数据库进行维护。

3. 数据库应用系统

数据库应用系统（database application system，DBAS）是利用数据库管理系统开发的计算机应用系统。例如，财务管理系统、图书管理系统等。

4. 数据库系统

数据库系统（database system，DBS）是由数据库、数据库管理系统、数据库应用系统、数据库需要的软硬件环境和数据库管理员组成的系统。

二、数据库的发展

数据库的发展经历了 3 个阶段：人工管理阶段、文件管理阶段和数据库系统阶段。

（1）人工管理阶段。在 20 世纪 50 年代以前，计算机主要用于数值计算。从硬件看，外存只有卡片、纸带、磁带，没有直接的存取设备；从软件看，没有操作系统和管理数据的软件；从数据看，数据量小，数据无结构，数据不共享，数据完全依赖于应用程序，缺乏独立性。

（2）文件管理阶段。在 20 世纪 50 年代后期到 60 年代中期，硬件和软件都有了一定的发展，从硬件看，出现了磁鼓、磁盘等直接的存取设备。从软件看，已经有了操作系统并出现了文件系统。文件系统实现了记录内的结构化，但是，文件整体却是无结构的，其数据面向特定的应用程序，因此数据共享性、独立性差，且冗余度大。

（3）数据库系统阶段。在 20 世纪 60 年代后期，出现了数据库这样的数据管理技术。它以数据为中心组织数据，不再只针对某一特定的应用，使程序和数据具有较高的独立性，减少了数据的冗余，易于修改和扩充，提高了数据的共享能力，实现了对数据统一的控制和管理，提高了数据的安全性和完整性。

三、数据模型

数据模型是对现实世界数据的抽象，用于描述数据之间关联的形式。数据模型可分为 4 类：层次模型、网状模型、关系模型和面向对象模型。

1. 层次模型

层次模型是一种用树形结构描述实体及其之间关系的数据模型。其中，实体采用结点表示，实体之间的关系采用连线表示。每一个结点只能有一个双亲结点，而每一个双亲结点可以有多个子结点，且结构中只能包含一个无双亲的结点，即树根。

2. 网状模型

网状模型允许一个结点可以同时拥有多个双亲结点和子结点。因而同层次模型相比，网状结构更能够直接地描述现实世界的实体。也可以认为层次模型是网状模型的一个特例。

3. 关系模型

关系模型是采用二维表格结构来表达实体及实体间联系的数据模型。一个二维表格就是一个关系。二维表格中的每一行称为“一个记录”或“元组”，每一列称为“一个属性”或“字段”。

4. 面向对象模型

面向对象模型是一种新兴的数据模型，它采用面向对象的方法来设计数据库。面向对象的数据库存储对象是以对象为单位，每个对象包含对象的属性和方法，具有类和继承等特点。

四、关系数据库基本概念及关系运算

1. 关系数据库中的基本概念

（1）关系。如上所述，一个关系就是一个二维表格，在以 Access 为代表的关系数据库中称为“表”。如图 7－1 所示，就是 Access 中的一个二维表，它展示了员工的各个工资项之间的关系。

员工工资表

员工编号	员工姓名	基本工资	奖金	扣款
001	方俊	4000	800	120
002	曹莉莉	3900	800	120
003	李祥	4500	800	120
004	庄小华	4000	800	120
005	孔亮亮	5000	1200	120
006	高兴	4200	800	120

图 7－1　关系数据库中使用二维表表示一个关系

（2）元组（或记录）。元组也称为记录（表格中的一行），关系表中的每行对应一个元组，组成元组的元素称为分量。在创建数据库时一个实体或者实体之间的一个联系均使用一个元组来表示。例如，图 7－1 中，“001，方俊，4000，800，120”就是一个元组，该元素由 5 个分量组成。

（3）属性（或字段）。表中的一列即称为一个属性，给每个属性取一个名称为属性名。

例如，图 7-1 中，表中有 5 个属性（员工编号、员工姓名、基本工资、奖金、扣款）。属性具有类型和取值两个部分，属性名具有标识列的作用。

(4) 域。域就是属性的取值范围。

(5) 候选码。若关系中的某一个属性或者属性组的值能够唯一标识一个元组，则称该属性或者属性组为候选码，简称为码。

(6) 主码（或主键）**。**若一个关系中有多个候选码，则选定其中一个为主码（也称为主键）。如图 7-1 所示中应该选择“员工编号”为主码，因为它是当前关系中唯一标识一个元组的。

2. 关系的运算

通过关系的运算，可以在表中查询数据。可以将关系运算分为两类：一类是传统的关系运算，如交、并、或、异或等；另一类是专门的关系运算，如选择、投影和连接等。

(1) 传统关系运算。传统的关系运算也称为布尔运算（或者逻辑运算），两个结构相同的关系通过这样的运算，可以得到结构相同的新关系。

(2) 专门关系运算。

① 选择运算：从关系中找出符合条件元组的操作的运算，如图 7-2 所示。

关系1

员工编号	员工姓名	基本工资	奖金
001	方俊	4000	800
002	曹莉莉	3900	800
003	李祥	4500	800
004	庄小华	4000	800
005	孔亮亮	5000	1200
006	高兴	4200	800

4号员工工资信息 →

关系2

员工编号	员工姓名	基本工资	奖金
004	庄小华	4000	800

图 7-2 选择运算

② 投影运算：从关系中取出几个属性构成新关系的运算，如图 7-3 所示。

关系1

员工姓名	基本工资	奖金	扣款
方俊	4000	800	120
曹莉莉	3900	800	120
李祥	4500	800	120
庄小华	4000	800	120
孔亮亮	5000	1200	120
高兴	4200	800	120

员工扣款 →

关系2

员工姓名	扣款
方俊	120
曹莉莉	120
李祥	120
庄小华	120
孔亮亮	120
高兴	120

图 7-3 投影运算

③ 连接运算：将多个关系的属性组合成一个新的关系的运算，如图 7-4 所示。

④ 自然连接运算：在连接运算中，按字段取值相等执行的连接称为等值连接，去掉重复值的等值连接称为自然连接，如图 7-5 所示。

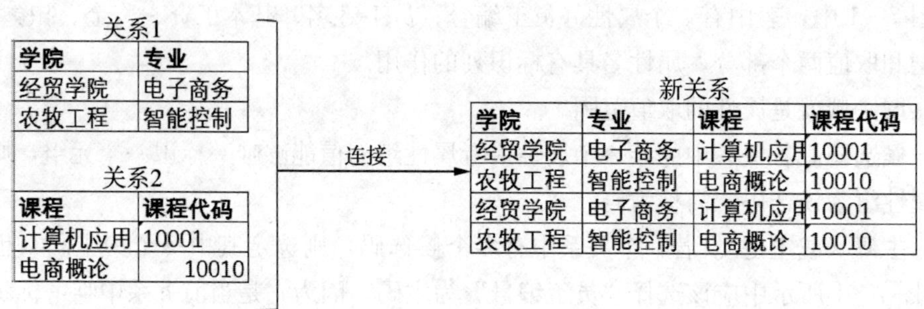

图 7-4 连接运算

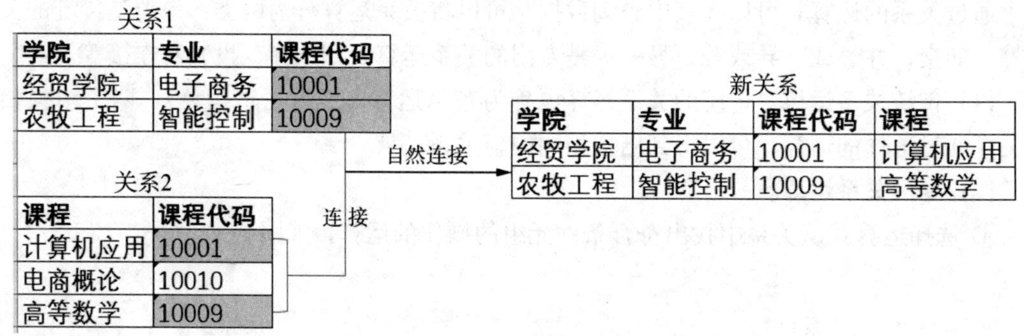

图 7-5 自然连接运算

五、常见关系数据库管理系统

1. Oracle

Oracle 是甲骨文公司的一种关系数据库管理系统，是数据库市场应用广泛、性能最好、功能最强大的数据库产品。

2. SQL Server

SQL Server 是微软公司开发的大型关系型数据库管理系统，只能在 Windows 系列的操作系统上运行，可以作为大中型企业或单位的数据库平台，它在管理和维护数据方面比较方便，有一整套可视化的管理和维护工具，可以完成创建、修改、查询数据库等全部操作。

3. DB2

DB2 是 IBM 公司开发的关系型数据库管理系统，其功能是满足大中型公司的需要，具有较好的可伸缩性，可支持从大型机到单用户环境，应用于所有常见的服务器操作系统平台下，如 Unix、Linux 及 Windows 服务器等。

4. Access

Access 是微软公司开发的小型关系数据库管理系统，也是 Microsoft Office 的组成部分之一。它界面友好、简单易用，已经成为目前最流行的数据库管理系统。

六、Access 2016 基本功能

Access 2016 数据库由对象和组两部分组成，其中对象又分为 6 种。这些数据库对象包

括：表、查询、窗体、报表、宏和模块。

(1) 表。表是数据库中用来存储数据的对象，是整个数据库系统的基础。Access 允许一个数据库中包含多个表，用户可以在不同的表中存储不同类型的数据。

(2) 查询。查询是数据库设计目的的体现，数据库建完以后，数据只有被使用者查询才能真正体现它的价值。查询的结果以二维表的形式显示出来，但它们不是基本表，查询的结果是静态的。

(3) 窗体。窗体是 Access 提供的可以交互输入数据的对话框，通过窗体可以很方便的在多个表中查看、输入和编辑信息，从而对其中的数据进行各项操作。

(4) 报表。在 Access 中如果要打印输出数据，使用报表是很有效的方法。报表的功能是将数据库中的数据分类汇总，然后打印出来以便分析。

(5) 宏。宏实际上是一系列操作的集合，其中每个操作都能实现特定的功能。利用宏可以简化重复性操作。

(6) 模块。模块的主要作用就是建立复杂的 VBA 程序，完成宏不能完成的任务。

Access 所提供的这些对象都存放在同一个数据库文件（扩展名为 .accdb）中，这样就方便了数据库文件的管理。

七、Access 2016 的启动与退出

Access 2016 的启动与退出与其他 Office 套件基本一致，恕不赘述。

任务实战

1. 启动 Access 2016，类似其他 Office 2016 套件，观察界面组件。
2. 熟练掌握打开与关闭 Access 2016 的多种方法。

任务二　Access 2016 基本操作

学习任务

1. 掌握创建表的 3 种方法。
2. 熟练编辑表中记录。

相关知识

表是 Access 数据库的基础，是用来存储数据的地方，Access 中的各种数据对象都建立在数据表的基础之上。

一、创建数据库

Access 2016 提供了两种创建数据库的方式。一种是创建一个空白的数据库，然后向该数据库中添加表、查询、窗体、报表等对象；另一种是利用 Access 2016 提供的数据库模板

快速地创建数据库，然后向其中输入相关的数据。

1. 创建空数据库

（1）启动 Access 2016 后，单击“文件”选项卡中的“新建”命令，并单击右侧的“空白桌面数据库”选项。

（2）把默认的数据库名字改为“学生基本信息.accdb”后，单击右下方“创建”按钮，出现如图 7-6 所示的对话框，这样就建立一个空数据库。

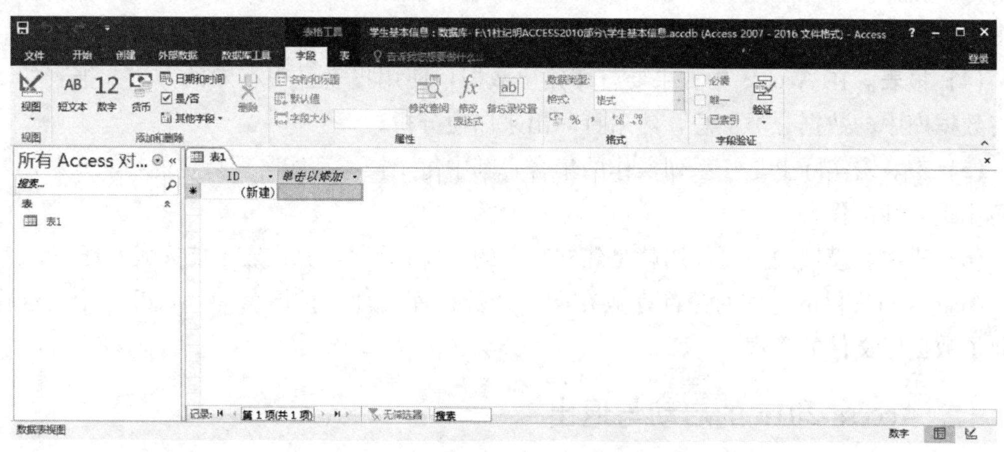

图 7-6 “学生基本信息”数据库窗口

（3）可以向该数据库中添加表、查询、窗体、报表等对象。

2. 使用数据库模板创建数据库

类似于其他 Office 套件，在 Access 2016 中，也可以使用模板来创建一个数据库。

二、打开及关闭数据库

Access 2016 的一个数据库（单个文件）的打开及关闭与其他 Office 套件基本一致，恕不赘述。

任务实战

1. *启动 Access 2016，并灵活掌握关闭 Access 2016 的多种方法。*
2. *利用模板创建数据库，观察数据库的组成。*

任务三 表 操 作

学习任务

1. 掌握创建表的 3 种方法。
2. 熟悉编辑表中记录。

相关知识

表是 Access 数据库的基础，是用来存储数据的地方，Access 中的各种数据对象建立都以表为基础。

一、创建表

（1）打开第一节中创建的“学生基本信息”数据库，单击“创建”选项卡中“表格”组中的“表设计”命令，如图 7－7 所示。

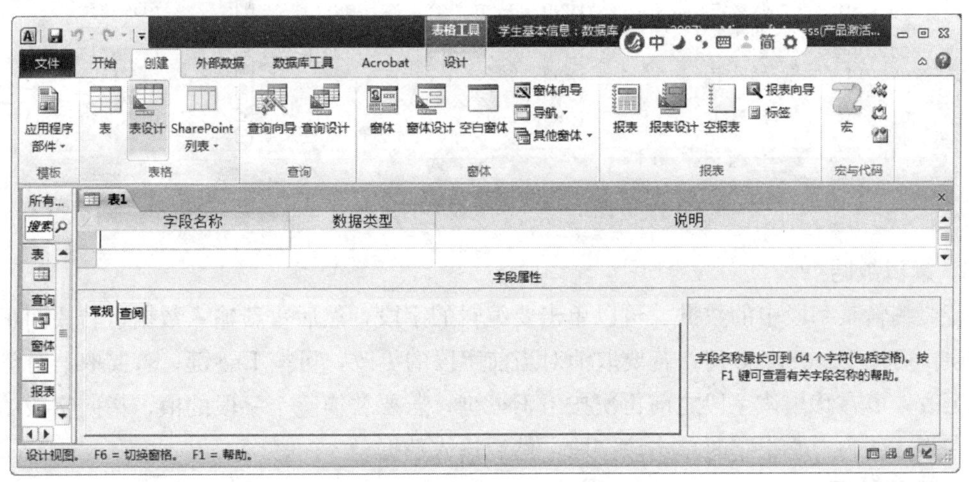

图 7－7　使用“表设计”创建表

（2）依次创建 6 个字段：“学生编号”“姓名”“出生年月日”“入校成绩”“团员否”和“简历”，依次在“数据类型”中把这 6 个字段的数据类型分别设置为：短文本、短文本、日期/时间、数字、是/否、长文本，在“说明”项中输入有关该字段的说明信息。

（3）设置完成后，关闭窗口时系统会询问用户是否保存，单击“是”按钮，在随后弹出的“另存为”对话框中输入表名称“学生表”后，单击“确定”按钮保存。

注意：

在这里单击“确定”后，系统提示是否设置主键，用户可以根据自己的需要来选择。主键是指在表中能够唯一标识一条记录的字段。

二、编辑表中数据

表设计完成以后，可以在其中添加数据。如果添加后的数据需要修改，可以进一步编辑，如果发现不必要的数据可以将其删除。

1. 输入数据

打开刚才建立的“学生表”，插入点自动停在可插入记录的位置，直接输入所需的数据即可。

在图 7－8 学生表中，“学生编号”“姓名”“出生年月日”“入校成绩”“简历”和“团员否”称为字段，每一行称为一条记录，表中共有 15 条记录。

学生表

学生编号	姓名	出生年月日	入校成绩	团员否	简历
20080101	张三	1989-10-05	457	☑	山东潍坊
20080102	王一明	1990-04-12	489	☑	山东日照
20080103	江南	1990-06-23	379	☑	山东菏泽
20080104	李光涛	1989-05-16	351	☑	山东潍坊
20080105	张艳青	1989-04-06	420	☐	山东济宁
20080106	吴江东	1990-08-09	368	☑	山东青岛
20080107	冯元震	1989-01-05	455	☑	山东潍坊
20080108	李明清	1989-11-13	368	☑	山东日照
20080109	张志忠	1990-05-12	455	☑	山东菏泽
20080110	张华伟	1990-06-25	368	☑	山东潍坊
20080111	刘美玉	1989-10-01	412	☐	山东济宁
20080112	谢飞	1990-08-12	399	☑	山东潍坊
20080113	马以宁	1989-10-23	326	☑	山东日照
20080114	王光利	1990-07-12	385	☑	山东临沂
20080115	李梅红	1989-01-01	411	☑	山东烟台
*				☐	

记录: 第 1 项(共 15 项 无筛选器 搜索

图 7－8　学生表中的数据

2. 编辑数据

若要编辑某字段中的数据，可以单击要编辑的字段，然后重新输入数据；若要纠正输入的错误，可按 BackSpace 键；若要取消对当前字段的更改，可按 Esc 键；若要取消对整个记录的更改，可在移出该字段之前再次按下 Esc 键；若要替换整个字段的值，指向字段的最左边，在指针变为空心十字时单击该字段，然后输入数据。

3. 删除数据

单击要删除的记录左侧的行选定器（一个小方框），选择整行记录，右击从弹击的快捷菜单中选择“删除记录”命令，或者选择“编辑”菜单中的“删除记录”命令，还可以直接按 Delete 键。

任务实战

从零开始创建一个部门数据库表，其中包含的字段有：部门编号（短文本类型）、部门名称（短文本类型）、部门创建日期（日期/时间类型）、人数（数字类型）、负责人（短文本类型）和负责人性别（是/否类型）。

任务四　查　　询

学习任务

1. 了解查询分类。
2. 使用设计视图创建查询。
3. 设置查询条件。
4. 了解 SQL 查询。

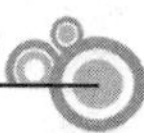

相关知识

作为 Access 数据库的核心内容与重点，用户需要学习 Access 2016 查询设计的关键技巧。为此，首先要了解查询的分类，然后学习使用设计视图创建查询并熟练掌握查询条件的设计。

一、查询类型

查询是数据库的一项重要功能。运用查询功能可以很方便、快捷地查看、更改或分析数据。在 Access 2016 中，查询有多种分类标准。一种分类方法是把查询分为选择查询、参数查询、交叉表查询、操作查询和 SQL 查询 5 类。还有一种分类方法是把查询分为可视化查询设计与 SQL 查询设计。

1. 选择查询

选择查询就是从一个或多个表中获取数据并显示结果，也可以使用选择查询对记录进行分组，并且对记录进行总计、计数、平均等类型的计算。数据表可以是一个表或多个表，也可以是一个查询。查询的结果是一组数据记录，并把这些数据显示在新的查询数据表中，称为“动态集”。

2. 交叉表查询

交叉表查询是利用表中的行和列来统计数据，一组列在数据表的左侧，另一组列在数据表的上部。

3. 参数查询

参数查询是在执行某个查询时能够显示对话框来提示用户输入查询准则，系统以该准则作为查询条件，将查询结果以指定的形式显示出来。

4. 操作查询

操作查询的主要功能是对大量的数据进行更新。操作查询又分为 4 种：生成表查询、更新查询、删除查询和追加查询。

5. SQL 查询

SQL 查询是使用 SQL 语句创建查询。SQL 查询主要包括联合查询、传递查询、数据定义查询和子查询 4 种。在 SQL 语句中使用最频繁的就是 SELECT 语句了，SELECT 语句构成了 SQL 数据库语言的核心。

二、创建查询

一般情况下，建立查询的方法有两种：查询向导和设计视图。这里以创建“选择查询”为例介绍“使用设计视图”创建查询的方法。

例题：在“学生基本信息”数据库中，查找并显示“学生表”中山东潍坊的学生的“学生编号”“姓名”“入校成绩”和“简历”4 个字段信息。

(1) 打开“学生基本信息”数据库。

(2) 单击“创建”选项卡中“查询”组中的“查询设计”命令，弹出“显示表”对话框。

(3) 在“显示表”对话框中选择“学生表”后，单击“添加”按钮，这时“学生表”中的字段添加到查询设计视图上半部分的窗口中，如图 7-9 所示，关闭“显示表”对话框。

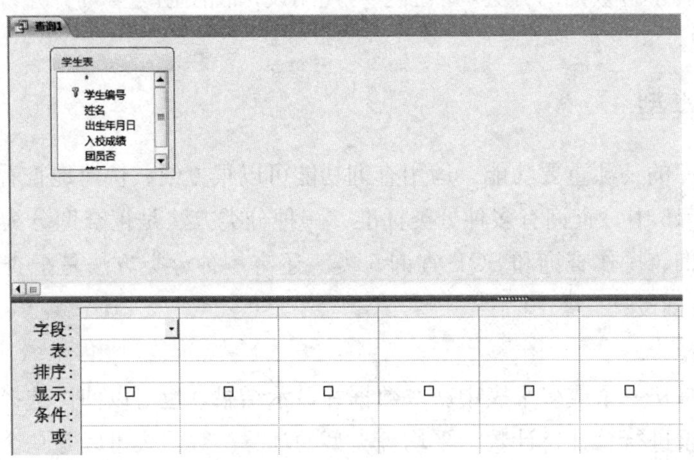

图 7-9　查询设计器

(4) 依次双击学生表中的“学生编号”“姓名”“入校成绩”和“简历”4 个字段，它们将添加到“字段”行的第 1 列至第 4 列上，在“简历”列的“条件”行上输入“山东潍坊”（注意：双引号要用半角），结果如图 7-10 所示。

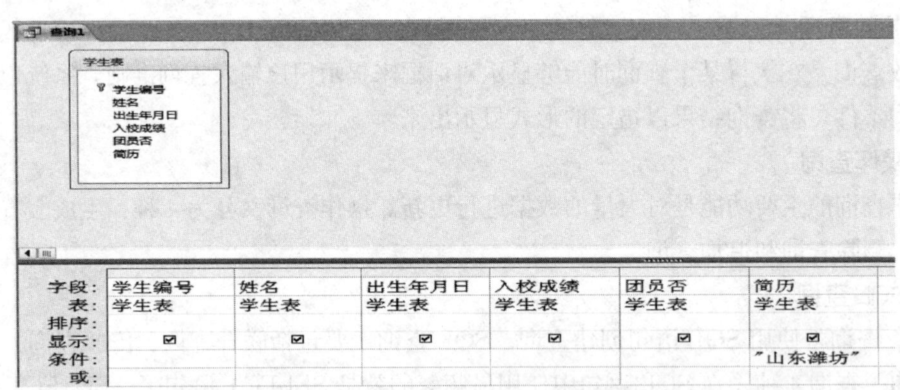

图 7-10　选择查询结果字段并设计查询条件

(5) 单击屏幕左上角“结果”组中的按钮 ，显示如图 7-11 所示的查询结果。

(6) 关闭查询结果窗口，提示用户是否保存建立的查询，单击“是”，弹出“另存为”对话框，输入查询名称“学生信息查询”，单击“确定”按钮。

三、编辑查询

创建查询以后，如果对查询设计的结果不满意，可以对其进行修改。

在查询的设计视图中，窗口上面部分的字段列表内列出了所有可以添加到设计网格中的字段。对于设计网格中的字段，可以进行添加、删除或移动等操作。

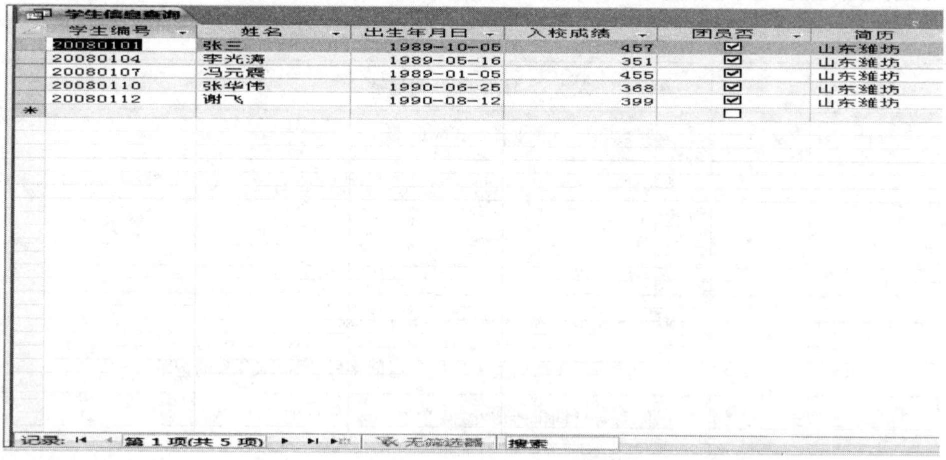

学生信息查询

学生编号	姓名	出生年月日	入校成绩	团员否	简历
20080101	张三	1989-10-05	457	☑	山东潍坊
20080104	李光涛	1989-05-16	351	☑	山东潍坊
20080107	冯元震	1989-01-05	455	☑	山东潍坊
20080110	张华伟	1990-06-25	368	☑	山东潍坊
20080112	谢飞	1990-08-12	399	☑	山东潍坊
*				☐	

记录: 第 1 项(共 5 项)　无筛选器　搜索

图 7-11　运行查询后的结果

1. 添加字段

(1) 在“导航窗格”中右键单击要修改的查询对象并选择“设计视图”方式打开查询。

(2) 使用鼠标左键将所要添加字段拖到设计网格的字段行相应位置上。

(3) 修改之后，单击屏幕左上角保存按钮，再关闭查询的设计视图窗口。

2. 删除字段

(1) 在“导航窗格”中右键单击要修改的查询对象并选择“设计视图”方式打开查询。

(2) 在设计网格下，单击要删除字段的列选定器（该列的顶部），当鼠标指针变成黑色的向下箭头时单击，即可选定一整列。

(3) 按 Delete 键，或单击“编辑”选项卡中的“删除”命令。

(4) 删除之后，单击屏幕左上角“保存”按钮，再关闭查询的设计视图窗口。

3. 移动字段

(1) 在“导航窗格”中右键单击要修改的查询对象并选择“设计视图”方式打开查询。

(2) 在设计网格下，单击要移动字段的列选定器，选定该字段所在的列。

(3) 按住鼠标左键将它拖到新的位置上。

移动之后，单击屏幕左上角“保存”按钮，再关闭查询的设计视图窗口。

四、设置查询条件

查询条件是一种限制查询范围的方法，主要用来筛选出符合某种特殊条件的记录。查询条件可以在查询设计视图窗口的“条件”文本框中进行设置。查询条件类似于一种公式，它是由引用的字段、运算符和常量组成的字符串。在 Access 2016 中，查询条件也称为表达式。

表 7-1 所示列举了常用查询条件的例子。

表 7-1 常用查询条件

举 例	意 义
>25 and <50	返回数字大于 25 且小于 50 的记录
100 or 150	返回数字为 100 或者 150 的记录
Between 100 and 150	与条件“>=100 and <=150”一样，返回数字大于或等于 100 且小于或等于 150 的记录
Like“China”	返回所有包含“China”字符串的所有记录
Not“China”	返回字段不包含“China”的所有记录
Is null	此条件适用于所有类型字段，返回字段值为 NULL 的记录
>#2/28/2012#	返回所有日期字段值在 2012 年 2 月 28 日以后的所有记录
<=150	返回数字小于或者等于 150 的记录
Date（）	返回所有日期字段值为今天的记录

五、SQL 查询基础

Access 的交互查询不仅功能多样，而且操作简便。事实上，这些交互查询功能都有相应的 SQL 语句与之对应，当在查询设计视图中创建查询时，Access 将自动在后台生成等效的 SQL 语句。当查询设计完成后，就可以通过“SQL 视图”查看对应的 SQL 语句。

1. SQL 视图

SQL 视图是用于显示和编辑 SQL 查询的窗口，主要用于以下两种场合。

查看或修改已创建的查询：当已经创建了一个查询时，如果要查看或修改该查询对应的 SQL 语句，可以首先在查询视图中打开该查询，然后在“查询工具”的“设计”选项卡的“结果”组中单击“视图”按钮的下拉箭头，在弹出的下拉菜单中选择“SQL 视图”命令即可。

通过 SQL 语句直接创建查询：通过 SQL 语句直接创建查询，可以首先按照常规方法新建一个设计查询，打开查询设计视图窗口，在“设计”选项卡的“结果”组中单击“视图”按钮的下拉箭头，在弹出的下拉菜单中选择“SQL 视图”命令，切换到 SQL 视图窗口。在该窗口中，即可通过输入 SQL 语句来创建查询。

2. SELECT 语句（查询）

基本格式：SELECT 字段名表［INTO 目标表］FROM 表名［WHERE 条件］［ORDERBY 字段］

［GROUPBY 字段［HAVING 条件］］

功能：在指定表中查询有关内容。

说明：

ORDER BY 字段指按指定字段排序；GROUP BY 字段指按指定字段分组；HAVING

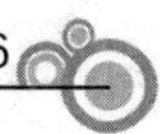

条件指设置分组条件；INTO 目标表指将查询结果输出到指定的目标表。

示例：查询 xsda 表中女同学的信息，并将查询结果输出到“女生”表。

SELECT * INTO 女生 FROM xsda WHERE 性别＝" 女"

3. UPDATE 语句（字段内容更新）

基本格式：UPDATE 表名 SET 字段＝表达式 [WHERE 条件]

功能：对指定表中满足条件的记录，用指定表达式的内容更新指定字段。

示例：将班级编号为“201001”的记录的班级编号修改为“201010”。

UPDATE xsda SET 班级编号＝" 201010" WHERE 班级编号＝" 201001"

4. INSERT 语句（插入记录）

基本格式：INSERT INTO 表名（字段名表）VALUES（内容列表）

功能：在指定表中插入记录，以指定内容列表中的内容为字段内容。

示例：在 xsda 表中插入一条记录。

INSERT INTO xsda（学号，姓名，性别，出生日期，班级编号）

VALUES（" 201001011"，" 张山"，" 女"，#1/1/1990#，" 201001"）

5. DELETE 语句（删除记录）

基本格式：DELETE FROM 表名 [WHERE 条件]

功能：删除指定表中符合条件的记录。

示例：删除 xsda 表中班级编号为“201001”的所有记录。

DELETE FROM xsda WHERE 班级编号＝" 201001"

6. SELECT…INTO 语句

SELECT…INTO 语句用于从一个查询结果中创建新表，基本语法格式如下：

SELECT 字段 1，字段 2，…

INTO 新表　FROM 表　[WHERE <条件>]

该语句主要是将表中符合条件的记录插入新表中。新表的字段由 SELECT 后面的字段 1、字段 2 等指定。

7. SQL 特定查询

不是所有的 SQL 查询都能转化成查询设计视图，如联合查询、传递查询和数据定义查询等不能在设计视图中创建，只能通过在 SQL 视图中输入 SQL 语句来创建。因此将这一类查询称为 SQL 特定查询，包括联合查询、传递查询、数据定义查询等。篇幅所限，在此省略介绍。

任务实战

1. 使用“学生基本信息”数据库中的“学生表”创建查询“学生所有信息查询”，查询中仅包含山东潍坊的学生的“学生编号”“姓名”“入校成绩”和“简历”信息。

2. 使用“学生基本信息”数据库中的“学生表”创建查询“学生成绩条件查询”，查询中仅包含入校成绩在 400 到 500 之间的学生信息。

任务五　窗　　体

学习任务

1. 了解窗体在数据库中的作用。
2. 掌握创建与编辑窗体的基本方法。

相关知识

窗体是实现人机交互界面的主要形式，是 Access 2016 提供的可以交互输入数据的数据库对象，通过窗体可以完成显示、输入和编辑数据等操作。

一、窗体简介

在 Access 2016 中，一个窗体最多可以由 5 部分组成，分别是窗体页眉、页面页眉、主体、页面页脚和窗体页脚，每一部分称为一个节。

在 Access 2016 中，窗体有 4 种不同的视图，分别是设计视图、窗体视图、数据表视图、布局视图。窗体有数据输入、显示、分析和导航等多种作用。接下来，我们学习窗体的创建方法和基本编辑技巧。

二、创建窗体

本小节中，我们主要介绍通过设计视图创建窗体的方法。步骤如下：

（1）打开“学生基本信息”数据库。

（2）单击“创建”选项卡“窗体”组中的“窗体设计”命令。打开了窗体设计视图，当然这也是一个空窗体，同时还显示一个“控件”组，如图 7－12 所示。

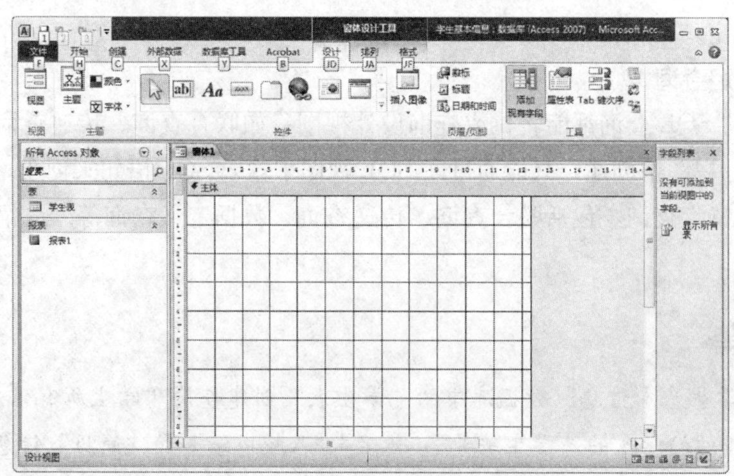

图 7－12　使用窗体设计器创建窗体

（3）单击界面右侧“字段列表”窗口中的链接“显示所有表”将显示当前数据库中所有表。展开“学生表”后，如图 7－13 所示。

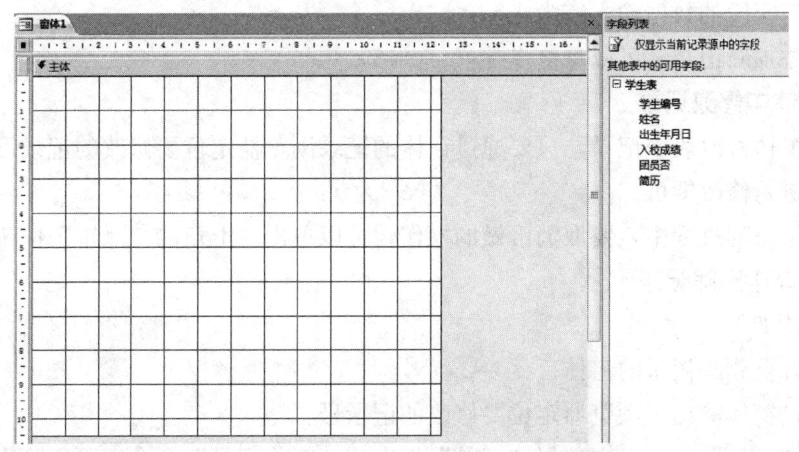

图 7－13　使用学生表中字段设计窗体

（4）把“字段列表”窗口中各个字段逐一拖动到窗体设计视图中并适当调整系统自动生成的标签控件和文本框控件的位置，如图 7－14 所示。

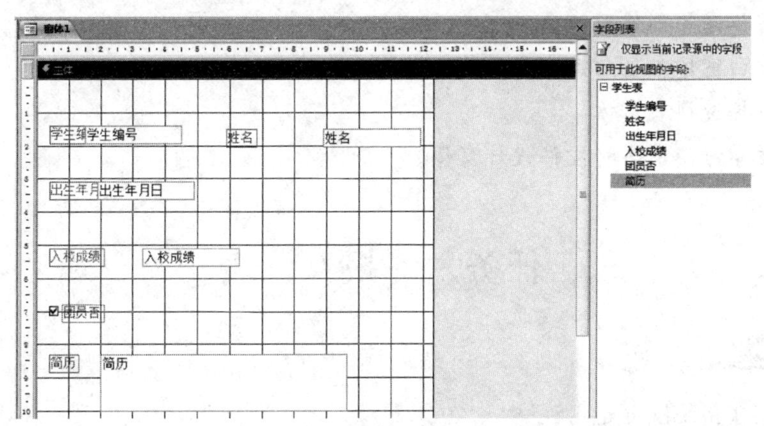

图 7－14　在窗体设计视图中添加学生表中各个字段

（5）单击窗口左上角的“保存”命令，在“另存为”对话框中输入窗体的名字“学生基本信息窗体”，然后进行保存。

（6）单击“视图”下拉框中的“窗体视图”命令，窗口中即显示出创建好的窗体。

三、编辑窗体

窗体是用户与数据库之间的一个重要接口，数据库的所有数据都可以显示在窗体中。另外还可以在窗体中对数据进行操作，如添加记录、修改记录、查找记录等。

1. 在窗体中添加记录

操作步骤如下：

（1）在窗体视图中打开需要添加记录的窗体。

（2）单击窗体下方记录浏览器中的新记录按钮▶*，屏幕上显示一个空白记录窗口。

（3）在空白记录的第一个字段处输入新的数据，然后按 Tab 键将插入点移到下一个字段，直到所有字段的数据输入完为止。

要继续添加新记录，可以重复步骤（1）～（3）。

2. 在窗体中修改记录

要通过窗体修改表中记录，只要通过窗体的记录浏览器定位要修改的记录号，然后对记录中的数据进行修改即可。

在修改记录的过程中，要取消已做的操作，可以单击左上角的“撤销”按钮。

3. 在窗体中删除记录

操作步骤如下：

（1）打开要删除记录的窗体。

（2）通过窗体的记录浏览器定位要修改的记录号。

（3）从“开始”选项卡中选择“记录”组中的“删除记录”命令即可删除当前记录。

当出现确认删除记录对话框时，单击“是”按钮，确认记录删除操作。

任务实战

1. 使用窗体向导创建窗体。
2. 使用空白窗体工具创建窗体。
3. 创建数据透视表窗体。
4. 进一步学习使用多种控件设计窗体。

任务六　报　　表

学习任务

1. 了解创建报表的 3 种方法。
2. 重点掌握使用“报表设计”创建报表。

相关知识

用户在掌握了表的基本操作方法，熟悉了查询并掌握了窗体创建的一般技术后，在实际应用中还需要了解打印报表相关知识。

一、报表简介

报表是 Access 数据库的对象之一，它是数据库的打印输出形式。报表主要用于对数据库中的数据进行分组、计算、汇总和打印输出。

其中，在“报表设计”视图中打开报表时可以看到报表由以下部分组成：报表页眉、页面页眉、主体、页面页脚和报表页脚。

二、创建报表

在 Access 中提供了 4 种创建报表的方式：使用“报表工具”创建报表、使用“报表向导”创建报表、使用空白报表工具创建报表和使用“报表设计”创建报表。这里重点介绍使用“报表设计”创建报表。操作步骤如下：

(1) 打开“学生基本信息”数据库，单击“创建”选项卡，在“报表”组中单击“报表设计”按钮，打开如图 7-15 所示的报表设计视图窗口。

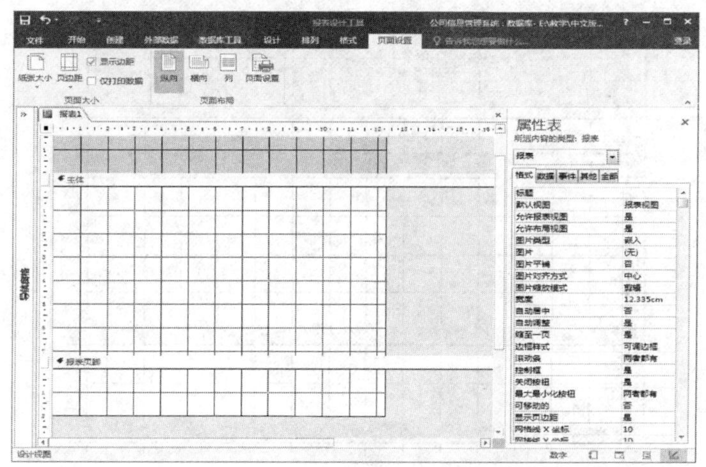

图 7-15　报表设计视图窗口

(2) 在报表设计视图中右击，在弹出的快捷菜单中选择“报表页眉/页脚”，在报表设计视图中添加“报表页眉”和“报表页脚”设计区域，如图 7-16 所示。

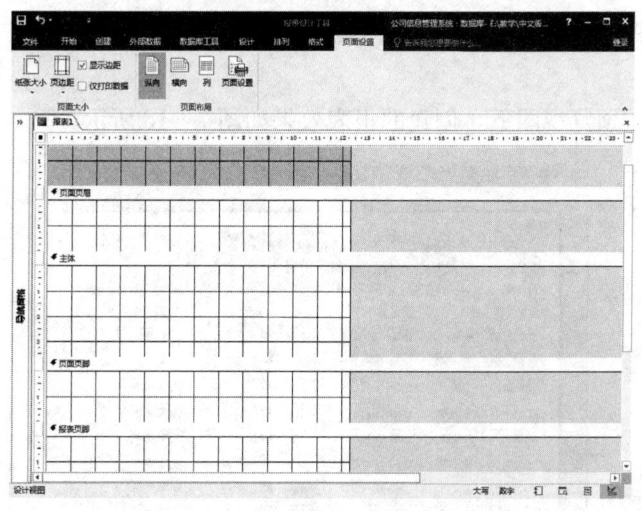

图 7-16　添加“报表页眉”和“报表页脚”设计区域

(3) 打开“报表设计工具”的“设计”选项卡，在“工具”组中单击“属性表”按钮，打开“属性表”窗格，在“所选内容的类型”下拉列表中选择“报表”选项。

（4）在窗格中切换到“数据”选项卡，在“记录源”下拉列表中选择“学生表”选项。

（5）打开“报表设计工具”的“设计”选项卡，在“控件”组中单击“标签”控件，然后在“报表页眉”段中拖动鼠标绘制一个矩形，然后在标签中输入文字“学生信息报表”，设置文字字体为“华文隶书”，字号为 28，字体颜色为橙色。

（6）参考第 5 步在“页面页眉”设计区域中添加“学生编号”“姓名”“出生年月日”“入校成绩”“团员否”和“简历”“标签”控件，并调整它们的位置，如图 7－17 所示。

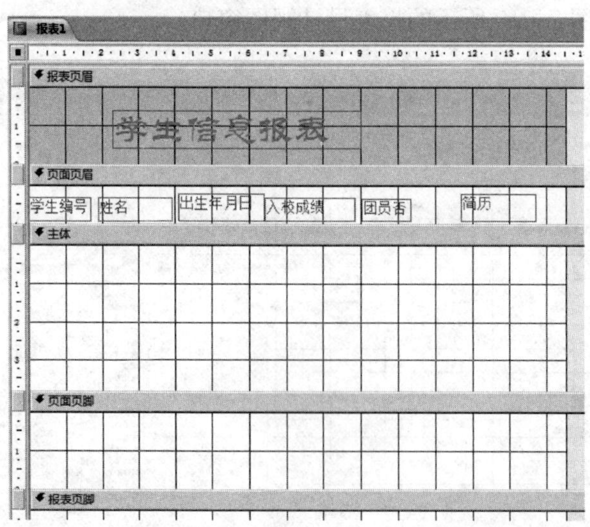

图 7－17　在页面页眉添加表各字段对应的标签控件

（7）打开“报表设计工具”的“设计”选项卡，在“工具”组中单击“添加现有字段”按钮，打开“字段列表”窗格。

（8）从字段列表中依次把“学生信息报表”中字段“学生编号”“姓名”“出生年月日”“入校成绩”“团员否”和“简历”拖动到“主体”设计区域，删除该控件的标签名称，并调整它们的位置。

（9）切换到打印预览视图下，创建的报表效果如图 7－18 所示。

学生信息报表

学生编号	姓名	出生年月日	入校成绩	团员否	简历
20080101	张三	1989-10-05	456	☑团员否	山东潍坊
20080102	王一明	1990-04-12	489	☑团员否	山东日照
20080103	江南	1990-06-23	379	☑团员否	山东菏泽
20080104	李光涛	1989-05-16	351	☑团员否	山东潍坊
20080105	张艳青	1989-04-06	420	☐团员否	山东济宁
20080106	吴江东	1990-06-09	368	☑团员否	山东青岛
20080107	冯元震	1989-01-05	455	☑团员否	山东潍坊
20080108	李明清	1989-11-13	368	☑团员否	山东日照
20080109	张志忠	1990-05-12	455	☑团员否	山东菏泽
20080110	张华伟	1990-06-25	368	☑团员否	山东潍坊
20080111	刘美玉	1989-10-01	412	☐团员否	山东济宁

图 7－18　创建的报表效果

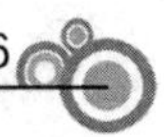

（10）保存报表并命名为“学生信息报表”。

任务实战

1. 使用“自动报表”创建报表。
2. 使用“报表向导”创建报表。
3. 重点学习使用“设计视图”创建报表。

任务七　非关系型数据库（NoSQL）基本概念与应用

学习任务

1. 了解键值数据库、列族数据库、文档数据库、图数据库等非关系型数据库（NoSQL）的基本概念。
2. 了解非关系型数据库的简单应用。

相关知识

NoSQL，泛指非关系型的数据库。随着互联网 Web 2.0 网站的兴起，传统的关系数据库在处理 Web 2.0 网站，特别是超大规模和高并发的 SNS 类型的 Web 2.0 动态网站显得力不从心，出现了很多难以克服的问题，而非关系型的数据库则由于其自身特点得到非常迅速的发展。NoSQL 数据库的产生正是为了解决大规模数据集合多重数据类型带来的挑战，特别是大数据应用难题。

一、键值数据库

键值（key - value）数据库使用哈希表存储数据，该表中有一个特定的键和一个指针指向特定的数据。键值模型的优势在于简单、易部署。但是如果数据库管理员（DBA）只对部分值进行查询或更新的时候，键值存储则效率低下。目前广泛应用的键值数据库有：Amazon DynamoDB、Redis、Voldemort 和 Oracle BDB。

1. 适用场景

键值数据库比较适合应用于以下场景：

（1）存储会话信息。通常情况下，每一次网络会话都是唯一的；所以分配给它们的会话 ID 值也各不相同。如果应用程序原来要把会话 ID 存在磁盘上或关系型数据库中，那么将其迁移到键值数据库之后比较合适，因为全部会话内容都可以用一条请求来存放，而且只需一条 GET 请求就能取得。由于会话中的所有信息都放在一个对象中，所以这种“单请求操作”很迅速。许多网络应用程序都使用像 Memcached 这样的解决方案。

（2）用户配置信息。几乎每位用户都有 userid、username 或其他独特的属性，而且其配置信息也各自独立，诸如语言、颜色、时区、访问过的产品等。这些内容可全部放在单个对象中，以便只用一次 GET 操作即获取某位用户的全部配置信息。

（3）购物车数据。电子商务网站的用户都与其购物车相绑定。由于购物车的内容要求在不同时间、不同浏览器、不同电脑、不同会话中保持一致，所以可把购物信息放在 value 属性中，并将其绑定到 userid 键名上比较合适。

2. 不适用场合

键值数据库在某些场合下并不是最佳方案，例如：

（1）数据间关系。如果要在不同数据集之间建立关系，或是将不同的关键字集合联系起来，那么即使某些键值数据库提供了“链接遍历”等功能，使用键值数据库方案也不是最佳选择。

（2）多项操作的事务。如果在保存多个键值对时，其中有一个关键字出错，而又需要复原其余操作，那么键值数据库就不是最好的解决方案。

（3）查询数据。如果要根据键值对的某部分值来搜索关键字，那么键值数据库就不是很理想，因为我们无法直接检索键值数据库中的值。

（4）操作关键字集合。由于键值数据库一次只能操作一个键，所以它无法同时操作多个关键字。假如需要操作多个关键字，那么最好在客户端处理此问题。

二、列族数据库

列族数据库也称为“列存储数据库”。这部分数据库通常是用来应对分布式存储的海量数据。键仍然存在，但是它们的特点是指向了多个列。这些列是由列家族来安排的，如 Cassandra、HBase、Riak。

1. 适用场景

如下一些场景中比较适合用列族数据库解决方案：

（1）事件记录。由于列族数据库可存放任意数据结构，所以它很适合用来保存应用程序状态或运行中遇到的错误等事件信息。在企业级环境下，应用程序都可以把事件写入 Cassandra 数据库。它们可以用 appname：timestamp（应用程序名：时间戳）作为行键，并使用自己需要的列。由于 Cassandra 的写入能力可扩展，所以在事件记录系统中使用效果会很好。

（2）内容管理系统。使用列族，可以把博文的标签、类别、链接和反馈等属性放在不同的列中。评论信息既可以与上述内容放在同一行也可以移到另一个键空间。同理，博客用户与实际博文亦可存于不同列族中。

（3）计数器。在网络应用程序中，通常要统计某页面的访问人数并对其分类以计算分析数据。这种场景中使用列族数据库方案也非常合适。

2. 不适用场景

有些问题用列族数据库来解决并不是最佳选择，例如需要以 ACID 事务执行写及读取操作的系统。如果想让数据库根据查询结果来聚合数据，那么需要把每一行数据都读到客户端，并在此执行操作。在开发早期原型或刚开始试探某个技术方案时并不太适合用 Cassandra 存储；因为开发初期无法确定查询模式的变化情况，而查询模式一旦改变，列族的设计也要随之修改。这将阻碍产品创新团队的工作并降低开发者的生产能力。虽然在关系型数据库中，数据模式的修改成本很高，但是这在另一方面也降低了查询模式的修改成本——Cas-

sandra 则与之相反，改变其查询模式要比改变其数据模式代价更高。

三、文档数据库

文档数据库的灵感是来自于 Lotus Notes 办公软件，文档数据库可以看作键值数据库的升级版，允许它们之间嵌套键值，在处理网页等复杂数据时，文档数据库比传统键值数据库的查询效率更高。国外著名的文档数据库有 CouchDB 和 MongoDb；国内也有已经开源的文档数据库 SequoiaDB。

1. 文档数据库与关系数据库的区别

文档数据库不同于关系数据库，关系数据库是高度结构化的，而文档数据库允许创建许多不同类型的非结构化的或任意格式的字段。文档数据库与关系数据库的主要不同在于，它不提供对参数完整性和分布事务的支持，但和关系数据库也不是相互排斥的，它们之间可以相互交换数据，从而相互补充、扩展。

2. 适用场景

文档数据库比较适合应用于以下场景：

(1) 事件记录。应用程序对事件记录各有需求。在企业级解决方案中，许多不同的应用程序都要记录事件。文档数据库可以把所有这些不同类型的事件都存起来，并作为事件存储的中心数据库使用。

(2) 内容管理系统。由于文档数据库没有预设模式，而且通常支持文档，所以它们很适合用在内容管理系统及网站发布程序上，也可以用来管理用户评论、用户注册配置和面向 Web 文档。

(3) 网站分析与实时分析。文档数据库可存储实时分析数据。由于可以只更新部分文档内容，所以用它存储页面浏览量或独立访客数会非常方便。

(4) 电子商务应用程序。电子商务应用程序通常需要较为灵活的模式来存储产品和订单。

3. 不适用场景

如下一些场合下文档数据库并非最佳方案：

(1) 包含多项操作的复杂事务。文档数据库不适合执行“跨文档的原子操作”，不过像 Lavende 等文档数据库也支持此类操作。

(2) 查询持续变化的聚合结构。灵活的模式意味着数据库对模式不施加任何限制。文档数据库中数据以应用程序实体的形式存储。如果要即时查询这些持续改变的实体，那么所用的查询命令也应不断变化。由于数据保存在聚合中，所以假如聚合的设计持续变动，那么就需要以最低级别的粒度来保存聚合——这实际上就等于要统一数据格式了。因此，在这种情况文档数据库也不适用。

四、图数据库

图数据库是 NoSQL 数据库的一种类型，它基于图形学理论存储实体之间的关系信息。图数据库最常见的例子就是社会网络中人与人之间的关系。关系型数据库用于存储“关系型”数据的效果并不好，如查询复杂、缓慢、超出预期，而图数据库的独特设计恰恰弥补了这一缺陷。

在图数据库中，最主要的组成有两种即结点集和连接结点的关系。结点集即图中一系列结点的集合，比较接近于关系数据库中最常使用的表，而关系则是图形数据库所特有的组成。图 7-19 给出了图数据库的一种应用举例。

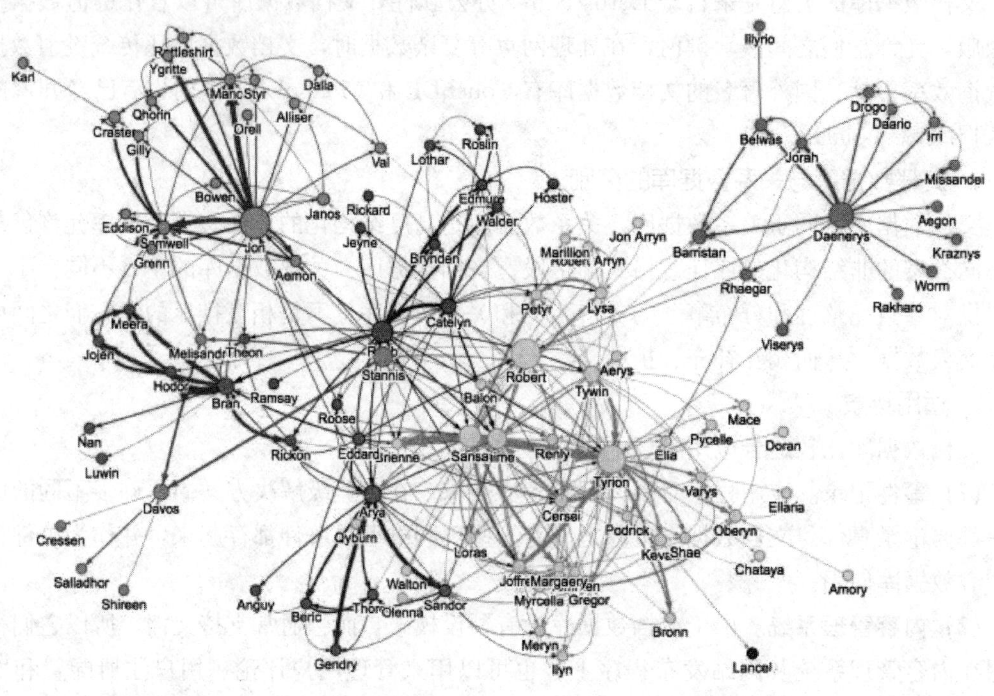

图 7-19 使用 Neo4j 呈现游戏人物权力相互作用的图可视化

常见图数据库有：Neo4j、FlockDB、AllegroGrap、GraphDB、InfiniteGraph 和 HugeGraph。

1. 优势

在需要表示多对多关系时，常常需要创建一个关联表来记录不同实体的多对多关系，而且这些关联表常常不用来记录信息。如果两个实体之间拥有多种关系，那么就需要在它们之间创建多个关联表。而在一个图形数据库中，我们只需要标明两者之间存在着不同的关系。如果希望在两个结点集间建立双向关系，就需要为每个方向定义一个关系。

相对于传统关系数据库中的各种关联表，图形数据库中的关系可以通过关系能够包含属性这一功能来提供更为丰富的关系展现方式。因此，图形数据库的用户在对事物进行抽象时将拥有一个额外的武器——丰富的关系。

2. 应用

图数据库在以社交网络分析场景为代表的应用中，以及在中心地位分析、角色分析、网络建模等方面研究中具有极其广泛的应用前景。

任务实战

1. 结合网络搜索，进一步了解 Redis 的应用场景。

2. 结合网络搜索，了解 Python 开发环境下 Neo4j 图数据库的应用场景。

练 习 与 思 考

一、单选题

1. 在数据库表格中唯一标识一条记录的是（　　）。

A. 主键　　B. 候选键　　C. 索引　　D. 关键字

2. 下列哪一种不属于 Access 2016 的数据类型（　　）。

A. 数字　　B. 长文本　　C. 附件　　D. 插件

3. 下列哪一种不属于 Access 2016 的关系表达式中的逻辑运算符（　　）。

A. And　　B. Not　　C. Or　　D. Else

4. Access 2016 六大对象不可以（　　）。

A. 删除　　B. 隐藏　　C. 创建　　D. 创建快捷方式

5. 设计表格时，设置输入掩码的作用是（　　）。

A. 设置字段的数据格式，并对允许输入的数值类型进行控制

B. 设置字段的默认值

C. 控制数据输入的有效性

D. 指定字段值是否是必需的

6. 设计表格时，主键的主要作用是（　　）。

A. 标识记录的唯一性　　B. 提高查询的速度

C. 确保记录不被删除　　D. 指定字段值是否是必需的

7. 设计表格时，指定某数字字段“必需”属性值为“是”时，意思是（　　）。

A. 标识记录的唯一性

B. 在该字段值输入数据时不可为空

C. 在该字段值输入数据时一定为空

D. 设定浏览表内容时该字段的标题名称不可为空

8. 关于表中数据，下列说法不正确的是（　　）。

A. 表中数据可以删除

B. 可以在表中添加记录

C. 可以查找与替换字段值

D. 无法对表中记录按照多个字段进行排序

9. 下面关于表中数据筛选，说法不正确的是（　　）。

A. 可以使用筛选器筛选记录

B. 可以使用窗体筛选记录

C. Access 为所有字段类型都提供了公用筛选器

D. 可以基于选定内容筛选记录

10. 下面关于 Access 数据的导出，说法不正确的是（　　）。

A. 可以将表中数据转换成文本文件格式

B. 可以将表中数据转换成 Excel 文档格式

C. 可以将表中数据转换成 PDF 文档格式

D. 可以将表中数据转换成 Word 文档格式

11. 下面关于表中字段说法不正确的是（　　）。

A. 可以调整字段顺序　　B. 可以隐藏与显示字段

C. 可以冻结字段　　D. 字段顺序一旦确定无法再修改

12. 在 Access 中，两个表之间的关系不存在（　　）。

A. 一对多关系　　B. 一对一关系

C. 多对多关系　　D. 多对一关系

13. 查询操作不可以（　　）。

A. 删除表中记录　　B. 更新表中记录

C. 修改表中记录　　D. 调整表中字段顺序

14. 设置某查询条件为 Between 100 and 150，含义是（　　）。

A. 查询出相应字段值为 100 或者为 150 的记录

B. 查询出相应字段值为 100 和 150 的记录

C. 查询出相应字段值大于 100 且小于 150 的记录

D. 查询出相应字段值大于或者等于 100 且小于或者等于 150 的记录

15. 下面关于窗体说法不正确的是（　　）。

A. 多数窗体都与数据库中的一个或者多个表和查询绑定

B. 窗体有数据输入、显示、分析和导航等作用

C. 窗体是专门为打印而设计的窗口

D. 在设计窗体时可以为窗体中的列表框控件绑定表中相应字段值

16. Neo4j 属于下面哪一种 NoSQL 数据库（　　）。

A. 文档数据库　　B. 键值数据库

C. 列族数据库　　D. 图数据库

二、填空题

1. 数据库系统有层次数据库、网状数据库和关系数据库，还有面向对象数据库等几种类型。其中，Access 2016 是一种典型的（　　）数据库管理系统。

2. Access 2016 六大对象包括表、查询、（　　）、报表、宏和模块。

3. 在 Access 中，所有数据表都包括结构和数据两部分。所谓创建表结构，主要就是定义表的（　　）。

4. 在创建表结构时，如果指定一个字段为文本类型，字段大小为 4，则输入此字段值时最多输入（　　）个汉字。

5.（　　）是表中的一个字段或者字段集，为 Access 中的每一条记录提供了一个唯一

的标识符。

6. 当数据表中字段很多，屏宽所限无法在窗口上显示所有字段，但又希望有的列留在窗口上，可以使用（　　）功能实现这个功能。

7.（　　）是一种系统规则，用于确保关系表中的记录是有效的，并确保用户不会在无意间删除或者改变重要的相关数据。

8. 操作查询包括（　　）查询、追加查询、更新查询和删除查询共 4 种查询。

9. 窗体主要有（　　）选择型窗体和数据交互式窗体两大类。

10. 当数据表中某字段的值为逻辑是/否值时，在创建窗体过程中，Access 会自动将其设置为（　　）控件。

11. Neo4j 属于当下最流行的 NoSQL 类型数据库中的（　　）数据库之一。

12. 想把数据库表“员工工资表”表中所有员工的“业绩奖金”提高 10％的查询设计中，对应的 SQL 表达式是：UPDATE 员工工资表（　　）员工工资表．业绩奖金＝［员工工资表］．［业绩奖金］*（1＋0.1）WHERE（［员工工资表］！［基本工资］＞4 000）。

项目八

新一代信息技术

项目导读

新一代信息技术产业是国家加快培育和发展的七大战略性新兴产业之一，以第五代移动通信技术（5G）、物联网、云计算、大数据、虚拟现实和区块链为代表的新一代信息技术蓬勃发展，给我们的生活带来了巨大变革。5G时代我们的生活设施将发生革命性变化；物联网的发展目标是实现物物相连，应用创新是物联网发展的核心；云计算提供的服务如同水电一样让我们唾手可得，它在整合和优化各种资源的基础上通过网络低成本为用户提供服务；大数据侧重对海量数据的存储、处理、分析，发现价值，服务生活；虚拟现实技术作为一种仿真技术，用户可以在虚拟现实世界体验最真实的感受；区块链作为构造信任的机器，将彻底改变整个人类社会价值传递的方式。人工智能是社会发展和技术创新的产物，是促进人类进步的重要技术形态。人工智能发展至今，已经成为新一轮科技革命和产业变革的核心驱动力，正在对世界经济、社会进步和人民生活产生极其深刻的影响。量子计算被认为是未来计算领域的发展方向，成熟的量子计算技术可以比现在的超级计算机快得多，量子计算及发展也越来越受重视。

本项目主要介绍了人工智能和新一代信息技术的一些基础知识，包括人工智能的基本概念、常见应用案例、对社会产生的影响；新一代信息技术，包括云计算、物联网、大数据、虚拟现实、区块链等新一代信息技术的基础知识和概念以及它们与人工智能的关系等知识，以便对人工智能技术的发展有一个总体的认识。

学习目标

1. 了解人工智能的基本含义、识别现实中的人工智能应用。
2. 了解5G技术的概念。
3. 了解物联网的基本概念与系统架构。
4. 了解云计算的基本概念。
5. 了解大数据的基本概念与数据挖掘技术。
6. 了解虚拟显示技术的相关概念与技术特性。

7. 了解区块链的基本概念与应用。

8. 了解量子计算机的基本含义。

任务一　人工智能

学习任务

了解人工智能的基本含义及给人类社会带来的影响，能识别现实中的人工智能应用。

相关知识

2016年3月，谷歌人工智能围棋软件AlphaGo与前世界围棋第一人、韩国九段名将李世石之间备受关注的人机大战落下帷幕。从3月9日到3月15日，AlphaGo与李世石一共大战五局，最终以4比1的总比分取胜。这场机器对人类的胜利，让人工智能从行业议题变成了公共讨论，也让许多人工智能题材的电影被人们再度想起。当细细盘点影片中对人工智能的摄像有多少已成为现实时，不得不惊叹这些电影的想象是如此的超前。那么什么是人工智能？人工智能（aritificial intelligence）的具体应用领域有哪些？人工智能和新一代信息技术有什么样的关系？就是本项目所要解决的内容。

一、什么是人工智能

在1956年的达特茅斯会议上，科学家们首次提出"人工智能"这一术语，正式确定了人工智能的研究领域，这标志着人工智能这门新兴学科的正式诞生。这是人工智能第一次在学术上被国际社会所做的认定，也为以后的科技发展奠定了科学基础。那么，人工智能究竟是什么呢？是科幻电影中无所不能的机器人吗？尽管很多人都把人工智能理解为机器人，但实际上机器人只是人工智能应用形式之一，人工智能应用更广泛。人工智能可分开理解为"人工"和"智能"，即人类创造出来的智能。简单来讲，只要是人类创造出来，能为人类工作减少操作步骤，提高工作效率，代替人类工作的工具或技术，都可以归为人工智能。人工智能用于帮助或者代替人类思维，它本质上是一系列计算机程序，可以独立存在于数据中心或者个人计算机里，也可以通过诸如机器人等设备体现出来。

二、人工智能的应用

人工智能与行业领域的深度融合将改变甚至重新塑造传统行业。各个领域的机器人在人工智能技术的推动下发展迅猛，正在驱动各行业就业市场的发展变革。早前麦肯锡给出的数据显示，到2030年将有8亿人的工作被人工智能取代。目前，人工智能在制造、金融、零售、交通、安防、医疗、物流、教育等行业中有着广泛的应用。人工智能的应用，更多体现在"智能+"的服务层面，让生活更便捷、更有乐趣、节约时间、解放体力，甚至未来机器将替代人类进行一些基础性的劳作。我们以其中几个行业为例，简单介绍人工智能的应用。

1. 人工智能在农业中的应用

远程智能农业监控：通过在农业生产现场搭建“物联网”监控网络，实现对农业生产现场气候环境、土壤状况、作物长势、病虫害情况的实时监测；并根据预设规则，对现场各种农业设施设备进行远程自动化控制，实现农业生产环节的海量数据采集与精准控制执行。

农产品标准化生产：通过自主研发或与第三方合作导入，为农作物品类逐步建立起“气候、土壤、农事、生理”四位一体的农业生产与评估模型，将农业生产从以人为中心的传统模式，变革为以数据为中心的现代模式，通过数据驱动农业生产标准化的真正落地，进而实现农产品定制化生产。

农产品安全追溯及防伪鉴真：通过采集农产品在生产、加工、仓储、物流等环节的相关数据，为农产品建立可视化产品档案，向消费者充分展示产品安全与品质相关信息，实现从农田到餐桌的双向可追溯。同时，通过一物一码技术，帮助农业生产和流通企业实现产品防伪鉴真，并精准获取客户分布数据。

2. 人工智能在制造业的应用

人工智能在制造业的应用主要有3个方面：首先是智能装备，包括自动识别设备、人机交互系统、工业机器人（图8-1）以及数控机床等具体设备。其次是智能工厂，包括智能设计、智能生产、智能管理以及集成优化等具体内容。最后是智能服务，包括大规模个性化定制、远程运维以及预测性维护等具体服务模式。虽然目前人工智能的解决方案尚不能完全满足制造业的要求，但作为一项通用性技术，人工智能与制造业融合是大势所趋。

图8-1　人工智能机器人

3. 人工智能在零售行业的应用

人工智能在零售领域的应用已十分广泛，正在改变人们购物的方式。无人便利店、智慧

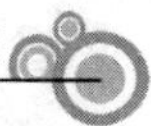

供应链、客流统计、无人仓及无人车等都是热门方向。通过大数据与业务流程的密切配合，人工智能可以优化整个零售产业链的资源配置，为企业创造更多效益，让消费者体验更好。在设计环节中，机器可以提供设计方案；在生产制造环节中，机器可以进行全自动制造；在供应链环节中，由计算机管理的无人仓库可以对销量以及库存需求进行预测，合理进行补货、调货；在终端零售环节中，机器可以智能选址，优化商品陈列位置，并分析消费者购物行为。

4. 人工智能在交通行业的应用

大数据和人工智能可以让交通更智慧，智能交通系统是通信、信息和控制技术在交通系统中集成应用的产物。通过对交通中的车辆流量、行车速度进行采集和分析，可以对交通通行实施监控和调度，有效提高通行能力、简化交通管理、降低环境污染等。人工智能还可为我们的安全保驾护航。人长时间开车会感觉到疲劳，容易出现交通事故，而无人驾驶则很好地解决了这些问题。无人驾驶系统还能对交通信号灯、汽车导航地图和道路汽车数量进行整合分析，规划出最优交通线路，提高道路利用率，减少堵车情况，节约交通出行时间。

5. 人工智能在安防方面的应用

目前智能安防类产品主要有四类：人体分析、车辆分析、行为分析、图像分析；在安防领域的应用主要是通过图像识别、大数据及视频结构化等技术进行作用的（图 8－2）；从行业角度来看，在公安、交通、楼宇、金融、工业、民用等领域应用较广。

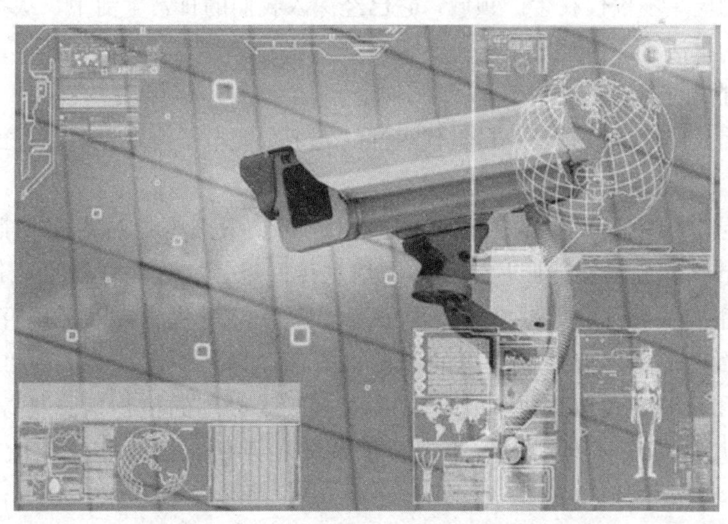

图 8－2　人工智能安防人像识别

6. 人工智能在物流行业的应用

物流行业通过利用智能搜索、推理规划、计算机视觉以及智能机器人等技术在运输、仓储、配送装卸等流程上已经进行了自动化改造，能够基本实现无人操作。比如利用大数据对商品进行智能配送规划，优化配置物流供给、需求匹配、物流资源等（图 8－3）。目前物流行业大部分人力分布在“最后一公里”的配送环节。

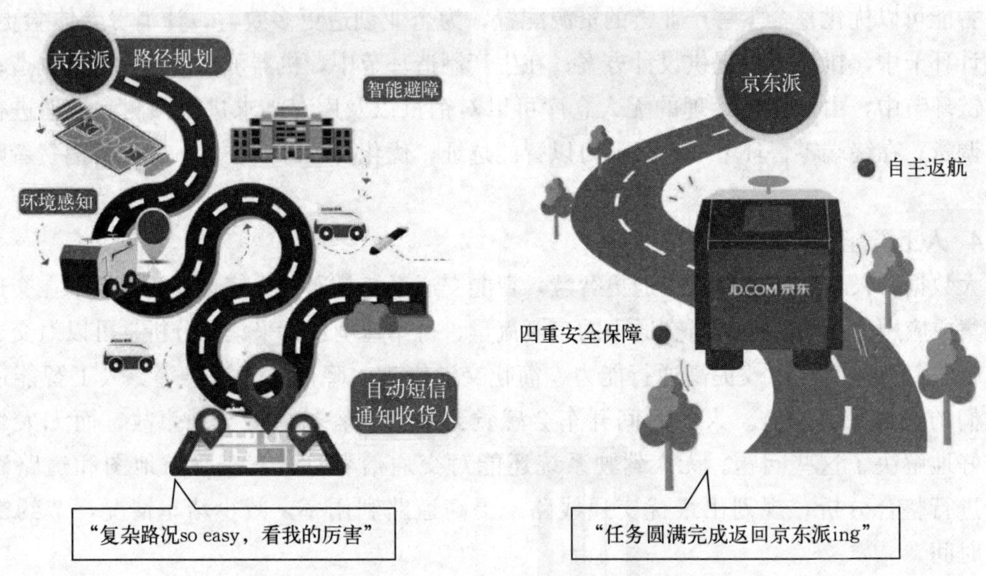

图 8-3 人工智能在物流中的应用

三、人工智能就在身边

人工智能的应用不仅仅在生产领域，它已经深入我们的日常生活中，从衣食住行各个方面影响着我们的生活。

1. 手机中的人工智能

手机是目前人们使用最频繁、最具代表性的人工智能电子终端设备，人工智能应用遍布其中。

图像识别是手机中最典型的人工智能应用。图像识别是通过手机拍照上传到云端，通过算法把云数据库中最接近照片中物体的信息传回来，实现物体识别。运用手机软件、识图应用小程序或手机百度等浏览器，均可实现图像识别功能。以手机百度识别植物为例，打开手机百度，点击搜索框右边的照相机图标，打开识图功能，对准植物拍照并上传，通过算法和云端的大数据进行比较，并将相似度最高的植物信息推荐给用户。手机中图像识别的其他应用还有很多，如人脸识别解锁手机、图片转文字实现文字编辑功能等。

2. 智能家居

智能家居主要是基于物联网技术，通过智能硬件系统、软件系统、云计算平台构成一套完整的家居生态圈。用户可以进行远程控制设备，设备间可以互联互通，并进行自我学习等来整体优化家居环境的安全性、节能性、便捷性。值得一提的是，近两年随着智能语音技术的发展，智能音箱成为一个爆发点。智能音箱不仅是音响产品，同时是涵盖了内容服务、互联网服务及语音交互功能的智能化产品，不仅具备 WiFi 连接功能，提供音乐、有声读物等内容服务及信息查询、网购等互联网服务，还能与智能家居连接，

实现场景化智能家居控制。融入了人工智能的智能音箱、智能电视、智能冰箱、智能家居机器人等智能家居的出现，极大提高了人们的生活质量。随着人工智能的发展，智能音箱、智能电视等设备不再是独立的个体，而是联动的智能家居系统。未来的人机交互，更将融入视觉、触觉、嗅觉等多模态的交互方式。这种“动口不动手”的生活，正在一步步实现（图 8-4）。

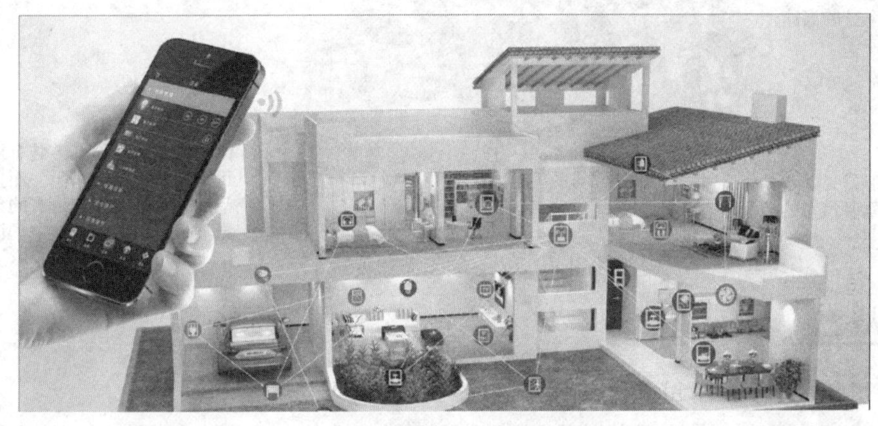

图 8-4　智能家居应用场景

3. 电商中的人工智能

电商应用软件总能推荐出你喜欢的商品，新闻应用软件总能推荐出你感兴趣的新闻，旅游应用软件总能给你推荐满足需求的景点以及酒店。为什么应用软件这么懂你？其实你的每次点击，应用软件公司后台都进行成千上万次运算，洞悉你的喜好，推荐给你最心仪的产品，这就是智能推荐算法。比如，你打算在网上购买一双篮球鞋，在电商应用软件上你浏览了几种球鞋商品后，下一次再打开应用软件时，就会显示更多篮球鞋的商品信息，其他的如食品、电子产品等你不关心的商品信息则少了。

电商系统根据用户的人群标签、兴趣标签，通过感知与深度学习，匹配符合这个标签的产品，这就是智能推荐的算法原理。

4. 汽车中的人工智能

无人驾驶汽车，又称轮式移动机器人，是一种通过电脑系统实现无人驾驶的智能汽车。无人驾驶汽车依靠人工智能、视觉计算、雷达、监控装置和全球定位系统协同合作，让电脑可以自动安全地操控汽车。无人驾驶可以取代司机工作，使因人们疲劳驾驶、人为失误而导致的交通事故大大减少。为掌握这项技术，全球众多汽车企业、互联网公司、软件公司等纷纷展开追逐。特斯拉已经在其量产的商用车中集成了部分自动驾驶功能，但仍然强调司机要随时做好接管方向盘的准备。百度是全球自动驾驶领域的一匹黑马，有望凭借开放合作的新颖思路在全球无人驾驶领域前沿占据一席之地。虽然目前无人驾驶取得了前所未有的发展，但要想实现真正意义上的无人驾驶，还有很长的路要走。随着人工智能和 5G 的发展，或许在不久的将来，全自动无人驾驶就会到来，图 8-5 为谷歌无人驾驶汽车。

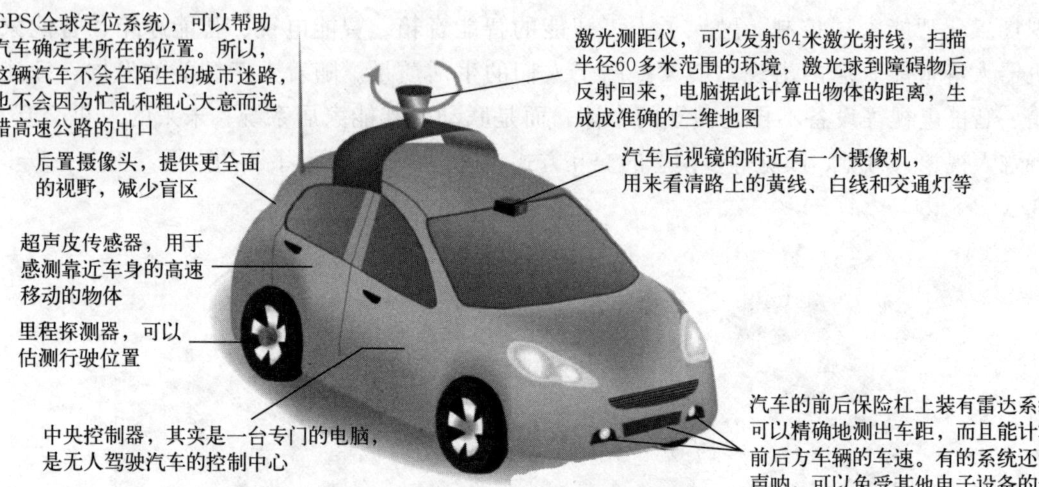
GPS(全球定位系统)，可以帮助汽车确定其所在的位置。所以，这辆汽车不会在陌生的城市迷路，也不会因为忙乱和粗心大意而选错高速公路的出口
激光测距仪，可以发射64米激光射线，扫描半径60多米范围的环境，激光球到障碍物后反射回来，电脑据此计算出物体的距离，生成成准确的三维地图
后置摄像头，提供更全面的视野，减少盲区
汽车后视镜的附近有一个摄像机，用来看清路上的黄线、白线和交通灯等
超声皮传感器，用于感测靠近车身的高速移动的物体
里程探测器，可以估测行驶位置
中央控制器，其实是一台专门的电脑，是无人驾驶汽车的控制中心
汽车的前后保险杠上装有雷达系统，可以精确地测出车距，而且能计算出前后方车辆的车速。有的系统还配有声呐，可以免受其他电子设备的干扰

图 8－5　谷歌无人驾驶汽车

任务实战

1. 使用微信小程序看图识物。

2. 在淘宝或者京东等应用软件上浏览几种品牌的手机，重新打开应用软件，看看有什么变化？

3. 体验手机中的语音助手和图像识别功能。

任务二　新一代信息技术

学习任务

了解 5G 技术、物联网、云计算、大数据、虚拟现实和区块链等新一代信息技术的原理及应用。

相关知识

新一代信息技术产业是国家加快培育和发展的七大战略性新兴产业之一，以第五代移动通信技术（5G）、物联网、云计算、大数据、虚拟现实和区块链为代表的新一代信息技术蓬勃发展，给我们的生活带来了巨大变革。5G 时代我们的生活设施将发生革命性变化；物联网的发展目标是实现物物相连，应用创新是物联网发展的核心；云计算提供的服务如同水电一样让我们唾手可得，它在整合和优化各种资源的基础上通过网络低成本为用户提供服务；大数据侧重对海量数据的存储、处理、分析，发现价值，服务生活；虚拟现实技术作为一种仿真技术，用户可以在虚拟现实世界体验最真实的感受；区块链作为构造信任的机器，将彻底改变整个人类社会价值传递的方式。

一、5G 技术

1. 5G 的产生

随着移动通信技术的快速发展，移动通信网络经历了 1G、2G、3G、4G、5G 共 5 个阶

段，这里的“G”是“Generation”。

第 1 代移动通信系统（1G）是模拟式通信系统，模拟式是代表在无线传输采用模拟式的 FM 调制，将介于 300 Hz 到 3 400 Hz 的语音转换到高频的载波频率 MHz 上。一部大哥大在当时的售价为 21 000 元，除了手机价格较昂贵之外，手机网络资费的价格也让普通老百姓难以消费。当时的入网费高达 6 000 元，而每分钟通话的资费也有 0.5 元。不过由于模拟通信系统有着很多缺陷，经常出现串号、盗号等现象，给运营商和用户带来了不少烦恼。于是在 1999 年 A 网和 B 网被正式关闭。

从 1G 跨入 2G 的分水岭则是从模拟调制进入到数字调制，相比于第 1 代移动通信，第二代移动通信具备高度的保密性，系统的容量也在增加，同时能够提高多种业务服务。从这一代开始手机也可以上网了。第一款支持 WAP 的 GSM 手机是诺基亚 7110，它的出现标志着手机上网时代的开始，而那个时代 GSM 的网速仅有 9.6KB/s。

国际电信联盟（ITU）发布了官方第 3 代移动通信（3G）标准 IMT-2000（国际移动通信 2000 标准）。3G 存在 4 种标准制式，分别是 CDMA2000、WCDMA、TD-SCDMA、WiMAX。在 3G 的众多标准之中，CDMA 这个字眼曝光率最高，CDMA（码分多址）是第三代移动通信系统的技术基础。中国在 2009 年的 1 月 7 日颁发了 3 张 3G 牌照，分别是中国移动的 TD-SCDMA、中国联通的 WCDMA 和中国电信的 WCDMA2000。

4G 包括 TD-LTE 和 FDD-LTE 两种制式，是集 3G 与 WLAN 于一体，并能够快速传输数据、高质量音频、视频和图像等。4G 能够以 100 Mbps 以上的速度下载（大约 12.5～18.75 MB/s 的下行速度），比目前的家用宽带 ADSL（4 兆）快 20 倍，并能够满足几乎所有用户对于无线服务的要求。此外，4G 可以在 DSL 和有线电视调制解调器没有覆盖的地方部署，然后再扩展到整个地区。很明显，4G 有着不可比拟的优越性。2013 年 12 月 4 日，工业和信息化部向中国移动、中国电信、中国联通正式发放了第四代移动通信业务牌照（即 4G 牌照），中国移动、中国电信、中国联通 3 家均获得 TD-LTE 牌照，此举标志着中国电信产业正式进入了 4G 时代。

第五代移动通信技术（5th generation mobile networks 或 5th generation wireless systems、5th-Generation，简称 5G 或 5G 技术）是最新一代蜂窝移动通信技术，也是继 4G（LTE-A、WiMax）、3G（UMTS、LTE）和 2G（GSM）系统之后的延伸。5G 的性能目标是高数据速率、减少延迟、节省能源、降低成本、提高系统容量和大规模设备连接。

5G 峰值理论传输速度每 8 秒可达 1 GB，比 4G 网络的传输速度快数百倍。举例来说，一部 1G 的电影可在 8 秒之内完成下载。5G 网络将使终端用户始终处于联网状态，5G 网络将来支持的设备远远不止智能手机，还会支持智能手表、健身腕带、智能家庭设备等。4G 改变生活，5G 改变社会。5G 有更短的时延、更高的速率、更好的体验，更加深刻地影响和改变各行各业，包括社会运营和社会管理。5G 的发展能够真正地实现信息化与工业化的深度融合，特别是移动信息化与各行业的深度融合。

2. 5G 带来的变革

5G 将为我们带来什么？5G 时代最直观的改变当属网络数据的上传和下载速度明显提高。据实验表明，5G 网络的网速峰值可达 20 Gbps，是 4G 时代的 70～80 倍。数据传输速度的大幅提升将为我们的生产生活带来很多新的体验和变化。

（1）工业自动化与智慧农业效率更高。5G网络会助推人工智能技术发展，工业机器人随之进步，另外，5G网络低时延、大连接、高速率的特点可以满足工业制造过程中对精度和强度的要求，人对机器人的操控会更加灵敏，使工厂实现自动化。当今社会农业产业体系已经发生了很大的变化，采用传统方式耕田的人越来越少，农业机械化程度越来越高，5G的发展为农业带来更多的便利。比如，利用无人机喷洒农药，速度快、范围广、精确度高；还可以利用无人机进行作物监控，无人机可以检测作物的生长状态、植被覆盖程度、作物病虫害等，自动生成农作物的健康报告。

（2）文化商贸新体验。5G可以给文化娱乐产业、商业带来新的体验和价值。现行技术条件下，VR的数据传输问题难以解决，而5G技术提供了更大的网络带宽以及更快的信息传递速度，为VR技术发展扫清了障碍。借助VR技术，我们足不出户就可以感受世界各地的风光。旅游景点也可以借助VR技术进行宣传，让游客提前了解景区的著名景点，提前规划好行程。对于地产行业，客户体验不再局限于售楼部，可以通过VR看房，提升了效率，也拓宽了销售渠道。

（3）教育培训更生动。5G可实现万人同步在线学习。5G时代的直播课程将更加高清，可接入的移动端数量将更多，网络时延也更低，师生互动就会更加顺畅。偏远山区的孩子可以通过网络学习优质课程，在一定程度上解决了教育资源分配不公的问题。5G可提供还原场景的VR教育，可以通过VR模拟一些高成本或危险系数高的场景，例如驾驶模拟、器械操作等。

（4）交通出行更顺意。5G网络可提升车联网数据采集的及时性。5G网络具有超低时延的优势，可以保障人、车、路实时信息沟通，避免行车过程中人车碰撞和车车碰撞，在行车过程中可以实时采集路况，避免堵车，消除人为驾驶的诸多风险。

（5）智慧医疗开启新篇章。在5G网络下，可提高移动查房、移动护理的效率，医生可以随时进行电子病历的输入、查询和修改，也可随时翻阅X光片等较大的医疗文件。医生还可以进行远程医疗，降低各地区医疗资源的差距，远程医疗依赖于稳定、低时延的网络，例如心脏除颤每推迟1分钟，存活率会降低7%～10%。5G提供的低时延、超高可靠性正好满足了这方面需求，智慧医疗的应用见图8-6。

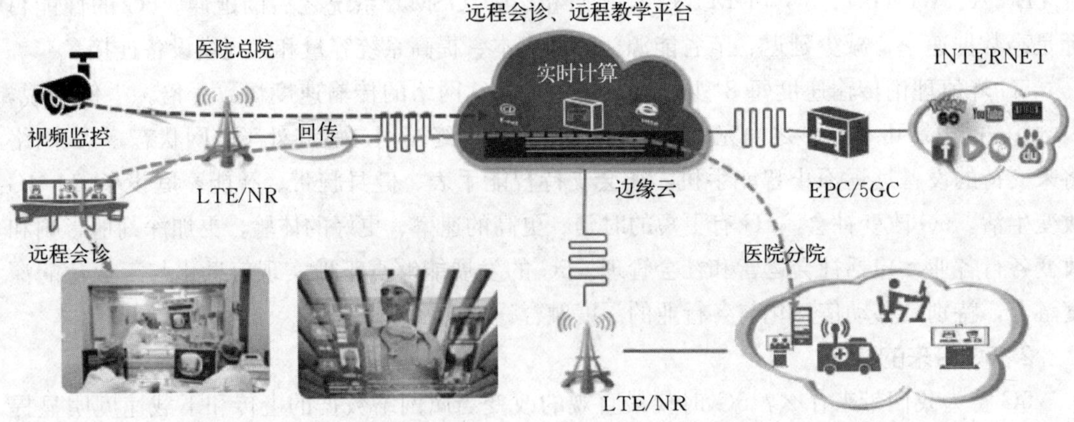

图8-6 智慧医疗的应用

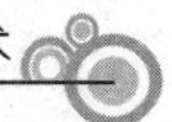

二、物联网

1. 什么是物联网

物联网（IoT，Internet of things）即“万物相连的互联网”，通过射频识别（RFID）、红外感应器、全球定位系统、激光扫描器等信息传感设备，按约定的协议，把任何物品与互联网相连接，进行信息交换和通信，以实现智能化识别、定位、跟踪、监控和管理的一种网络。

我们现在的互联网，就是电脑终端对电脑终端的，所涉及的终端设备基本也就是电脑。而物联网中的“物”可以是多种终端设备，生活中所有可以想到的终端设备都可以互联，比如电脑、手机、mp3、加湿器、冰箱、汽车、电视机、热水器、家居监控系统等，所有这些终端设备都可以互联。我们在路上用手机就可以控制家里的电器，而且这些设备可以自动反馈数据，展示现在的一个工作状态。

2. 物联网的组成架构

物联网从架构上面可以分为感知层、网络层和应用层，如图 8－7 所示。

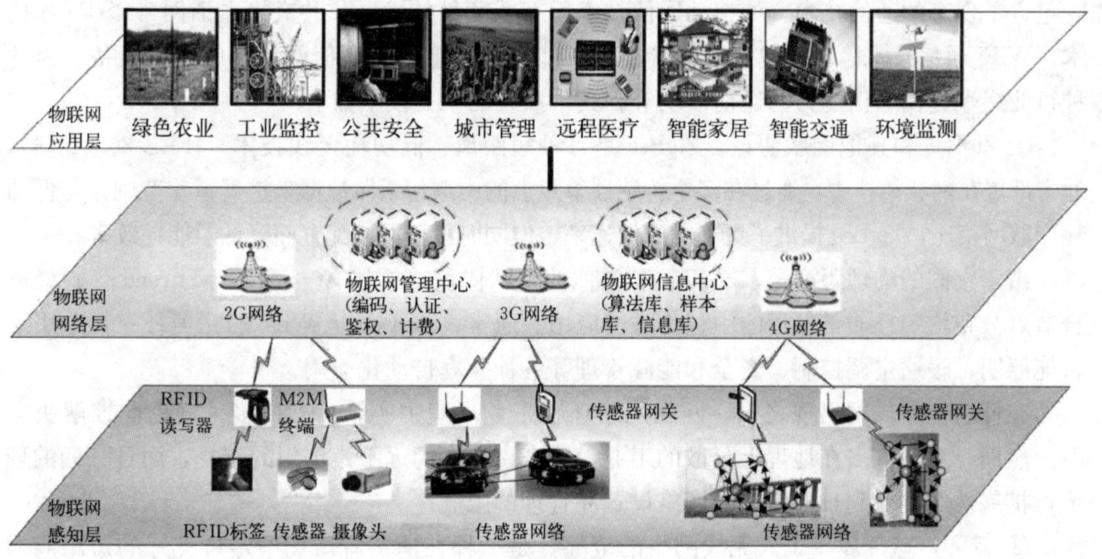

图 8－7　物联网的组织架构

(1) 感知层。负责信息采集和物物之间的信息传输，信息采集的技术包括传感器、条码和二维码、RFID 射频技术、音视频等多媒体信息；信息传输包括远近距离数据传输技术、自组织组网技术、协同信息处理技术、信息采集中间件技术等传感器网络。感知层是实现物联网全面感知的核心能力，是物联网中包括关键技术、标准化方面、产业化方面亟待突破的部分，关键在于具备更精确、更全面的感知能力，并解决低功耗、小型化和低成本的问题。

(2) 网络层。网络层是利用无线和有线网络对采集的数据进行编码、认证和传输，广泛覆盖的移动通信网络是实现物联网的基础设施，是物联网三层中标准化程度均高，产业化能力均强、均成熟的部分，关键在于为物联网应用特征进行优化和改进，形成协同感知的网络。

(3) 应用层。提供丰富的基于物联网的应用，是物联网发展的根本目标，将物联网技术与行业信息化需求相结合，实现广泛智能化应用的解决方案集，关键在于行业融合、信息资源的开发利用、低成本高质量的解决方案、信息安全的保障以及有效的商业模式的开发。

3. 物联网中的主要技术

物联网涉及的关键技术非常多，从传感器技术到通信网络技术，从嵌入式微处理节点到计算机软件系统，包含了自动控制、通信、计算机等不同领域，是跨学科的综合应用。如果拿人来比喻的话，感知层就像皮肤和五官，用来识别物体、采集信息；传输层则是神经系统，将信息传递到大脑进行处理；应用层类似人们从事的各种复杂的事情，完成各种不同的应用。各个层次所用的公共技术包括编码技术、标识技术、解析技术、安全技术和中间件技术。

（1）感知层的关键技术。物联网的感知层主要完成信息的采集、转换和收集。感知层的关键技术主要为传感器技术和短距离传输网络技术，例如射频标识（RFID）标签与用来识别 RFID 信息的扫描仪、视频采集的摄像头和各种传感器中的传感与控制技术、短距离无线通信技术（包括由短距离传输技术组成的无线传感网技术）。在实现这些技术的过程中，又涉及芯片研发、通信协议研究、RFID 材料研究、智能节点供电等细分领域。

（2）传输层的关键技术。物联网的传输层主要完成信息传递和处理。传输层的关键技术既包含了现有的通信技术，如移动通信技术、有线宽带技术、公共交换电话网（PSTN）技术、WiFi 通信技术等，也包含了终端技术，如实现传感网与通信网结合的网桥设备、为各种行业终端提供通信能力的通信模块等。其中涉及的主要技术如下：

① ZigBee 和其他网状协议。ZigBee 是一种短距离、低功耗无线技术（IEEE 802.15.4），通常部署在网状拓扑中，通过在多个传感器节点上的中继传感器数据来扩展覆盖范围。与低功耗广域网相比，ZigBee 提供了更高的数据速率，但同时由于网格配置而降低了能耗效率。

由于它们的物理距离短，ZigBee 和类似的网状协议（例如 Z - Wave、Thread 等）最适合节点分布均匀且非常接近的中程物联网应用。通常，ZigBee 是 WiFi 的完美补充，适用于智能照明、暖通空调控制、安全和能源管理等各种家庭自动化应用。

在低功耗广域网出现之前，网状网络还在工业环境中实施，支持多种远程监控解决方案。然而，对于许多在地理上分散的工业设施来说，它们远不是理想的选择，而且它们的理论可扩展性经常受到日益复杂的网络设置和管理的限制。

② 蓝牙。蓝牙属于个人无线网络的范畴，是一种在消费者市场中定位良好的短距离通信技术。新的蓝牙低能耗，由于其低功耗特性，进一步优化了消费者的物联网应用。

蓝牙低能耗（Bluetooth Low Energy，或 Bluetooth LE、BLE，旧商标为 Bluetooth Smart）也称低功耗蓝牙，是蓝牙技术联盟设计和销售的一种个人局域网技术，旨在用于医疗保健、运动健身、信标、安防、家庭娱乐等领域的新兴应用。相较经典蓝牙，低功耗蓝牙旨在保持同等通信范围的同时显著降低功耗和成本。

支持 BLE 的设备主要与电子设备（通常是智能手机）结合使用，这些设备充当向云传输数据的枢纽。如今，BLE 广泛集成在健身和医疗可穿戴设备（如智能手表、血糖仪、脉搏血氧计等）以及智能家居设备（如门锁）中，通过这些设备，可以方便地将数据传输到智能手机并在智能手机上可视化。在零售环境中，BLE 可以与信标技术相结合，以增强店内导航、个性化促销和内容交付等客户服务。

③ WiFi 与 WiFi HaLow。鉴于 WiFi 在企业和家庭环境中的广泛应用，实际上无须再

解释它（IEEE 802.11a/b/g/n）。但是，在物联网世界，WiFi的作用却没那么重要。

除了数字标牌和室内监控摄像头等少数应用之外，WiFi并不是连接物联网终端设备的可行解决方案，因为它在覆盖范围、可扩展性和功耗方面存在重大限制。相反，该技术可以作为后端网络，将聚合数据从中央物联网中心传输到云，特别是在智能家居中。严重的安全问题常常阻碍它在工业和商业用例中的应用。

WiFi的一个新的衍生产品——WiFi HaLow（IEEE 802.11 ah），它在范围和能效方面带来了显著的改进，可满足更广泛的物联网用例。尽管如此，到目前为止，该技术几乎没有受到任何关注和业界支持，部分原因在于其低安全性。

（3）应用层的关键技术。物联网的应用层主要完成数据的管理和数据的处理，并将这些数据与各行业应用相结合。应用层的关键技术主要是基于软件的各种数据处理技术，此外云计算技术作为海量数据的存储、分析平台，也将是物联网应用层的重要组成部分。应用是物联网发展的目的，各种行业和家庭应用的开发是物联网普及的原动力，将给整个物联网产业链带来巨大利润。

4. 物联网的应用

生活在互联网时代的人们，已经习惯通过网络浏览新闻、结交朋友、高效工作。那么，进入物联网时代，人们的生活又会是什么样子呢?

当你每天上学离开家时，家中的物联控制中心就会自动关闭一些电器，如电灯、空调、风扇等，防止因为忘了关闭电器而造成资源浪费，甚至引起不必要的事故。同时，物联安防系统将进入警戒状态，如果有外人入侵，这个系统就会报警，也会及时通知你和你的父母，甚至还可以通知小区保安和警察。

当你走进校园，校园的门禁系统会自动识别你的身份，会主动向你问好，同时也会通知你的父母你已经安全到达学校。如果你最先到达教室，可是发现教室的门还锁着，需要在门口等待老师开门吗？不，不需要！人脸识别技术会识别出你的身份，帮助你轻松打开教室的门，开始一天的学习。

放学后，你可以在到家前打开家里空调；当你回到家时，家门会自动为你打开。空调在十分钟前就已经开始工作，而原来处于通风状态的门窗也随着空调的启动而自动关闭，室内刚好达到了你所喜欢的温度。此时，物联安防系统自动解除室内警戒，灯光自动亮起，背景音乐自动响起；冰箱会根据设置下单购买你需要的食物，为你配送到家；如果家里的甲醛、一氧化碳、二氧化碳等有毒有害气体超标，空调、新风系统会自动启动……

物联网技术在人们生活中的应用远远不止上面提到的例子。物联网的应用大致集中在智能家居、智能交通、智能农业、智能工业、智能物流、智能电力、智能医疗、智能安防等领域。下面以智能交通、智能农业、智慧医疗为例，进行简单的介绍。

（1）智能交通。近年来，得益于人工智能技术和物联网技术的发展，自动驾驶汽车技术越来越成熟。汽车上的众多传感器采集到的数据可以帮助司机更好地驾驶汽车，甚至可以帮助司机做出决策。

在未来的智能交通中，马路上的每一辆车都将成为交通网络中的一个结点。这些结点之间可以通信对话，并能借助大数据分析帮助司机更好地避开拥堵，节约时间，减少交通事故；也可以向交通部门提供准确的道路信息，为城市规划建设提供第一手资料；还可以把数据反馈给汽车生产商，供他们据此分析研究，进而设计出更先进舒适的汽车。

也许有一天，真的会如埃隆·马斯克所说的那样，“总有一天，法律将不允许人们自己开车”。人们只需要上车，告诉汽车目的地，就能静静等待到达目的地。

（2）智能农业。“锄禾日当午，汗滴禾下土”是我们对农民伯伯辛苦劳作的一贯印象。当然，随着现代化技术的发展，农民伯伯也有了大量可以利用的机械化设备，这大大提高了生产效率。那么，将物联网技术应用于农业之后，会发生什么呢？

在未来的智慧农场里，人们将部署各种传感结点（用于获取环境温湿度、土壤水分、土壤肥力、二氧化碳、图像等信息），利用无线通信网络实现农业生产环境的智能感知、智能预警、智能决策、智能分析和专家在线指导，为农业生产提供精准化种植、可视化管理和智能化决策。也许有一天，农民伯伯只需要坐在屋子里，看着电脑屏幕上的各种数据图表，就能做出精准的决策，合理浇水，精准施肥，大大提高农作物产量。

（3）智慧医疗。当身体出现异常时，我们需要去医院做各种检查，然后医生会针对我们的病症开药或者给出治疗建议。如果把物联网与医疗结合起来，就可以利用一些穿戴式智能设备完成一些基础项目（如心率、体温、血压等）的检测。智能穿戴设备会记录很多跟健康有关的数据，方便我们管理自己的健康记录。你也可以选择将自己的健康数据传送给医院，以便让医生据此了解你的健康状况，必要时可以进行远程会诊，进而提出医疗意见。

三、云计算

在讲云计算之前，我们先了解下什么是“云”。如今越来越多的应用正在迁移到“云”上，比如我们生活中接触的各种“云盘”存储。实际上，“云”并不新潮，已经持续了超过10年，并还在不断扩大到所有领域。有关部门预测，未来十年，几乎所有的应用都会部署到云端，而它们中的大部分都将直接通过你手中的移动设备，为我们提供各种各样的服务。

为什么会需要“云”呢？传统的应用正在变得越来越复杂：需要支持更多的用户，需要更强的计算能力，需要更加稳定安全。为了支撑这些不断增长的需求，企业不得不去购买各类硬件设备，如服务器、存储、带宽，以及软件如数据库、中间件等，另外还需要组建一个完整的运维团队来支持这些设备或软件的正常运作，这些工作涵盖了安装、配置、测试、运行、升级以及保证系统的安全等。随着应用数量或规模的增加，费用将会不断增长，这笔费用对于企业而言将是一笔不菲的费用。而对于那些中小规模的企业，甚至个人创业者来说，创造软件产品的运维成本就更加难以承受了。为了解决这些问题，云计算应运而生。

1. 什么是云计算

对于到底什么是云计算，有很多种说法。现阶段广为人们接受的是美国国家标准与技术研究院（NIST）的定义：云计算是一种按使用量付费的模式，这种模式提供可用的、便捷的、按需的网络访问，进入可配置的计算资源共享池（资源包括网络、服务器、存储、应用软件、服务），这些资源能够被快速提供，只需投入很少的管理工作，或与服务供应商进行很少的交互。

用通俗的话说，云计算就是通过大量在云端的计算资源进行计算，如：用户通过自己的电脑发送指令给提供云计算的服务商，通过服务商提供的大量服务器进行“核爆炸”的计

算，再将结果返回给用户。

2. 云计算的服务形式

云计算还处于萌芽阶段，有各类厂商在开发不同的云计算服务。云计算的表现形式多种多样，简单的云计算在人们日常网络应用中随处可见，比如腾讯QQ空间提供的在线制作Flash图片、Google的搜索服务、GoogleDoc、GoogleApps等。目前，云计算的主要服务形式有：软件即服务（SaaS）、平台即服务（PaaS）、基础设施即服务（IaaS）。

（1）软件即服务（SaaS）。SaaS（Software-as-a-Service）服务提供商将应用软件统一部署在自己的服务器上，用户根据需求通过互联网向厂商订购应用软件服务，服务提供商根据客户所定软件的数量、时间的长短等因素收费，并且通过浏览器向客户提供软件的模式。这种服务模式的优势是，由服务提供商维护和管理软件、提供软件运行的硬件设施，用户只需拥有能够接入互联网的终端，即可随时随地使用软件。这种模式下，客户不再像传统模式那样花费大量资金在硬件、软件、维护人员上，只需要支出一定的租赁服务费用，通过互联网就可以享受到相应的硬件、软件和维护服务，这是网络应用最具效益的营运模式。对于小型企业来说，SaaS是采用先进技术的最好途径。

以企业管理软件来说，SaaS模式的云计算ERP可以让客户根据并发用户数量、所用功能多少、数据存储容量、使用时间长短等因素不同组合按需支付服务费用，既不用支付软件许可费用，也不需要支付采购服务器等硬件设备费用；既不需要支付购买操作系统、数据库等平台软件费用，也不用承担软件项目定制、开发、实施费用和IT维护部门开支费用，实际上云计算ERP正是继承了开源ERP免许可费用只收服务费用的最重要特征，成为突出服务的ERP产品。

目前，Salesforce. com是提供这类服务最有名的公司，GoogleDoc、GoogleApps和ZohoOffice也属于这类服务。

（2）平台即服务（PaaS）。把开发环境作为一种服务来提供。这是一种分布式平台服务，厂商提供开发环境、服务器平台、硬件资源等服务给客户，用户在其平台基础上定制开发自己的应用程序并通过其服务器和互联网传递给其他客户。PaaS（Plat form－as－a－Service）能够给企业或个人提供研发的中间件平台，提供应用程序开发、数据库、应用服务器、试验、托管及应用服务。

Google App Engine－Salesforce的force. com平台，八百客的800APP是PaaS的代表产品。以Google App Engine为例，它是一个由python应用服务器群、BigTable数据库及GFS组成的平台，为开发者提供一体化主机服务器及可自动升级的在线应用服务。用户编写应用程序并在Google的基础架构上运行就可以为互联网用户提供服务，Google提供应用运行及维护所需要的平台资源。

（3）基础设施即服务（IaaS）。IaaS（Infrastructure－as－a－Service）即把厂商的由多台服务器组成的“云端”基础设施，作为计量服务提供给客户。它将内存、I/O设备、存储和计算能力整合成一个虚拟的资源池为整个业界提供所需要的存储资源和虚拟化服务器等服务。这是一种托管型硬件方式，用户付费使用厂商的硬件设施。例如，AmazonWeb服务（AWS）、IBM的BlueCloud等均是将基础设施作为服务出租。

3. 云计算的 3 种部署模型

(1) 私有云。私有云（private cloud）是为一个客户单独使用而构建的，提供对数据、安全性和服务质量的最有效控制。该客户拥有基础设施，并可以控制在此基础设施上部署应用程序的方式。私有云可部署在客户数据中心的防火墙内，也可以将它们部署在一个安全的主机托管场所。私有云极大地保障了安全问题，目前有些客户已经开始构建自己的私有云。

优点：提供了更高的安全性，因为只有一个客户可以访问。这也使组织更容易订制资源以满足其特定的要求。

缺点：安装成本很高。此外，客户仅限于合同中规定的云计算基础设施资源。私有云的高度安全性可能会使得从远程位置访问变得很困难。

(2) 公有云。公有云（public cloud）通常指第三方提供给客户能够使用的云。这种云有许多实例，可在当今整个开放的公有网络中提供服务。公有云的最大意义是能够以低廉的价格，给最终用户提供有吸引力的服务，创造新的业务价值。公有云作为一个支撑平台，还能够整合上游的服务（如增值业务、广告）提供者和下游的最终用户，打造新的价值链和生态系统。它使客户能够访问和共享基本的计算机基础设施，包括硬件、存储和带宽等资源。

优点：除了通过网络提供服务外，客户只需为他们使用的资源支付费用。此外，组织可以访问服务提供商的云计算基础设施，因此无须担心自己安装和维护的问题。

缺点：公有云通常不能满足许多安全法规遵从性要求，因为不同的服务器驻留在多个国家，并具有各种不同的安全法规。而且，网络问题可能发生在在线流量峰值期间。虽然公有云模型通过提供按需付费的定价方式来增加成本效益，但在移动大量数据时其费用会迅速增加。

(3) 混合云。混合云（hybrid cloud）是公有云和私有云两种服务方式的结合。由于安全和控制原因，并非所有的用户信息都能放置在公有云上，这样大部分已经应用云计算的客户将会使用混合云模式。很多用户将选择同时使用公有云和私有云，有一些用户也会同时建立混合云。因为公有云只会向用户使用的资源收费，所以混合云是处理需求高峰的一个非常便宜的方式。比如，对一些零售商来说，他们的操作需求会随着假日的到来而剧增，或者是有些业务会有季节性的上扬。同时，混合云也为其他目的的弹性需求提供了一个很好的基础，如灾难恢复。这意味着私有云把公有云作为灾难转移的平台，并在需要的时候去使用它。这是一个极具成本效应的理念。另一个好的理念是，使用公有云作为一个选择性的平台，同时选择其他的公有云作为灾难转移平台。

优点：允许客户利用公共云和私有云的优势，还为应用程序在多云环境中的移动提供了极大的灵活性。此外，混合云模式具有成本效益，因为客户可以根据需要决定是否及何时使用成本更高昂的云计算资源。

缺点：因为设置更加复杂而难以维护和保护。此外，由于混合云是不同的云平台、数据和应用程序的组合，整合可能是一项挑战。在开发混合云时，基础设施之间也会出现兼容性问题。

四、大数据

2019 年天猫“双十一”实时成交额数据定格在 2 684 亿元人民币，同比增长约 25.7%。天猫“双十一”再次成为阿里巴巴创造纪录并突破纪录的商业奇迹。此外，数据显示：2019

年天猫“双十一”物流订单达到12.92亿元，开场短短2小时，天猫“双十一”的“亿元俱乐部”品牌数已经达到148个。从全国各省市“双十一”购买情况来看：河北、山东、江苏、内蒙古、黑龙江、吉林、福建、天津、西藏以及广东为2019年“双十一”购买金额增速前十大省份。其中，河北省购买力强劲，成为“双十一”全国购买金额增速最快的省份。2019年销售TOP5的行业依次是手机数码、家用电器、个护美妆、服装、鞋包。根据国家邮政局的监测数据，“双十一”全天各邮政、快递企业共处理5.35亿快件，是二季度以来日常处理量的3倍，同比增长28.6%。公司方面，中通宣布当天快递订单量超过2亿单（2018年同期宣布突破1.5亿件），圆通宣布比2018年“双十一”提早4.13小时突破1亿单订单，申通宣布15：25分时件量超过2018年“双十一”全天，德邦宣布到18:42大件快递产品收入超过1亿元（以上公司宣布数据均未经审核）。从物流效率来看，2019年“双十一”发出1亿个包裹用时8小时，比2018年提前59分钟，比2013年已经缩短40小时。

上面所有数字都是在海量数据分析的基础上得出的，这些数字的呈现都离不开数据支撑。那么，什么是数据呢？什么又是大数据呢？

1. 大数据的概念

数据在计算机科学中的定义是指所有能输入计算机并被计算机程序处理的符号的介质的总称，是用于输入电子计算机进行处理，具有一定意义的数字、字母、符号和模拟量等的统称。从“数据”的字面意思看，数据包括“数字”和“依据”两层含义。信息技术初级阶段，当时信息系统的作用主要是将记录的内容以二维表的形式进行存放，通过电子化提高工作效率。随着图片、语言、视频等多种信息技术的不断出现，使得数据的覆盖范围更广。目前我们可以将一切通过电子形式记录的信息统称为“数据”，而人类社会和自然环境的变化，都可以以“数据”的形式记录下来。由于这些数据具有规模大、形成速度快、类型多样以及价值性低，通常将其称为“大数据”。

对于大数据的具体定义和价值，大多数人都停留在知其然而不知其所以然的阶段。但这也并不妨碍大数据这一词汇在大众心中的高度，它代表着先进，代表着高科技，代表着不可预知但可以预见的未来世界。

对于大数据的定义，权威机构们给出了不同的表述：

世界知名咨询企业Gartner给出的定义是：“大数据”是需要新处理模式才能具有更强的决策力、洞察发现力和流程优化能力来适应海量、高增长率和多样化的信息资产。

麦肯锡全球研究所给出的定义是：一种规模大到在获取、存储、管理、分析方面大大超出了传统数据库软件工具能力范围的数据集合，具有海量的数据规模、快速的数据流转、多样的数据类型和价值密度低四大特征。

还有一些是这样表述的，大数据是指“无法用现有的软件工具提取、存储、搜索、共享、分析和处理的海量的、复杂的数据集合。”

不管是信息资产还是数据集合，这些定义无不在昭示着大数据对于人们未来社会的价值。

2. 大数据的应用

大数据正在渗透到我们生活的方方面面，在生产、经营活动、流通、生物医学、城市管理、安全防护、金融、营销等各个领域大放异彩。

智能推荐系统作为大数据在互联网领域的最广泛普遍的应用，通过分析用户的历史行为习惯，来了解用户的喜好，从而为用户推荐感兴趣的信息，满足用户的个性化推荐需求。从各大电商平台到门户网站，再到近年大火的短视频平台，无不发现它的踪影，给人们真正带来了千人千面的个性化优质体验。

大数据在生物医学领域的应用，通过统计分析大量网民搜索的流行病信息，结合气温变化、环境指数、人口流动等因素，创建一个个预测模型，预测未来疾病的活跃指数，提供疫病预防建议，来实现以防代治。

大数据在物流领域的应用，利用集成智能化技术，在大量数据训练下，使得物流系统能模仿人的智能，具有思维、感知、学习、判断的能力自行解决物流中的某些问题，包括但不限于存货盘点、拣货、包装、单据管理、运输、物流追踪、派送时间预测等问题，强力助力完善物流体系的智能化进程。

再比如利用大数据打造智慧城市，在安防方面，构建7×24小时不间断的治安监控，在金融领域用于分析市场情绪，评估信贷风险等。随着大数据的应用越来越广泛，我们在日常生活中，会越来越受益大数据带来的价值。

而在众多应用中，大数据在市场营销和销售中的应用是最亮眼的一个，有了大数据算法和大数据分析加持的今天，为产品或者服务实现智能营销越来越简单。下面将重点介绍大数据在营销中的一些应用：

（1）对接全网用户数据。仅有企业数据，即使规模再大，也只是孤岛数据。在收集、打通企业内部的用户数据时，还要与互联网数据统合，需要收集站内站外各方面的行为，在收集各方面的数据之后，还需与第三方的数据对接，形成全网数据管理系统。

（2）让数据说话。面对大数据庞大的信息，需要通过标签来识别数据。比如通过用户标签来识别用户的基本属性特征、偏好、兴趣特征和商业价值特征。

（3）分析用户特征及偏好。根据用户的行为和特征，对用户的静态信息（性别、年龄、职业、学历、关联人群、生活习性等）、动态信息（资讯偏好、娱乐偏好、健康状况、商品偏好等）、实时信息（地理位置、相关事件、相关服务、相关消费、相关动作）进行描述，构建用户画像。

（4）营销效果评估、管理。利用渠道管理和宣传制作工具，利用数据进行可视化的品牌宣传、事件传播和产品，制作数据图形化工具，自动生成特定的市场宣传报告，对特定宣传目的报告进行管理。

（5）创建精准投放系统。对于有意领先精准营销的企业来说，则可更进一步整合内部数据资源，补充第三方站外数据资源，进而建立广告精准投放系统，对营销全程进行精细管理。

五、虚拟现实技术/增强现实技术

1. 虚拟现实技术（VR）

（1）什么是虚拟现实技术？虚拟现实技术（virtual reality，VR），又称灵境技术，是指采用以计算机技术为核心的现代高科技手段生成逼真的视觉，听觉，触觉，味觉等一体化的虚拟环境，用户借助一些特殊的输入/输出设备，采用自然的方式与虚拟世界中物体进行交

互，互相影响，从而产生亲临真实环境的感受和体验。

所谓虚拟现实，顾名思义，就是虚拟和现实相互结合。从理论上来讲，虚拟现实技术是一种可以创建和体验虚拟世界的计算机仿真系统，它利用计算机生成一种模拟环境，使用户沉浸到该环境中。虚拟现实技术就是利用现实生活中的数据，通过计算机技术产生的电子信号，将其与各种输出设备结合使其转化为能够让人们感受到的现象，这些现象可以是现实中真真切切的物体，也可以是我们肉眼所看不到的物质，通过三维模型表现出来。因为这些现象不是我们直接所能看到的，而是通过计算机技术模拟出来的现实中的世界，故称为虚拟现实。虚拟现实技术的发展大致分为以下 4 个阶段：

第一阶段（1963 年以前）为有声形动态的模拟是蕴含虚拟现实思想的阶段。其实 VR 思想究其根本是对生物在自然环境中的感官和动态的交互式模拟，所以这又与仿生学息息相关，中国战国时期的风筝的出现是仿生学较早在人类生活中的体现，包括后期西方国家根据类似的原理发明的飞机。

第二阶段（1963—1972）为虚拟现实萌芽阶段。1968 年美国计算机图形学之父 Ivan Sutherlan 开发了第一个计算机图形驱动的头盔显示器 HMD 及头部位置跟踪系统，是 VR 技术发展史上一个重要的里程碑。

第三阶段（1973—1989）为虚拟现实概念的产生和理论初步形成阶段。这一时期主要有两件大事，M. W. Krueger 设计了 VIDEOPLACE 系统可以产生一个虚拟图形环境，使体验着的图像投影能实时地响应自己的活动。另外一件则是由 M. MGreevy 领导完成的 VIEW 系统，它是让体验者穿戴数据手套和头部跟踪器，通过语言、手势等交互方式，形成虚拟现实系统。

第四阶段（1990 年至今）为虚拟现实理论进一步的完善和应用阶段。1990 年，提出 VR 技术包括三维图形生成技术、多传感器交互技术和高分辨率显示技术；VPL 公司开发出第一套传感手套“DataGloves”，第一套 HMD“EyePhoncs”；21 世纪以来，VR 技术高速发展，软件开发系统不断完善，有代表性的如 MultiGen Vega、Open Scene Graph、Virtools 等。

（2）虚拟现实技术的特征。

① 沉浸性。沉浸性是虚拟现实技术最主要的特征，就是让用户成为并感受到自己是计算机系统所创造环境中的一部分，虚拟现实技术的沉浸性取决于用户的感知系统，当使用者感知到虚拟世界的刺激时，包括触觉、味觉、嗅觉、运动感知等，便会产生思维共鸣，造成心理沉浸，感觉如同进入真实世界。

② 交互性。交互性是指用户对模拟环境内物体的可操作程度和从环境得到反馈的自然程度，使用者进入虚拟空间，相应的技术让使用者跟环境产生相互作用，当使用者进行某种操作时，周围的环境也会做出某种反应。如使用者接触到虚拟空间中的物体，那么使用者手上应该能够感受到，若使用者对物体有所动作，物体的位置和状态也应改变。

③ 多感知性。多感知性表示计算机技术应该拥有很多感知方式，比如听觉、触觉、嗅觉等。理想的虚拟现实技术应该具有一切人所具有的感知功能。由于相关技术，特别是传感技术的限制，目前大多数虚拟现实技术所具有的感知功能仅限于视觉、听觉、触觉、运动等。

④ 构想性。构想性也称想象性，使用者在虚拟空间中，可以与周围物体进行互动，可以拓宽认知范围，创造客观世界不存在的场景或不可能发生的环境。构想可以理解为使用者进入

虚拟空间，根据自己的感觉与认知能力吸收知识，发散拓宽思维，创立新的概念和环境。

⑤ 自主性。指虚拟环境中物体依据物理定律动作的程度。如当受到力的推动时，物体会向力的方向移动，或翻倒，或从桌面落到地面等。

（3）虚拟现实技术的应用。在各领域的应用如下：

① VR 在影视娱乐中的应用。近年来，由于虚拟现实技术在影视业中的广泛应用，以虚拟现实技术为主而建立的第一现场 9DVR 体验馆得以实现。第一现场 9DVR 体验馆自建成以来，在影视娱乐市场中的影响力非常大，此体验馆可以让观影者体会到置身于真实场景之中的感觉，让体验者沉浸在影片所创造的虚拟环境之中。同时，随着虚拟现实技术的不断创新，此技术在游戏领域也得到了快速发展。虚拟现实技术是利用电脑产生的三维虚拟空间，而三维游戏刚好是建立在此技术之上的，三维游戏几乎包含了虚拟现实的全部技术，这使得游戏在保持实时性和交互性的同时，也大幅提升了真实感。

② VR 在教育中的应用。如今，虚拟现实技术已经成为促进教育发展的一种新型教育手段。传统的教育只是一味地给学生灌输知识，而现在利用虚拟现实技术可以帮助学生打造生动、逼真的学习环境，使学生通过真实感受来增强记忆，相比于被动性灌输，利用虚拟现实技术来进行自主学习更容易让学生接受，这种方式更容易激发学生的学习兴趣（图 8－8）。此外，各大院校利用虚拟现实技术还建立了与学科相关的虚拟实验室来帮助学生更好的学习。

图 8－8　VR 在课堂中的应用

③ VR 在设计领域的应用。虚拟现实技术在设计领域小有成就，例如室内设计，人们可以利用虚拟现实技术把室内结构、房屋外形通过虚拟技术表现出来，使之变成可以看得见的物体和环境。同时，在设计初期，设计师可以将自己的想法通过虚拟现实技术模拟出来，可以在虚拟环境中预先看到室内的实际效果，这样既节省了时间，又降低了成本。

④ VR 虚拟现实在医学方面的应用。医学专家们利用计算机在虚拟空间中模拟出人体组织和器官，让学生在其中进行模拟操作，并且能让学生感受到手术刀切入人体肌肉组织、触碰到骨头的感觉，使学生能够更快地掌握手术要领。而且，主刀医生们在手术前，也可以建立一个病人身体的虚拟模型，在虚拟空间中先进行一次手术预演，这样能够大大提高手术的成功率，让更多的病人得以痊愈。

⑤ 虚拟现实在军事方面的应用。由于虚拟现实的立体感和真实感，在军事方面，人们将地图上的山川地貌、海洋湖泊等数据通过计算机进行编写，利用虚拟现实技术，能将原本

平面的地图变成一幅三维立体的地形图，再通过全息技术将其投影出来。除此之外，在战士训练期间，可以利用虚拟现实技术去模拟无人机的飞行、射击等工作模式。战争期间，军人也可以通过眼镜、头盔等机器操控无人机进行侦察和暗杀任务，减小战争中军人的伤亡率。由于虚拟现实技术能将无人机拍摄到的场景立体化，降低操作难度，提高侦查效率，所以无人机和虚拟现实技术的发展刻不容缓。

⑥ 虚拟现实在航空航天方面的应用。由于航空航天是一项耗资巨大、非常烦琐的工程，所以，人们利用虚拟现实技术和计算机的统计模拟，在虚拟空间中重现了现实中的航天飞机与飞行环境，使飞行员在虚拟空间中进行飞行训练和实验操作，极大地降低了实验经费和实验的危险系数。

⑦ 虚拟现实在农业中的应用。虚拟现实（VR）技术为人类观察自然、欣赏景观、了解实体提供了身临其境的感觉，可以利用虚拟现实技术演示农作物受病虫害侵袭的情况、农作物生长的虚拟、农业自然灾害的虚拟现实、土地中残留农药迁移的模拟等。当前随着虚拟现实技术在农业领域的应用日益广泛，“虚拟农业”成为农学专家们最为关注的课题之一。我们可以用计算机设计出虚拟作物、畜禽鱼，然后实际培育出能与虚拟产品媲美（品质最佳、产量最高、抗虫害能力最强）的起初作物，从遗传学上操纵产生如某种短秆大穗的粮食作物，带有某种特定风味的水果等，并能阻断害虫食物通道，破坏其藏匿环境，防止其危害，以结出理想品质的果实。它将成为农业参与竞争必不可少的工具，甚至改变销售方式，其前景非常让人振奋。

2. 增强现实技术

增强现实（augmented reality，AR）技术是一种将虚拟信息与真实世界巧妙融合的技术，广泛运用了多媒体、三维建模、实时跟踪及注册、智能交互、传感等多种技术手段，将计算机生成的文字、图像、三维模型、音乐、视频等虚拟信息模拟仿真后，应用到真实世界中，两种信息互为补充，从而实现对真实世界的“增强”。

体验者通过一定的设备去增强在现实世界的感官体验。用户使用 AR 设备时，体验者处在现实世界中，但却能感受到 AR 设备叠加在现实世界中的内容，让真实的世界与虚拟的世界完美结合，而且这种结合是实时传递的，不会让使用者有分离感，从而增强真实感和融入感。在这样的技术下，世界完全不同了，可以从眼前的景物看到更为意想不到的画面。

3. 混合现实技术和扩展现实技术

（1）混合现实技术（mixed reality，MR）**。**混合现实技术包括增强现实和增强虚拟，指的是合并现实和虚拟世界而产生新的可视化环境。在新的可视化环境里物理和数字对象共存，并实时互动。

混合现实可以将此时此刻的真实情况与虚拟现实融为一体，增强许多娱乐和商业情景的现实感。目前，混合现实技术尚处于起步阶段。

MR 设备能给用户构建一个混沌的世界。如果用户从哈尔滨坐飞机前往三亚，在漫长的飞行途中，利用 MR 设备，座椅就仿佛是嘎吱嘎吱作响的沙滩椅，脚底轻触地板就好像是踩在沙滩上，漫长的飞行途中就像直接被“传送”到沙滩上，但现实中用户并没有真的在沙滩上。

MR 一半是现实一半是虚拟影像，利用数字模拟技术使用户更能体验真实感，更有想象空间。通过融合虚拟和现实两个世界，为无法参与体验虚拟现实内容的观众展示虚拟现实的无限可构想性。

（2）扩展现实技术（extended reality，XR）。扩展现实技术是指通过计算机技术和可穿戴设备产生一个真实与虚拟组合的、可人机交互的环境。扩展现实技术包括增强现实、虚拟现实、混合现实等多种形式。XR 其实是一个总称，包括了 AR、VR、MR。XR 分为多个层次，包括从通过有限传感器输入的虚拟世界到完全沉浸式的虚拟世界。

六、区块链

1. 什么是区块链

从字面上看：区块链是由一个个记录着各种信息的小区块链接起来组成的一个链条，类似于我们将一块块砖头叠起来，而且叠起来后是没办法拆掉的，每个砖头上面还写着各种信息，包括：谁叠的，什么时候叠的，砖头用了什么材质等，这些信息也没办法修改。

从计算机上看：区块链是一种比较特殊的分布式数据库。分布式数据库就是将数据信息单独放在每台计算机中，且存储的信息是一致的，如果有一两台计算机坏掉了，信息也不会丢失，还可以在其他计算机上查到。

区块链是分布式的，所以它是没有中心点的，信息存储在所有加入到区块链网络的结点当中，结点的数据是同步的。结点可以是一台服务器、笔记本电脑、手机等。需要知道的是这些点存储的数据都是一模一样的。

2. 区块链特性

（1）去中心化。因为它是分布式存储的，所以不存在中心点，也可以说各个结点都是中心点，生活中的应用就是不需要第三方系统了（银行、支付宝、房产中介等都属于第三方）。

（2）开放性。区块链的系统数据是公开透明的，每个人都可以参与进来，比如租房子，你可以知道这个房子以前的出租信息，有没有出现过问题，当然这里头的一些个人私有信息是加密的。

（3）自治性。区块链采用基于协商一致的规范和协议（比如一套公开透明的算法），然后各个结点就按照这个规范来操作，这样所有的东西都由机器完成，就没有人情成分。使得对“人”的信任改成了对机器的信任，任何人为的干预不起作用。

（4）信息不可篡改。如果信息存储到区块链中就被永久保存，没办法去改变，至于51%的攻击，基本不可能实现。

（5）匿名性。区块链上面没有个人的信息，因为这些都是加密的，是一堆数字字母组成的字符串，这样就不会出现各种身份证信息、电话号码被倒卖的现象。

3. 区块链核心技术

区块链技术是利用区块链式的数据结构来验证与存储数据、利用分布式结点共识算法来生成和更新数据、利用密码学的方式保证数据传输和访问的安全、利用由自动化脚本代码组成的智能合约来编程和操作数据的一种全新的分布式基础架构与计算方式。

（1）分布式账本。分布式账本指的是交易记账由分布在不同地方的多个结点共同完成，而且每一个结点记录的是完整的账目，因此它们都可以参与监督交易合法性，同时也可以共同为其作证。

跟传统的分布式存储有所不同，区块链的分布式存储的独特性主要体现在两个方面：一是区块链每个结点都按照块链式结构存储完整的数据，传统分布式存储一般是将数据按照一定的规则分成多份进行存储。二是区块链每个结点存储都是独立的、地位等同的，依靠共识机制保证存储的一致性，而传统分布式存储一般是通过中心结点往其他备份结点同步数据。没有任何一个结点可以单独记录账本数据，从而避免了单一记账人被控制或者被贿赂而记假账的可能性。也由于记账结点足够多，理论上讲除非所有的结点被破坏，否则账目就不会丢失，从而保证了账目数据的安全性。

（2）非对称加密。存储在区块链上的交易信息是公开的，但是账户身份信息是高度加密的，只有在数据拥有者授权的情况下才能访问到，从而保证了数据的安全和个人的隐私。

（3）共识机制。共识机制就是所有记账结点之间怎么达成共识，去认定一个记录的有效性，这既是认定的手段，也是防止篡改的手段。区块链提出了 4 种不同的共识机制，适用于不同的应用场景，在效率和安全性之间取得平衡。

区块链的共识机制具备“少数服从多数”以及“人人平等”的特点，其中“少数服从多数”并不完全指结点个数，也可以是计算能力、股权数或者其他的计算机可以比较的特征量。“人人平等”是当结点满足条件时，所有结点都有权优先提出共识结果、直接被其他结点认同后并最后有可能成为最终共识结果。以比特币为例，采用的是工作量证明，只有在控制了全网超过 51%的记账结点的情况下，才有可能伪造出一条不存在的记录。当加入区块链的结点足够多时，基本不存在这种可能，从而杜绝了造假。

（4）智能合约。智能合约是基于这些可信的不可篡改的数据，可以自动化的执行一些预先定义好的规则和条款。以保险为例，如果说每个人的信息（包括医疗信息和风险发生的信息）都是真实可信的，那就很容易在一些标准化的保险产品中，去进行自动化的理赔。在保险公司的日常业务中，虽然交易不像银行和证券行业那样频繁，但是对可信数据的依赖是有增无减。因此，笔者认为利用区块链技术，从数据管理的角度切入，能够有效地帮助保险公司提高风险管理能力。

4. 区块链的应用

（1）金融领域。区块链在国际汇兑、信用证、股权登记和证券交易所等金融领域有着潜在的巨大应用价值。将区块链技术应用在金融行业中，能够省去第三方中介环节，实现点对点的直接对接，从而在大大降低成本的同时，快速完成交易支付。

比如 Visa 推出基于区块链技术的 Visa B2B Connect，它能为机构提供一种费用更低、更快速和安全的跨境支付方式来处理全球范围的企业对企业的交易。要知道传统的跨境支付需要等 3～5 天，并为此支付 1%～3%的交易费用。Visa 还联合 Coinbase 推出了首张比特币借记卡，花旗银行则在区块链上测试运行加密货币“花旗币”。

（2）物联网和物流领域。区块链在物联网和物流领域也可以天然结合。通过区块链可以降低物流成本，追溯物品的生产和运送过程，并且提高供应链管理的效率。该领域被认为是区块链一个很有前景的应用方向。

区块链通过结点连接的散状网络分层结构，能够在整个网络中实现信息的全面传递，并能够检验信息的准确程度。这种特性一定程度上提高了物联网交易的便利性和智能化。区块链＋大数据的解决方案就利用了大数据的自动筛选过滤模式，在区块链中建立信用资源，可双重提高交易的安全性，并提高物联网交易便利程度。为智能物流模式应用节约时间成本。区块链结点具有十分自由的进出能力，可独立地参与或离开区块链体系，不对整个区块链体系有任何干扰。区块链＋大数据解决方案就利用了大数据的整合能力，促使物联网基础用户拓展更具有方向性，便于在智能物流的分散用户之间实现用户拓展。

（3）公共服务领域。区块链在公共管理、能源、交通等领域都与民众的生产生活息息相关，但是这些领域的中心化特质也带来了一些问题，可以用区块链来改造。区块链提供的去中心化的完全分布式DNS服务通过网络中各个结点之间的点对点数据传输服务就能实现域名的查询和解析，可用于确保某个重要的基础设施的操作系统和固件没有被篡改，可以监控软件的状态和完整性，发现不良的篡改，并确保使用了物联网技术的系统所传输的数据没有经过篡改。

（4）数字版权领域。通过区块链技术，可以对作品进行鉴权，证明文字、视频、音频等作品的存在，保证权属的真实性、唯一性。作品在区块链上被确权后，后续交易都会进行实时记录，实现数字版权全生命周期管理，也可作为司法取证中的技术性保障。例如，美国纽约一家创业公司 Mine Labs 开发了一个基于区块链的元数据协议，这个名为 Mediachain 的系统利用 IPFS 文件系统，实现数字作品版权保护，主要是面向数字图片的版权保护应用。

（5）农业领域。

① 区块链＋农业物联网。农业物联网目前普遍采用中心化管理方式，随着接入物联网的智能设备越来越多，数据中心的软硬件基础设施、维护成本和能源消耗都面临着前所未有的挑战，区块链技术的去中心化管理方式可以有效的降低农业物联网的投入与维护成本，通过区块链技术与农业物联网相结合使得入网的监测设备实现自我管理和维护，从而节省了以云端控制为中心的高昂的基础设施建设和维护以及能源消耗费用，降低了互联网设备的后期维护成本，有助于提升农业物联网的智能化和规模化水平。

② 区块链＋传感数据存证与溯源。农业物联网中的传感数据在整个农产品种植前、种植中、种植后都产生大量的数据，如何避免对这些涉及农产品的选种、育苗、施肥、防虫、质检、仓储、加工等环节进行数据造假或篡改，需要在区块链技术下进行有效的数据存证和溯源。在生产链上的各个主体部署区块链结点，通过实时或离线等方式将传感器收集的数据写入区块链，成为无法篡改的电子证据，可以提升各方主体造假抵赖的成本，进一步厘清各方的责任边界，同时还能通过区块链链式的结构，追本溯源，及时了解农产品生长生产的最新进展，根据实时搜集的数据，采取必要的反应措施，增强多方协作的可能。

③ 区块链＋农业金融与保险。农业金融与农业保险操作难度大，覆盖范围小且大多缺乏有效的信用抵押机制。随着区块链技术的广泛应用，一方面，农民在申请贷款时，区块链技术利用算法从银行、保险或征信机构自动记录海量信息，并存储在区块链网络的每一台电脑上，信息透明、篡改难度高、使用成本低，从而有效降低农业信贷风险。另一方面，将区块链与农业保险结合之后，利用区块链技术的智能合约机制，可以极大的简化农业保险的赔付流程，受保险地区一旦发生重大农业自然灾害，相应的理赔流程自动启动，有效提高农业保险赔付率。

④ 区块链＋农产品供应链。农产品流通需要经过多个流通环节，从最上游生产源到厂商再到分销商及各地商超，最终流通到消费者手里。以上供应链信息不对称，各方没有将自

己的信息透明化。带来了政府监管难、源头追踪难、公信力降低等一系列问题。区块链技术可以在不同分类账上记录下产品在供应链过程中涉及的所有信息，包括涉及的负责企业、价格、日期、地址、质量及产品状态等，同时交易的信息被永久性、去中心化的记录，有效降低各方运营成本，进而解决农产品安全诚信问题。

（6）公益领域。区块链上存储的数据，高可靠且不可篡改，天然适合用在社会公益场景。公益流程中的相关信息，如捐赠项目、募集明细、资金流向、受助人反馈等，均可以存放于区块链上，并且有条件地进行透明公开公示，方便社会监督。

任务实战

1. 设想一下5G时代还会出现哪些不同于4G时代的应用场景？
2. 日常生活中物联网设备是如何联网的？
3. 根据自身经历，谈谈大数据对你生活的影响。
4. VR、AR、MR、XR的区别是什么？

任务三　量子计算机

学习任务

了解量子计算机的基本含义、产生及应用。

相关知识

2020年12月4日，中国科学技术大学宣布，该校中国科学技术大学潘建伟、陆朝阳等组成的研究团队与中国科学院上海微系统与信息技术研究所、国家并行计算机工程技术研究中心合作，构建了76个光子100个模式的量子计算原型机“九章”。这一成果，使得我国成功达到了量子计算研究的第一个里程碑——量子计算优越性（quantum supremacy，国外也称为“量子霸权”）。那么，究竟什么是量子计算机？量子计算机具有什么优势？这是本节将要解决的问题。

一、什么是量子计算机

量子计算机是一类遵循量子力学规律进行高速数学和逻辑运算、存储及处理量子信息的物理装置。当某个装置处理和计算的是量子信息，运行的是量子算法时，它就是量子计算机。量子计算机的概念源于对可逆计算机的研究。研究可逆计算机的目的是为了解决计算机中的能耗问题。

简单来讲，量子计算机是一种使用量子力学的计算机，它能比普通计算机更高效地执行某些特定的计算。所以说，量子计算机是一种计算机，但它不是简单的“进阶版”计算机。和我们现在所理解的“电脑”差别很大，两者的计算形式不一样。举个例子，如果经典计算机是蜡烛，量子计算机就是电灯泡，二者都是为了发光，但是点亮方式不同、照亮范围也有区别。即使不断改良蜡烛，也做不出来电灯泡。

二、为什么需要量子计算机

当今社会，人们越来越离不开计算机，计算机的运算速度也不断飙升。在过去 50 年中，按照摩尔定律的预测，芯片上面的晶体管数目在 18 个月或两年时间增加一倍。在 2016 年晶体管大小到达 14 纳米之后，对于晶体管密度的提高变得不那么容易了。其主要技术是通过减少导线和元件尺寸来达到的。随着尺寸的不断减小，其电子的量子效应不断增加，以至以经典物理为基础的微电子学在电脑芯片的发展受到不可逾越的瓶颈。为了突破计算机的运算速度极限，人们开始不断研发新的计算机芯片，量子计算机就是其中之一。与传统计算机相比，量子计算机没有传统计算机的盒式外壳，看起来像是一个被其他物质包围的巨大磁场。此外，量子计算机虽不能像现在计算机那样利用硬盘实现信息的长期存储。但它有自身独特的优点，吸引众多的国家和实体投入巨大的人力、物力去研究。

量子计算机拥有强大的量子信息处理能力，对于目前海量的信息，能够从中提取有效的信息进行加工处理使之成为新的有用的信息。量子信息的处理需要先对量子计算机进行储存处理，然后再对所给的信息进行量子分析。运用这种方式能准确预测天气状况，目前计算机预测的天气状况的准确率达 75％，但是运用量子计算机进行预测，准确率能进一步上升，更加方便人们的出行。

目前计算机通常会受到病毒的攻击，直接导致电脑瘫痪，还会导致个人信息被窃取，但是量子计算机由于具有不可克隆的量子原理使这些问题不会存在，在用户使用量子计算机时能够放心，不用害怕个人信息泄露。另一方面，量子计算机拥有强大的计算能力，能够同时分析大量不同的数据，所以在金融方面能够准确分析金融走势，在避免金融危机方面起到很大的作用；在生物化学的研究方面也能够发挥很大的作用，可以模拟新的药物的成分，更加精确地研制药物和化学用品，这样就能够保证药物的成本和药物的药性。

三、量子计算机的应用

量子计算机理论上具有模拟任意自然系统的能力，同时也是发展人工智能的关键。由于量子计算机在并行运算上的强大能力，使它有能力快速完成经典计算机无法完成的计算。这种优势在加密和破译等领域有着巨大的应用。

天气预报：如果我们使用量子计算机在同一时间对于所有的信息进行分析，并得出结果，那么我们就可以得知天气变化的精确走向，从而避免大量的经济损失。

药物研制：量子计算机对于研制新的药物也有着极大的优势，量子计算机能描绘出万亿计的分子组成，并且选择出其中最有可能的方法，这将提高人们发明新型药物的速度，并且能够更个性化的对于药理进行分析。

交通调度：量子计算机可以根据现有的交通状况预测交通状况，完成深度的分析，进行交通调度和优化。

保密通信：不仅是对于我们生活相近的方面，量子计算机对于加密通信由于其不可克隆的原理，将会使得入侵者不能在不被发现的情况下进行破译和窃听，这是由量子计算机本身的性质决定的。

练 习 与 思 考

一、单选题

1. 作为计算机科学分支的人工智能的英文缩写是（　　）。

A. CPU　　B. AI　　C. B1　　D. DI

2. 人工智能是研究、开发用于模拟、延伸和扩展人的智能的理论、方法、技术及应用系统的一门交叉学科，它涉及（　　）。

A. 自然科学　　B. 社会科学　　C. 技术科学　　D. A、B和C

3. 物联网的全球发展形势可能提前推动人类进入“智能时代”，也称（　　）。

A. 计算时代　　B. 信息时代　　C. 互联时代　　D. 物联时代

4. 射频识别技术属于物联网产业链的（　　）环节。

A. 标识　　B. 感知　　C. 处理　　D. 信息传送

5. 作为物联网发展的排头兵，（　　）技术是市场最为关注的技术。

A. 射频识别　　B. 传感器　　C. 智能芯片　　D. 无线传输网络

6. （　　）将成为下一个万亿级的信息产业。

A. 射频识别　　B. 智能芯片　　C. 软件服务　　D. 物联网

7. 除了国外形势的发展需求之外，（　　）也推动了物联网快速发展。

A. 金融危机蔓延　　B. 其他领域发展乏力

C. 技术逐步成熟　　D. 风投资金关注

8. 条形码诞生于20世纪（　　）年代。

A. 10　　B. 20　　C. 30　　D. 40

9. 条形码只能够适用于（　　）领域。

A. 流通　　B. 透明跟踪　　C. 性能描述　　D. 智能选择

10. （　　）将取代传统条形码，成为物品标识的最有效手段。

A. 智能条码　　B. 电子标签　　C. RFID　　D. 智能标签

11. 第三次科技革命就是以（　　）技术为代表的科技革命。

A. 电子信息　　B. 生物转基因　　C. 空间技术　　D. 超级浮点计算

12. 物联网的核心和基础仍然是（　　）。

A. RFID　　B. 计算机技术　　C. 人工智能　　D. 互联网

13. 在各种自动识别技术中，识别速度最快的是（　　）。

A. 条码　　B. 生物识别　　C. RFID　　D. 真假钞手工识别

14. 感知层是物联网体系架构的（　　）层。

A. 第一层　　B. 第二层　　C. 第三层　　D. 第四层

15. 物联网的英文名称是（　　）。

A. Internet of Natters　　B. Internet of Things

C. Internet of Therys　　D. Internet of clouds

16. 云计算是对（　　）技术的发展与运用。

A. 并行计算　　B. 网格计算　　C. 分布式计算　　D. 三个选项都是

17. 从研究现状上看，下面不属于云计算特点的是（　　）。

A. 超大规模　　B. 虚拟化　　C. 私有化　　D. 高可靠性

18. 与网络计算相比，不属于云计算特征的是（　　）。

A. 资源高度共享　　B. 适合紧耦合科学计算

C. 支持虚拟　　D. 适用于商业领域

19. 亚马逊 AWS 提供的云计算服务类型是（　　）。

A. IaaS　　B. PaaS　　C. SaaS　　D. 三个选项都是

20. 云计算体系结构的（　　）负责资源管理、任务管理、用户管理和安全管理等工作。

A. 物理资源层　　B. 资源池层　　C. 管理中间件层　　D. SOA 构建层

二、填空题

1. 新一代信息技术包括________、________、________、________、________、________。

2. 通过手机拍照识别产品信息采用的技术是________。

3. 物联网的发展目标是实现________，________是物联网发展的核心。

4. 5G 的性能目标是________、________、节省能源、降低成本、提高系统容量和大规模设备连接。

5. 云计算的主要服务形式有：________、________、________。

6. ________是虚拟现实技术最主要的特征，就是让用户成为并感受到自己是计算机系统所创造环境中的一部分。

三、简答题

1. 列举现实中机器人代替人工的实际应用案例。

2. 列举智能音箱的常见应用。

3. 简述 5G 技术与 4G 技术的区别。

4. 物联网中涉及的关键技术包括哪些?

5. 云部署方式有哪 3 种？有什么区别?

6. 大数据的特征有哪些?

7. 区块链的主要技术有哪些?

参 考 答 案

项目一　信息技术与信息素养

一、单选题

1. B　2. A　3. B　4. D　5. B　6. A　7. C　8. A　9. A　10. A　11. D　12. A　13. A
14. B　15. D　16. C　17. D　18. B　19. C　20. B

二、填空题

1. 应用软件　2. ROM　3. 非击打式　4. 地址码　5. 点阵码　矢量码
6. 3　7. 算术运算　逻辑运算　8. 地址　9. 抽象化　10. 字

项目二　Windows 10 操作系统

一、单选题

1. D　2. D　3. D　4. D　5. C　6. B　7. C　8. D　9. A　10. A　11. C　12. D　13. D
14. B　15. A　16. B　17. D　18. B　19. D　20. A

二、填空题

1. 操作系统　2. Setup. exe　3. 任务栏　4. 还原　5. Alt+PrintScreen
6. 安全　7. 文档　8. Ctrl+Shift+Esc　9. 分时　10. 实时

项目三　Word 2016 文字处理

一、单选题

1. B　2. A　3. B　4. B　5. C　6. C　7. A　8. A　9. B　10. A　11. B　12. B　13. C
14. B　15. B

二、填空题

1. 插入　2. 文件　3. 两端对齐　4. 页面　5. 回车　6. 重复标题行　7. Insert
8. 首行　9. 屏幕截图　10. 单元格

三、答案　（略）

项目四　使用 Excel 2016 制作电子表格

一、单选题

1. D　2. B　3. D　4. A　5. C　6. C　7. B　8. A　9. D　10. A　11. C　12. B　13. D
14. A　15. B　16. B　17. C　18. D　19. A　20. D

二、填空题

1. 自动筛选　高级筛选　2. . xlsx　3. 1 月 5 日　4. 边界线　填充柄

5. 视图　6. 7　7. 格式刷　8. =SUM（F5:F20）　9. 批注　10. 填充

项目五　PowerPoint 2016 演示文稿

一、单选题

1. B　2. A　3. C　4. A　5. C　6. C　7. C　8. B　9. D　10. C　11. A　12. A　13. D　14. A　15. C

二、填空题

1. .pptx　.ppsx　2. 计时　3. Ctrl　4. 两端对齐　分散对齐　5. 打包
6. 格式　整体外观　7. 母版　8. 强调　动作路径　9. 切换　10. 标题幻灯片

三、答案　（略）

项目六　计算机网络应用与信息检索

一、单选题

1. D　2. B　3. D　4. A　5. A　6. C　7. D　8. A　9. B　10. D　11. B　12. D　13. C　14. A　15. D　16. B　17. D　18. C　19. C　20. A

二、填空题

1. 资源共享　2. 中国　教育　3. DNS　4. 环球信息网　5. TCP/IP
6. user　7. 附件　8. 文字　9. 通信　10. FTP

三、答案　（略）

四、答案　（略）

项目七　数据库管理系统 Access 2016

一、单选题

1. A　2. B　3. D　4. D　5. A　6. A　7. B　8. D　9. C　10. D　11. D　12. D　13. D　14. D　15. C　16. D

二、填空题

1. 关系　2. 窗体　3. 字段　4. 4　5. 主键　6. 冻结　7. 参照完整性　8. 生成表
9. 命令　10. 复选框　11. 图　12. SET

项目八　新一代信息技术

一、单选题

1. B　2. D　3. D　4. A　5. A　6. D　7. C　8. B　9. A　10. B　11. A　12. D　13. C　14. A　15. B　16. D　17. C　18. B　19. D　20. C

二、填空题

1. 5G　物联网　云计算　大数据　VR/AR　区块链　2. 图像识别
3. 物物相连　应用创新　4. 高数据速率　减少延迟　5. SaaS　PaaS　IaaS
6. 虚拟性

三、答案　（略）

参考文献

杜继明，高嗣慧，2018. 计算机应用基础项目教程：Windows 7＋Office 2010 [M]. 北京：中国农业出版社.

解福，2017. 计算机文化基础：高职高专版 [M]. 11 版. 东营：中国石油大学出版社.

李永胜，2020. 大学计算机：Windows 10＋Office 2016 [M]. 北京：电子工业出版社.

鲁燃，2017. 计算机文化基础实验教程：高职高专版 [M]. 11 版. 东营：中国石油大学出版社.

孟强，陈林琳，2018. 中文版 Access 2010 数据库应用实用教程 [M]. 北京：清华大学出版社.

王俐，2018. Word/Excel/PPT 2016 办公应用从入门到精通 [M]. 北京：人民邮电出版社.

徐红，2019. 人工智能通识教程 [M]. 济南：山东科学技术出版社.

徐世国，2017. 计算机应用基础：Windows 10＋Office 2016 [M]. 上海：立信会计出版社.

战德臣，2020. 大学计算机：计算思维导论 [M]. 北京：电子工业出版社.

图书在版编目（CIP）数据

信息技术基础：Windows 10＋Office 2016 / 杜继明，高嗣慧主编．—北京：中国农业出版社，2021.8（2024.1重印）
高等职业教育“十四五”规划教材
ISBN 978-7-109-28655-9

Ⅰ.①信… Ⅱ.①杜… ②高… Ⅲ.①Windows操作系统－高等职业教育－教材②办公自动化－应用软件－高等职业教育－教材 Ⅳ.①TP316.7②TP317.1

中国版本图书馆CIP数据核字（2021）第156838号

中国农业出版社出版
地址：北京市朝阳区麦子店街18号楼
邮编：100125
责任编辑：许艳玲　　文字编辑：刘金华
版式设计：王　晨　　责任校对：沙凯霖
印刷：中农印务有限公司
版次：2021年8月第1版
印次：2024年1月北京第4次印刷
发行：新华书店北京发行所
开本：787mm×1092mm　1/16
印张：19.75
字数：472千字
定价：49.80元
